全国计算机技术与软件专业技术资格（水平）考试指定用书

# 软件评测师教程

## 第2版

张旸旸　于秀明　主编

清华大学出版社
北　京

## 内容简介

本书作为全国计算机技术与软件专业技术资格（水平）考试用书，全面系统地涵盖了软件评测所需的专业知识。全书共19章，对软件评测的基本理论、测试技术、测试技术应用、新技术应用进行系统的讲解，并给出了相关的实践案例。

本书以软件评测相关的标准为基础，同时结合最新测试技术的发展，给出了软件评测的相关理论和实践。通过本书的学习，读者可以掌握软件评测最佳实践，提升软件评测能力。

本书既是软件评测师考试培训的必备学习教材，同时也适用于测试人员、测试经理和软件质量保证的技术人员使用。



**图书在版编目（CIP）数据**

软件评测师教程 / 张旸旸, 于秀明主编. —2 版. —北京：清华大学出版社，2021.5（2025.2重印）
全国计算机技术与软件专业技术资格（水平）考试指定用书
ISBN 978-7-302-58120-8

Ⅰ. ①软…　Ⅱ. ①张…　②于…　Ⅲ. ①软件－测试－资格考试－自学参考资料　Ⅳ. ①TP311.55

中国版本图书馆 CIP 数据核字(2021)第 084264 号

**责任编辑：**杨如林
**封面设计：**杨玉兰
**责任校对：**徐俊伟
**责任印制：**曹婉颖

**出版发行：**清华大学出版社
　　**网　　址：**https://www.tup.com.cn，https://www.wqxuetang.com
　　**地　　址：**北京清华大学学研大厦 A 座　　**邮　　编：**100084
　　**社 总 机：**010-83470000　　**邮　　购：**010-62786544
　　**投稿与读者服务：**010-62776969，c-service@tup.tsinghua.edu.cn
　　**质量反馈：**010-62772015，zhiliang@tup.tsinghua.edu.cn
**印 装 者：**三河市天利华印刷装订有限公司
**经　　销：**全国新华书店
**开　　本：**185mm×230mm　　**印　　张：**26.25　　**防伪页：**1　　**字　　数：**564 千字
**版　　次：**2005 年 3 月第 1 版　　2021 年 6 月第 2 版　　**印　　次：**2025 年 2 月第 7 次印刷
**定　　价：**99.00 元

---

产品编号：091903-01

# 第 2 版前言

2003 年 10 月 18 日，国家原人事部与信息产业部联合发文（国人部发〔2003〕39 号），在全国计算机技术与软件专业技术资格（水平）考试中增加“软件评测师”一项，为软件测评人员设立了独立的专业技术资格，促进软件测试人才培养，同时推动软件测试行业的发展。

十多年后的今天，涌现了大量新的开发语言、开发模式和应用类型，在任何软件项目的生存周期过程管理中，软件测试仍是保障软件质量的重要手段，面对大量新技术的发展，高素质的软件测试人才短缺的问题仍然存在。随着《新时期促进集成电路产业和软件产业高质量发展的若干政策》（国发〔2020〕8 号）和《特色化示范性软件学院建设指南（试行）》（教高厅函〔2020〕11 号）政策的更新和发布，软件产业的高质量发展和人才培养再一次引起国家的重视。在新时代新政策的指导下，《软件评测师教程》也迎来了第一次改版。

与前一版类似，《软件评测师教程》（第 2 版）仍以软件与系统工程领域的国际标准和国家标准为基础，在保证书籍内容的科学性、准确性、先进性和完整性的基础上，将代表着通用、成熟和最佳实践的标准化成果进行总结，同时结合最新测试技术的发展，详细解读了软件评测的基础理论知识、测试技术，填补相关人员在软件评测领域的知识空缺；本书同时是对软件评测的实践指导，将相关理论知识结合案例进行描述，使得本书成为实用的技术手册；结合新技术的发展，本书还结合新的领域进行了测试技术应用和测试技术提升的探讨。

本书的目的是引导读者通过对基础知识和必要测试技术的学习，结合相关的实践案例，成为一名优秀的软件测评工程师。本书主要包括以下内容。

**第一篇　基础理论篇**

主要介绍软件测试的基本概念和基础知识，包括软件测试概述、软件测试基础、软件测评相关标准，以及软件测试过程和管理。

**第二篇　测试技术篇**

主要介绍测试人员设计测试用例时使用的测试技术，包括基于规格说明的测试技术、基于结构的测试技术、基于经验的测试技术，详述了自动化测试中所涉及的测试技术，并从测试实践的角度给出了基于质量特性的测试与评价。

**第三篇　测试技术应用篇**

结合前两篇的技术内容，首先以基于风险的测试为例，给出了软件测试的设计过程，然后以软件架构的视角，结合案例给出软件测试技术的应用实践，包括分层架构软件测试、事件驱动架构软件测试、微内核架构软件测试、分布式架构软件测试。

**第四篇　新技术应用篇**

随着软件工程化和信息技术的不断进步，软件测试技术也有了较大的发展，本篇以介绍新技术新场景为目的，给出了移动应用软件、物联网软件系统和大数据系统的测试技术和实践；同时给出了可信软件验证和人工智能对于软件测试技术发展的思考。

本书由张旸旸、于秀明担任主编，丁晓明、王威、李文鹏、孙凤丽、陈耿、张敏、魏培阳担任副主编。全书共四篇十九章。第一篇由张旸旸、丁晓明、李文鹏、张文渊、王威编写，第二篇由李文鹏、孙凤丽、楼莉、杨桂枝、杨隽、魏培阳、陈耿、王威、郭栋编写，第三篇由于秀明、陈耿、魏培阳、刘魁、楼莉、郝琳编写，第四篇由张敏、刘增志、张艾森、苏婷、韩柯编写。中国电子技术标准化研究院的张旸旸、于秀明、李文鹏、李璐对全书进行了统稿、校对和修订工作。

本书在编写过程中，参考了许多相关的书籍、标准和文献资料，并得到了中国电子技术标准化研究院、工业和信息化部教育与考试中心、全国信息技术标准化技术委员会软件与系统工程分技术委员会的各位领导和专家的关怀和指导，国内高校软件学院、测评机构和企业的多位专家也对本书的编写给予了很多帮助，在此一并表示诚挚的感谢！

由于软件测评技术发展较快，日新月异，许多新技术的应用也还需进一步探讨，更离不开实践的反复验证，加之我们的水平有限，书中难免有疏漏欠妥之处，敬请广大读者不吝赐教。

编　者

2021年5月

# 目　录

## 第一篇　基础理论篇

## 第四篇　新技术应用篇

# 第一篇　基础理论篇

本篇共包含 4 章内容，帮助读者建立软件测试的基本概念和基础知识，也是后续篇章的基础。各章的核心内容如下：

第 1 章　软件测试概述。该章主要介绍软件测试产生和演化的背景，通过一些典型案例说明软件测试的重要性和必要性，国内外软件测试发展情况和未来趋势，以及我国开展“软件评测师”资格（水平）考试的原因。

第 2 章　软件测试基础。该章介绍与软件测试相关的基本概念，如什么是软件测试、验证与确认的定义及两者之间的异同、软件缺陷的含义及软件异常的分类、测试与质量保证之间的关系、测试用例、测试策略等等；给出了开展软件测试应该遵循的普遍性原则；介绍软件测试的几个经典模型，如 V 模型、W 模型、H 模型、敏捷测试模型；以及按照不同维度对软件测试所做的分类。

第 3 章　软件测评相关标准。该章介绍与软件测试和评价相关的国家标准，包括软件质量标准、评价标准、过程标准、文档标准、测试成本估算标准等，这些标准被用于指导软件测试和评价活动的各项工作，对规范开展与软件测试相关的工程活动有重要价值。

第 4 章　软件测试过程和管理。该章结合国家标准介绍软件测试的过程和管理要求。包括测试过程模型，组织级测试过程中的目的、输入、活动、任务和结果，项目级测试过程中的策划、设计、实现、环境构建与维护、测试执行、事件报告、监测和控制等过程及管理的要求，以及动态测试和静态测试的过程及管理要求。

# 第 1 章　软件测试概述

软件测试是伴随着软件的出现而产生的，也随着软件技术和软件应用的发展而不断发展，已经成为软件工程理论和实践活动的重要组成部分。广义的软件测试包含测试的理论、方法、技术、标准、工具以及组织管理等内容。本章介绍软件测试的一些基本概况，如软件测试的产生与演化情况、软件质量问题造成严重后果的一些案例、软件测试与软件质量之间的关系以及软件测试的发展趋势。

## 1.1　软件测试的背景

自 20 世纪中期计算机诞生以来，计算机的应用得到了惊人的发展。到今天，计算机的应用已经深入到人类生产生活的方方面面，同时也引导着社会从工业化时代快速转入信息化时代。可以说，今天的人类生活已与计算机的应用密不可分。不断延伸的计算机应用既依赖于硬件在性能、体积和功耗等方面的持续进步，也依赖于软件的理论、方法、技术、规模、质量以及应用需求的高速发展。任何一个计算机的应用软件都建立在计算机系统之上，而软件是计算机系统的重要组成部分，从现代应用的角度看，软件发挥的作用越来越大，以至于形成了庞大的软件产业。这一新兴产业不仅支持着包罗万象的信息化应用，也成为全世界经济发展的主要推动力量之一。

在计算机诞生的初期，软件与硬件的依存度极高，并且软件的产出没有任何工程化的特征，对于软件中缺陷的发现、处置也就没有规范化的方法或手段，软件工程师需要调试程序，不过是为了程序能够正常运行。这个时期是没有清晰的软件测试概念的，人们认为程序的调试就是软件测试活动。

由于硬件的快速发展以及应用的不断扩大，软件的规模开始增长，很快“软件危机”爆发了。主要体现为软件的生产效率和质量严重滞后于硬件发展速度和应用要求，于是出现了“软件工程”概念，希望以工程化的原则、规范、方法，在技术和工具的支持下开展软件的生产，并保证软件的质量。软件的生产不再是一种类似于艺术创作的劳动，而逐渐演变成有计划有组织的工程活动，软件也开始作为独立的知识产品进入市场。作为产品，质量便成为其一个重要的要素，必须接受市场、用户甚至法律法规的检验与评判，于是，如何控制或保证软件产品的质量，成为工程化软件生产的一个重要问题。事实上，软件工程所研究与实践的一个核心问题，就是寻求软件生产在质量、成本和工期之间的一个最优组合。

如何保证软件的质量？在软件活动中有许许多多的方法和手段，如模型的选择、过程的控制、技术的恰当采用、有效的管理、工具的使用等，甚至利用形式化方法。但不管怎样，测试是必不可少的环节，也是目前最为有效的手段之一。在人类林林总总的产品生产活动中，都有产品检测这个重要环节，不论是工业产品，普通消费品，还是药品、食品和农产品，在产品进入市场或交付给用户之前，都必须进行检测，以保证产品符合相应的法律法规、标准或特殊要求。针对软件产品的检测，称为软件测试。

近年来出现了“软件定义一切”的观点，为什么如此强调软件的作用？一个原因是当代社会的生产生活已经严重依赖信息化系统，软件在其中承担着越来越重要的使命，一旦软件在形形色色的应用中出现异常或故障，轻则引起服务中止或服务质量下降，重则造成人身或财产损害，甚至引发社会动荡的严重后果。软件的重要性带来了软件质量的重要性，为了保证软件的质量，软件测试成为了软件生产活动中必不可少且至关重要的工程活动。软件测试活动是软件开发方必须的质量控制行为，软件需方也越来越多地开展有利于自身应用要求的测试活动，并形成了交由独立评价方实施公正测试的形态。

软件测试要解决什么基本问题呢？在软件测试兴起的初期，一种观点认为软件测试的目的是检验软件是否满足规定的需求，是否达到了预期结果。这可以理解为是对软件“证真”，如软件测试的先驱 Bill Hetzel（1973 年及 1983 年）和 IEEE（1983 年）均持有这种观点。另外一种观点则认为软件测试是为了发现错误而开展的一些活动及过程。这也可以理解为是对软件“证伪”，持有这种观点的代表如 Glenford J. Myers（1979 年）。这两种基本相反的观点，是从不同的角度来看待软件的质量，在软件测试领域都发挥了重要的作用，在实际的工程实践中相辅相成。此后，随着更多有关软件测试的研究和实践，人们还提出了许多的观点和定义，总体上以保证软件产品的质量为目的，涵盖软件生产过程中更为全面的活动，同时兼顾成本及风险控制。20 世纪 80 年代以来逐步建立起了软件的质量要求、测试、评价、管理等方面的标准，不仅丰富了软件工程的标准化，也为软件测试提供了工程化、规范化的准则。

在软件产业界，目前已经形成共识，软件测试是软件生产工程化过程中不可或缺的活动。借助于软件测试理论的完善、方法与技术的标准化以及丰富工具的支持，软件测试在生产活动中的普及程度和地位得到了极大提升，软件企业均设立了独立的测试部门或专业的测试工程师岗位。在社会层面，软件用户及大众的软件质量意识越来越浓厚，对软件测试越来越重视，不仅直接参与软件的一些测试活动，而且积极寻求独立评价方提供专业且公正的测试服务。因此，软件测试工程师成为了产业界一个重要且需求量相当大的职位，市场上该类人才的供应量离需求量一直存在差距，软件测试工程师的薪酬水平保持着稳定的增长趋势。在可以预见的未来，软件测试的地位和价值在产业界将愈发突显。

## 1.2 软件错误相关的典型案例

软件是人类智力劳动的成果，在软件生产的若干环节，如分析、设计以及开发过程中均存在引入缺陷的风险，这在大型或复杂软件中尤为突出。当存在缺陷的软件工作时，这些缺陷就很可能导致软件失效，从而引发非预期甚至灾难性的后果。因为软件错误而造成恶劣影响的事例数不胜数，下面我们来列举几个十分典型的案例。

计算机 Y2K 问题。该问题在中文里叫作计算机 2000 年问题，也俗称“千年虫”问题，这一问题的初始原因是计算机在诞生早期其存储资源少得可怜，为了尽可能地节约存储空间，程序员会想尽一切办法降低程序及数据所需的存储，关于日期的表达和存储就是最典型的表现。人们用 2 位数字而不是 4 位数字来表达年份，在 20 世纪，1974 年被表达和存储为 74，如“1974 年 5 月 1 日”被表示为“74-05-01”（YY-MM-DD 日期格式），这在需处理大量日期数据的软件中确实带来了存储上的好处，而且人们也知道这在跨世纪的时候会出现问题，因为从 1999 年进入 2000 年时，年份的表达将从 99 变为 00，00 将会在程序中被理解为 1900 年而不是 2000 年，这将造成日期数据处理的大量错误，但人们认为在新世纪来临之前，原有的程序和数据皆会有人去升级调整，以致该问题不断积累而最终引发灾难性后果。20 世纪最后的几年，全世界为了解决 Y2K 问题付出了惊人的代价，据估算，仅仅升级替换重要应用中的软硬件就耗资数千亿美元。一个小小的日期表示带来如此严重的后果，教训深刻。

人类的航天探索是高度依赖于软件的，可以说，没有计算机和软件，我们就没有航天活动。但正是因为软件的重要性，软件缺陷也成为了航天事故的一个重要原因，我们来看看两个典型的事故。

阿丽亚娜 5 型火箭是欧洲航天局（ESA）从 1987 年开始研制的大推力航天运载工具，发射质量从阿丽亚娜 4 型的 484 吨（ARIANA 44L）提高到 746 吨，包含助推器的火箭直径由阿丽亚娜 4 型的约 9 米增加到 12.2 米，主要用于地球同步轨道和太阳同步轨道卫星的商业发射。1996 年 6 月 4 日，阿丽亚娜 5 型的首箭（ARIANA 501）在法属圭亚那库鲁航天发射中心发射，携带 4 颗太阳风观测卫星升空，然而火箭离开发射台仅仅 30 秒就因失去控制而自毁。悲剧因软件而起。在航空航天领域，不管是硬件还是软件，一定程度的继承复用是比较常见的，既有利于新型号的稳步发展，降低新型号的可靠性风险，也有利于控制研制成本。根据 ESA 的调查报告，阿丽亚娜 5 型火箭的惯性导航系统（SRI）沿用了阿丽亚娜 4 型，SRI 计算出的角度和速度数据供箭载计算机（OBC）执行飞控程序。SRI 软件的正常工作状态是在火箭起飞前为校准模式，起飞后为飞行制导模式，但阿丽亚娜 4 型火箭因为其他原因在火箭起飞后需要继续运行校准功能，然而阿丽亚娜 5 型并没有这个需求。SRI 软件用 ADA 语言开发，在运行校准功能时要将一个 64 位的浮点数转换为 16 位整数，这两者的取值范围差异巨大，由于阿丽亚娜 5 型火箭在起飞初始阶段的轨道和飞行姿态参数完全不同于阿丽亚娜 4 型火箭，造成上述的浮点数转换为整数后溢出，软件错误因此产生，虽然在阿丽亚娜 4 型和 5 型火箭中 SRI 与 OBC 均是硬件双备份，但 SRI 软件是没有冗余的，错误的数据导致 OBC 发出致命的控制指令，火箭主发动机和助推器出现了极限偏转，最终失控而自毁。按照 ESA 的调查结论，这是 SRI 软件因需求、设计、测试以及评审问题而造成的错误。

火星极地登陆者号是 NASA 于 1999 年 1 月发射的火星探测器，计划在 1999 年 12 月降落于火星的南极附近，探测火星南极地表下是否存在冰。火星是太阳系的一个类地行星，其直径大约是地球的一半，质量为地球的 11%，引力为地球的五分之二，有以二氧化碳为主的稀薄大气层。火星极地登陆者号采用减速降落伞＋反推力火箭的软着陆方式降落火星地表，类似于我国神舟飞船返回舱的着陆模式。1999 年 12 月 3 日，火星极地登陆者号从绕火星轨道出发开始 5 分钟的降落过程，程序为变轨落向火星地面—打开减速降落伞—1800 米高度抛伞—打开反推力火箭—弹出着陆支撑腿—软着陆—关闭反推力火箭，但是软着陆失败了，探测器再也没有信息传回地球，对加利福尼亚州帕萨迪纳控制中心发出的指令没有任何回音。关于这次失败，NASA 的调查分析认为，悲剧来自系统集成测试的疏漏，着陆器反推力火箭关闭的条件是支撑腿触及地表，其上的触点开关接通并返回信息给计算机来控制发动机关闭。然而，着陆支撑腿弹出时的震动可能误触发触点开关，造成探测器已经着陆的假象，反推力火箭提前关机，最终探测器的软着陆变成了硬着陆，坠毁于火星表面。NASA 认为，火星极地登陆者号的研制过程中，分系统及子系统均进行了充分的测试，包括着陆支撑腿工作的测试和探测器着陆过程控制的测试，但并没有将它们结合起来开展充分的集成测试，以验证支撑腿在各种情况下对着陆控制程序的影响，这是测试设计及管理问题的灾难性后果。

2011 年温州动车追尾脱轨事故，是我国铁路客运及高速铁路发展中的一个悲剧事件。2011 年 7 月 23 日 20 时 30 分 05 秒，甬温线浙江省温州市境内，由北京南站开往福州站的 D301 次列车与杭州站开往福州南站的 D3115 次列车发生动车组列车追尾事故，造成 40 人死亡、172 人受伤，中断行车 32 小时 35 分，直接经济损失 19371.65 万元。该事故不仅造成了严重的人员财产损失，也对之后几年我国高速铁路的发展蒙上了一层阴影，对我国高铁技术的输出产生了比较恶劣的影响。经过 5 个月的调查，国务院“7•23”甬温线特别重大铁路交通事故调查组于 2011 年 12 月 25 日公布了事故调查报告。报告认定的技术原因为：“当温州南站列控中心采集驱动单元采集电路电源回路中保险管 F2 遭雷击熔断后，采集数据不再更新，错误地控制轨道电路发码及信号显示，使行车处于不安全状态。雷击也造成 5829AG 轨道电路发送器与列控中心通信故障。使从永嘉站出发驶向温州南站的 D3115 次列车超速防护系统自动制动，在 5829AG 区段内停车。由于轨道电路发码异常，导致其三次转目视行车模式起车受阻，7 分 40 秒后才转为目视行车模式以低于 20 公里/小时的速度向温州南站缓慢行驶，未能及时驶出 5829 闭塞分区。因温州南站列控中心未能采集到前行 D3115 次列车在 5829AG 区段的占用状态信息，使温州南站列控中心管辖的5829闭塞分区及后续两个闭塞分区防护信号错误地显示绿灯，向D301次列车发送无车占用码，导致D301次列车驶向D3115次列车并发生追尾”。报告认为“LKD2-T1型列控中心设备设计存在严重缺陷，设备故障后未导向安全”，通过“对列控中心主机和采集驱动板（PIO板）软件进行测试，并经动车组实车模拟试验验证和反复分析论证，查明：从软件及系统设计看，温州南站使用的LKD2-T1型列控中心保险管F2熔断后，采集驱动单元检测到采集电路出现故障，向列控中心主机发送故障信息，但未按‘故障导向安全’原则处理采集到的信息，导致传送给主机的状态信息一直保持为故障前采集到的信息；列控中心主机收到故障信息后，仅把故障信息转发至监测维护终端，也未采取任何防护措施，继续接收采集驱动单元送来的故障前轨道占用信息，并依据故障前最后时刻的采集状态信息控制信号显示及轨道电路”。这次特别重大铁路交通事故是LKD2-T1型列控中心设备研发单位在设备升级研发过程中“设计审查不严”“产品质量监督管理失控”“未对列控中心设备特别是PIO板开展全面评审，也未进行单板故障测试，未能查出列控中心设备在故障情况下不能实现导向安全的严重设计缺陷”。

美国波音公司是全世界最大的民用客机制造商之一，其737系列飞机是全球销量最大的中短途客机，自1967年开始生产以来已经供应全球市场超过一万架，并握有至少五千架的待交付订单。波音737客机在其超过50年的发展历程中先后推出了传统型737、改进型737、新一代737和737MAX，737MAX为最新的系列型号，与之前各型号相比最大的改进是换装了CFM国际公司的LEAP发动机，并升级了飞行控制系统。LEAP是中国商飞C919和空客公司A320Neo选配的新一代高涵道比涡轮风扇发动机，代号分别为LEAP-X1C和LEAP-1A，燃油效率将比之前型号的发动机提高10%以上，可以给航空运输企业带来极大的经济利益。波音公司为了应对这一竞争形势，也为737MAX选用了该发动机（型号LEAP-1B），然而737比较老旧的机体设计对于安装新型发动机遇到了很大挑战，较短的起落架不支持这种更大尺寸发动机在机翼下正常位置上的吊装，于是737MAX设计时将发动机安装于更高更贴近机翼也更靠前的位置，这破坏了737原有的气动性能，在大仰角飞行时产生自动上仰，极易造成飞机失速。波音公司解决该问题的措施是升级飞行控制系统软件，增加了一个机动特性增强系统（MCAS，Maneuvering Characteristics Augmentation System）来自动下压机头。悲剧发生在2018年10月29日，由一架机龄不足3个月的737MAX8执飞从雅加达至邦加滨港的印尼狮航JT610航班起飞不久后坠毁，机上189人遇难；4个多月后的2019年3月10日，埃塞俄比亚航空ET302航班由亚的斯亚贝巴飞往肯尼亚内罗毕，同样在起飞后不久坠毁，同样是737MAX8机型，机龄只有4个月，机上157人遇难。短时间内两个航空公司的相同机型发生极为相似的机毁人亡惨剧，让全球各个国家被迫停飞该机型，等待调查和排除安全隐患。经过18个月的调查，美国国会众议院运输和基础设施委员会于2020年9月16日公布了最终调查报告，认为两起737MAX空难事故是因波音公司的工程师存在“错误的技术假设”、波音公司的“管理缺乏透明度”以及美国联邦航空局（FAA）的“监管严重不足”造成的。报告指出，两起坠机事故均由 MCAS 系统引起，该系统存在技术设计缺陷，在特殊情况下，系统误识为飞机失速并触发失速保护，抢夺飞机的控制权下压机头，更为糟糕的是波音公司向飞行员隐瞒了 737MAX 机型中 MCAS 的存在，使飞行员在出现这种情况时不能进行正确操作！事实上，737MAX 惨剧的直接原因就是 MCAS 的设计缺陷，它同样在异常情况下没有导向安全。

2020 年 10 月 1 日，东京证券交易所出现系统故障，股票市场开盘前信息发布出现问题，造成所有股票全天停止交易，是该交易所开业以来最大的一次故障，同时引发札幌、名古屋及福冈的证券交易所也停止了所有股票交易，全球罕见。东京证券交易所公布的原因为系统存储故障，且不能切换至备份系统。虽然此次事件可能没有造成严重后果，但近年来，全球除了日本还包括新西兰、多伦多、新加坡、印度和纳斯达克等证券市场已经多次因供电、交易系统组件软件问题、人为操作差错、网络故障、外部攻击甚至火灾和气候原因发生类似事件。当今的证券市场已经是一个高度信息化的环境，因为信息系统的故障造成市场停摆，不仅可能造成投资人的利益和信心受损，还可能造成市场动荡和影响社会经济活动，甚至破坏社会的稳定性。

可以说这是一些血淋淋的教训，类似的案例不计其数。对它们进行分析可以发现，一些是因为需求不正确或设计错误的原因导致的，一些是测试的原因，如测试不完整、不充分、测试设计不合理，还有一些是管理的原因，如评审的不充分、不客观、结论不可靠，甚至一些原因是各类工程师（产品工程师、需求工程师、设计工程师、开发工程师、测试工程师、运维工程师、质量工程师等等）的责任心不够。这些原因或者在软件中引入了缺陷，或者未能发现已存在的缺陷，直至软件在生产运行中发生故障。归结起来，它们都会影响到软件的质量。

如何保证软件质量是当代信息社会必须高度重视的问题。在保证软件质量的各式各样的方法中，软件测试是最后的一道闸门，也是效果最好的一种方法。务必按照原则、规范和标准，对软件系统开展科学而严格的测试，才能使软件的质量让用户放心。软件测试在信息化建设和应用中的重要性是不言而喻的。

## 1.3　国内外发展现状及趋势

软件测试是伴随着软件技术及应用的发展而发展的，事实上，自从软件出现的时候开始，也就有了软件测试。在四分之三个世纪的历程中，软件测试从一种似乎是无足轻重、少有关注的开发附属行为逐渐发展成为了一门学科、一个行业，建立了自己的理论、模型、方法、技术、标准、管理体系以及众多工具，成为了软件工程领域研究与实践的一个重要板块。

软件测试的起源来自对程序的调试，这是保证程序能够运行而不得不做的一件事情。在这个时期，软件的规模小，复杂程度低，程序员的调试工作基本上也就能够发现程序中的错误并加以解决。到20世纪50年代，软件界开始意识到调试对于软件如何保证预期的实现是不够的，仅靠程序员来做这项工作缺点很大，开始萌生软件测试的概念，出现了独立于程序员的测试人员或组织。但一直到大约60年代末期，都没有形成软件测试的清晰定义，更没有软件测试相关的理论、方法或技术研究成果，当然也没有建立软件测试的标准和规范。软件测试工作依赖于测试人员的经验甚至是对错误的猜测，而且测试实施的时机很晚，这显然不能保证测试的覆盖程度和强度，不能在更早的时间发现软件缺陷，结果是在最终的软件中依然遗留有问题，同时，解决已发现缺陷的代价也异常高昂。

20世纪70年代软件测试有了比较大的发展。由于“软件危机”的爆发，软件工程的研究与实践得以兴起，在历经了之前的程序设计和软件设计阶段后，这一时期的软件开发向工程化、规模化、系列化方向发展，软件测试必须保证能满足软件开发的这些特征。1972年软件测试领域的先驱人物Bill Hetzel在北卡罗来纳大学组织的首届软件测试会议是一个标志性事件，可以看作是学术界和工业界系统研究软件测试的开端，1973年，Hetzel给出了软件测试的第一个定义，其后其他学者或组织也给出了自己的定义，并展开了充分的讨论，使得软件测试的内涵得以不断优化和完善。70年代中后期，学术界开始提出软件测试理论，研究和讨论软件测试的准则、过程、数据生成等问题，并发表研究论文或出版学术专著。如1975年John Good Enough 和Susan Gerhart在IEEE上发表了*Toward a Theory of Test Data Selection*，1979年Glen ford Myers 出版了*The Art of Software Testing*。

进入80年代，软件测试逐渐发展成一个独立的学科，相关理论、模型、方法和技术得到了长足发展。工业标准开始建立，出现了最早的一批测试工具。由于软件业的高速发展，软件规模急剧增长，复杂程度越来越高，应用对软件质量的要求也越来越严格，软件测试的定义也随之变化，从“证实软件正确”或“发现软件错误”发展为“度量软件质量”。软件测试的工程化特性不断增强，测试活动不再是软件开发完成后的检验工作，而是贯穿软件生产几乎所有的工程阶段。软件的生产者和使用者都开始关注软件的质量问题，软件测试开始深入人心。

自20世纪90年代以来，全球软件业进入蓬勃发展的时期。由于计算机硬件技术的不断进步，硬件设备的稳定性和可靠性越来越高，在基于良好设计的情况下，即使硬件设备出现故障，也可以保证系统的正常工作，软件对信息化系统的稳定运行起着越来越重要的作用。此时软件测试的理论趋于成熟，测试技术和方法也伴随着软件技术的发展不断完善，各类测试工具空前繁荣，软件质量相关的标准逐渐覆盖了软件质量的模型、需求、测量、评价、管理以及测试的规范、方法、工具等，软件测试及从业人员的地位不断上升。软件测试向如何预防缺陷的方向发展。学术界对软件测试的各方面问题开展了持续深入研究，定期召开学术会议开展研讨交流，成果丰硕。工业界则普及了软件工程中的测试活动，企业的测试水平与测试组织管理能力成为了企业能力成熟度的一个重要方面，TMM（Testing Maturity Model）在软件产业界得到了广泛采用，软件测试已经不是一个企业里部门关注的工作，而是成为企业质量及产品战略的重要组成部分。

可以用一个图来简要刻画软件测试理念的演化特征，如图 1-1 所示。

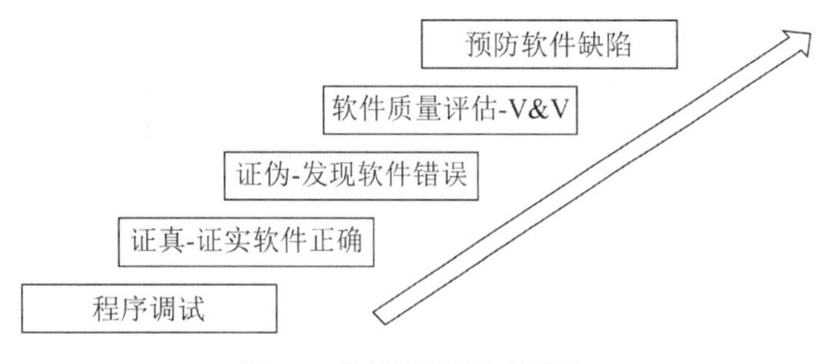


图 1-1　软件测试理念的演化

我国的软件测试起步比较晚，在 20 世纪 90 年代以前，只有一些零星的研究，产业界对此的认识模糊，实践较少。近 30 年是我国软件产业的极速发展期，特别是 2000 年 6 月，国务院《鼓励软件产业和集成电路产业发展若干政策》（国发〔2000〕18 号）的出台，对我国的软件业发展起到了极大的推动作用。原人事部和信息产业部于 2003 年印发了《计算机技术与软件专业技术资格（水平）考试暂行规定》和《计算机技术与软件专业技术资格（水平）考试实施办法》（国人部发〔2003〕39 号），对我国计算机软件、网络、应用技术、信息系统及信息服务的专业技术人员资格认定与水平评价建立了一套制度，其中就包含了“软件评测师”资格，这一考评结合的制度至今仍发挥着巨大的价值。

软件产业的发展需要软件人才的支撑，为了落实“国发〔2000〕18 号”文件精神，当时的教育部和国家计委在 2001 年 12 月批准 35 所高校试办国家示范性软件学院（教高〔2001〕6 号），并在 2003 年及 2004 年增补了 2 所，随后各省（市、自治区）也批准了数十所省级示范性软件学院，在全国建立起了新型的软件人才培养模式，为我国的软件产业输出了可观的专业人才。在这些示范性软件学院以及更多的普通软件学院中，有相当比例设置了软件测试方向，使我国该领域的人才培养有了极大的保障。

近 20 年来，我国对软件产业和软件人才培养极为重视。除了“国发〔2000〕18 号文”，国务院还在 2011 年 1 月 28 日和 2020 年 7 月 27 日分别印发了《进一步鼓励软件产业和集成电路产业发展的若干政策》（国发〔2011〕4 号）和《新时期促进集成电路产业和软件产业高质量发展的若干政策》（国发〔2020〕8 号），给予软件产业发展的持续支持。教育部办公厅、工业和信息化部办公厅也于 2020 年 6 月 5 日印发《特色化示范性软件学院建设指南（试行）》（教高厅函〔2020〕11 号），引导全国软件学院的发展方向，聚焦国家软件产业发展重点，在关键基础软件、大型工业软件、行业应用软件、新型平台软件、嵌入式软件等领域培育建设一批特色化示范性软件学院，要提高学生软件全生存周期全过程质量管理意识。这些文件为我国软件测试的发展及测试人才的培养注入了新的动力。

目前在我国，不仅软件测试已经受到软件企业的高度重视，而且市场化程度也越来越高，产业细分更加明显。软件企业中的测试开发比持续上升，承接软件服务外包的企业越来越多，其中包括承接测试外包的企业，独立的第三方软件测试机构如雨后春笋，软件市场环境和质量意识极大增强，不论是通用的软件产品还是定制开发的软件系统，均已形成获取第三方独立评价结论的氛围，这既有利于软件服务业的发展，也对整个软件业的质量进步有积极的推动作用。

随着软件技术的继续发展，以及软件应用的扩展和深入，软件测试必然也会不断发展。近年来，各类新型架构的软件系统层出不穷，云计算、物联网、人工智能、大数据分析以及移动应用的发展极为迅猛，可信软件的持续增长等给软件测试带来了一些新的挑战。结合软件的架构如分层架构、事件驱动架构、微内核架构、分布式架构等，软件测试需要根据架构特点确定测试策略，开展测试设计，测试活动要良好结合测试的通用性规范与架构特点相关的测试需求。在云计算的环境下，除了传统的测试内容，数据安全、集成与并发、兼容性与交互性将成为软件测试的重点。物联网应用带来软硬件协同、模块交互强连接、数据的实时性测试要求，使得物联网应用的安全、性能、兼容性以及监管测试十分重要。

人工智能自 20 世纪 50 年代提出以来，经历了几起几落。随着计算机处理能力的巨大提升、大数据应用的增长以及机器学习的进步，人工智能的应用在最近几年出现了爆发式增长，特别是在机器视觉、模式识别、自然语言处理、智能控制、自动规划及博弈等方面表现突出。2016 年以来，中国及西方主要发达国家均制定了自己的人工智能发展战略，全面推进人工智能的发展。在人工智能软件及应用的测试中出现了许多新的要求，如模型泛化能力、算法稳定性与健壮性、系统接口、性能及安全性等的测试需求。因大量的人工智能系统需要学习和训练，在测试时需要控制训练数据集与测试数据集的独立性和分布相似性，需要加强测试的设计和结果分析。同时人工智能的进一步发展，可能带来软件测试的进步，测试自动化的研究与实践将成为今后一段时间测试领域的发展方向，这对提高软件测试的效率和质量，降低测试的成本具有十分重要的意义。

大数据分析与处理的基础是海量数据，而这些数据具有 4V 特征，这给测试带来了巨大挑战。在对大数据分析系统开展测试时，将面临测试能力、结果判定及数据敏感性等问题，要重点关注数据质量、各类算法、软件性能以及应用安全的测试，这需要许多新的测试思路和策略，开展恰当的测试设计，建立验证方法，并得到若干工具的支持。

目前移动应用已经十分普及，发展前景还非常巨大。关于移动应用的测试，也因为其终端软硬件的多样性、网络与架构的多样性以及用户的广泛性而备受关注。移动应用带来了一些新的测试技术，特别是自动化测试技术，如随机测试、基于模型的测试、基于搜索的策略等。针对移动应用的测试，在测试方法、测试技术以及测试工具方面都将会有进一步的发展。

前述的软件测试现状和发展趋势中，许多方面都涉及软件及应用的安全问题，这在当今是一个突出且严峻的问题。信息安全涉及面十分宽广，涵盖了法律、道德、技术以及管理，软件测试作为一种技术手段，在信息安全的控制和保护中，具有不可替代的作用，也有巨大的发展空间，不论是安全性问题的预防、监控还是审计，都离不开测试活动。关于信息安全的测试，相关技术、方法、策略和工具的研究发展与实践将是软件测试的一个重要发展方面。

从技术上来看，软件测试始终与软件工程技术同步发展，可以用图 1-2 来概括测试技术的发展趋势。

图 1-2　软件测试技术发展趋势

软件测试一开始都是采用人工方式，并延续了一个较长的时期，不论是测试的策划、设计、实施，还是测试的记录、分析、报告以及组织管理，都由人工完成。人工测试效率低、周期长、成本高，而且测试覆盖可能极不充分，有些测试任务根本无法完成。随着软件技术的进步，出现了越来越多的测试过程和测试管理的自动化工具，软件测试进入人工+自动化测试的时代，人工测试的比例和工作量不断降低，自动化带来了测试质量和效率的提高。当今人工智能的快速发展给软件测试带来了新的发展方向，可以预期，软件测试将进入智能化的测试时代。不论是测试方法，还是测试的组织管理、软件缺陷预测、故障模式发现、测试有效性评估等都可以引入人工智能的技术，智能化测试将对软件测试的理念、策略、管理及成效产生重大影响。

当然，新技术和新应用的出现，也给软件测试带来诸多的挑战。新技术的采用有一个渐进的过程，其中可能存在一些风险。而新应用则给测试带来若干新的需求，如何更好地满足这些需求，如何更顺利地使用新技术，是软件测试进一步发展需要不断研究与实践的课题。

本节谈到的若干软件测试新的领域、策略、技术和工具，在本书的第三篇、第四篇中有更进一步的介绍。

# 第 2 章 软件测试基础

在本章将给出与软件测试和软件质量相关的若干概念和定义，如软件测试、软件缺陷、测试用例、验证与确认、质量保证等等，同时结合国家标准介绍软件异常的分类及对应的缺陷描述，各种经典的软件测试模型，以及从不同的视角和维度讨论软件测试的划分。这些内容是后续章节的基础。

## 2.1 软件测试的基本概念

### 2.1.1 什么是软件测试

当今人类的经济活动中，所有的商品在进入流通环节之前，都有相应的产品检验或检测行为，并对检验合格的产品附加特别的标识（如合格证）。这已经成为各个国家的法律条文或贸易各方共同遵守的标准，产品检验是生产者的责任和义务，也是用户对产品建立信心的基础。在 1.1 节中已经指出，针对软件产品的检测，称为软件测试。不过这只能算是对软件测试的一个粗浅说明，下面给出在各个历史时期有代表性的软件测试定义，以确定软件测试的精准含义。

1973 年，Bill Hetzel 给出了软件测试的第一个定义：“软件测试就是为了程序能够按预期设想运行而建立足够的信心”。这个定义强调的是证实程序按预期运行，当软件测试这种技术手段发现程序能够如此时，建立信心的目的也就达到了，当然在测试发现程序不能按预期运行时，就意味着程序有错误，需要排除发现的错误再重新测试。这个定义后来被许多人认为是在为软件“证真”，意思是当测试通过时，“证明”了软件是“对的”。

上述定义受到一些人的质疑，这些人认为，测试本身有局限性，测试通过并不能证明软件是对的，而且测试的目的不应该是去证明软件正确。这种观点的代表人物 Glenford J. Myers 于 1979 年给出了软件测试的一个新定义：“测试是为了发现错误而执行一个程序或者系统的过程”。这个定义强调测试目的是发现错误，因此后来被一些人称为是对软件“证伪”。这种观点的支持者甚至认为不能发现软件错误的测试不是“好的”测试，因此软件测试应当竭尽所能去发现尽可能多的错误。

上面两种定义看似观点相反，实则是从不同角度看待软件测试。他们都希望软件能够正常按预期执行，而要做到这点一定是软件中的错误越少越好，只是那个年代关注的焦点是软件中的错误，没有现代的软件质量意识。实际上，这两个定义至今仍然有一定价值。

1983 年，IEEE 在软件工程术语标准中给出了软件测试的定义：“使用人工或自动手段来运行或测定某个系统的过程，其目的在于检验它是否满足规定的需求或是弄清预期结果与实际结果之间的差异”。这个定义接近于 Hetzel 在 1973 年的定义，但强调了识别实际结果与预期结果的差异，作为国际组织发布的标准，它对产业界的影响是相当大的，这个定义也规定了在软件工程中的测试活动，对软件测试的理论、方法、技术以及工具进步都有很大促进。

同年，Hetzel 对他的第一个软件测试定义进行了修订：“测试是以评价一个程序或者系统的特性或能力为目标的一种活动”。这个定义不再把焦点放在软件的错误上，从现在的共同认识来讲，程序或者系统的特性与能力是软件质量的重要组成部分，因此定义中测试的含义已经包括对软件质量的度量。

2014 年，IEEE 发布了软件工程知识体系 SWEBOK3.0，其中将软件测试定义为“是动态验证程序针对有限的测试用例集是否可产生期望的结果”。这是一个最新的定义，关注了测试用例集的有限性特征和对程序是否满足期望结果的验证，但这是一个狭义的定义，只定义了广义软件测试概念中的动态验证，没有包含静态验证及各类评审（如设计、流程、管理、技术、工具选择等）。

不论是哪个时期的定义，软件测试的目的实际上是一致的，这个目的就是“保证软件质量”。具体来讲就是要保证软件或系统符合相关的法律法规、技术标准和应用需求，降低软件的产品风险及应用风险。这是从宏观的角度来解释测试目的，在软件工程中还有许多具体的测试活动，如不同工程阶段可能要实施的单元测试、集成测试、系统测试、回归测试以及在整个软件生存周期普遍存在的各类验证等，它们会有自己具体的目标，但这些目标最终都是为“保证软件质量”提供支持的。需要指出的是，是否符合应用需求并不是软件测试的唯一目的，测试必须考虑软件对法规的符合性、标准的符合性以及如商务要求等方面的符合性。

软件测试的对象是软件，包含程序、数据和文档，但孤立的软件无法进行全面的测试，特别是动态的测试。大量的测试活动需要支持测试的环境，包括软件的运行环境和测试环境，这一定会涉及除被测对象软件之外的软硬件环境、网络环境、数据环境甚至是应用环境，这些环境不仅对测试提供支持，也会影响到一些测试的结果。对于测试的组织者和实施者，第一需要明确测试对象的边界，第二必须认识到环境对测试的影响，以获得恰当环境下的真实测试结果。

### 2.1.2　验证与确认

在软件测试和软件质量保证活动中，验证与确认是两个经常使用的术语，而且还比较多同时使用，许多人不能够区分它们的含义，英文中验证为 Verification，确认为 Validation，因此很多时候用 V&V 来代表验证与确认。在对它们进行说明之前，先引用国家标准 GB/T 19000—2016《质量管理体系 基础和术语》（ISO 9000:2015，IDT）中的定义，如下：

验证（Verification）——通过提供客观证据来证实规定需求已经得到满足。

确认（Validation）——通过提供客观证据来证实针对某一特定预期用途或应用需求已经得到满足。

从定义来看，似乎还是很容易混淆。对于软件来讲，验证是检验软件是否满足需求规格说明的要求，或者说是否实现了需求规格说明中规定的所有特性（功能性、性能、易用性等），由于需求规格可能是软件生产者主导或参与完成的文件，用于指导后续的软件生产活动，因此，验证是判断生产者是否（按需求规格）正确地构造了软件，或者说是不是“正确地做事”。而确认则是检验软件是否有效，是否满足用户的预期用途和应用需求。由于需求规格不一定真实体现了用户的特定预期用途或应用要求，通过验证的软件也就不一定能够通过确认。因此，确认是要判断生产者是否构造了正确的软件，或说是否“做了正确的事”。

当把软件看成产品时，验证和确认所要做的事情是有不同的依据的。验证的依据是产品要求（需求规格），是生产者自己的内部要求，而确认的依据是用户的应用要求（或许没有在需求规格中得到完全真实体现），对软件生产者来讲是一种外部要求。因此验证和确认所开展的工作有相同的部分也有不相同的部分，除了测试外，确认应该有更多的活动，如评审、用户调查及意见收集等。

### 2.1.3 软件缺陷

在讨论软件质量和测试的时候，软件缺陷（Defect）是一个高频词汇，习惯上更多时候用 Bug 来代表。软件缺陷的含义十分广泛，人们常常将软件的问题（Problem）、错误（Error）以及因软件而引起的异常（Anomaly）、故障（Fault）、失效（Failure）、偏差（Variance）等均称为软件缺陷。IEEE 729—1983 对缺陷有一个定义：“从产品内部看，缺陷是软件产品开发或维护过程中存在的错误、毛病等各种问题；从产品外部看，缺陷是系统所需要实现的某种功能的失效或违背”。国家标准 GB/T 32422—2015《软件工程 软件异常分类指南》中对这里给出的多数术语有解释，也有彼此之间一些关系的说明，如将缺陷定义为“工作产品中出现的瑕疵或缺点，导致软件产品无法满足用户需求或者规格说明，需要修复或者替换”，可以参考。

上面罗列了若干可以称为软件缺陷的词汇，但各个词汇的准确含义还是存在差异的。例如，错误较多时候是软件缺陷的静态表现，是存在于软件中的一种缺陷；而故障是软件缺陷的动态表现，是因为软件的缺陷造成软件工作时出现的问题；而失效则是软件因缺陷而导致的后果。当然在多数时候人们并没有将这些词汇的含义区分得十分清晰，通常对这些词汇的混合使用也不影响软件的工程活动。

软件缺陷有可能是显现的，但更多情况下是隐藏的，但不管怎样，缺陷的存在会导致软件产品在某种程度上不能满足用户的需求。比如，软件缺陷可能造成软件的功能错误或功能没有实现、计算错误输出错误结果、系统不能在预期的时间之内完成规定的任务、不能提供要求的安全保护、计算精度不满足要求、软件的界面或操作不符合使用者的习惯或要求、引起了系统资源耗尽，以及软件不符合特定用户群在语言、文化、宗教、习俗、政治环境等方面的要求。这些表现可以用软件不满足需求来概括，但实际上一些需求可能是十分明确的，另外一些却是隐含的或者模糊的，这给软件的生产和测试带来很大的挑战。

软件缺陷是如何产生的呢？软件是人设计开发出来的，通常还是一个团队合作的成果，基于个人在理解、思维和能力方面的局限性以及团队组织、沟通、工作规范化等方面的原因，加上技术因素，软件出现缺陷的概率很高。例如需求的表述没有真实反映实际的要求，设计有瑕疵，采用的技术方案不合理，软件太过复杂，沟通有问题，软件过程不规范，文档化不充分等等都可能引入缺陷。

许多人以为软件的缺陷主要是在编码阶段产生的，事实上并不是这样，软件在需求分析和设计阶段同样会引入缺陷，而且占比均超过编码阶段。通过对缺陷分布的统计，发现在需求分析阶段引入的缺陷比例最高，通常超过 40%，在设计阶段引入的缺陷也在30%以上，而编码产生的缺陷低于 30%。为什么需求活动引入的缺陷会最多呢？这一方面是需求活动的一些特点造成的，如需求本身不清晰不明确，需求变化频繁，用户对需求的表述不准确，以及需求工程师与用户的沟通及理解存在问题；另一方面需求的获取方式、文档化工作和质量以及需求确认也是一些重要因素。

相比较而言，编码阶段的缺陷更加容易被发现，可能开发工程师在调试程序时就能够暴露许多缺陷，而需求分析和设计阶段产生的缺陷很隐蔽，被发现要困难得多。因此对需求和设计的评审有助于降低缺陷的发生率。

一旦发现软件缺陷，绝大多数是要尽快修复的，但由于缺陷产生和发现的时机不同，对各个阶段引入缺陷的修复代价有着巨大的差异。一般而言，在软件工程活动中，缺陷从产生到发现的间隔时间越短，修复的代价就越小，当缺陷从一个工程阶段跨入后一个工程阶段时，修复的代价将以指数级增长。例如，需求阶段产生的一个缺陷，在同一阶段被发现并修复的代价假设为1，那么等到设计阶段再修复，代价可能就是3～6了，如果等到编码阶段才修复，代价将会达到 10，在系统测试及交付测试阶段修复会暴增至20～70，如果产品已经发布了再修复这个缺陷，代价可能达到 100（Boehm 发表的 *Software Engineering Economics*）。正因为如此，软件工程活动中要努力做到缺陷早发现早排除，对应的测试活动就不能是编码完成之后的一个阶段性工作，而是贯穿软件工程的各个阶段，力争通过测试尽早地发现缺陷。

下面讨论软件异常（Anomaly）及其分类的问题。在国家标准 GB/T 32422—2015《软件工程 软件异常分类指南》中，软件异常被定义为："从文档或软件操作观察到偏离以前验证过的软件产品或引用的文档的任何事件"。这个定义表明，异常是软件的表现不符合已经通过验证的（被认为是正常的）情况，异常会给软件的使用带来问题。

GB/T 32422—2015 标准在有限范围内讨论了软件的问题、失效、缺陷等之间的关系。问题可能由失效引起，失效由故障引起，而故障是软件缺陷的子集。为什么要对软件异常进行分类呢？一方面，分类有助于确定异常产生的原因，帮助软件过程的改进；另一方面，分类有利于软件的开发者、测试者、管理者、评价者以及使用者之间的沟通和信息交换。

软件异常分类涉及异常的识别、调查、行动和处置等活动。异常可能发现于软件生存周期的各个阶段，当识别出一个异常时，需要调查引发异常的因素并提出解决措施，根据措施采取行动，对异常加以处置。异常的分类有若干的属性，以引发异常的根源——缺陷的分类为例，其分类属性包括缺陷的状态、优先级、严重性、发生概率、影响质量特性的范围、引入的阶段、原因分析、解决方案、处置结果、处理风险等 20 余项。各个分类属性都有相应的属性值，例如，缺陷的优先级和严重性两个属性，它们的属性值如表 2-1 和表 2-2 所示。

**表 2-1　缺陷的优先级（GB/T 32422—2015 表 A.2）**

| 属性值 | 描述 |
| --- | --- |
| 紧急 | 需要立刻处理 |
| 高 | 应在下一个可运行版本中解决 |
| 中 | 应在第一个交付版本中解决 |
| 低 | 期望在第一个交付版本中解决（在第一个交付版本后升级到优先级“中”） |
| 无 | 无需在第一个交付版本中解决 |

缺陷的优先级用于表达评估、解决和关闭缺陷的优先程度，分为 5 个级别，这里规定了每一个级别的处理原则。

**表 2-2　缺陷的严重性（GB/T 32422—2015 表 A.3）**

| 属性值 | 描述 |
| --- | --- |
| 阻塞 | 在纠正或发现合适的方法之前，测试无法进行 |
| 严重 | 主要操作被打乱，导致安全性受到影响 |
| 一般 | 主要操作受到影响但软件产品仍能继续运行 |
| 轻微 | 非主要操作受到影响 |
| 可忽略 | 操作未受影响 |

严重性是指缺陷引起失效的最大影响程度，也分为 5 个等级。

缺陷的优先级和严重性在不同的企业中可能因业务场景差异有不同的定义，但可以肯定的是，对于软件缺陷的处理，应该根据缺陷的严重性和优先级进行，当然也要考虑缺陷的其他属性。

### 2.1.4　测试与质量保证

2.1.1 节介绍了软件测试的各种定义，它们都体现出一个同样的目标，通过测试这种手段去发现和排除软件中的缺陷，从而保证软件的质量，这表明测试与质量保证是有密切关系的。什么是质量保证（Quality Assurance，QA）呢？ISO 8402:1994 中的定义是“为了提供足够的信任表明实体能够满足质量要求，而在质量管理体系中实施并根据需要进行证实的全部有计划和有系统的活动”。美国质量管理协会（ASQC）的定义为：“QA 是以保证各项质量管理工作实际地、有效地进行与完成为目的的活动体系”。这些定义表明质量保证是系统性的活动或活动体系，涵盖的范围十分广泛，是企业级的系统性行为。

这里讨论的是关于软件的测试和质量保证，需要关心软件质量的含义及构成。国家标准 GB/T 25000.1—2021《系统与软件工程 系统与软件质量要求和评价（SQuaRE）第 1 部分：SQuaRE 指南》对软件质量的定义是：“在规定条件下使用时，软件产品满足明确的或隐含的要求的能力”，这些明确的和隐含的要求在 SQuaRE 系列标准中以质量模型的形式进行了阐述，质量模型将软件产品质量划分成不同类型的质量特性，有一些进一步划分为若干子特性。在 GB/T 25000.10—2016《系统与软件工程 系统与软件质量要求和评价（SQuaRE） 第 10 部分：系统与软件质量模型》中，定义了软件的产品质量模型和使用质量模型。其中产品质量模型将质量属性划分为八个质量特性：功能性、性能效率、兼容性、易用性、可靠性、信息安全性、维护性和可移植性，每一个特性由相关的若干子特性组成；使用质量模型包含了与系统交互结果有关的五个特性：有效性、效率、满意度、抗风险和周境覆盖，其中满意度、抗风险和周境覆盖还各自包含一些子特性。进一步的内容在本书 3.2.2 节中有更详细的介绍。

按照 SQuaRE 质量模型，软件测试和质量保证均将在上述这些软件的质量特性、子特性上进行。当然，这些特性和子特性只是软件质量的构成要素，测试和质量保证活动将针对这些质量要素，开展各种各样的技术工作和管理工作，如计划、设计、实施、判定、评审、V&V 等等，最终达成自己的目标。

软件测试和软件质量保证之间是一种什么样的关系呢？它们之间应该是包含关系。首先，软件质量保证涉及的活动要宽泛得多，作为企业级的系统性的活动更加宏观，对各种具体的质量保证措施提供指导、监督和评价，并不断改善提高质量保证的能力。其次，保证软件质量的措施和手段有很多，测试是其中一种，当然是不可缺少的最为重要的手段，测试需要在质量保证的大目标下开展工作以满足质量保证的要求，同时测试将为质量保证提供充分的数据以帮助评价质量。软件测试更多的表现为技术性活动，而软件质量保证则是管理性活动特征更明显。

### 2.1.5 测试用例

软件测试应该是有计划有组织的活动，软件是一种逻辑产品，对其开展测试可能是存在“组合爆炸”的，因此不能随心所欲地进行。必须为测试确定目标，制订计划，并开展设计，为了尽可能高效地实施测试，获得理想的测试效费比，测试设计必须包括对全部测试用例（Test Case）的设计。国家标准 GB/T 25000.51—2016《系统与软件工程 系统与软件质量要求和评价（SQuaRE）第51部分：就绪可用软件产品（RUSP）的质量要求和测试细则》对测试用例有如下定义：“为某个特定目标（例如，为演练具体的程序路径或验证对特定需求的依从性）而开发的输入、执行条件以及预期结果的集合”。

定义包含了如下一些要点：第一，测试用例是测试人员针对具体目标设计或开发出来的，有非常强的目的性；第二，测试用例将体现软件的某一个具体运行实例或场景，包括输入的测试数据、执行条件、逻辑过程以及预期的逻辑结果等；第三，测试用例须提供准确的判定准则，即依照该用例实施测试获得实际结果时如何判定。

国家标准 GB/T 38634.2—2020《系统与软件工程 软件测试 第2部分：测试过程》对测试用例的设计有明确的规定：“应当通过确定前置条件，选择输入值以及必要时执行所选测试覆盖项的操作，以及确定相应的预期结果来导出。”在设计测试用例时，要充分考虑测试覆盖项，合理地在一个测试用例中组合多个测试覆盖项的覆盖范围，这可以减少测试用例数和测试执行时间。本书第二篇包含的各章，有对各类测试技术中测试用例设计方法的详细介绍。

测试用例对测试的实施具有非常重要的作用。首先，测试用例是测试实施时的依据，测试人员应该按照设计好的用例开展测试，获取结果并进行判定；其次，测试用例是根据测试目标系统严密设计出来的测试任务描述，体现了测试的方案、方法、技术和策略，在测试用例的指导下可以保证测试的规范性，提高测试效率，避免测试的随意性和盲目性，从而保证测试的质量；此外，测试用例是软件企业的一类资产，具有相当大的价值，在一些软件项目中，因开发迭代或版本进化，需要进行频繁的回归测试，良好的测试用例集可以帮助提高回归测试的效率，在企业的系列化产品研发活动中，还可能存在一定的测试用例复用，因此建立、维护好测试用例库，并利用好已有的测试用例，不仅能给企业带来价值、降低成本，也是企业能力成熟度的一个表现。

规范的测试用例包含一些必需的内容。国家标准 GB/T 15532—2008《计算机软件测试规范》在附录 C.1 中给出了软件测试用例的模板，如表 2-3 所示。可以发现，测试用例应该包含用例的标识、名称、说明、环境配置、操作过程、各种条件、评价准则以及建立用例的人员和时间等信息，其中操作过程要描述每一步操作的输入数据、过程说明、预期结果和通过准则等。构造测试用例是测试设计的一个重要工作，应根据测试的目标进行设计，保证每个用例的正确性，不正确的用例会带来错误的测试结果，要考虑用例对测试的覆盖情况，避免出现较大的遗漏，同时，还必须考虑用例的大小、是否可判定和是否具有可操作性。

**表 2-3　测试用例模板（GB/T 15532—2008）**

| 用例名称 | | | 用例标识 | |
|---|---|---|---|---|
| 测试追踪 | | | | |
| 用例说明 | | | | |
| 用例的初始化 | 硬件配置 | | | |
| | 软件配置 | | | |
| | 测试配置 | | | |
| | 参数配置 | | | |
| 操作过程 | | | | |
| 序号 | 输入及操作说明 | 期望的测试结果 | 评价标准 | 备注 |
| | | | | |
| | | | | |
| | | | | |
| 前提和约束 | | | | |
| 过程终止条件 | | | | |
| 结果评价标准 | | | | |
| 设计人员 | | | 设计日期 | |

与测试用例相似的是测试脚本（Test Script），它可以被看成是测试工具执行的测试用例，但二者是有很大差异的。测试脚本通常是指一个特定测试的可以被自动化工具执行的一系列指令，脚本可以在工具中通过录制测试操作生成，也可以使用脚本语言直接编写。脚本虽然同样可以用于测试，并支持自动化的测试，但并没有测试用例所包含的那么丰富的信息。

## 2.1.6　测试策略

软件是逻辑产品，对其进行完全测试是不现实的，这可能需要付出无法承受的时间、人力及成本代价。同时在多数情况下，软件测试是系统性的工程活动，需要组织、协调和管理，并提供恰当的资源才能支持相应的测试活动。因此测试不可随心所欲、漫无目的地进行。事实上，软件测试是在有限资源的约束下，如何去尽可能发现软件缺陷的技术和管理活动，理想的结果是实现测试代价和测试质量的最佳平衡。为此，软件测试需要有科学合理的测试策略。

软件测试策略是在一定的软件测试标准、测试规范的指导下，依据测试项目的特定环境而规定的软件测试的原则、方法的集合。从广义上来说，测试策略是一套方法论，可以平衡测试时间、测试技术、测试人力、质量要求之间的关系，达到最佳测试效果，从而实现最大化的测试投入产出比。因此在测试前期规划时，测试策略是计划中的重点内容，是测试最终成功的关键因素之一。

软件测试策略的确定是基于测试需求的分析以及测试风险评估的结果，定义测试的范围和要求，选择合适的测试方法，并制定测试启动、停止、完成的标准和条件。从方法论的角度看，软件测试策略可以划分为基于分析（如风险分析、需求规格分析）的策略、基于模型（如业务模型、软件质量模型、系统性能演化模型）的策略、基于标准规范（如 GB/T 25000.51 标准、软件验收标准）的策略以及基于自动化的回归测试策略等等。

测试策略的输入包括如下方面：

- 测试所需软硬件资源的详细说明。
- 针对测试和进度约束，需要的人力资源的角色和职责。
- 测试方法、测试标准和完成标准。
- 目标系统的功能性和非功能性需求、技术指标。
- 系统局限（即系统不能够满足的需求）等。

测试策略的输出包括如下方面：

- 已批准或审核的测试策略文档、测试用例、测试计划。
- 需要解决方案的测试项目。

制定测试策略的过程为：

- 确定测试的需求。需要注意以下几点：

①测试需求必须是可观测、可测评的。

②软件需求与测试需求以及测试用例不是一对一关系。

③测试需求可能有许多来源。

- 评估风险并确定测试优先级。

成功的测试需要在测试工作中权衡资源约束和风险。为了确定测试工作优先级，需执行风险评估和实施概要，并将其作为确定测试优先级的基础。

- 确定测试策略。

一个好的测试策略应该包括：实施的测试类型和测试目标、实施测试的阶段、技术、评估测试结果和测试是否完成的标准、对测试工作存在影响的特殊事项等。

关于测试策略，本教程的后续若干章节有更加详细的介绍。如 9.2 节介绍了基于质量特性的软件测试中有关性能效率的测试策略，11.3 节介绍了分层架构软件测试中的测试策略，12.3 节介绍了事件驱动架构软件测试中的测试策略，13.3 节介绍了微内核架构软件测试中的测试策略，14.4 节介绍了分布式架构软件测试中常见的测试策略。

## 2.2 软件测试的原则

基于软件及软件测试的特点，在开展软件测试活动时，应当遵循如下的一些普遍性原则：

溯源性原则：不同阶段的测试有不同的阶段性目标，但汇集起来后的总目标是保证软件质量，这主要通过对需求的符合性验证和确认（V&V）来体现，因此测试应当溯源到原始需求，而不是仅仅只盯着眼前。

工程性原则：测试不是某一个阶段的活动，而是贯穿软件生产的各阶段，需要以工程化的思想和方法来组织和实施。按照 2.1.3 节中对缺陷修复代价的分析，须尽早按计划开展测试，甚至进行预防性测试，以避免测试延迟带来的巨大代价。

独立性原则：应当避免开发工程师测试自己的程序，自己测试自己的程序会受到定势思维和心理因素的影响，测试质量将大打折扣，企业应设立独立的测试工程师岗位或测试部门去承担测试工作。有一些大规模的企业在遵循独立性原则时也注重交叉性，即可能会在不同的项目中互换开发工程师和测试工程师，这有利于开发和测试质量的提高。需要注意的是，长时间的合作可能造成测试与开发的同化，从而慢慢丧失测试的独立性原则，应努力避免。

合理性原则：对软件进行完全测试是不可能的，基于有限的时间和有限的资源，无法对软件开展穷举式的测试。基本规律是测试成本与测试强度成正比，遗留缺陷与测试强度成反比，因此正确的策略是在质量要求和测试强度之间寻找合理的结合点，获得最优的测试效费比，避免测试不足和过度测试。这需要合理地设定测试的终止条件。

不完全性原则：不管强度有多大，测试都不能暴露全部的缺陷，这是由测试自身决定了的。测试能做的是尽可能多地发现错误，但不能证明软件不再包含错误。因此，任何人或者机构对软件测试后的评价只能描述为“未发现错误”，而不能描述为“没有错误”。

相关性原则：基于大量的测试统计和分析，人们发现一个软件（模块）中被找到的缺陷越多，则这个软件（模块）中残留的缺陷也越多，或者说缺陷常常有聚集现象。这个原则提醒测试工程师对暴露错误多的模块应该加强测试。

可接受性原则：测试的直接目标是发现软件缺陷，但更进一步的目的是修复发现的缺陷，然而修复缺陷是有代价的，因为时间或修复风险等方面的原因，已发现的缺陷不一定全部修复。在各方可以接受的前提下，可以允许某些缺陷遗留在软件中。当然这并不表明不披露已发现的缺陷，而应该交由恰当的人员或会议进行决策。

风险性原则：测试虽然是为了降低或化解软件的质量风险，但必须认识到测试本身也是有风险的。鉴于上述的测试合理性原则，测试工作实际上是对软件进行采样测试，采样必然存在风险。这需要在做测试设计及构造测试用例时考虑如何规避和减少风险。同时，在一些测试（特别是已交付投产的系统的升级、补丁测试）中，存在影响软件正常工作甚至中止服务的风险，这需要测试团队做好充分准备，开展风险评估，明确风险化解的有效方法，然后才能实施测试。

## 2.3 软件测试模型

在软件工程的发展过程中，形成了许多开发过程模型，如瀑布模型、原型模型、基于构件的模型、快速应用开发（RAD）、敏捷过程模型等，软件测试的模型通常是对应着开发模型演变的。本节介绍部分经典的软件测试模型。

### 2.3.1 V 模型

软件测试的 V 模型对应于开发的瀑布模型。瀑布模型将软件的开发明确地划分为需求分析、概要设计、详细设计、编码和测试等阶段，需要在完成前一阶段的工作后才能进入下一阶段，因此测试成了一个阶段性的工作，是最为典型的 V&V 活动。测试 V 模型如图 2-1 所示。

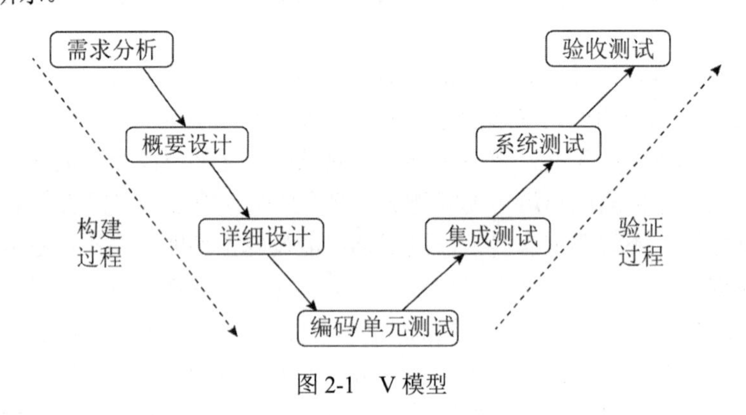


图 2-1 V 模型

在 V 模型中，测试活动对应于瀑布模型的每一个工程阶段，即单元测试对应编码、集成测试对应详细设计、系统测试对应概要设计、验收/交付测试对应需求分析。传统的测试划分就是因此而产生的，这是 V 模型的重要贡献。

### 2.3.2 W 模型

V 模型存在比较大的局限性。它把测试标定为软件工程的一个阶段性活动，而且是编码结束之后才开始的活动，启动时间太晚，不符合尽早开始测试的原则。这个模型不仅会让人误解测试在软件工程活动中的作用，而且会造成软件缺陷发现的延迟，越是早期的活动引入的缺陷却越晚被发现，这将带来缺陷修复的巨大代价。

W 模型是对 V 模型的一个重要改进，充分体现了尽早开展测试的原则，并将 V 模型中以发现缺陷为目标上升为保证软件质量为目标。W 模型如图 2-2 所示。

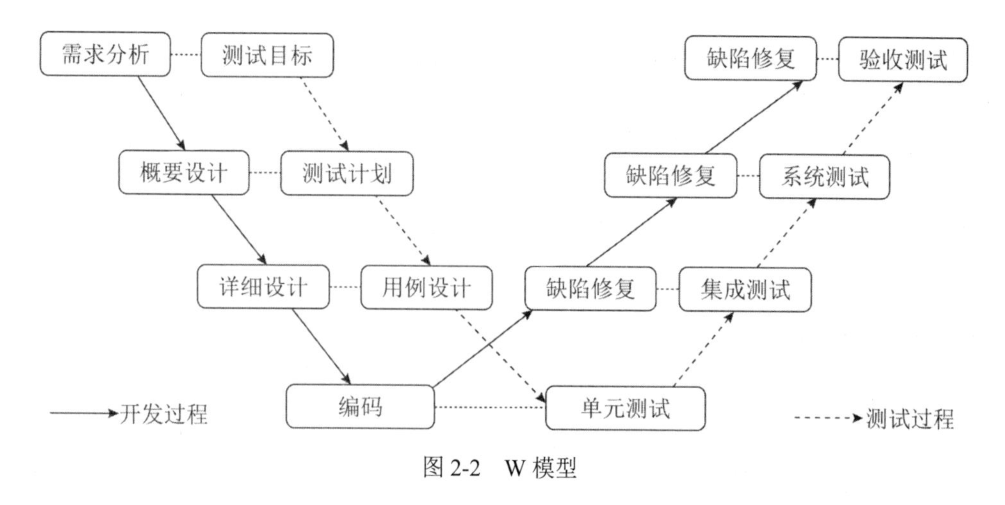


图 2-2　W 模型

W 模型实际上是两个 V 的叠加，一个 V 描述开发过程，另外一个 V 描述测试过程。开发过程的下降边依然是需求分析、概要设计、详细设计和编码，测试过程的上升边也依然是单元测试、集成测试、系统测试以及验收/交付测试，但测试的起始时机不再是编码结束之后，而是从需求分析时开始，且与开发的每一个阶段活动同步进行，通过适时的评审，可以尽早发现和处理软件过程中的缺陷，降低缺陷修复的代价，保障产品各生产阶段的质量，从而更充分地保证最终软件的质量。

显然 W 模型优于 V 模型，它体现了更多的软件测试原则。W 模型中测试分布于软件过程的每一个阶段，与开发的同步可以第一时间生成测试的各类文档，从而加快后期测试的进度。同时 W 模型也表明，测试的对象不仅仅只是程序，还包括各个阶段的文档和数据，因此对软件的验证和确认活动事实上也很早就开始了。

### 2.3.3　H 模型

虽然 W 模型比 V 模型完善了许多，但其局限性仍然存在，它们都高度依赖于开发的瀑布模型，活动具有明显的串行特征。事实上，即使是采用瀑布模型开发的软件，也不一定是如此清晰的串行化，而是存在大量的交叉活动，更不用说采用快速开发或敏捷开发方法的软件了，因此 W 模型不能适用于所有的软件项目。

H 模型进一步改善了 W 模型中的一些问题，其特征如图 2-3 所示。

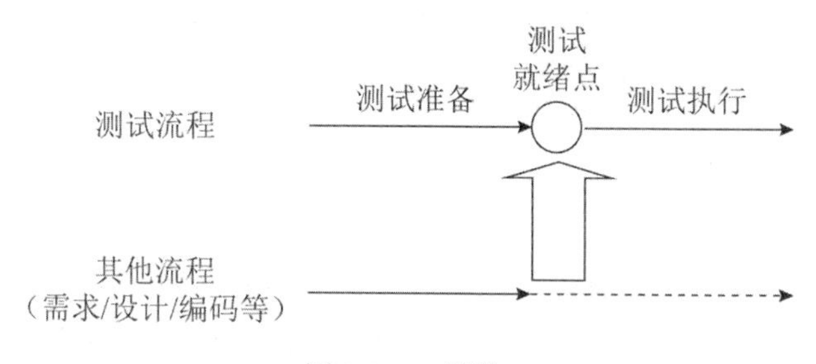


图 2-3　H 模型

H 模型把测试活动从软件开发过程中独立出来，在软件过程的任何一个时间点上，只要测试条件满足即开展测试。图 2-3 中的其他流程可以是软件过程中的各种活动的流程，如需求、设计、编码甚至就是测试流程本身，测试的流程与其他流程是并行的。H 模型也更充分地反映了每一个测试的完整活动，包括测试准备及测试执行。

H 模型比 W 模型更好的地方是能够兼顾测试的效率和灵活性，适合于各种规模及类型的软件项目。

### 2.3.4 敏捷测试模型

敏捷测试源于敏捷开发。当前敏捷开发是一种比较流行的方法，该方法以用户的需求进化为核心，以迭代、循序渐进的方式进行软件开发，主张简单、拥抱变化、递增、快速反馈等原则。敏捷测试是敏捷开发的组成部分，需要与开发流程良好融合，其特征如图 2-4 所示。

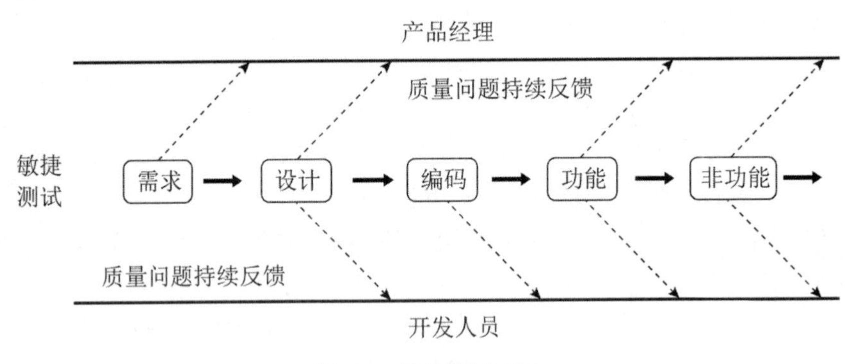


图 2-4 敏捷测试过程

敏捷测试在整个敏捷开发过程中，需要与项目的其他人员甚至用户保持紧密协作，时刻关注需求变化并实施测试，以体现测试的时效性和适应性，这对测试人员有比较高的能力要求。

上面这些是比较经典的软件测试模型。如果关注软件测试的过程改进，还有若干过程改进的模型，如 TMMi（Test Maturity Model integration）测试成熟度模型集成、TPI（Test Process Improvement）测试过程改进、CTP（Critical Test Process）关键测试过程、STEP（Systematic Test & Evaluation Process）系统化测试和评估过程等模型。限于篇幅，对此不再赘述，感兴趣者请参考其他文献。

## 2.4 软件测试分类

从不同的视角和维度去看待软件测试，会有不同的分类。比如可以从测试的方法去分类，也可以从开发的阶段性去划分，也可以从测试的对象去划分，还可以从测试的目标去分类。本节介绍各个维度的软件测试分类情况。

### 2.4.1　按工程阶段划分的测试

如果按软件开发的瀑布模型，测试活动也可以划分为几个主要的阶段，包括单元测试、集成测试、系统测试、确认测试和验收测试等。

单元测试是最小单位的测试活动，也称为模块测试。模块可以是程序模块或功能模块，一个模块（单元）应该具备一些基本属性，如名字、明确的功能、使用的数据以及与其他模块的联系，具有数据输入、处理及输出的基本特征。在各种编程语言中，单元可能表现为一个函数，或者过程，或者类。单元测试是封闭在单元内部的测试，关注一个单元是否正确地实现了规定的功能、逻辑是否正确、输入输出是否正确，从而寻找模块内部存在的各种错误。

单元测试的价值在于尽早发现程序中的错误，以降低错误修复的代价，同时为后续的测试活动提供一个比较好的基础。单元测试的依据是模块的详细设计文件，由测试工程师或测试工程师与开发工程师共同完成，单元测试使用的方法包括白盒测试、黑盒测试以及灰盒测试。因为单元测试只关心模块内部而不关心模块之间的问题，因此一个软件中的各个模块测试可以并行进行。需要说明的是，正因为单元测试封闭在模块内部进行，可能需要构造驱动模块或桩模块来支持单元测试。

集成测试是在软件的单元测试完成并修复了所发现的错误后，进行模块的集成时开展的测试。集成测试的主要任务是发现单元之间的接口可能存在的问题，如接口参数不匹配、接口数据丢失、数据误差积累引起错误等，目标是验证各个模块组装起来之后是否满足软件的设计文件要求。虽然集成的各个模块均已通过单元测试，但在集成时可能会暴露大量的接口错误，以及一个模块可能会对另一个模块产生不利影响，从而造成集成失败。集成测试的难度比单元测试高很多，需要配合模块集成的策略，常见的集成策略有一次性集成和增量式集成，一次性集成中的测试难度更高，对发现的问题进行定位和排除都非常困难。

系统测试的目标是确认软件的应用系统能否如预期工作并满足应用的需求。系统测试的对象是应用系统，除软件外可能还包括硬件、网络及数据，并且需要在一个比较真实的环境下进行。系统测试不关注程序的内部结构和实现方式，只按照需求规格说明逐一验证系统的质量特性。系统测试采用黑盒测试方式，并经常利用测试工具。系统测试不能由开发团队实施，只能由独立的测试团队、用户或第三方机构进行，否则不能达到系统测试的目的。

确认测试和验收测试仍然可以看成是上述单元测试、集成测试和系统测试同类的软件过程中的阶段性测试活动，但焦点放在与软件交付相关的验证与确认上。确认测试和验收测试与系统测试相似，以需求规格说明为依据，采用黑盒测试方法。

确认测试也称为有效性测试，主要由软件的开发方组织。该测试可以对需求规格的局部开展分项确认，也可以针对需求规格全集开展完全的确认，以验证软件的有效性。部分软件的确认测试可以增加模拟用户或非特定用户参与，如α测试和β测试。为获得确认的有效证据，确认测试可以委托第三方测试机构实施。

验收测试由用户方组织，在生产环境下进行。实施验收测试的可以是用户自己，也可以是开发方，目前比较流行的是委托第三方机构开展，以保证验收测试的独立性、客观性和公正性。验收测试将全面确认交付给用户的软件是否符合预期的各项要求，这些要求可能最初是通过项目的招投标文件、合同或任务书约定的，项目进行过程中很可能进一步细化并形成了需求规格说明书来准确描述这些要求，在验收测试之前用户方和开发方应该对需求规格说明书（包括可能的需求变更）进行确认，以保证需求规格覆盖了用户真实和正确的需求，为验收测试提供可靠的测试依据。验收测试报告将作为软件项目或采购验收的重要支撑。

各个工程阶段的测试均是有组织的活动，需要制订测试计划和测试方案，设计测试用例，选择测试工具，记录测试结果，编制测试报告，并可能对其中的一些过程和结果进行评审，因此，这些测试应该严格按照相应的规范进行。

上述按工程活动阶段开展的测试中，任何测试发现的问题都可能需要部分软件活动返工，引发编码、详细设计、概要设计甚至需求的调整，在这种情况下必须进行对应的回归测试（见2.4.7节），以验证调整后是否满足各项测试依据的要求。

### 2.4.2 按是否执行代码划分的测试

如果按照测试活动是否执行代码来分类，可以将测试分为动态测试和静态测试。动态测试即通常意义上的测试，通过运行软件来发现错误或验证程序是否符合预期要求。这里重点谈谈静态测试，静态测试不运行软件，只做检查和审核，测试的对象包括需求文档、设计文档、产品规格说明书以及代码等。对各类文档的测试主要通过评审的方式进行，对代码的静态测试采用走查和代码审查方式。

静态评审包括内部评审和外部评审，内部评审的范围比较广泛，如各个阶段的文档，以及程序的结构、逻辑、过程、算法、接口等等，偏重技术层面；外部评审比较多地体现在对需求和设计文档的评审，不太关心具体的细节和实现技术，外部评审需要用户代表参加，也可以邀请领域专家参加。

静态测试需要对代码进行走查，即阅读代码并分析其是否存在错误。一般是采用人工走查的方式，也可以利用静态分析工具对程序特性进行分析，以发现程序中的逻辑错误和结构性错误。

静态测试和动态测试都是软件测试的重要组成部分，缺一不可。如果静态测试做得比较好，会及时发现更多的错误，减少动态测试的压力，降低错误修改的成本，更好地保证软件的质量。

### 2.4.3　按测试实施主体划分的测试

如果按实施测试的主体身份划分，可以将测试分为开发方（供方）测试、用户方（需方）测试和第三方（独立评价方）测试。在实际的软件活动中，这三种情况都普遍存在。

开发方作为软件（产品）的供方，开展各种测试是他的职责和义务，是向用户交付合格产品的必要手段，也是让用户对产品建立信心的重要基础。开发方测试应该涵盖软件生产及交付的各个阶段，以满足用户需求为最终目的。开发方测试的优势是熟悉软件采用的技术、全部工程文件及开发过程，并能够高效与开发团队沟通，因此测试效率高。但开发方测试的缺点是容易站错立场，以有利于自身的意识去强化对软件"证真"，从而遗漏对软件缺陷的暴露甚至忽视用户的需求。

用户方测试的实施难度远高于开发方测试，一方面用户方可能缺乏专业的人员，没有能力开展对软件的专业化测试，另一方面用户方可能无法获取软件开发的大量技术文件，不了解开发的过程和技术，也不能与开发者进行有效的沟通。用户方只能开展验收测试，基于对自己真实需求的认识，用户方测试能够更好地确认软件是否符合自身的需求。

第三方测试目前在我国开展得如火如荼，一是因为独立评价方具有公平公正的地位，二是这些机构具有高度专业化的测试团队和管理团队，三是第三方机构拥有丰富的测试经验和完备的测试工具，四是这些机构通常具备严格的专业资质。因为这些原因，第三方机构能够向社会提供专业的软件测试服务，对检验软件产品质量，保护软件用户方权益具有重要意义。第三方测试主要开展软件的确认测试、验收测试和符合性测试，当然也可以接受其他用途的委托测试。

不管是由哪一方来实施测试，所使用的方法、采用的技术、遵循的原则都是一致的，不会因为测试的主体不同而发生变化。

### 2.4.4　按是否关联代码划分的测试

将软件测试按照是否关联代码的方法来分类，可以分为白盒测试与黑盒测试，区别在于测试时测试人员是否知道软件是如何实现的。下面分别介绍。

白盒测试也被称为结构化测试、逻辑驱动测试或基于代码的测试，是指测试人员开展测试时完全清楚被测试程序的内部结构、语句及工作过程，这个程序就像是放于一个完全打开的盒子中，可以被看清一切细节。当采用白盒测试方法时，测试人员将结合程序的内部结构和工作逻辑，设计测试用例，来测试程序中的变量状态、逻辑结构及执行路径等，从而判定程序是否在按需求和设计的要求正常工作。白盒测试如图 2-5 所示。

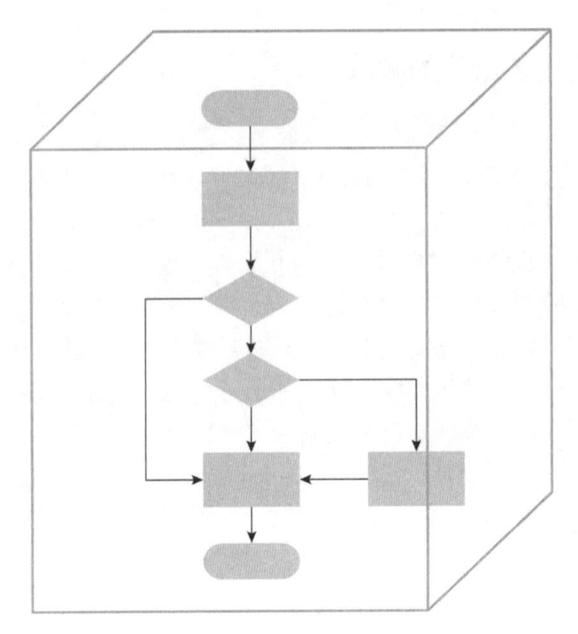

图 2-5　白盒测试

白盒测试的一个主要工作是进行各类逻辑覆盖测试，如语句覆盖、路径覆盖、判定覆盖、条件覆盖、条件组合覆盖等。因为较高的覆盖率才能保证测试的质量，但对程序做完全的覆盖可能是不现实的，许多情况下路径或条件组合是一个天文数字，这需要测试人员花费心思去设计恰当的测试用例，用尽可能少的用例覆盖尽可能多的情况，详细内容请参阅本书第 6 章。

黑盒测试是通过软件的外部表现行为进行测试的方法，它不关心程序的内部结构和如何实现，只关心程序的输入和输出，因此这种测试方法中软件像是被放于一个无法看见内容的黑盒子中。采用黑盒测试方法时，测试人员进行测试设计的依据是需求规格说明，通过设计测试用例，分析在特定输入的情况下预期的输出结果，然后获取软件的实际运行结果来判定程序是否存在错误。黑盒测试通常是通过软件的功能表现来开展测试的，因此黑盒测试也被称为功能测试、基于规格说明的测试、数据驱动的测试方法。黑盒测试如图 2-6 所示。

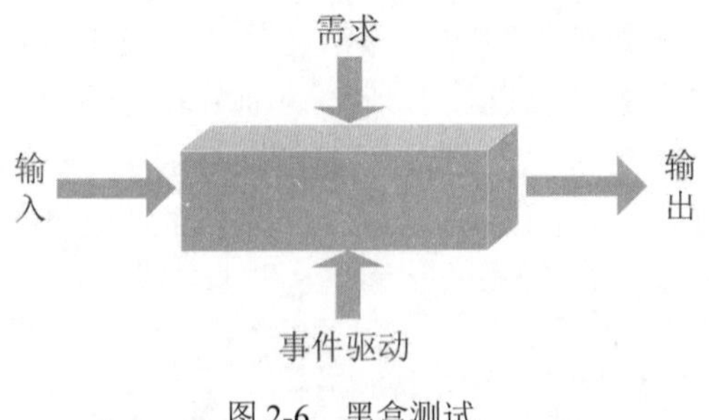


图 2-6　黑盒测试

由于黑盒测试基于规格说明，因此这种测试方法更能体现软件的外在表现，除了软件的功能，也包括软件的界面、使用便利程度、兼容性和效率等。黑盒测试关注用户的需求，通过测试能够获得用户使用软件的体验，通常用户方测试和第三方测试只能采用黑盒测试的方法。根据黑盒测试的特点，在设计测试用例时，一些常用的技术有助于产生高质量的用例，在测试中暴露更多的软件缺陷，如等价类划分、边界值分析、判定表、因果图等。更加详细的内容请参见本书第 5 章。

白盒测试和黑盒测试各有各的优缺点。白盒测试可以发现软件中的结构错误、逻辑错误、算法错误等技术性错误，并准确定位错误的位置，可以暴露隐藏于代码中的一些错误，对代码的测试也比较彻底，但它却不能判定程序中的一个功能是不是用户真正所需，不能完成大量的非功能测试，不能发现遗漏的路径和数据相关性错误，并且测试的代价比较高。黑盒测试的优点是可以判定用户需求的符合程度，不需要了解软件的细节，也不一定需要开发人员的支持和配合，并且在产生需求之后就可以开展测试的前期工作，使得测试效率更高，测试用例可复用，但黑盒测试只能精选极少部分的测试输入，测试的覆盖率通常也很低，发现异常后不能准确定位错误。因此二者之间不能互相替代，在实际工作中，要综合运用不同的测试方法，来到达可接受的测试效果。

正是因为白盒测试和黑盒测试互相对立，优缺点基本互补，因此出现了灰盒测试。灰盒测试介于白盒测试和黑盒测试之间，既关注黑盒测试方法中的输入输出，也在一定程度上关注程序的内部情况，是两种测试方法的一定融合，灰盒测试中会交叉使用白盒测试和黑盒测试的方法，较多地应用于软件的集成测试中。例如在集成测试中，根据模块间交互的流程设计测试用例，此时并不需要模块内部的具体实现细节，故在模块内是黑盒测试方法，但需要提供模块间的实现细节，故在模块间是白盒测试方法。这里既有黑盒（模块内），又有白盒（模块间），因此被称为“灰盒”。

### 2.4.5　按软件质量特性划分的测试

按软件的质量特性划分的测试，应根据国家标准 GB/T 25000.10—2016 中定义的软件产品质量的八个质量特性：功能性、性能效率、兼容性、易用性、可靠性、信息安全性、维护性和可移植性，相应地可以针对这些特性或它们的子特性开展测试，从而形成系统的功能性测试、性能效率测试、兼容性测试、易用性测试、可靠性测试等等。下面做简要说明：

①功能性测试。是在指定条件下使用时，测试软件提供满足明确和隐含要求的功能的程度，包括软件功能的完备性、正确性和适合性。

②性能效率测试。是在指定条件下使用时，测试软件的性能及效率满足需求的程度，包括时间特性（如响应时间、处理时间、吞吐率）、资源利用性（如内存占用、CPU 占用）、容量（如并发用户数、通信带宽、交易吞吐量、数据库规模）。

③兼容性测试。是在共享相同的硬件或软件环境的条件下，测试软件能够与其他软件交换信息和/或执行其所需的功能的程度，包括软件的共存性和互操作性。

④易用性测试。是在指定的使用周境中，测试软件在有效性、效率和满意度特性方面为了指定的目标可为指定用户使用的程度，包括软件的可辨识性、易学性、易操作性、用户差错防御性、用户界面舒适性、易访问性等。

⑤可靠性测试。是测试软件在指定条件下指定时间内执行指定功能的程度，包括软件的成熟性、可用性、容错性、易恢复性。

⑥信息安全性测试。是测试软件保护信息和数据的程度，包括保密性、完整性、抗抵赖性、可核查性、真实性。

⑦维护性测试。是测试软件能够被预期的维护人员修改的有效性和效率的程度，包括软件的模块化、可重用性、易分析性、易修改性、易测试性。

⑧可移植性测试。是测试软件能够从一种硬件、软件或其他运行（或使用）环境迁移到另一种环境的有效性和效率的程度，包括软件的适应性、易安装性、易替换性。

在适用的情况下，上述这些基于软件质量特性的测试还包括相应特性的依从性测试，即测试软件遵循与这些特性相关的标准、约定或法规以及类似规定的程度如何。该类测试也可以理解为符合性测试（见 2.4.6 节）中的一部分，即针对某一个或某一些质量特性的符合性测试。

本书第 9 章对上述基于软件质量特性的各类测试有系统全面的介绍。

### 2.4.6 按符合性评价要求划分的测试

在许多情况下，需要对软件进行符合性评价，该评价的基础是符合性测试。符合性测试是要通过测试去判定软件是否符合事先已经明确的文件性要求和约束，如标准、规范、技术指标、招投标文件、合同等。符合性测试可以由上述的用户方、开发方的独立测试部门或第三方测试机构进行，为获得客观公正的符合性测试结论，最好由具备资质的第三方测试机构开展。

符合性测试是有先决条件的，包括含有符合性准则的文件（标准、合同等），就绪的软件（软件的所有项均为可用状态，包括文档），以及软件的系统元素均已存在（测试者可以使用），因此符合性测试更类似于前述的系统测试、确认测试或验收测试，而不同于单元测试和集成测试。

当一个软件（产品）基于各种原因声称符合某一个或某一些标准/规范时，应当开展这些标准/规范的符合性测试并提供合法的符合性评价报告。例如软件产品宣称符合 GB/T 25000.51—2016 标准，应当分别对软件的产品说明、用户文档集以及所交付的软件对照 GB/T 25000.51—2016 中的 5.1、5.2 和 5.3 开展符合性评价，以判定软件的这些构成要件与该标准对应条款要求的符合程度，评价的方式可根据软件实际情况采用测试、确认、验证、评审或分析等，其中测试通常不可缺少。标准符合性测试必须覆盖标准规定的全部要求，不得缺漏，上述例子中即是标准 GB/T 25000.51—2016 的 5.1、5.2 和 5.3 的要求必须全部测试并得到结论。如需了解更多有关标准符合性测试的信息，请参考 GB/T 25000.51—2016 标准的“7 符合性评价细则”。必须强调的是，对软件产品所宣称符合的任何一个标准/规范，均需开展对应的符合性测试（即 2.4.5 节中的依从性测试），因此软件的供方应当对软件符合哪些标准/规范采取谨慎的表述，以免落入虚假宣传或诚信危机。

大量的软件是供方按照商业合同为需方开发的，通常这样的软件需要接受需方的验收，因此需要开展软件的验收测试，此时的验收测试实际上也是一种符合性测试，测试的依据是根据招投标文件或合同经需求分析后建立的需求规格说明，可以称之为合同符合性测试。合同符合性测试应当以产品质量标准（如 GB/T 25000.51—2016）为参考，以需求规格说明为准绳，逐条对规格说明进行验证，并提交结论。考虑到测试的实际情况，在建立需求规格说明时，应当对每一项需求给出清晰准确的描述，不能模棱两可。例如一条关于浏览器兼容性的需求描述，需要明确指出支持的每一种浏览器的名称及版本，不能笼统地描述为“支持主流浏览器”；又如关于软件系统性能效率的一个需求，描述为“系统的响应时间小于 3 秒”是不恰当的，应该明确是什么环境下的什么操作或业务，如描述为“系统服务器环境为：2CPU、内存 4GB、硬盘 160GB、局域网 100Mb、在 500 万条记录、100 用户并发时，查询操作的平均响应时间小于 5 秒，CPU 利用率低于 30%，业务吞吐量达到 12 笔/秒”是可以的。

### 2.4.7 回归测试

在软件活动中，回归测试可能是无法回避的一项工作。不论是开发过程中因为对所发现缺陷的修复，还是修改了设计，甚至是需求发生变化，都需要开展回归测试。同时在软件产品的升级迭代过程中通常会复用之前版本的大量内容并加入一些新的内容，此时也必须开展回归测试。简单地说，只要软件发生了变化，都应该进行回归测试，原因是这些修改可能使得原来正确的功能变得不正确了。

回归测试发生在软件有变动的情况下，如果这种变动是对缺陷的修复，回归测试首先要验证缺陷是否确实被正确修复了，然后测试因此次缺陷修复而可能影响到的功能是否依然正确。如果软件的变动是增加了新的功能，回归测试除了验证新功能的正确性之外同样要测试可能受到影响的其他功能。即使变动是删减了软件中原来的某些功能，依然要通过回归测试来检查是否影响到保留的功能。因此，每一次回归测试可能需要设计一些新的测试用例，同时也会复用之前已经建立的许多测试用例。

在软件活动中回归测试是一项工作量巨大的工作，如果软件版本变化频繁，回归测试的成本是非常高的。如何提高回归测试的效率和有效性是一个值得研究的问题，这需要开发者和实施回归测试的人员选择恰当的策略。随着软件版本的持续演进和回归测试的不断进行，测试用例会日积月累，可能会慢慢变成一个惊人的数量，后续的回归测试如何复用这些用例，难度也越来越高。成熟的企业会建立相应的测试用例库，并采用合适的工具对它们加以管理和维护，利用一些算法来对庞大的测试用例集进行优先级排序或对用例集进行约简，以提高回归测试的效率，并最大限度地保证效率与回归测试质量之间的平衡。实际上，测试用例库是软件企业的一类资产，对其良好的管理和利用是企业成熟度的体现，也会给企业带来实实在在的价值。

# 第3章　软件测评相关标准

随着软件系统复杂度的不断提升和应用场景的不断丰富，软件产品和系统已成为多个部门和组织协同的产物。软件开发者和部门之间、企业之间、产品之间的联系已到了非常复杂的程度，这种复杂程度不仅造成技术问题层出不穷，管理问题也涉及方方面面。为了制定统一的准则，保证软件开发各部门之间互相提供符合各自要求的产品，协调软件生存周期过程各阶段的活动，积累和推广成功经验和实践，使得复杂的管理工作系统化、规范化、简单化，建立软件生存周期中各活动的正常秩序，软件与系统工程标准化也随之发展起来了。

软件测试是保障软件质量的重要手段，与之相关的主要标准包括软件质量标准、软件测试文档、过程和技术标准、软件测试工作量和成本估算标准。其中软件质量标准主要解决了软件产品质量如何评价、怎么评价的问题；软件测试文档、过程和技术标准则是支撑软件质量中各质量特性及测度的取值和评价，并给出了相关的测试过程、测试文档以及测试技术；软件测试工作量及成本估算标准从成本控制和成本管理的角度，给出了测试工作量及价格的量化方法。

## 3.1　标准化概述

### 3.1.1　标准化的意义

标准化是人类经济活动和社会发展的重要支撑，其工作有助于提升产品和服务质量，促进科学进步，提高社会经济效益。标准化作为高新技术的载体和推动高新技术产业化的手段，在推行产业技术政策、确定技术体制、调整产品结构、促进技术融合、推广科技成果、加强科技管理、提高产品质量、规范市场秩序、扩大对外贸易和推进信息化进程等方面发挥着越来越大的作用。当前“软件定义世界”已成为业界共识，而“标准规范软件”也成为不争的事实。软件工程标准对规范软件产业和市场，提高软件产品竞争力具有重要作用。软件测试作为保障软件质量的重要手段，其标准化的作用主要体现在以下几个方面。

**1. 标准化是建立软件测试最佳秩序的工具**

软件开发作为一个复杂的系统工程，其生产过程的速度加快、质量提高、生产的连续性和节奏性等要求增强，社会分工更加细化，各类型专业人员间、系统各层次各部件间联系日益紧密，这必定需要以某种秩序的建立为前提。软件测试相关标准通过统一行业内术语、模型、过程和文档等内容，提供从业人员共同的交流语言和方式；标准同时还是软件测试优秀的实践的总结，通过标准来指导和约束组织开展软件测试活动，优化并促进软件测试的发展。

**2. 标准化是促进软件测试技术创新应用的途径**

创新是人类社会发展的源动力，软件工程技术的发展伴随着各种计算机技术、工程化管理的创新。标准化将软件测试方面的知识经验的总结和积累形成规范标准，奠定了软件测试技术创新发展的基础。标准的实施过程同时也是软件测试成果深化、创新和提高的过程，创新应用积累到一定程度便开始标准的修订工作。另外，标准是软件测试最佳实践的总结和提炼，将其作为起点可有效降低创新风险。

**3. 标准化是推广软件测试新技术的桥梁**

软件测试新技术只有在发展成熟之后，才能进行大范围的推广。标准化是一项复杂的系统工程，通过调动科研院所、高校和企业各方参与的积极性，协调统一软件测试的新兴技术，保证软件测试标准的科学性、系统性与权威性，让使用者能够广泛接受，而且也为软件测试新技术的产业化奠定良好的基础。

### 3.1.2 标准的分类

标准是指为了在一定范围内获得最佳秩序，经协商一致制定并由公认机构批准，共同使用和重复使用的一种规范性文件。标准宜以科学、技术的综合成果为基础，以促进最佳的共同利益为目的。

按照标准制定的主体进行分类，标准可分为国际标准、国家标准、行业标准、地方标准、团体标准和企业标准。

国际标准是指国际标准化组织（ISO）、国际电工委员会（IEC）和国际电信联盟（ITU）制定的标准，以及国际标准化组织确定并公布的其他国际组织制定的标准。软件测试相关的国际标准由国际标准化组织/国际电工委员会 信息技术第一联合技术委员会/软件与系统工程分技术委员会（ISO/IEC JTC1/SC7）负责制定。

国家标准是指由国家标准机构通过并公开发布的标准。我国的国家标准是指在全国范围内需要统一的技术要求，由国务院标准化行政主管部门制定并在全国范围内实施的标准。软件测试相关的国家标准由国家标准化管理委员会/全国信息技术标准化技术委员会/软件与系统工程分技术委员会（SAC/TC28/SC7）负责制定。

行业标准是指由行业组织通过并公开发布的标准。我国的行业标准是由国家有关行业行政主管部门公开发布的标准，软件测试相关的标准为电子行业标准，由工业和信息化部进行管理。

地方标准是在国家的某个地区通过并公开发布的标准。

团体标准是由团队按照自行规定的标准制定程序制定并发布，供团体成员或社会自愿采用的标准。

企业标准是指由企业制定并由企业法人代表或者其授权人批准、发布的标准，通常在制定该标准的企业内应用。随着企业联盟的形成和发展，出现了由多个企业联合制定、批准、发布和实施的企业联盟标准。

国际标准、国家标准、行业标准、地方标准等公共标准的宗旨是维护公共秩序，保护公共利益，为全社会服务；与公共标准不同，团体标准、企业标准属于私有标准，它具有独占性质，其宗旨是为制定标准的组织服务，提高组织的竞争力，获取由实施标准所带来的利益等。

本书中所涉及的标准都为公共标准。在软件测试领域，相关的标准主要分为软件质量标准、软件测试标准和软件测试工作量及成本估算三方面的标准。

## 3.2　软件质量模型与评价标准

计算机正在广泛应用于日益增多的各种应用领域，其正确的运行对于业务功能的执行、人类安全常常是至关重要的，因此需要开发或选择高质量的软件产品。软件质量是指软件与明确叙述的功能和性能需求、文档中明确描述的开发标准以及任何专业开发的软件产品都应该具有的隐含特征相一致的程度，也是执行软件测试的一个重要目标。规定和评价每个相应软件产品质量特性，尽可能使用确认的或广泛认可的测量。

### 3.2.1　软件质量标准的发展

早在 1970 年，Juran 和 Gryna 把质量定义为“适于适用”，隐含了顾客的需求和预期。1979 年，Crosby 将质量定义为“符合要求”，隐含了需求必须明确地进行说明。1994 年，为了统一对软件质量的认识，国际标准化组织（ISO）针对文本处理程序、电子表格、数据库程序图形软件包、技术或科学计算程序及实用程序在内的软件包，制定并发布了 ISO/IEC 12119:1994《信息技术 软件包 质量要求和测试》，该标准规定了软件包的质量要求和测试要求，其中产品描述要求和软件质量要求的内容与 ISO/IEC 9126:1991 标准中的质量模型存在联系。随着软件质量的模型不断地完善和细化，ISO/IEC 12119:1994 被 ISO/IEC 25051:2006 代替，该标准将标准使用范围明确为商业现货软件（COTS），增加了商业现货产品要求和基于质量模型的质量要求。

与此同时，软件技术不断发展，软件产品的种类和功能层出不穷，人们意识到软件质量的要求应考虑管理、测量和评价等不同层面，而不仅仅只是这几个标准的内容，应建立一个成体系的多个标准来规定软件质量的方方面面。因此 JTC1/SC7 在 ISO/IEC 9126 多部分标准、ISO/IEC 14598 多部分标准、ISO/IEC 14756、ISO/IEC 12119 的基础上，研究制定了范围更广、内容更全面的 ISO/IEC 25000 系列标准《系统与软件工程 系统与软件质量要求和评价（SQuaRE）》，为此，ISO/IEC 9126-1:2006 修订为 SQuaRE 系列标准中的 ISO/IEC

25010:2011，其中的质量属性发生了较大变化，相应地，2014年2月，ISO/IEC 25051:2006也修订为ISO/IEC 25051:2014《软件工程 系统和软件质量要求与评价（SQuaRE）就绪即用（RUSP）软件产品的质量要求和测试细则》，该标准将适用范围由商业现货软件产品（COTS）调整为就绪即用软件产品（RUSP），并将软件质量的六大特性调整为八大特性，保持了与ISO/IEC 25010之间的一致性。

1996年，我国发布了GB/T 16260—1996《信息技术 软件产品评价 质量特性及其使用指南》，等同采用ISO/IEC 9126:1991；2006年，GB/T 16260被16260多部分标准代替，该标准包含四个部分，分别是GB/T 16260.1 质量模型，GB/T 16260.2 外部度量，GB/T 16260.3 内部度量，GB/T 16260.4 使用质量的度量。2016年，GB/T 16260.1—2006被GB/T 25000.10—2016《系统与软件工程 系统与软件质量要求和评价（SQuaRE） 第10部分：系统与软件质量模型》代替，余下三个部分也被SQuaRE系列的25000.22使用质量测量和25000.23系统与软件产品质量测量所替代。

2002年，GB/T 18905《软件工程 产品评价》多部分标准发布，等同采用了ISO/IEC 14598相应部分。该标准分为6个部分。分别是GB/T 18905.1 概述，GB/T 18905.2 策划和管理，GB/T 18905.3 开发者用的过程，GB/T 18905.4 需方用的过程，GB/T 18905.5 评价者用的过程，GB/T 18905.6 评价模块的文档编制。在该标准的基础上，按照SQuaRE国际标准，修订并形成了GB/T 25000“系统与软件质量要求和评价（SQuaRE）”多部分标准，其变化过程如图3-1所示。

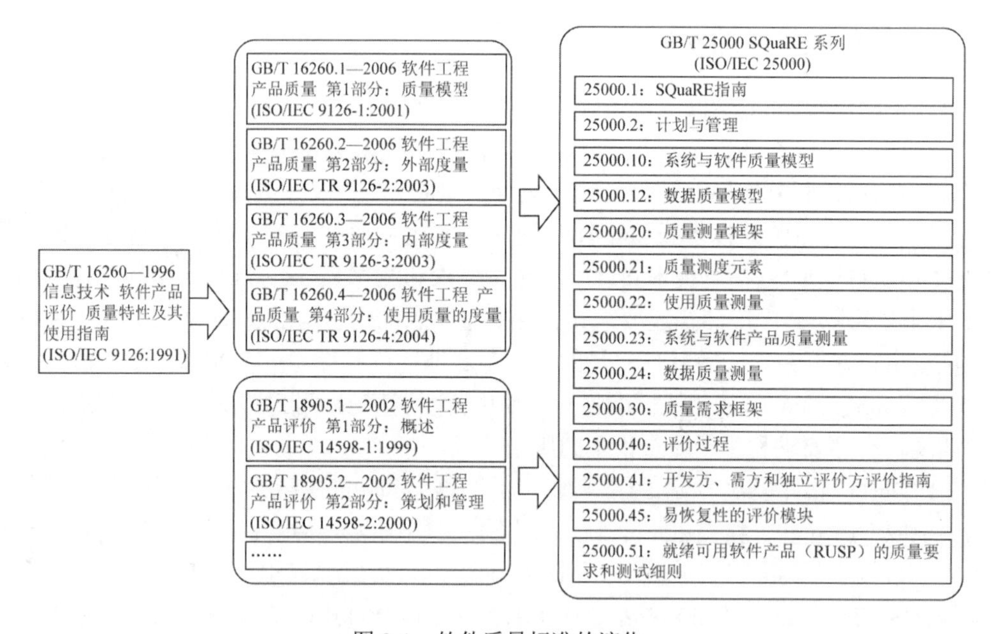


图3-1 软件质量标准的演化

GB/T 25000“系统与软件质量要求和评价（SQuaRE）”共分为6个分部，如图3-2所示。

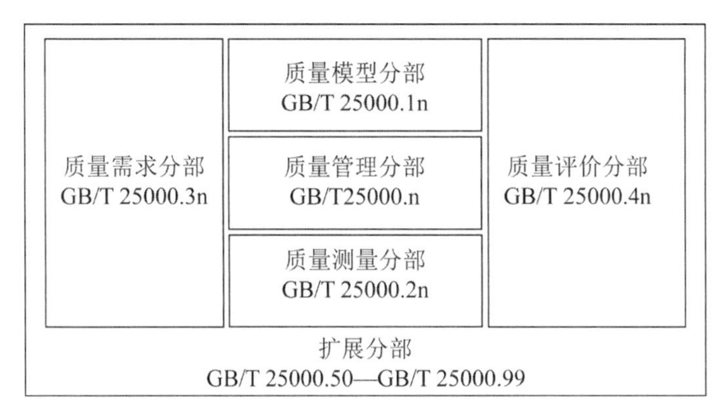


图 3-2 GB/T 25000 系列标准组织结构

GB/T 25000 国家标准由下列分部组成：

- GB/T 25000.n——质量管理分部。构成这个分部的标准定义了由 GB/T 25000 中的所有其他标准引用的全部公共模型、术语和定义。这一分部还提供了用于负责管理软件产品质量需求和评价的支持功能的要求和指南。
- GB/T 25000.1n——质量模型分部。构成这个分部的标准给出了包括计算机系统和软件产品质量、使用质量和数据的详细的质量模型。同时还提供了使用这些质量模型的实用指南。
- GB/T 25000.2n——质量测量分部。构成这个分部的标准包括软件产品质量测量参考模型、质量测量的数学定义及其应用的实用指南。给出了软件内部质量、软件外部质量和使用质量测量的示例。定义并给出了构成后续测量基础的质量测度元素。
- GB/T 25000.3n——质量需求分部。构成这个分部的标准有助于在质量模型和质量测量的基础上规定质量需求。这些质量需求可用在要开发的软件产品的质量需求抽取过程中或用作评价过程的输入。
- GB/T 25000.4n——质量评价分部。构成这个分部的标准给出了无论由评价方、需方还是由开发方执行的软件产品评价的要求、建议和指南。还给出了作为评价模块的测量编制支持。
- GB/T 25000.50—25000.99，这是 GB/T 25000 的扩展分部。目前包括了就绪可用软件的质量要求和易用性测试报告行业通用格式。

目前，我国的 SQuaRE 标准各部分情况如表 3-1 所示。

**表 3-1 我国 SQuaRE 标准各部分情况**

| GB/T 25000《系统与软件工程 系统与软件质量要求和评价（SQuaRE）》 | |
|---|---|
| GB/T 25000.1 | SQuaRE 指南 |
| GB/T 25000.2 | 计划与管理 |

续表

| GB/T 25000《系统与软件工程　系统与软件质量要求和评价（SQuaRE）》 | |
|---|---|
| GB/T 25000.10 | 系统与软件质量模型 |
| GB/T 25000.12 | 数据质量模型 |
| GB/T 25000.20 | 质量测量框架 |
| GB/T 25000.21 | 质量测度元素 |
| GB/T 25000.22 | 使用质量测量 |
| GB/T 25000.23 | 系统与软件产品质量测量 |
| GB/T 25000.24 | 数据质量测量 |
| GB/T 25000.30 | 质量需求框架 |
| GB/T 25000.40 | 评价过程 |
| GB/T 25000.41 | 开发方、需方和独立评价方评价指南 |
| GB/T 25000.45 | 易恢复性的评价模块 |
| GB/T 25000.51 | 就绪可用软件产品（RUSP）的质量要求和测试细则 |
| GB/T 25000.62 | 易用性测试报告行业通用格式（CIF） |

### 3.2.2 软件质量模型和测量

软件质量模型的发展经历了三个阶段，如图 3-3 所示。

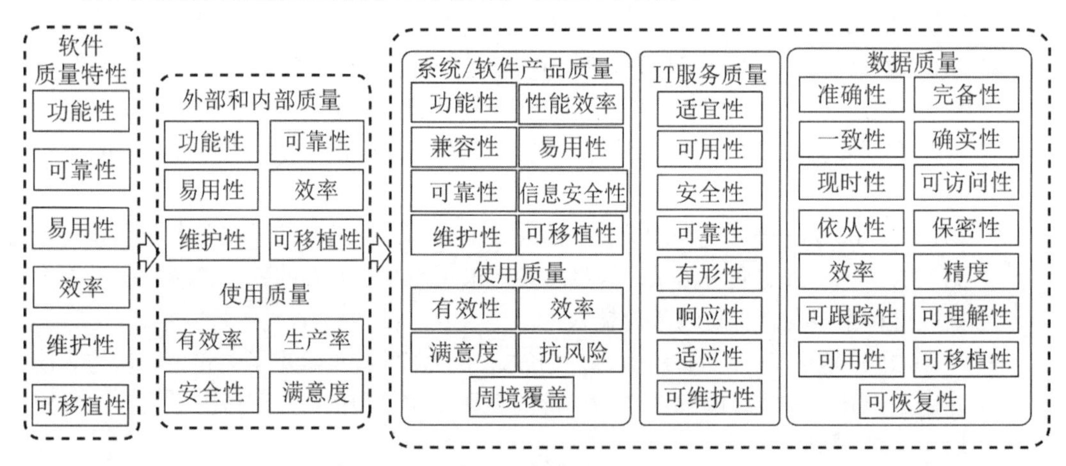


图 3-3　软件质量模型的演变

最早的软件质量模型由 ISO/IEC 9126:1991《软件工程—产品质量》提出并定义，该质量模型包括功能性、效率、易用性、可靠性、维护性和可移植性 6 个基本质量特性，尽可能以最小重叠，和以正交方式来描述软件质量，并以参考性附录的形式给出 6 个特性的子特性。随着 ISO/IEC 9126:1991 修订为 ISO/IEC 9126《软件工程—产品质量》多部分标准，包含质量模型标准 ISO/IEC 9126-1:2001《软件工程—产品质量—第 1 部分：软件模型》和 3 个质量度量标准。其中，质量模型修订为内部和外部质量以及使用质量，从软件全生存周期过程的内部、外部以及开发方、需方、使用方等不同视角，动态考虑了软件质量的特性，并且细化了质量特性、子特性和指标体系，使质量模型更具有系统性和全面性。软件质量模型第三阶段的代表就是 ISO/IEC 25000 系列标准的制定和发布，产品质量不再分为内部质量和外部质量，而是统一为系统和软件产品质量，同时适应信息技术的发展，增加 IT 服务质量模型和数据质量模型，重新梳理了对应的子特性，调整了测量元和测量方法，构建新的质量体系。

GB/T 25000.10—2016《系统与软件工程 系统与软件质量要求和评价（SQuaRE） 第 10 部分：系统与软件质量模型》中的软件与系统质量模型将软件与系统的质量特性分为使用质量和产品质量两个部分。使用质量主要从用户的角度进行考虑，根据使用软件的结果而不是软件自身的属性来进行测量，即用户使用产品或系统满足其需求的程度。模型将使用质量属性划分为 5 个特性：有效性、效率、满意度、抗风险和周境覆盖，如图 3-4 所示。

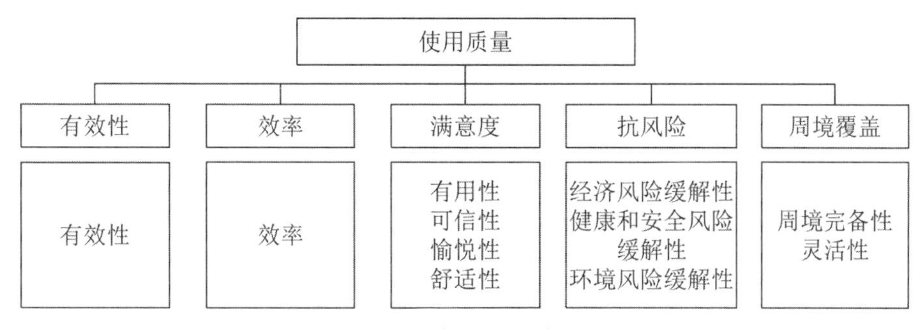


图 3-4　使用质量模型

有效性是指用户实现指定目标的准确性和完备性。准确性一般由软件产品的出错频率进行评价，完备性是指实现用户期望功能的完整性程度。

效率是指用户实现目标的准确性和完备性时相关的资源消耗。这些资源包括人的智力、体力、时间、材料和财力等方面的因素。

满意度是指产品或系统在指定的使用周境中，用户的要求被满足的程度。满意度是用户的一个心理状态，软件实现的功能及产生的后果是否让用户满意，并且非常信任，使用过程中让用户感到愉悦、舒适。

抗风险是指产品或系统在经济现状、人的生命、健康或环境方面缓解潜在风险的程度。这些风险来源于很多不确定的因素，既包括经济风险、健康和安全风险，也包括产品对运行环境所带来的影响。

周境覆盖是指在指定的使用周境中，产品或系统在有效性、效率、抗风险和满意度等特性方面能够被使用的程度。软件产品不仅要在产品文档中指定的使用周境中满足用户的需求，而且需要具备一定的扩展性，能够一定程度地适应超出产品文档范围的使用周境。

与从用户角度出发的使用质量不同，软件质量更多的是考虑软件产品或系统本身的质量特性。产品质量模型将系统/软件产品质量属性划分为 8 个特性：功能性、性能效率、兼容性、易用性、可靠性、信息安全性、维护性和可移植性，如图 3-5 所示。

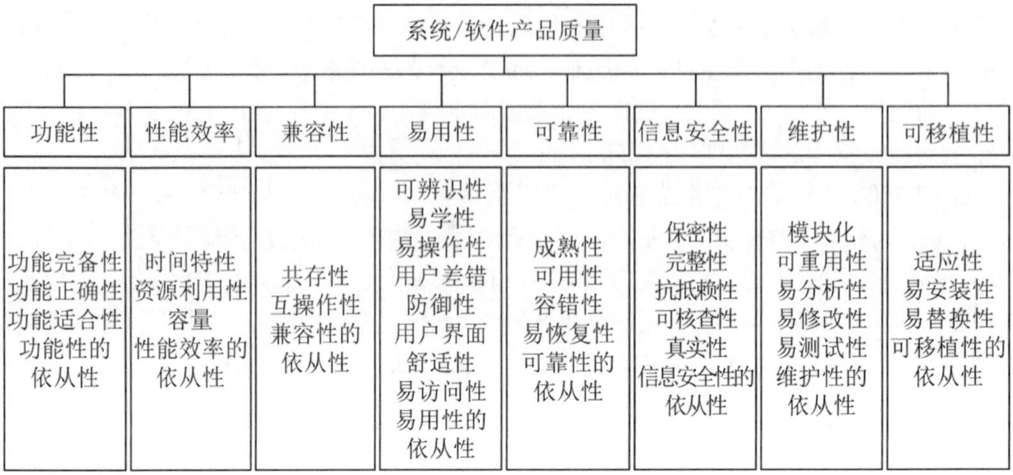

系统/软件产品质量

| 功能性 | 性能效率 | 兼容性 | 易用性 | 可靠性 | 信息安全性 | 维护性 | 可移植性 |
|---|---|---|---|---|---|---|---|
| 功能完备性<br>功能正确性<br>功能适合性<br>功能性的依从性 | 时间特性<br>资源利用性<br>容量<br>性能效率的依从性 | 共存性<br>互操作性<br>兼容性的依从性 | 可辨识性<br>易学性<br>易操作性<br>用户差错防御性<br>用户界面舒适性<br>易访问性<br>易用性的依从性 | 成熟性<br>可用性<br>容错性<br>易恢复性<br>可靠性的依从性 | 保密性<br>完整性<br>抗抵赖性<br>可核查性<br>真实性<br>信息安全性的依从性 | 模块化<br>可重用性<br>易分析性<br>易修改性<br>易测试性<br>维护性的依从性 | 适应性<br>易安装性<br>易替换性<br>可移植性的依从性 |

图 3-5　产品质量模型

①功能性：在指定条件下使用时，产品或系统提供满足明确和隐含要求的功能的程度，包括功能的完备性、正确性、适合性以及依从性 4 个子特性。

- 功能完备性：功能集对指定的任务和用户目标的覆盖程度。
- 功能正确性：产品或系统提供具有所需精度的正确的结果的程度。
- 功能适合性：功能促使指定的任务和目标实现的程度。任务可以在必要的步骤中得到实现。
- 功能性的依从性：产品或系统遵循与功能性相关的标准、约定或法规以及类似规定的程度。

②性能效率：性能与在指定条件下所使用的资源量有关。资源的影响因素包括硬件配置和配套的软件产品。

- 时间特性：产品或系统执行其功能时，其响应时间、处理时间及吞吐率满足需求的程度。
- 资源利用性：产品或系统执行其功能时，所使用资源数量和类型满足需求的程度。
- 容量：产品或系统参数最大限量满足需求的程度，如存储数据、并发用户、带宽、吞吐量等。
- 性能效率的依从性：产品或系统遵循与性能效率相关的标准、约定或法规以及类似规定的程度。

③兼容性：在共享相同的硬件或软件环境的条件下，产品、系统或组件能够与其他产品、系统或组件交换信息，和/或执行其所需的功能的程度。

- 共存性：在与其他产品共享通用的环境和资源的条件下，产品能够有效执行其所需的功能并且不会对其他产品造成负面影响的程度。

- 互操作性：两个或多个系统、产品或组件能够交换信息并使用已交换的信息的程度。
- 兼容性的依从性：产品或系统遵循与兼容性相关的标准、约定或法规以及类似规定的程度。

④易用性：在指定的使用周境中，产品或系统在有效性、效率和满意度特性方面为了指定的目标可为指定用户使用的程度。

- 可辨识性：用户能够辨识产品或系统是否适合他们的要求的程度。
- 易学性：在指定的使用周境中，产品或系统在有效性、效率、抗风险和满意度特性方面为了学习使用该产品或系统这一指定的目标可为指定用户使用的程度。
- 易操作性：产品或系统具有易于操作和控制的属性的程度。
- 用户差错防御性：系统预防用户犯错的程度。
- 用户界面舒适性：用户界面提供令人愉悦和满意的交互的程度。
- 易访问性：在指定的使用周境中，为了达到指定的目标，产品或系统被具有最广泛的特征和能力的个体所使用的程度。
- 易用性的依从性：产品或系统遵循与易用性相关的标准、约定或法规以及类似规定的程度。

⑤可靠性：系统、产品或组件在指定条件下、指定时间内执行指定功能的程度。

- 成熟性：系统、产品或组件在正常运行时满足可靠性要求的程度。
- 可用性：系统、产品或组件在需要使用时能够进行操作和访问的程度。
- 容错性：尽管存在硬件或软件故障，系统、产品或组件的运行符合预期的程度。
- 易恢复性：在发生中断或失效时，产品或系统能够恢复直接受影响的数据并重建期望的系统状态的程度。
- 可靠性的依从性：产品或系统遵循与可靠性相关的标准、约定或法规以及类似规定的程度。

⑥信息安全性：产品或系统保护信息和数据的程度，以使用户、其他产品或系统具有与其授权类型和授权级别一致的数据访问度。

- 保密性：产品或系统确保数据只有在被授权时才能被访问的程度。
- 完整性：系统、产品或组件防止未授权访问、篡改计算机程序或数据的程度。
- 抗抵赖性：活动或事件发生后可以被证实且不可被否认的程度。
- 可核查性：实体的活动可以被唯一地追溯到该实体的程度。
- 真实性：对象或资源的身份标识能够被证实符合其声明的程度。
- 信息安全性的依从性：产品或系统遵循与信息安全性相关的标准、约定或法规以及类似规定的程度。

⑦维护性：产品或系统能够被预期的维护人员修改的有效性和效率的程度。

- 模块化：由多个独立组件组成的系统或计算机程序，其中一个组件的变更对其他组件的影响最小的程度。
- 可重用性：资产能够被用于多个系统，或其他资产建设的程度。
- 易分析性：可以评估预期变更（变更产品或系统的一个或多个部分）对产品或系统的影响、诊断产品的缺陷或失效原因、识别待修改部分的有效性和效率的程度。
- 易修改性：产品或系统可以被有效地、有效率地修改，且不会引入缺陷或降低现有产品质量的程度。
- 易测试性：能够为系统、产品或组件建立测试准则，并通过测试执行来确定测试准则是否被满足的有效性和效率的程度。
- 维护性的依从性：产品或系统遵循与维护性相关的标准、约定或法规以及类似规定的程度。

⑧可移植性：系统、产品或组件能够从一种硬件、软件或者其他运行（或使用）环境迁移到另一种环境的有效性和效率的程度。

- 适应性：产品或系统能够有效地、有效率地适应不同的或演变的硬件、软件或者其他运行（或使用）环境的程度。
- 易安装性：在指定环境中，产品或系统能够成功地安装和/或卸载的有效性和效率的程度。
- 易替换性：在相同的环境中，产品能够替换另一个相同用途的指定软件产品的程度。
- 可移植性的依从性：产品或系统遵循与可移植性相关的标准、约定或法规以及类似规定的程度。

GB/T 25000.10—2016给出了软件产品质量和使用质量的特性和子特性，主要解决了软件质量应该从哪些方面去评价的问题，GB/T 25000.22—2019《系统与软件工程 系统与软件质量要求和评价（SQuaRE） 第22部分：使用质量测量》和GB/T 25000.23—2019《系统与软件工程 系统与软件质量要求与评价（SQuaRE）第23部分：系统与软件产品质量测量》在GB/T 25000.10—2016的基础上，分别给出了使用质量和产品质量每一个特性和子特性的具体计算方法。可测量的质量相关属性被称作量化属性，这些属性通过应用测量方法进行测量。测量方法是一种逻辑操作序列，用于量化规定标度的属性。应用测量方法的结果被称作质量测度元素。

软件质量模型、测度、测量函数之间的关系如图3-6所示。

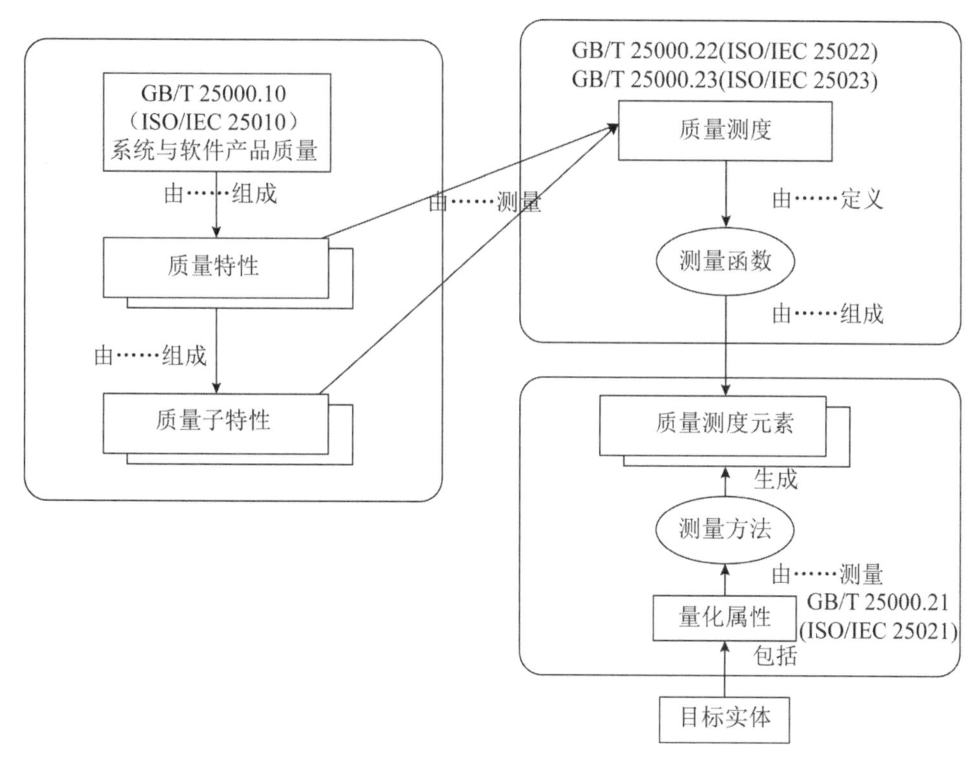


图 3-6　软件质量模型、测度、测量函数之间的关系

### 3.2.3　软件质量评价

GB/T 25000.40—2018《系统与软件工程 系统与软件质量要求和评价（SQuaRE） 第 40 部分：评价过程》主要规定了软件产品质量评价参考模型和评价过程两部分内容，该过程可用于预开发软件、商业现货软件或定制软件的质量评价，也可用于开发过程期间或开发之后。

软件产品质量评价参考模型概述中给出了通用的软件质量评价模型，包括评价过程以及关联的评价输入、评价约束、评价资源和评价输出，如图 3-7 所示。其中，评价约束包括特定用户要求、资源、计划表、成本、环境、工具和方法论、报告等。评价资源包括适用的测量工具、方法论和评价模块，适用的 SQuaRE 文档（GB/T 18905.6、GB/T 25000.2、GB/T 25000.10、GB/T 25000.22、GB/T 25000.23、GB/T 25000.30、GB/T 25000.41 等），软件产品质量评价所需的人力资源、经济资源、信息系统和知识数据库等。

软件产品质量评价过程参考模型描述了过程，详述了活动和任务，提供了可用于指导软件产品质量评价的目的和补充信息，其评价过程的策略和步骤具体如下。

**1. 确立评价需求**

- 明确评价目的；

- 获取软件产品质量需求；
- 标识待评价的产品部件；
- 确定评价严格度。

**2. 规定评价**

- 选择质量测度；
- 确定质量测度判定准则；
- 确定评价判定准则。

**3. 设计评价**

- 策划评价活动。

**4. 执行评价**

- 实施测量；
- 应用质量测度判定准则；
- 应用评价判定准则。

**5. 结束评价**

- 评审评价结果；
- 编制评价报告；
- 评审质量评价并向组织提交反馈。

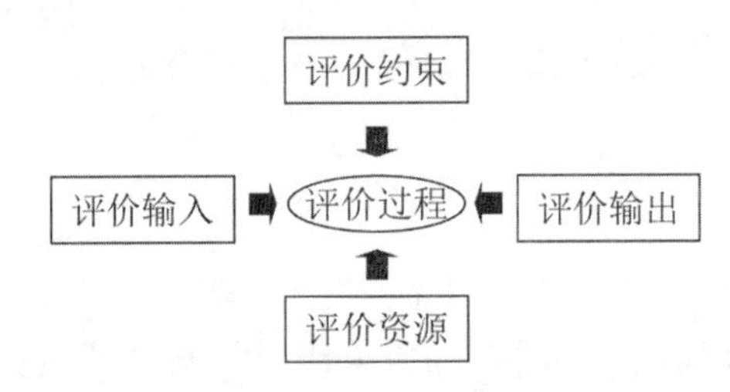


图 3-7　软件产品质量评价参考模型

### 3.2.4　就绪可用产品（RUSP）的质量要求和评价细则

RUSP 是一种打包出售给对其特征和其他质量没有任何影响的需方的软件产品。典型情况是，这种软件产品与其用户文档集一起预先包装好出售，或者从 Web 商店下载。用户能在任何时间通过云计算使用的软件产品可以认为是 RUSP。

GB/T 25000.51—2016《系统与软件工程 系统与软件质量要求和评价（SQuaRE） 第 51 部分：就绪可用软件产品（RUSP）的质量要求和测试细则》规定了 RUSP 的质量要求、文档集要求和符合性评价细则，主要目的是帮助各利益相关方进行软件产品的需求测定、测试和标准符合性评价、认证等活动。

**1. RUSP 的要求**

RUSP 的要求包含产品说明要求、用户文档集要求、软件质量要求。

产品说明是指陈述软件各种性质的文档，一般分为纸介质文档和电子版文档两种形式，可以是专门介绍 RUSP 的宣传册、包装、说明书等。主要是针对产品说明从可用性、内容、标识和标示、映射、8 个产品质量特性以及 5 个使用质量特性的角度做了规定。供方应按照该章节的要求编制对应的产品说明文档，独立评价方应按照该章节的要求对产品说明进行评价。

用户文档集是指能够指导、帮助用户使用软件的所有文档的集合。它的作用是能够让用户有效地理解软件的目标、功能和特性，指导用户如何安装、卸载和使用软件等。

软件质量要求针对软件质量从产品质量八大特性以及使用质量五大特性的角度做了规定。供方应按照要求开发对应的软件产品，独立评价方应按照要求对软件产品进行评价。

**2. 测试文档集要求**

测试文档集主要是规定各方在对软件产品进行测试时，需要整理编写的测试文档的集合，应包括测试计划、测试说明、测试结果等文档。测试文档集的内容是根据软件测试过程中的工作任务而产生的，描述了软件测试过程信息要求。软件产品的各方在进行软件测试时，应该按照本标准的要求，编写相关测试文档。

**3. 符合性评价细则**

产品说明、用户文档集和所交付软件应满足本部分的符合性评价要求。

在符合性评价过程中评价组织可针对项目实际情况采用测试、确认、验证、评审或分析等技术或工具进行评价。

符合性评价细则的目标用户主要是进行认证工作的第三方测试实验室或者是供方内部独立于软件开发的测试实验室。

## 3.3　软件测试标准

软件质量标准通过质量模型和质量测度解决了软件质量如何评价的问题，但缺少质量测度中各指标项的输入。软件测试在规定的条件下对软件进行操作，发现软件错误，为软件质量的计算和评价提供输入，进而提高软件质量。

我国现行的软件测试国家标准主要包括：

- GB/T 38634.1—2020《系统与软件工程　软件测试　第 1 部分：概念和定义》
- GB/T 38634.2—2020《系统与软件工程　软件测试　第 2 部分：测试过程》
- GB/T 38634.3—2020《系统与软件工程　软件测试　第 3 部分：测试文档》
- GB/T 38634.4—2020《系统与软件工程　软件测试　第 4 部分：测试技术》
- GB/T 15532—2008《计算机软件测试规范》
- GB/T 38639—2020《系统与软件工程　软件组合测试方法》

GB/T 38634 软件测试多部分标准修改采用 ISO/IEC/IEEE 29119，适用于各个企业、测评机构规范软件测试过程，建立适合自己情况的软件测试管理和执行能力。其中第 1

部分规定了软件测试的通用概念；第 2 部分详细说明了软件测试过程模型；第 3 部分规定了测试过程中产生的测试文档的模板和实例；第 4 部分规定了测试过程中使用的软件测试技术。

GB/T 15532—2008 规定了计算机软件生存周期内各类软件产品的基本测试方法、过程和准则，适用于计算机软件的开发机构、测试机构以及机构内的测试人员。

GB/T 38639—2020 规定了软件组合测试的测试对象、输入预处理、组合强度、种子组合、约束条件表示、组合测试过程以及组合测试输入输出表示。组合测试方法适用于受多因素影响的软件系统在保证测试充分性的前提下，有效地减少测试用例的数量，提升测试效率，降低测试成本。

无法构建出完美的软件是一个业内的普遍共识。在软件正式发布之前，需要开展一系列的验证和确认操作，降低软件产品出错的风险，确保软件能够正常运行，满足用户的需求。在给定的成本和进度的约束下，软件测试应侧重于提供有关软件产品的质量信息，并在开发过程中尽可能多地发现缺陷。

测试是一个过程，是将输入转化为输出的一系列相互关联或相互作用的活动。

除了针对组织级的测试方针和测试策略之外，还有对测试制订计划、开展监控和控制的测试管理过程。测试的执行过程通常分为静态测试和动态测试过程，静态测试主要是适用静态分析工具在不运行代码的前提下发现代码和文档中的缺陷；动态测试是在运行测试软件的前提下，对测试活动进行设计、准备、执行和报告。通过静态测试和动态测试，为验证和确认提供所需要的信息，确保软件已满足了指定的需求，并能够执行完成任务。

### 3.3.1 测试过程标准

GB/T 38634.2—2020 定义的多层测试过程模型将系统与软件生存周期中可能执行的测试活动分为组织级测试过程、测试管理过程和动态测试过程 3 个过程组。

①组织级测试过程：定义用于开发和管理组织级测试规格说明的过程，例如组织级测试方针、组织级测试策略、过程、规程和其他资产的维护。

②测试管理过程：定义涵盖整个测试项目或任何测试阶段（例如系统测试）或测试类型（例如性能测试）的测试管理过程（例如项目测试管理、系统测试管理、性能测试管理）。测试管理过程包含测试策划过程、测试监测和控制过程、测试完成过程 3 个子过程。

③动态测试过程：定义执行动态测试的通用过程。动态测试可以在测试的特定阶段执行（例如单元测试、集成测试、系统测试和验收测试），或者用于测试项目中特定类型的测试（例如性能测试、信息安全测试和功能测试）。动态测试过程包含测试设计和实现过程、测试环境构建和维护过程、测试执行过程、测试事件报告过程 4 个子过程。

### 3.3.2 测试文档标准

测试文档是测试过程中重要的信息记录载体，GB/T 38634.3—2020《系统与软件工程

软件测试 第 3 部分：测试文档》规定了适用于任何组织、项目或小规模测试活动的软件测试文档模板。图 3-8 展示了具体的测试文档集概览。

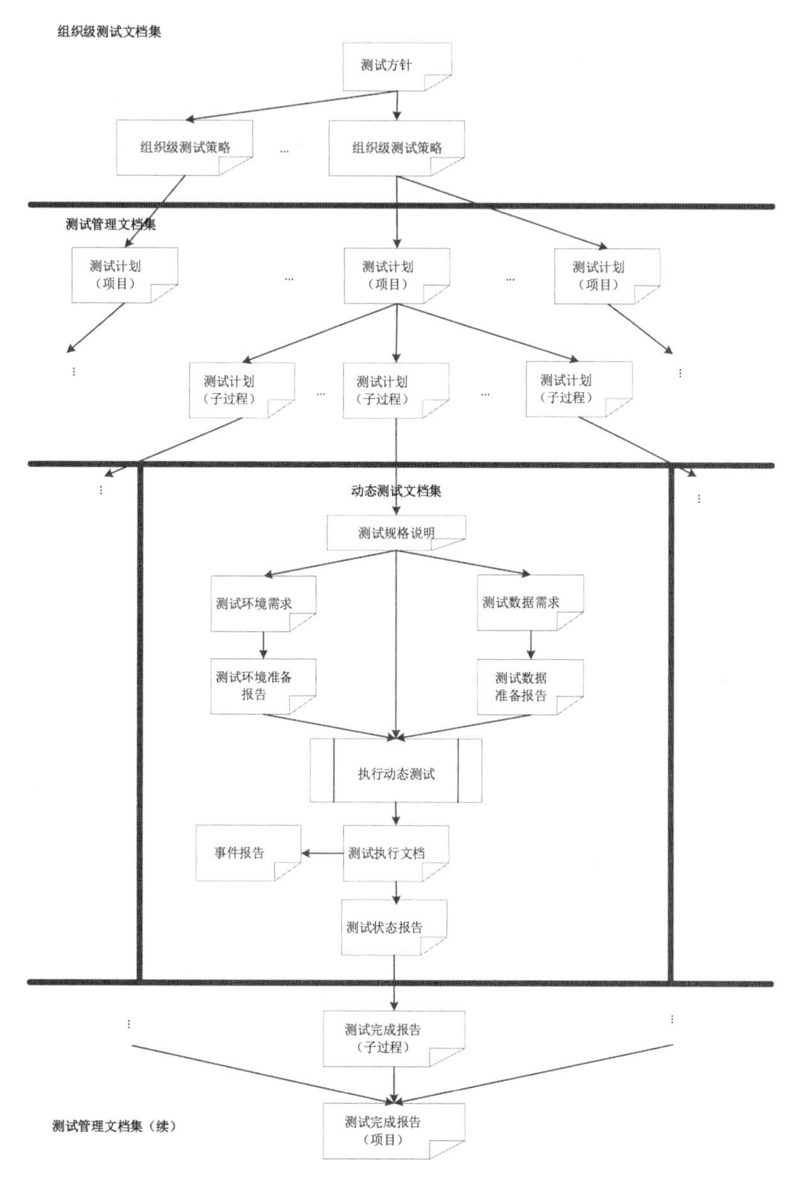


图 3-8　测试文档集的层次结构

**1. 组织级测试文档集**

组织级测试规格说明描述组织层面测试的信息，并且不依赖于项目。其在组织级测试过程中的典型示例包括测试方针和组织级测试策略。

测试方针定义了组织内适用的软件测试的目的和原则，规定了测试应该完成什么，但没有详细说明如何执行测试。测试方针为建立、评审和持续改进组织的测试方针提供了框架。

组织级测试策略是一个技术性文档，针对组织内部如何进行测试提供指导，例如，如何实现测试方针中规定的目标。它为项目提供了一定范围内的指导，但并不是针对具体项目。一个组织级测试策略包括相关子过程的识别和对应的策略说明。如果各个测试子过程对应的策略说明完全不同，则组织级测试策略文档可能被划分成多个子部分，以对应每个独立的测试子过程。

**2. 测试管理文档集**

测试管理过程中制定的文档包含测试计划、测试状态报告和测试完成报告。

测试计划描述了在初始规划期间做的决定，并作为控制活动的一部分进行重新规划。一些项目可以有一个独立的测试计划，而相对于较大的项目可能会产生多个测试计划。测试计划可用于多个项目，或者用于一个单一的项目，或者用于一个特定的测试子过程。如果制订更多的软件测试计划，可能需要构建映射树来帮助记录文档之间的关系和每个文档包含的信息。

测试状态报告提供了在特定报告期间内执行测试的状态信息，包括报告覆盖的时间段、不符合测试计划的进度、阻碍测试的因素、测试测度、新建和变更风险等内容。

测试完成报告提供了已执行测试的总结，该总结可针对整个项目，也可针对特定的测试子过程。主要的内容包括测试执行的总结、与计划的偏差、测试评价、测试测度、残余风险、交付物和经验教训等。

**3. 动态测试文档集**

动态测试过程中产生的文档包含测试规格说明、测试数据需求、测试环境需求、测试数据准备报告、测试环境准备报告、测试执行文档集。

测试规格说明分为测试设计规格说明、测试用例规格说明和测试规程规格说明。测试设计规格说明确定了要测试的特征，并从每个特征的测试依据导出测试条件，作为定义测试用例和要执行的测试规程的第一步。测试用例规格说明测试覆盖项，以及从一个或多个特征集的测试依据导出的相应测试用例，测试用例内容包括唯一标识符、目标、优先级、可追溯性、前置条件、输入、预期结果和实测结果。测试规程规格说明按照执行顺序描述了所选测试集中的测试用例，以及设置初始前置条件和执行结束后活动所需的任何相关操作。

测试数据需求描述了执行测试规程规格说明中定义的测试规程所需的测试数据的属性。

测试环境需求描述了执行测试规程规格说明中定义的测试规程所需的测试环境的属性。

测试数据准备报告描述了每一个测试数据的完成情况。

测试环境准备报告描述了每一个测试环境需求的完成情况。

测试执行文档集包括实测结果、测试结果、测试执行日志和事件报告。实测结果是测试规程的测试用例执行结果的记录。测试结果是特定测试用例执行是否通过的记录，即实际结果是否与预期结果一致，或者是否观察到偏差，或者测试用例的计划执行是否可能。测试执行日志记录了一个或多个测试规程执行的详细信息。测试事件报告记录了测试过程中任何需要记录操作的问题，每个独特的事件都有一个事件报告，事件报告也可以称为缺陷报告、错误报告、故障报告。

### 3.3.3　测试技术标准

软件测试技术是用于构建测试模型的活动、概念、过程和模式，该模型用于识别测试项的测试条件，导出相应的测试覆盖项，并导出或选择测试用例。GB/T 38634.4—2020《系统与软件工程　软件测试　第 4 部分：测试技术》规定了用于测试设计和实现过程中使用的测试技术，如图 3-9 所示。

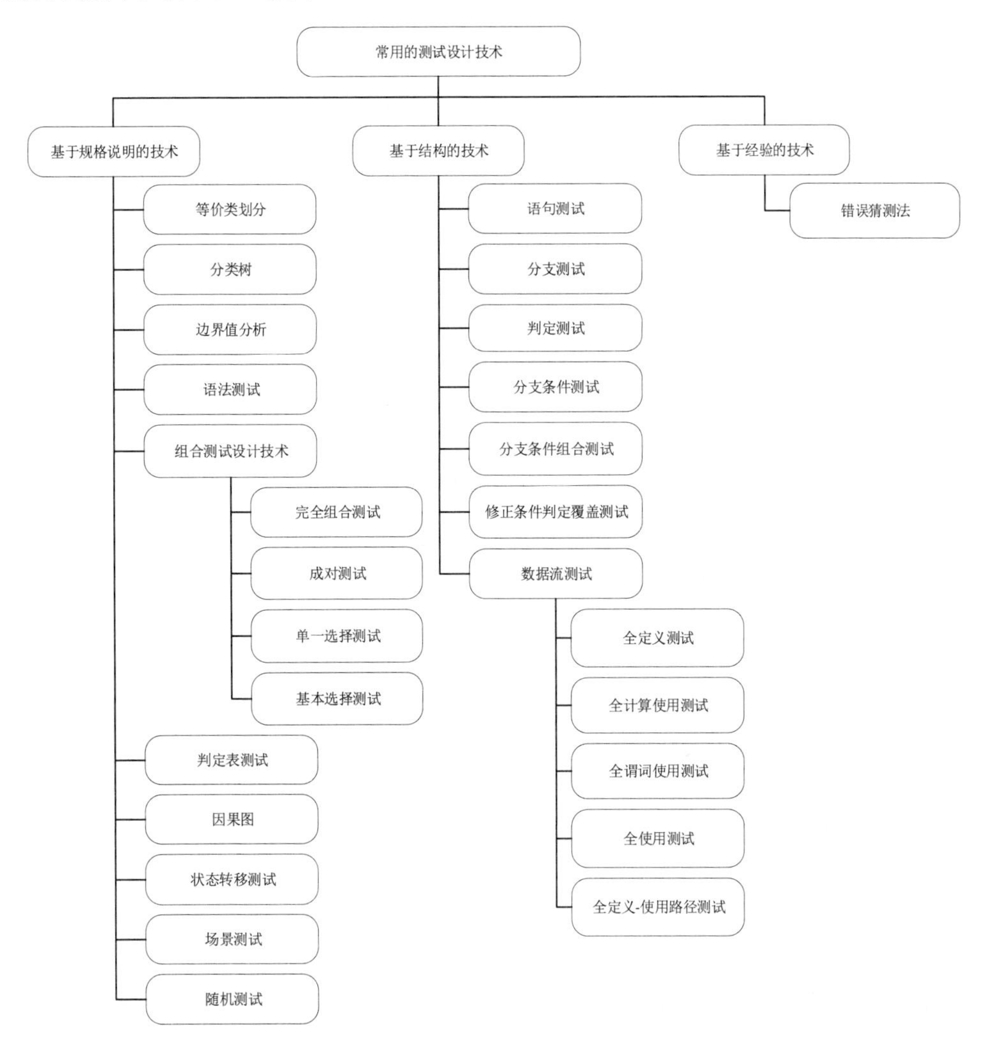


图 3-9　GB/T 38634.4—2020 中的测试技术分类

常见的软件测试技术可分为基于规格说明的测试设计技术（黑盒测试）、基于结构的测试设计技术（白盒测试）和基于经验的测试设计技术3类。在基于规格说明的测试中，测试依据（如需求，规格说明，模型或用户需求）是设计测试用例的首要信息来源。在基于结构的测试中，测试项的结构（如源代码或模型结构）是设计测试用例的首要信息来源。在基于经验的测试中，测试人员的知识和经验是设计测试用例的首要信息来源。对于基于规格说明的测试、基于结构的测试和基于经验的测试，测试依据用于生成预期结果。上述测试设计技术是互补的，组合使用这些技术会使测试更加有效。

虽然在本部分中介绍的技术被划分为基于规格说明、基于结构和基于经验三类，但在实际使用中这些技术可以互换使用。此外，尽管每种技术都是独立于所有其他技术定义的，但实际上它们可以与其他技术结合使用。本部分介绍的测试技术并不全面，部分测试人员和研究人员使用的技术未包含在本部分中。

关于测试技术的详细内容见本书的第二篇。为了使测试技术的分类体系更加完备，本书在标准分类的基础上，增加了当前业界的一些较新的最佳实践。在“基于结构的测试技术”分类下增加了6.2.1节“控制流测试”，在“基于经验的测试技术”分类下增加了8.2节“探索性测试”和8.3节“基于检查表的测试”。

## 3.4 软件测试工作量及成本估算相关标准

对软件系统进行穷尽测试是一项不可能完成的任务。通过指定有效的测试策略，识别软件存在的各种风险，并使用基于风险的方法在给定的约束和环境中执行最优测试。

风险评估需要从经济学角度考虑软件测试项目进行什么类型的测试、完成多少测试。度量软件测试的工作量和成本一直是软件工程领域的普遍存在的问题。在预算、招投标等活动中因为缺失的软件测试成本度量标准，从而导致一系列问题，严重影响产业发展。从测试机构或者组织的角度而言，成本的要素构成不清晰，造成测试预算无法得到用户的认可；从用户单位的角度而言，造成巨大的资金浪费，或者费用不足影响测试质量。在软件测试招投标过程中，因为缺乏度量依据，市场发生恶意竞标，导致测试的价值被严重低估。

科学度量的软件测试成本既是有效进行软件测试管理的重要依据，也是当前软件产业发展的迫切需要。GB/T 32911—2016《软件测试成本度量规范》借鉴国内在该领域的实际研究成果，并结合国内产业实际，规定了软件测试成本度量，以满足软件产业发展对测试成本度量的需求。

**1. 软件测试成本构成**

软件测试成本包含直接成本和间接成本两部分。

直接成本是指为了完成测试项目而支出的各类人力资源和工具资源的综合，直接成本的开支仅限于测试生存周期内，包括测试人工成本、测试环境成本和测试工具成本等。其中：

- 测试人工成本是软件测试成本的主要构成部分，由产品说明评审、用户文档集评审和软件测试三部分构成。
- 测试环境成本可分为两部分：一部分是测试执行过程中所需的软硬件环境，包含测试所需的硬件环境成本和软件环境成本；另一部分是测试设计和实现过程中所需的软硬件环境，包含开发测试所需的硬件环境成本和软件环境成本。测试环境成本指的是人力成本，即搭建软硬件环境时的人工开销，而不是软硬件本身的成本，应和测试工具成本有所区分。
- 测试工具成本是测试过程中所使用到的软硬件工具的成本。标准中测试工具成本的构成分为自有工具成本和租借工具成本两部分。自有工具成本的估算可依据设备原价（包含服务费）以及设备的寿命来计算，租借工具成本则按照租借单价乘以租借时间来计算。

间接成本是服务于软件测试项目的管理组织成本。间接成本的开支可能会超出测试生存周期，包括办公成本和管理成本等。其中：

- 办公成本指进行测试时非直接的花费，主要包括场地、印刷、交通、会议费等。
- 项目的管理一般不会针对某一具体项目，而是服务于多个项目，因此管理成本应由各项目进行分摊。一般来说标准的使用方可依据各自单位的管理费进行项目分摊得到。

**2. 软件测试成本调整因子**

由于软件本身的特性和各种客观条件，在对软件测试人工工作量度量之后，仍需要对工作量进行调整。

软件复杂度是指软件本身由于功能、规模或结构方面具有一定的复杂性而导致测试难度增大，增加了测试工作量。被测软件的复杂性可按照以下特性来进行度量：

- 存在大量的控制或者安全设施；
- 系统规模较大，子模块较多且相互影响关联，或需与其他系统对接使用；
- 非简体中文软件；
- 存在大量的逻辑处理或处理过程复杂；
- 存在大量的数学处理或算法复杂。

软件复杂性调整因子如表 3-2 所示。

**表 3-2　软件复杂性调整因子**

| 复杂性程度 | 描述 | 调整因子取值范围 |
|---|---|---|
| 低 | 没有出现上述任何一个特性 | 1.0 |
| 中 | 出现上述特性中的一个 | 1.1～1.2 |
| 高 | 出现上述特性中的两个或两个以上 | 1.3～1.5 |

软件完整性调整因子是依据 GB/T 18492—2001 给出的系统完整性级别来确定调整

因子取值范围，软件完整性可由系统完整性推出。需要注意的是，在 GB/T 18492—2001 中所涉及的风险是指软件本身的风险，而非软件测试的风险，需与测试风险度调整因子进行区别。软件完整性调整因子如表 3-3 所示。

表 3-3 软件完整性调整因子

| 软件完整性级别 | 调整因子取值范围 |
|---|---|
| A 级 | 1.6～1.8 |
| B 级 | 1.3～1.5 |
| C 级 | 1.1～1.2 |
| D 级 | 1.0 |

测试风险度指的是软件测试过程中可能会产生的风险。可能的测试风险由以下部分构成：

a）被测试软件的领域有特殊要求；

b）测试需求不明确；

c）被测软件与测试文档不一致；

d）测试过程中测试方与开发方因沟通等而导致不可预计的风险。

标准中列举了测试风险的范围，标准的使用方可依据被测软件的实际情况列举出相应的风险，并注明与标准中哪条风险特性所对应，如表 3-4 所示。

表 3-4 测试风险度调整因子

| 风险程度 | 描述 | 调整因子取值范围 |
|---|---|---|
| 低 | 没有出现上述任何一个特性 | 1.0 |
| 中 | 出现上述特性 b）、c）、d）中的一个 | 1.1～1.2 |
| 高 | 出现上述特性 a），或者 b）、c）、d）中的两个或两个以上 | 1.3～1.5 |

另外，回归测试、加急测试、现场测试和测试机构资质都会对软件测试成本的度量造成影响。

**3. 软件测试成本度量**

软件测试成本度量分为以下几个步骤，如图 3-10 所示。

（1）首先是根据项目情况和估算目标做好估算前的准备工作，确定估算范围，收集估算所需的文档，如软件的产品说明、用户文档集等。

（2）第二步是根据文档内容和评审结果，估算出未调整的软件测试工作量。这里推荐采用 IFPUG、NESMA 或 COSMIC 等软件功能规模测量的方法进行估算。

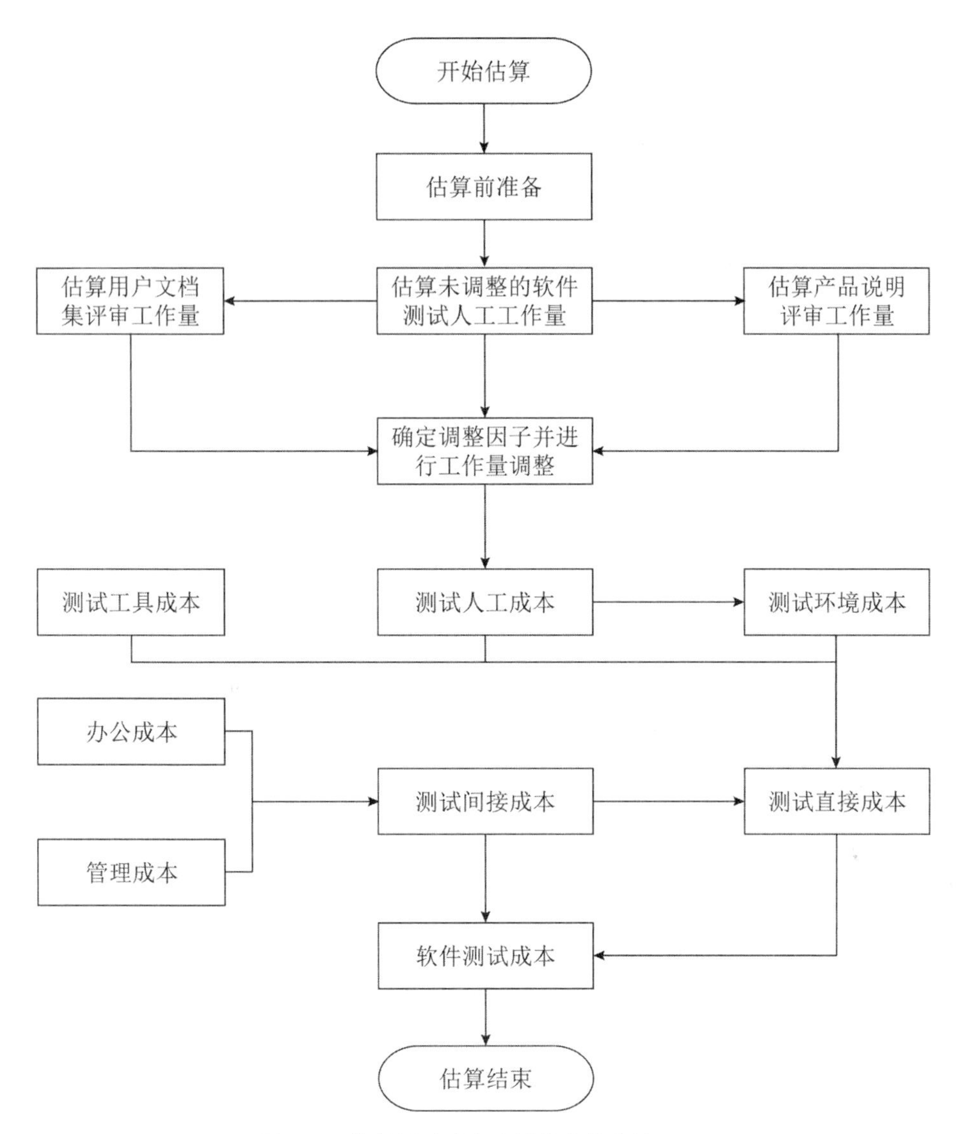


图 3-10　软件测试成本度量的实施步骤

软件测试成本度量可按如下公式计算。

软件测试的人工成本工作量计算：

$$UW=TW+SR+DR$$

式中：

*UW*——未调整的软件测试人工工作量，单位为人日；

*TW*——软件测试工作量，单位为人日；

*SR*——产品说明评审工作量，$SR=TW\times10\%$，单位为人日；

*DR*——用户文档集评审工作量，$DR=TW\times20\%$，单位为人日。

（3）第三步是根据文档审查和项目情况，确认软件复杂度、完整性级别和测试风险等调整因子，综合计算得到软件测试成本的调整因子，计算公式为：

$$DF=C\times I\times R\times U\times X\times A\times(1+n\times T_r)$$

式中：

$DF$——软件测试成本调整因子；

C——软件复杂性调整因子，取值范围1.0～1.5；

$I$——软件完整性调整因子，取值范围1.0～1.8；

$R$——测试风险调整因子，取值范围1.0～1.5；

$U$——加急测试调整因子，取值范围1.0～3.0；

$X$——现场测试调整因子，取值范围1.0～1.3；

$A$——评测机构资质调整因子，取值范围1.0～1.2；

$T_r$——回归测试调整因子，取值范围0.6～0.8；

$n$——回归测试次数。

因项目变化导致需要重新进行工作量估算时，应根据该变化的影响范围对工作量估算方法及估算结果进行合理调整。

（4）第四步是分别计算软件测试的人工成本、工具成本、直接成本，并最终得到软件测试工作所需的成本，涉及的公式具体如下。

①测试人工成本计算：

$$LC=UW\times DF\times S$$

式中：

$LC$——测试人工成本，单位为元；

$UW$——未调整的软件测试人工工作量，单位为人日；

$DF$——软件测试成本调整因子；

$S$——工作量单价，依据当地平均收入水平调整，单位为元/人日。

②测试工具成本计算：

$$IC=OT+RT$$

式中：

$IC$——测试工具成本，单位为元；

$OT$——自有工具成本，单位为元；

$RT$——租借工具成本，依据租借费用另行估计，单位为元。

③软件测试直接成本计算：

$$DC=LC+EC+IC$$

式中：

$DC$——直接成本，单位为元；

*LC*——测试人工成本，单位为元；

*EC*——测试环境成本，宜不超过软件测试人工成本的 20%，单位为元；

*IC*——测试工具成本，单位为元。

④软件测试成本计算：

$$STC=DC+IDC$$

式中：

*STC*——软件测试成本，单位为元；

*DC*——直接成本，单位为元；

*IDC*——间接成本，宜不超过直接成本的 20%，单位为元。

# 第 4 章　软件测试过程和管理

测试是软件生存周期过程中降低风险的关键方法。成功的软件测试离不开测试的组织与过程的管理，没有目标、没有组织、没有过程控制的测试是注定要失败的。软件测试工作不是简单的测试活动，它与软件开发一样，属于软件工程中的项目，因此，软件测试的过程管理是测试成功的重要保证。

软件测试过程由多个活动组成，分为一个或者多个测试子过程，最终为一个软件产品提供质量信息。本章在 GB/T 38634.2—2020 中定义的软件测试过程模型的基础上，结合动态测试和静态测试的基本要求。

本章给出的软件测试过程可根据不同的测试类型和应用场景进行裁剪。

## 4.1　测试过程模型

测试过程模型将系统与软件生存周期中可能执行的测试活动分为组织级测试过程、测试管理过程、静态测试过程 3 个过程组，如图 4-1 所示。

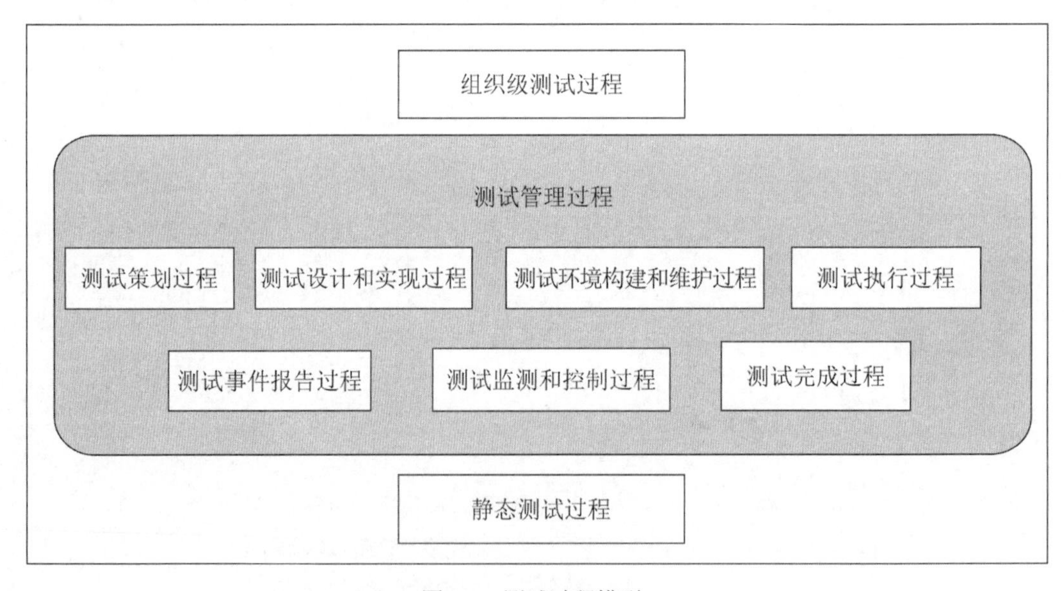


图 4-1　测试过程模型

①组织级测试过程：定义用于开发和管理组织级测试规格说明的过程，例如组织级测试方针、组织级测试策略、过程、规程和其他资产的维护。

②测试管理过程：主要结合动态测试的通用过程，定义涵盖整个测试项目或任何测试阶段（例如系统测试）或测试类型（例如性能测试）的测试管理过程（例如项目测试管理、系统测试管理、性能测试管理）。动态测试可以在测试的特定阶段执行（例如单元测试、集成测试、系统测试和验收测试），或者用于测试项目中特定类型的测试（例如性能测试、信息安全测试和功能测试）。测试管理过程包含测试策划过程、测试设计和实现过程、测试环境构建和维护过程、测试执行过程、测试事件报告过程、测试监测和控制过程、测试完成过程 7 个子过程。

③静态测试过程：定义了在不运行代码的情况下，通过一组质量准则或其他准则对测试项进行检查的测试。

## 4.2　组织级测试过程

组织级测试过程用于开发和管理组织级测试规格说明。这些规格说明通常不面向具体项目，而是适用于整个组织的测试，常见的组织级测试规格说明包括组织级测试方针和组织级测试策略。组织级测试过程是一个通用过程，可用于开发和管理其他非项目级的具体测试文档，例如适用于许多相关项目的测试策略。

组织级测试方针是一个执行级文档，描述组织内的测试目的、目标和总体范围。它还建立了组织级测试实践，并为建立、评审和持续改进组织级测试方针、测试策略和项目测试管理方法提供了一个框架。

组织级测试策略是一个详细的技术性文档，它定义了如何在组织内执行测试。它不是针对特定的项目，而是一个通用文档，为组织中的许多项目提供指导。

组织级测试过程用于制定和管理组织级测试方针和策略。如图 4-2 所示，组织级测试过程的两个实例（组织级测试方针和组织级测试策略）互相通信。组织级测试策略需要与组织级测试方针保持一致，并且从这个活动中得到的反馈将被提供给测试方针，以进行可能的过程改进。类似地，在组织内的每个项目上使用的测试管理过程需要与组织级测试策略（和方针）保持一致，并且这些项目管理的反馈被用来改进组织级测试过程，从而制定和维护组织级测试规格说明。

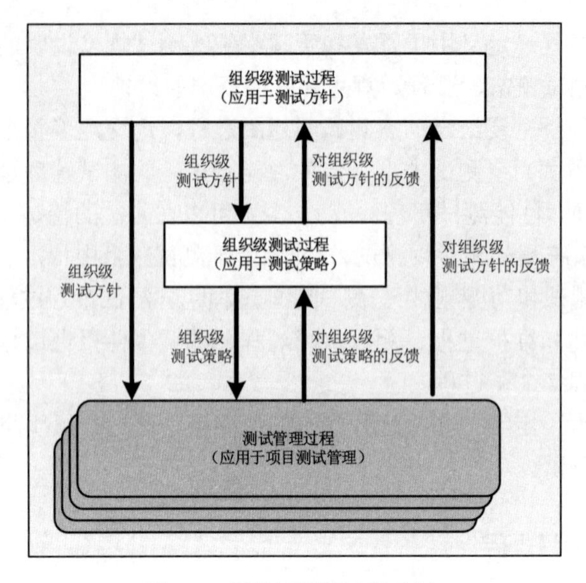


图 4-2　组织级测试过程示例

组织级测试（Organizational Test，OT）过程包含了组织级测试规格说明的建立、评审和维护活动，还涵盖了对组织依从性的监测（见图 4-3）。

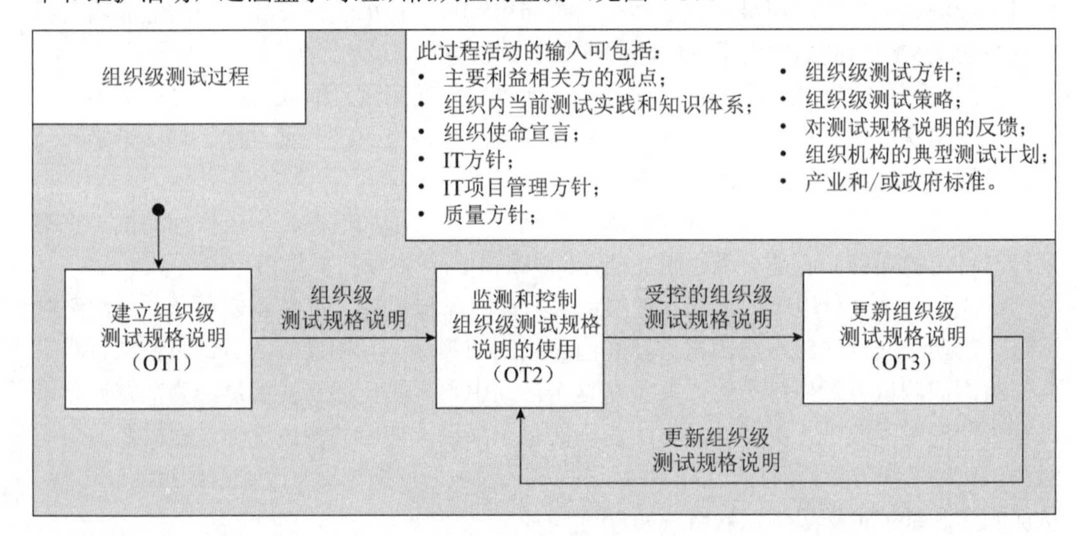


图 4-3　组织级测试过程

### 4.2.1　目的

组织级测试过程的目的是制定、监测符合性并维护组织级测试规格说明，例如组织级测试方针和组织级测试策略。

### 4.2.2 输入

组织级测试过程的输入可包括：

（1）主要利益相关方的观点。

（2）组织内当前测试实践和知识体系。

（3）组织使命宣言。

（4）IT 方针及 IT 项目管理方针。

（5）质量方针。

（6）组织级测试方针。

（7）组织级测试策略。

（8）对测试规格说明的反馈。

（9）组织机构的典型测试计划。

（10）产业和/或政府标准。

### 4.2.3 活动和任务

负责组织级测试规格说明的人员应按照组织级测试过程中适用的组织级方针和相应的规程执行下列活动和任务。

**1. 建立组织级测试规格说明（OT1）**

此活动包括以下任务：

（1）组织级测试规格说明的要求应从组织内的当前测试实践和利益相关方中进行识别，并/或通过其他方式进行开发。

（2）组织级测试规格说明的要求应当用于组织级测试规格说明的制定。

（3）组织级测试规格说明的内容应获得利益相关方的同意。

（4）向组织中的利益相关方传达可用的组织级测试规格说明。

**2. 监测和控制组织级测试规格说明的使用（OT2）**

此活动包括以下任务：

（1）应监测组织级测试规格说明的使用情况，以确定其是否在组织内部被有效地使用。

（2）应采取适当措施，鼓励利益相关方的行为与组织级测试规格说明的要求保持一致。

**3. 更新组织级测试规格说明（OT3）**

此活动包括以下任务：

（1）宜评审组织级测试规格说明的使用反馈。

（2）宜考虑组织级测试规格说明的使用和管理的有效性，并宜确定和批准任何改进其有效性的反馈和变更。

（3）如果组织级测试规格说明的变更已确定并得到批准，则应实施这些变更。

（4）组织级测试规格说明的所有变更应在整个组织内传达，包括所有利益相关方。

### 4.2.4 结果

组织级测试过程实施的结果包括：

（1）确定组织级测试规格说明的需求。

（2）制定组织级测试规格说明。

（3）利益相关方同意组织级测试规格说明。

（4）获取组织级测试规格说明。

（5）监督组织级测试规格说明的符合性。

（6）利益相关方同意组织级测试规格说明的更新。

（7）更新组织级测试规格说明。

### 4.2.5 信息项

通过执行组织级测试过程，将产生以下信息项：

组织级测试规格说明，如组织级测试方针、组织级测试策略。

## 4.3 测试管理过程

通常动态测试的管理过程可包括：

（1）测试策划过程。

（2）测试设计和实现过程。

（3）测试环境构建和维护过程。

（4）测试执行过程。

（5）测试事件报告过程。

（6）测试监测和控制过程。

（7）测试完成过程。

测试管理过程可应用于整个项目的测试管理，也可用于各测试阶段（例如系统测试、验收测试）的测试管理，以及各种测试类型（例如性能测试、易用性测试）的管理。

在项目测试管理应用中，测试管理过程根据项目测试计划管理整个项目的测试。对于大多数项目，每个阶段的测试和部分测试类型需要进行单独的测试过程管理；这些测试过程管理通常基于独立的测试计划，例如系统测试计划、可靠性测试计划和验收测试计划等。

图 4-4 给出了测试管理过程间的关系，以及它们如何与组织级测试过程、测试管理过程和动态测试过程交互。

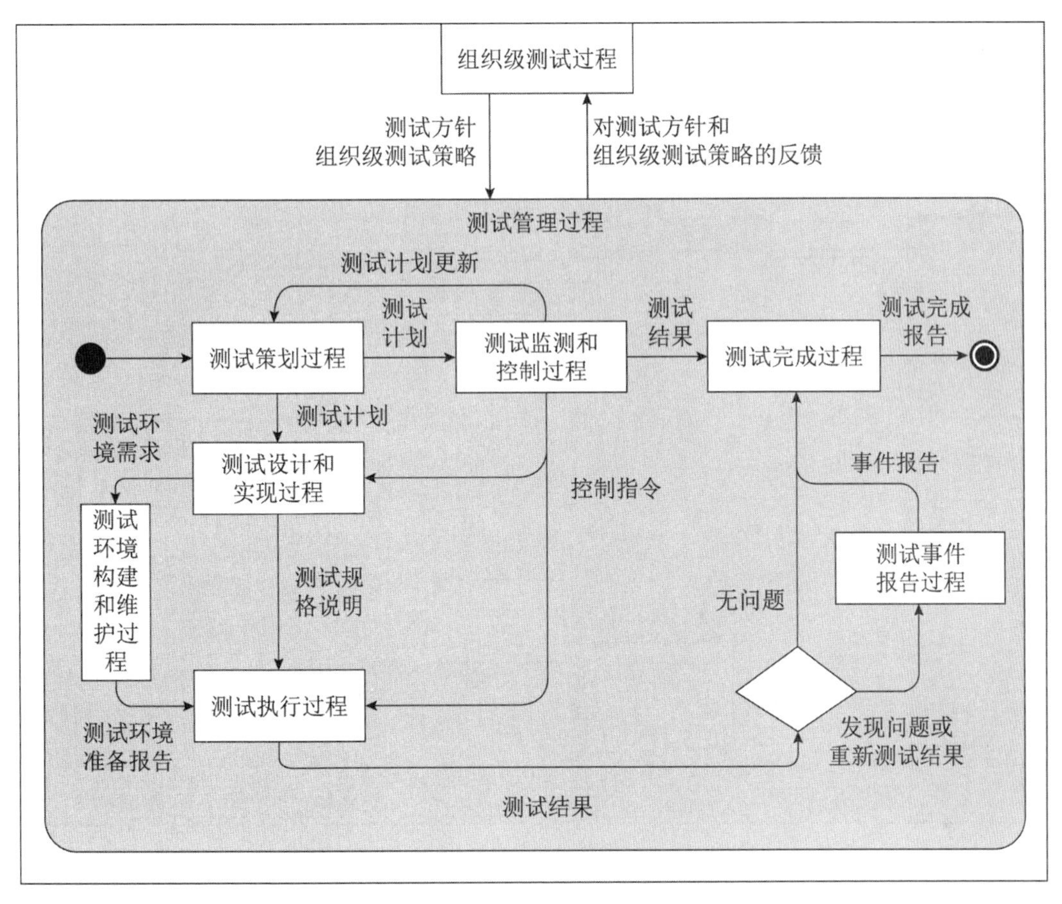


图 4-4　测试管理过程关系示例

测试管理过程需要与组织级测试过程一致，例如组织级测试方针和组织级测试策略。根据实施情况，测试管理过程可能会对组织级测试过程产生反馈。

## 4.3.1　测试策划过程

测试策划（Test Planning，TP）过程用于制订测试计划。根据该过程在项目中的实施时机，可以是项目测试计划或特定阶段的测试计划（例如系统测试计划）或特定测试类型的测试计划（例如性能测试计划）。

制订测试计划需要执行图 4-5 中的各项活动。通过执行定义的活动可以获得测试计划的内容，并将逐步制订测试计划草案，直至形成完整的测试计划。由于此过程的迭代性质，在完整的测试计划可用之前，可能需要重新执行图 4-5 所示的一些活动。通常情况下，TP3、TP4、TP5 和 TP6 需要迭代执行，以形成可接受的测试计划。

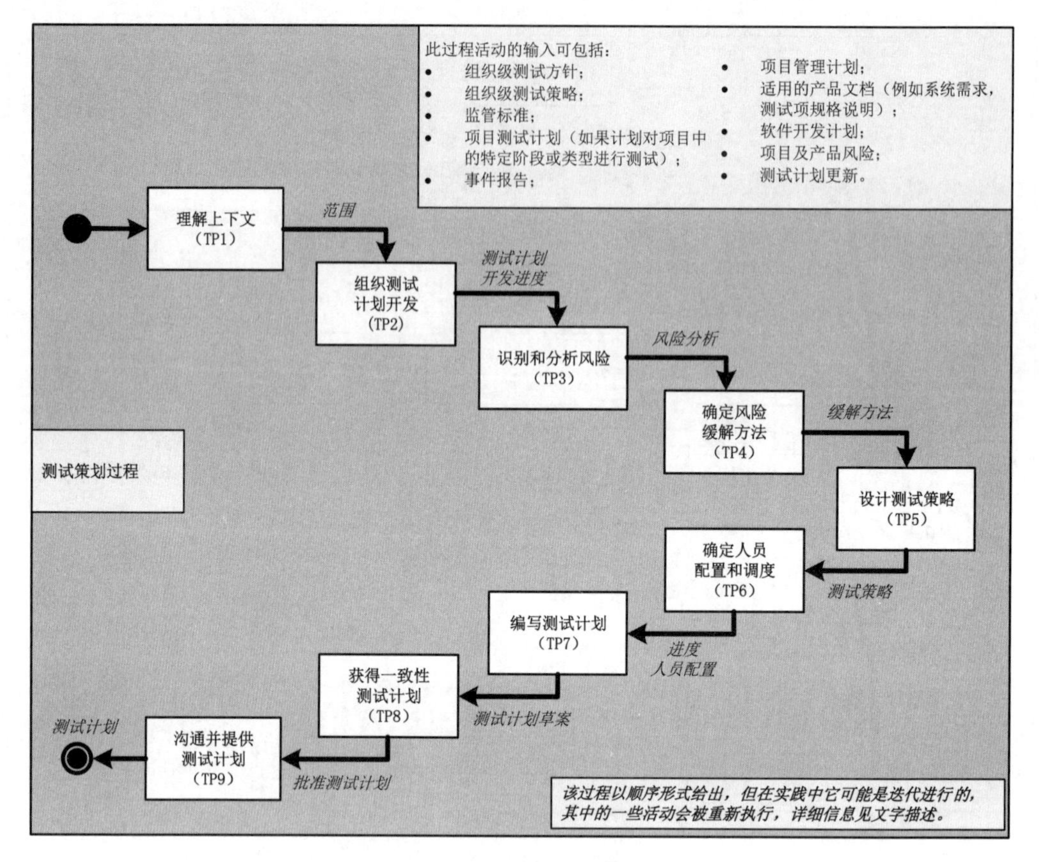


图 4-5 测试策划过程

在测试过程中，测试计划可能需要根据计划执行的结果以及新增的信息进行变更。根据变更的规模和性质，需要重新执行图 4-5 中的各种活动来维护测试计划。

例如，如果在测试计划初次发布后，发现新的风险威胁到项目或可交付产品，或现有风险的威胁已经改变，则宜在识别和分析风险（TP3）时重新执行该过程。

如果出于风险以外的原因（例如使用不同的测试环境）认为有必要更改测试策略，那么宜在设计测试策略（TP5）时重新执行该过程。

如果出于风险以外的原因（例如开发中测试项目的可用性发生改变）认为有必要更改测试人员配置或计划，那么宜在确定人员配置和调度（TP6）时重新执行该过程。

**1. 目的**

测试策划过程的目的是确定测试范围和方法，并与利益相关方达成共识，以便及早识别测试资源、测试环境以及其他要求。

**2. 输入**

测试策划过程的输入可包括：

（1）组织级测试方针。

（2）组织级测试策略。

（3）监管标准。

（4）项目测试计划（如果计划对项目中的特定阶段或类型进行测试）。

（5）事件报告。

（6）项目管理计划。

（7）适用的产品文档（例如系统需求，测试项规格说明）。

（8）软件开发计划。

（9）项目及产品风险。

（10）测试计划更新。

**3. 活动和任务**

测试策划负责人应按照组织级方针和规程执行相应的活动和任务。

1）理解上下文（TP1）

此活动需贯穿项目的整个生存周期过程，任务顺序可根据实际情况进行调整：

（1）理解上下文和软件测试需求，以支持测试计划的编制。可通过组织级测试规格说明、测试的预算及资源、人员配置、预期成果、需求规格说明、测试规格说明、质量特性描述、质量目标、项目风险信息、验证和确认计划等文档来完成测试计划的编制，识别测试项。

（2）理解上下文和软件测试需求，宜通过识别以及与利益相关方沟通获得。

（3）宜制订沟通计划并记录沟通方法。

2）组织测试计划开发（TP2）

此活动包括以下任务：

（1）根据理解上下文（TP1）活动中确定的测试需求，应识别并安排完成测试计划所需执行的活动。

（2）宜确定参与这些活动所需的利益相关方。

（3）应从项目经理、测试项目经理等利益相关方获得对活动、进度和参与者的同意。

（4）宜组织利益相关方参与，例如项目经理安排一次会议评审测试策略。

3）识别和分析风险（TP3）

此活动包括以下任务：

（1）应评审先前确定的风险，以确定与软件测试有关的风险和/或可通过软件测试处理的风险。

（2）应确定与软件测试相关和/或可通过软件测试处理的其他风险，例如通过研讨会、访谈的方式评审产品规格说明和其他适当的文档。

（3）使用恰当的方案对风险进行分类，并对项目风险和产品风险进行区分。

（4）应确定每个风险的暴露水平（例如考虑其影响和可能性）。

（5）风险评估结果应获得利益相关方的同意。

（6）应记录本次风险评估的结果。

4）确定风险缓解方法（TP4）

此活动包括以下任务：

（1）根据风险类型、风险等级和风险暴露水平，确定恰当的风险处理方法，如对测试阶段、测试类型、测试技术和测试完成准则进行调整。

（2）应在测试计划或项目风险登记册中记录风险缓解的结果。

5）设计测试策略（TP5）

此活动包括以下任务：

（1）宜对实现组织级测试规格说明（例如组织级测试策略和组织级测试方针）定义的需求进行工作量和工作时间等资源的初步估计。宜考虑更高级别的测试策略对项目的约束。

（2）宜初步估计确定风险缓解方法（TP4）活动中确定的各项缓解措施所需的资源，并从识别和分析风险（TP3）活动中确定的具有最高风险水平的风险开始。

（3）应设计测试策略（包括测试阶段、测试类型、待测特征、测试设计技术、测试完成准则、暂停和恢复准则），并考虑测试依据、风险、组织、合同、项目时间和成本、人员、工具和环境以及产品等方面的限制。如果无法设计实施组织级测试策略所要求的测试策略，以及在满足项目和产品约束的同时处理所有已识别风险的建议，则需要做出判断以达成最佳策略满足这些相互矛盾的要求。如何实现这种妥协将取决于项目和组织，并且可能需要放宽约束，重复确定风险缓解方法（TP4）活动中的任务，直到实现可接受的测试策略为止。如果决定偏离组织级测试策略，则宜将其记录在测试策略中。

（4）应确定用于测试监测和控制的指标（见活动 TMC1 至 TMC4）。

（5）应确定测试数据，充分考虑数据保密条例（例如数据屏蔽或加密），所需数据量以及完成后的数据清理。

（6）应确定测试环境需求和测试工具需求。

（7）宜确定测试可交付成果，并记录其正式程度和沟通频率。

（8）应对执行测试策略中描述的完整操作集所需的资源进行初步估计，产生的初步测试估计将在编写测试计划（TP7）活动中最终确定。

（9）应记录测试策略，测试策略可作为测试计划的一部分，也可作为单独的文档。

（10）应从利益相关方获得对测试策略的同意，该过程可能需要重复进行。

6）确定人员配置和调度（TP6）

此活动包括以下任务：

（1）宜确定测试策略中描述的执行测试的工作人员的角色和技能，确定人员招聘或参加培训。

（2）测试策略中每个必需的测试活动都应根据估计、依赖性以及人员可用性进行安排。

（3）应从利益相关方获得人员配置和调度的同意。这可能需要重复任务（1）和（2），如果测试策略需要修订，则需要重新进行设计测试策略（TP5）活动。

7）编写测试计划（TP7）

此活动包括以下任务：

（1）测试的最终估计应根据设计测试策略（TP5）活动中设计的测试策略，以及确定人员配置和调度（TP6）活动中商定的人员配置和时间安排计算。如果这些与先前的初步估计不一致，则可能需要重新考虑确定人员配置和调度（TP6）和/或设计测试策略（TP5）活动。

（2）应将设计测试策略（TP5）活动中确定的测试策略，在确定人员配置和调度（TP6）活动中商定的人员配置文件和进度表，以及前一任务中计算得出的最终估计纳入测试计划。

8）获得一致性测试计划（TP8）

此活动包括以下任务：

（1）应通过研讨会、访谈等方式收集利益相关方对测试计划的意见。

（2）应解决测试计划与利益相关方意见之间的分歧。

（3）应根据利益相关方的反馈更新测试计划，并根据情况重复测试计划过程的前几个活动。

（4）应从利益相关方处获得对测试计划的认可，并根据需要重复任务（1）至（3）。

9）沟通并提供测试计划（TP9）

此活动包括以下任务：

（1）应提供测试计划。

（2）可通过制订沟通计划，将测试计划的可用性告知利益相关方。

**4. 结果**

测试策划过程实施的结果包括：

（1）分析并理解测试的工作范围。

（2）确定并通知参与测试计划的利益相关方。

（3）按照规定的风险暴露水平，通过测试对风险进行识别、分析和分类。

（4）确定测试策略、测试环境、测试工具以及测试数据需求。

（5）确定人员配置和培训需求。

（6）安排每项活动。

（7）计算估计数，并记录证明估计数的证据。

（8）测试计划达成一致，并分发给利益相关方。

**5. 信息项**

通过执行测试策划过程，将产生以下信息项：

测试计划。

### 4.3.2 测试设计和实现过程

测试设计和实现（Test Design and Implementation，TD）过程用于获取测试用例和测试规程，通常记录在测试规格说明中，但可能会立即执行，例如执行探索性测试，不会提前记录。图 4-6 中的活动以逻辑顺序给出，但在实践中，迭代将在许多活动之间进行，活动 TD3 到 TD5 通常在相当长的时间内并行发生。

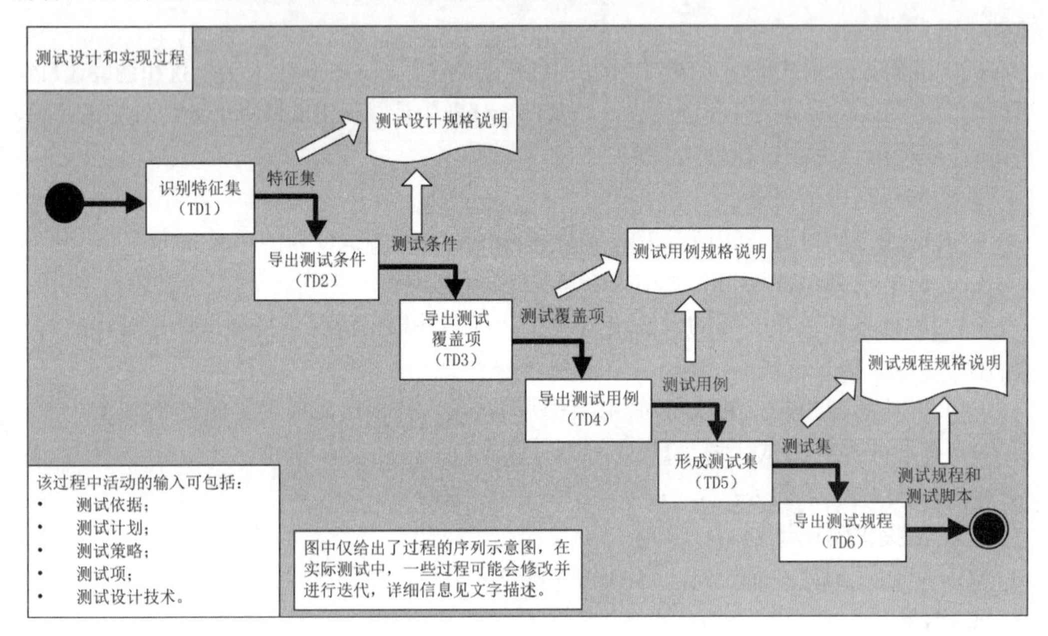


图 4-6 测试设计和实现过程

测试设计和实现过程用于导出测试用例和测试规程，但需要注意，在某些情况下它可能会重用以前设计的测试资产，尤其是正在进行的回归测试。

测试设计和实现过程也可能因为一些原因退出和重新进入，例如，如果在执行测试规程或报告事件后，为了满足所需的测试完成准则，需要额外的测试用例。因此，在该过程的任何一个实现期间，可能仅可以导出测试项所需的所有测试用例的子集。

该过程要求测试人员应用一种或多种测试设计技术来导出测试用例和测试规程，最终目标是达到测试完成准则，通常用测试覆盖率测度来描述。要使用的测试设计技术和测试完成准则在测试计划中指定。

许多情况都可能导致此过程中的活动之间的迭代。这种情况包括利益相关方未同意活动的结果，例如确定测试条件。同样，在活动结果表明测试策划决策（例如测试完成准则的选择）与项目时间表相冲突，要求重新评审测试管理过程的情况下，也可能发生这样的情况。

**1. 目的**

测试设计和实现过程的目的是导出将在测试执行过程中所执行的测试规程。在该过程中，分析测试依据，组合生成特征集，导出测试条件、测试覆盖项、测试用例、测试规程，并汇集测试集。

**2. 输入**

测试设计和实现过程的输入可包括：

（1）测试依据。

（2）测试计划。

（3）测试策略。

（4）测试项。

（5）测试设计技术。

**3. 活动和任务**

1）识别特征集（TD1）

此活动包括以下任务：

（1）应分析测试依据，以理解测试项的要求。如果在分析过程中发现测试依据中的缺陷，则使用适当的事件管理系统报告这些缺陷。

（2）待测的特征宜组合成特征集。特征集可以独立于其他特征集进行测试，组件测试或单元测试通常只有一个特征集，系统测试则通常包含多个特征集。

（3）特征集的测试应根据识别和分析风险（TP3）活动中记录的风险暴露水平进行优先级排序。

（4）特征集的组成和优先级宜得到利益相关方的同意。必要时，任务（1）、（2）和（3）将重复进行。

（5）特征集应当记录在测试设计规格说明中。

（6）应记录测试依据和特征集之间的可追溯性。如果在任务（2）中确定了特征集，则适用任务（3）到（6）。

2）导出测试条件（TD2）

此活动包括以下任务：

（1）根据测试计划中规定的测试完成准则，确定每个特征的测试条件。测试条件是组件或系统的可测的属性，例如：功能、事务、特征、质量属性或标识为基础测试的结构元素。可以简单地通过利益相关方感兴趣的属性，或通过应用一种或多种技术来确定，例如如果指定了与状态覆盖相关的测试完成准则，那么测试条件将是测试项可能所处的状态。

（2）测试条件应根据识别和分析风险（TP3）活动中记录的风险暴露水平进行优先级排序。

（3）测试条件应记录在测试设计规格说明中。

（4）应记录测试依据、特征集和测试条件之间的可追溯性。

（5）测试设计规格说明应得到利益相关方的同意。这可能需要重复任务（1）、（2）和（3），或首先重复识别特征集（TD1）活动。

3）导出测试覆盖项（TD3）

此活动包括以下任务：

（1）通过将测试设计技术应用于测试条件，以达到测试计划中规定的测试完成覆盖准则，从而导出测试要执行的测试覆盖项。测试覆盖项是每个测试条件的属性，如果测试项的测试完成准则规定测试覆盖率小于100%，那么需要选择实现100%覆盖所需的测试覆盖项的子集进行测试。在测试计划或组织级测试策略（例如去掉与低风险暴露相关的测试覆盖项）中，可能会提供一些标准来帮助这种选择。这种选择可能需要根据以后活动的结果重新选择。通过将多个测试条件的覆盖组合成一个测试覆盖项，可以优化测试覆盖项集。因此，单个测试覆盖项可以实现多个测试条件。

（2）测试覆盖项应按照识别和分析风险（TP3）活动中记录的风险暴露水平进行优先级排序。

（3）测试覆盖项应记录在测试用例规格说明中。

（4）应记录测试依据、特征集、测试条件和测试覆盖项之间的可追溯性。

4）导出测试用例（TD4）

此活动包括以下任务：

（1）一个或多个测试用例应当通过确定前置条件，选择输入值以及必要时执行所选测试覆盖项的操作，并通过确定相应的预期结果来导出。当导出测试用例时，一个测试用例可以实现多个测试覆盖项，因此有机会在一个测试用例中组合多个测试覆盖项的覆盖范围。这可以减少测试执行时间，但也可能增加调试时间。

（2）应使用识别和分析风险（TP3）活动中记录的风险暴露水平确定测试用例的优先级。

（3）测试用例应当记录在测试用例规格说明中。

（4）应记录测试依据、特征集、测试条件、测试覆盖项和测试用例之间的可追溯性。

（5）测试用例规格说明应得到利益相关方同意。这可能需要重复执行任务（1）和（2），在某些情况下，首先重复导出测试条件（TD2）和/或导出测试覆盖项（TD3）活动。

5）形成测试集（TD5）

此活动包括以下任务：

（1）测试用例可以根据执行的约束分配到一个或多个测试集中。例如某些测试集可能需要特定的测试环境设置，或者某些测试集适合于人工测试执行，而其他测试集更适合于自动化测试执行，或者某些需要特定的领域知识。

（2）测试集应记录在测试规程规格说明中。

（3）应记录测试依据、特征集、测试条件、测试覆盖项、测试用例和测试集之间的可追溯性。

6）导出测试规程（TD6）

此活动包括以下任务：

（1）测试规程应根据前置条件和后置条件以及其他测试要求所描述的依赖性，通过对测试集内的测试用例进行排序而得出。测试规程中可包含任何其他必需的操作，例如：为测试用例设置前置条件所必需的操作。如果使用工具执行测试规程，则可能需要通过添加额外的细节来创建自动化测试脚本，以进一步详细说明这些测试规程。

（2）应识别测试计划中未包含的任何测试数据和测试环境要求。虽然这个活动可能要在导出测试规程后才能完成，但是这个任务通常可以在该过程的初期开始，有时甚至在测试条件达成一致时就开始了。

（3）应根据识别和分析风险（TP3）活动中记录的风险暴露水平确定测试规程的优先顺序。

（4）测试规程应记录在测试规程规格说明中。

（5）应记录测试依据、特征集、测试条件、测试覆盖项、测试用例、测试集和测试规程（和/或自动化测试脚本）之间的可追溯性。

（6）测试规程规格说明应得到利益相关方的同意。这可能需要重复执行任务（1）至（5）。

**4. 结果**

测试设计和实现过程实施的结果包括：

（1）分析每个测试项的测试依据。

（2）将待测特征组合成特征集。

（3）导出测试条件。

（4）导出测试覆盖项。

（5）导出测试用例。

（6）汇集测试集。

（7）导出测试规程。

**5. 信息项**

通过执行测试设计和实现过程，将产生以下信息项：

（1）测试规格说明（测试设计规格说明、测试用例规格说明和测试规程规格说明）和相关可追溯信息。

（2）测试数据需求。

（3）测试环境需求。

### 4.3.3 测试环境构建和维护过程

测试环境构建和维护（Test Environment Set-up and Maintenance，ES）过程用于建立和维护测试执行的环境，具体如图 4-7 所示。维护测试环境可能根据先前测试结果进行变更。在存在变更和配置管理过程的情况下，可以使用这些过程来管理对测试环境的变更。

测试环境需求最初在测试计划中描述，但测试环境的详细组成通常只有在测试设计和实现过程开始后才会变得清晰。

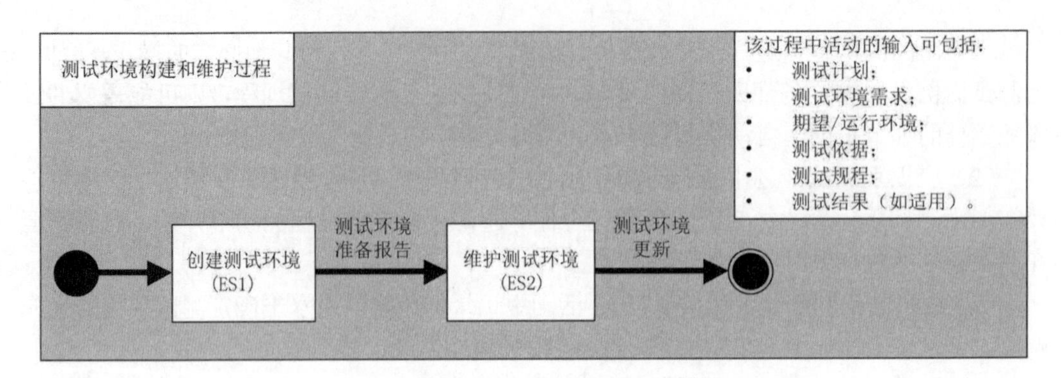


图 4-7 测试环境构建和维护过程

**1. 目的**

测试环境构建和维护过程的目的是建立和维护所需的测试环境，并将其状态传达给所有利益相关方。

**2. 输入**

测试环境构建和维护过程的输入可包括：

（1）测试计划。

（2）测试环境需求。

（3）期望/运行环境。

（4）测试依据。

（5）测试规程。

（6）测试结果（如适用）。

**3. 活动和任务**

负责测试环境构建和维护的人员（例如：IT 支持技术人员）应根据适用的组织级方针和规程，在测试环境构建和维护过程中实施以下活动和任务。

1）创建测试环境（ES1）

此活动包括以下任务：

（1）根据测试计划、测试设计和实现过程产生的详细要求、测试工具的要求以及测试的规模/形式，应执行以下操作：

①计划建立测试环境，例如需求、接口、进度和成本。

②设计测试环境。

③确定应用配置管理的程度（适用时）。

④完成测试环境的建立。

⑤建立测试数据以支持测试（适用时）。

⑥建立测试工具以支持测试（适用时）。

⑦在测试环境中安装和配置测试项目。

⑧验证测试环境是否符合测试环境要求。

⑨如需要，确保测试环境符合规定的要求。

（2）应记录测试环境和测试数据的状态，并通过测试环境准备报告和测试数据准备报告传达给利益相关方，例如测试人员和测试经理。

（3）测试环境准备报告应说明测试环境和运行环境之间的已知差异。

2）维护测试环境（ES2）

此活动包括以下任务：

（1）应按照测试环境要求维护测试环境，这可能需要根据先前测试的结果进行调整。

（2）测试环境状态的变化应通知利益相关方，例如测试人员和测试经理。

**4. 结果**

测试环境构建和维护过程实施的结果包括：

（1）测试环境处于可测试的就绪状态。

（2）将测试环境的状态传达给所有利益相关方。

（3）维护测试环境。

**5. 信息项**

通过执行测试环境构建和维护过程，将产生以下信息项：

（1）测试环境。

（2）测试数据。

（3）测试环境准备报告。

（4）测试数据准备报告。

（5）测试环境变更（适用时）。

### 4.3.4 测试执行过程

测试执行（Test Execution，TE）过程是在测试环境构建和维护过程所建立的测试环境上运行测试设计和实现过程产生的测试规程。测试执行过程可能需要执行多次，因为所有可用的测试规程可能不会在单个迭代中执行。如果问题得到解决，则宜重新进入测试执行过程进行复测。

图 4-8 中的活动以逻辑顺序显示，但在实践中，许多活动之间会发生迭代。测试结果的比较和测试执行细节的记录通常与测试规程的执行交叉在一起。

**1. 目的**

测试执行过程的目的是在准备好的测试环境中执行测试设计和实现过程中创建的测试规程，并记录结果。

**2. 输入**

测试执行过程的输入可包括：

（1）测试计划。

（2）测试规程。

（3）测试项。

（4）测试依据。

（5）测试环境准备报告（如适用）。

（6）测试环境变更（如适用）。

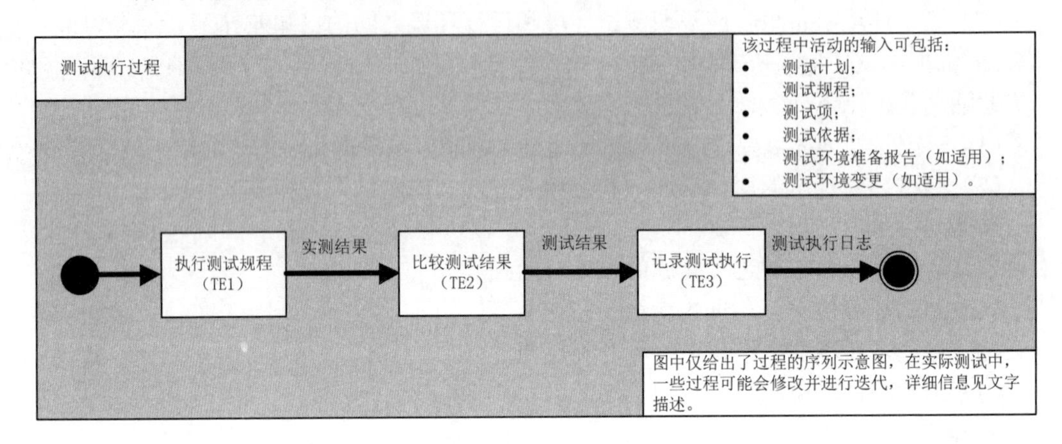


图 4-8　测试执行过程

**3. 活动和任务**

测试执行过程可以有中断的情况，例如在测试用例中发现缺陷、在测试环境中发现问题或对测试计划变更（例如：由于项目成本或时间变更）或中止准则规定的情况。在这些情况下，该过程是在适当的任务中恢复或完全取消。

如果在执行一个或多个测试用例之后，发现需要执行额外的测试用例以满足测试完成准则，则将重新进入测试执行过程。因此，在该过程的任何一次迭代期间，只能执行测试项的所有测试用例的子集。

负责测试执行的人员应根据适用的组织级方针和规程在测试执行过程中实施以下活动和任务。

1）执行测试规程（TE1）

此活动包括以下任务：

（1）应在已准备的测试环境中执行一个或多个测试规程。测试规程可以编写为自动执行的脚本，或可以记录在人工测试执行的测试规格说明中，或可以立即执行如同在探索性测试中所设计的。

（2）应观察测试规程中的每个测试用例的实测结果。

（3）应记录实际的结果。按照测试用例规格说明，这可以在测试工具中进行，也可以是人工进行；在进行探索性测试的情况下，可以观察到实测结果而不进行记录。

2）比较测试结果（TE2）

此活动包括以下任务：

（1）应比较测试规程中的每个测试用例的实际和预期结果。预期结果可能是记录在测试规范中，或在探索性测试中可能是没有文档记录。在自动化测试的情况下，预期结果通常是嵌入在自动化测试脚本（或关联的文件）中，并与测试工具执行结果比较。

（2）应确定在测试规程中所执行测试用例的测试结果。如果复测通过，则需要通过测试事件报告过程更新事件报告。测试环境的失效和意外变化将导致问题（潜在的事件）传递到测试事件报告过程。

3）记录测试执行（TE3）

此活动包括以下任务：

按测试计划的规定，记录测试执行。

**4. 结果**

测试执行过程成功实施的结果包括：

（1）执行测试规程。

（2）记录实测结果。

（3）比较实测和预期结果。

（4）确定测试结果。

**5. 信息项**

通过执行测试执行过程，将产生以下信息项：

（1）实测结果。

（2）测试结果。

（3）测试执行日志。

### 4.3.5 测试事件报告过程

测试事件报告（Test Incident Reporting，IR）过程用于报告测试事件，具体如图 4-9 所示。该过程将识别测试不通过、测试执行期间发生异常或意外事件，或复测通过的情况。

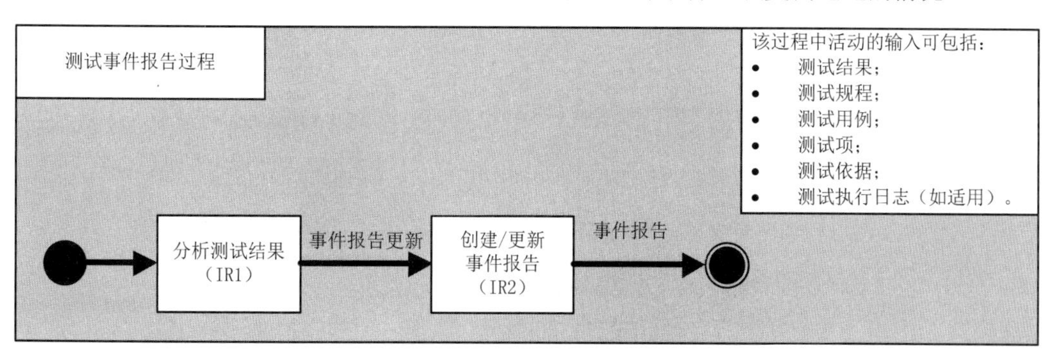


图 4-9　测试事件报告过程

**1. 目的**

测试事件报告过程的目的是向利益相关方报告需要通过测试执行确定进一步操作的事件。对于新的测试，这将需要创建一个事件报告。在复测的情况下，这将需要更新以前提交的事件报告的状态，但也可能需要在确定了进一步的事件后，提出新的事件报告。

**2. 输入**

测试事件报告过程的输入可包括：

（1）测试结果。

（2）测试规程。

（3）测试用例。

（4）测试项。

（5）测试依据。

（6）测试执行日志（如适用）。

**3. 活动和任务**

负责测试事件报告的人员应根据适用的组织级方针和规程，对测试事件报告过程实施以下活动和任务。

1）分析测试结果（IR1）

此活动包括以下任务：

（1）如果测试结果与以前提交的事件有关，则应分析测试结果并更新事件的详情。

（2）如果测试结果表明发现了新问题，则应对测试结果进行分析，确定该事件是否需要报告，还是属于不需要报告就可以解决的事件，或不需要采取进一步的措施。在适当情况下，与发起人讨论不提出事件报告的决定，以相互理解这一决定。

（3）采取的措施应当分配给适当的人员完成。

2）创建/更新事件报告（IR2）

此活动包括以下任务：

（1）应确定和报告/更新需要记录的有关事件的信息。事件报告可以针对测试项和其他项提出，例如测试规程、测试依据和测试环境。复测成功后，可以更新并关闭事件报告。

（2）应将新的和/或更新的事件的状态传达给利益相关方。

**4. 结果**

测试事件报告过程成功实施的结果包括：

（1）分析测试结果。

（2）确认新的事件。

（3）创建新的事件报告细节。

（4）确定以前发生的事件的状态和细节。

（5）适当地更新以前提交的事件报告细节。

（6）向利益相关方传达新的和/或更新的事件报告。

**5. 信息项**

通过执行测试事件报告过程，将产生以下信息项：

事件报告。

### 4.3.6　测试监测和控制过程

如图 4-10 所示，测试监测和控制（Test Monitoring and Control，TMC）过程检查测试是否按照测试计划以及组织级测试规格说明（例如组织级测试方针、组织级测试策略）进行。如果与测试计划的进度、活动或其他方面存在重大偏差，则将采取措施以纠正或弥补由此产生的偏差。

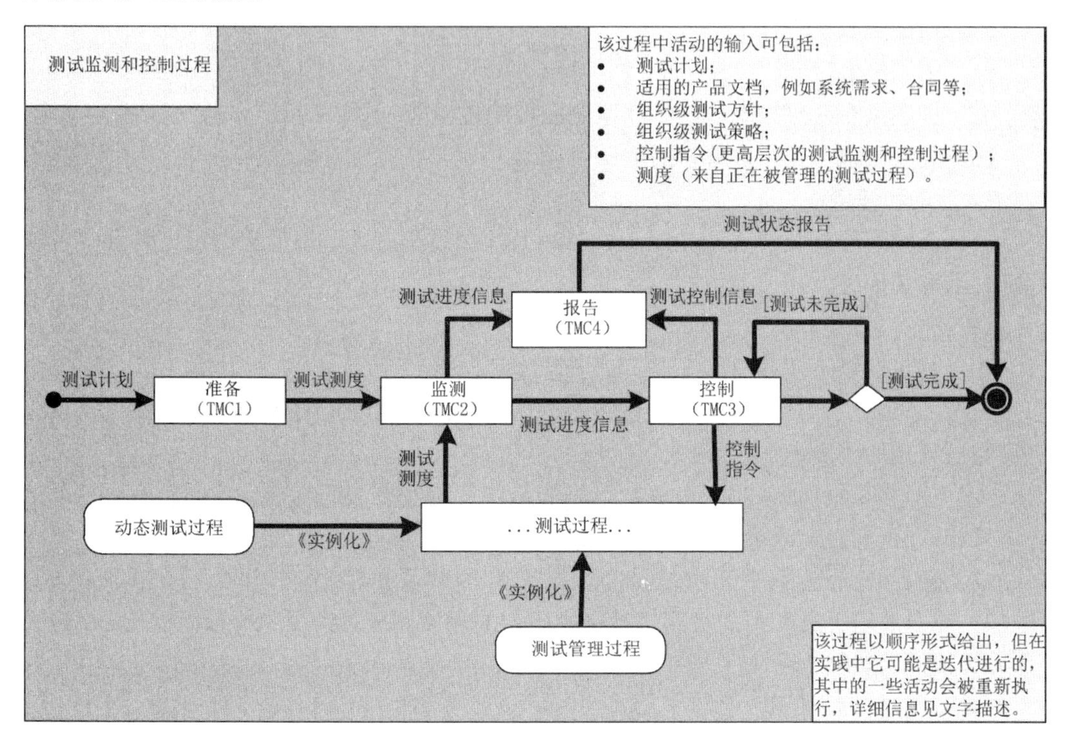


图 4-10　测试监测和控制过程

该过程可应用于整个测试项目（通常由多个测试阶段和多种测试类型组成）的管理，或者用于管理单个测试阶段（例如系统测试）或测试类型（例如性能测试）的测试。在后一种情况下，它被用作动态测试过程描述的动态测试的监测和控制的一部分。当作为整个项目的测试监测和控制的一部分应用时，它将直接与用于管理项目的单个测试阶段和测试类型的测试管理过程交互。

**1. 目的**

测试监测和控制过程的目的是确定测试进度能否按照测试计划以及组织级测试规格说明（例如组织级测试方针、组织级测试策略）进行。它还根据需要启动控制操作，并确定测试计划的必要更新（例如修改完成准则或采取新的措施，以弥补测试计划的偏差）。

该过程也可用于确定测试进度是否符合更高级别的测试计划，以及管理在特定测试阶段（例如系统测试）或特定测试类型（例如性能测试）中执行的测试。

**2. 输入**

测试监测和控制过程的输入可包括：

（1）测试计划。

（2）适用的产品文档，例如系统需求、合同等。

（3）组织级测试方针。

（4）组织级测试策略。

（5）控制指令（更高层次的测试监测和控制过程）。

（6）测度（来自正在被管理的测试过程）。

**3. 活动和任务**

测试监测及控制负责人应按照测试监测及控制过程有关适用的组织级方针和规程执行下列活动和任务。

1）准备（TMC1）

此活动包括以下任务：

（1）如果测试计划或组织级测试策略尚未定义测试测度，宜确定适当的测试测度来监测测试计划的进度。

（2）如果测试计划或组织级测试策略尚未定义这些方法，宜确定新的和变更风险的合适方法。

（3）应建立监测活动（例如测试状态报告和测试测度收集），以收集上述任务（1）和（2）以及测试计划和组织级测试策略中确定的测试测度。

2）监测（TMC2）

此活动包括以下任务：

（1）应收集并记录测试测度。

（2）应使用收集的测试测度监测测试计划的进度情况，例如通过审查测试状态报告，分析测试测度并与利益相关方召开会议。

（3）应识别与计划的测试活动的差异，并记录阻碍测试进度的任何因素。

（4）应识别和分析新风险，以确定需要通过测试进行缓解的风险，以及需要与利益相关方沟通的风险。

（5）应监测已知风险的变化，以确定需要通过测试进行缓解的风险，以及需要与利益相关方（如项目经理）沟通的风险。重复上述任务（1）至（5），直至达到测试计划中指定的测试终止或完成条件为止。这通常是通过检查是否已达到完成准则。

3）控制（TMC3）

此活动包括以下任务：

（1）应按照测试计划的要求进行相关监控活动，例如将测试活动的责任分配给测试人员。

（2）执行从上级管理过程收到的控制指令所必需的活动。例如，当一个测试项目处于管理阶段时，相关的指令可能来源于项目测试经理。

（3）应确定管理实际测试与计划测试之间的差异而采取的必要措施，这些控制措施可能需要变更测试计划、测试数据、测试环境、人员配置或其他领域（例如开发）。

（4）应确定处理新发现和变更风险的方法，例如为特定任务分配更多人员并更改测试完成准则。

（5）根据情况可采取下列措施：发出控制指令以改变测试方法；测试计划的变更以测试计划更新的形式进行；建议的变更应通知利益相关方。

（6）如果尚未开始任何指定的测试活动，则应在开始该活动前建立开始该活动的准备状态。可以在测试设计和实现过程或测试环境构建过程中建立准备状态。

（7）应在指定的测试活动完成时给予批准，可通过检查测试计划中描述的退出准则来执行。

（8）当测试达到完成准则时，应获得测试完成决定的批准。

4）报告（TMC4）

此活动包括以下任务：

（1）测试计划的测试进度应在规定报告期内的测试状态报告中传达给利益相关方。

（2）风险登记册应更新现有风险的新风险和变化，并传达给利益相关方。

**4. 结果**

测试监测和控制过程实施的结果包括：

（1）建立监测测试进度和风险变化的适当测度的收集方法。

（2）监测测试计划进度。

（3）识别、分析与测试相关的新风险和变更风险，并采取必要措施。

（4）确定必要的控制措施。

（5）向利益相关方传达必要的控制措施。

（6）批准停止测试的决定。

（7）向利益相关方报告测试进度和风险变化。

**5. 信息项**

通过执行测试监测和控制过程，将产生以下信息项：

（1）测试状态报告。

（2）测试计划变更。

（3）控制指令（例如测试、测试计划、测试数据、测试环境和人员的变化）。

（4）项目和产品风险信息：风险信息可以保存在项目风险登记册中，也可以保存在测试计划中。

### 4.3.7 测试完成过程

图4-11所示的测试完成（Test Complete，TC）过程是在测试活动完成后执行的。它用于对特定测试阶段（例如系统测试）或测试类型（例如性能测试），以及完整项目的测试的总结。

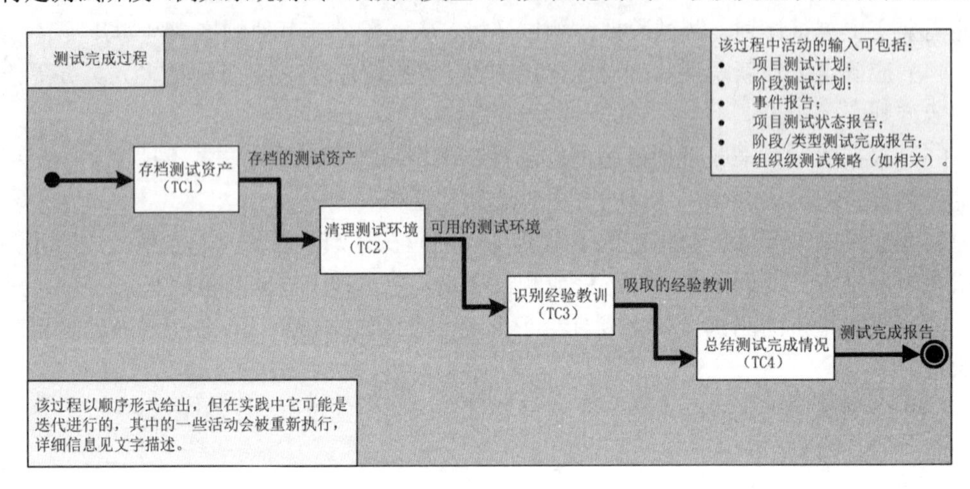


图4-11 测试完成过程

**1. 目的**

测试完成过程的目的是提供有用的测试资产供以后使用，使测试环境保持在令人满意的状态，记录测试结果并将其传达给利益相关方。测试资产包括测试计划、测试用例说明、测试脚本、测试工具、测试数据和测试环境基础设施。

**2. 输入**

测试完成过程的输入可包括：

（1）项目测试计划。

（2）阶段测试计划。

（3）事件报告。

（4）项目测试状态报告。

（5）阶段/类型测试完成报告。

（6）组织级测试策略（如相关）。

**3. 活动和任务**

负责测试完成的人员应根据适用的组织级方针和规程执行以下活动和任务，以完成测试完成过程。

1）存档测试资产（TC1）

此活动包括以下任务：

（1）宜确定以后可能使用的测试资产，并使用适当的方法提供这些资产。例如在配置管理系统中适当标记要重用的测试资产（例如用于回归测试）。

（2）宜识别和存档可在其他项目上重复使用的测试资产。例如测试计划、人工或自动化测试规程、测试环境基础设施。

（3）重用测试资产的可用性应记录在测试完成报告中并传达给利益相关方。例如负责维护测试（以实现成功的转换）的人员和项目测试经理。

2）清理测试环境（TC2）

此活动包括以下任务：

所有测试活动完成后，测试环境应恢复至预先定义的状态。例如恢复设置以及硬件至初始状态。

3）识别经验教训（TC3）

此活动包括以下任务：

（1）应记录项目执行期间的经验教训。例如测试过程中顺利进行的工作或者出现的问题，以及改进建议。

（2）将成果记录在测试完成报告中，并发送给利益相关方。

4）总结测试完成情况（TC4）

此活动包括以下任务：

（1）从测试计划、测试结果、测试状态报告、测试阶段或测试类型的测试完成报告（如单元测试、性能测试、验收测试报告）、事件报告等文档中收集相关信息。

（2）收集的信息应在测试完成报告中进行评价和汇总。

（3）测试完成报告应取得利益相关方的认可。

（4）认可的测试完成报告应分发给利益相关方。

**4. 结果**

测试完成过程成功实施的结果包括：

（1）测试资产存档或直接传递给利益相关方。

（2）测试环境处于约定状态（例如，使其可用于下一个测试项目）。

（3）满足并验证所有的测试要求。

（4）编写测试完成报告。

（5）批准测试完成报告。

（6）将测试完成报告发送给利益相关方。

**5. 信息项**

通过执行测试完成过程，将产生以下信息项：

测试完成报告。

## 4.4 静态测试过程

静态测试是在不运行代码的情况下，通过一组质量准则或其他准则对测试项进行检查的测试，也常称为审查、走查或检查。静态测试既包括人工进行代码审查，也包括使用静态分析工具在不运行代码的前提下发现代码和文档中的缺陷（例如编译器、圈复杂度分析器，或代码的安全分析器）。

### 4.4.1 目的

通过人工或工具进行代码走查、技术评审等活动，发现软件需求规格说明、软件设计说明、概要设计、详细设计、变更、软件用户手册等文档和源代码等工作产品中存在的问题。

### 4.4.2 输入

静态测试的输入可包括：

（1）包含需求规格说明、软件设计说明在内的产品说明文档。

（2）包含用户使用手册、使用帮助在内的用户文档集。

（3）软件源代码。

### 4.4.3 活动和任务

静态测试活动分为计划、启动评审、个人评审、问题交流与分析、修正和报告。

**1. 计划**

计划过程包含以下任务：

（1）确认静态测试的范围、目的、评审的对象、评估的质量特性、通过准则、依据的标准或相关信息、评审的人力和时间要求。

（2）识别评审特性并达成一致，评审特性包括活动、角色、评审技术和工具、检查表等。

（3）确定评审的参与者和各自的角色。

**2. 启动评审**

启动评审包含以下任务：

（1）将评审材料分发给评审的参与者。

（2）评审组长组织评审组人员确定评审的范围和特性要求，并确定参与人员的角色、责任和内容。

（3）文档作者对评审的内容进行讲解。

**3. 个人评审**

个人评审包含以下活动：

每个人分别执行评审内容，并记录发现的问题。

**4. 问题交流与分析**

问题交流与分析包含以下任务：

（1）交流发现的问题。

（2）分析查明的问题，并根据问题的严重程度制定处理措施，如应该处理的问题、记录但不用采取措施的问题、拒绝处理的问题。

（3）根据问题的状态分配给适当的个人或团队。

（4）对评审工作产品的质量特征进行评价，作为评审决定的依据。

**5. 修正和报告**

修正和报告包含以下任务：

（1）对于需要处理或变更的问题，应该创建事件报告，并与被分配的人员或团队进行沟通。

（2）处理需要对工作产品进行变更或处理的问题。

（3）确认评审工作完成，或更新评审工作状态。

（4）接受评审结果为通过的工作产品。

（5）报告评审结果。

### 4.4.4 结果

静态测试的结果可包括：

（1）确定工作产品中的缺陷或问题。

（2）工作产品评估的质量特征。

（3）评审结论。

（4）达成的一致意见。

（5）工作产品需要进行的更新。

### 4.4.5 信息项

执行静态测试过程，将产生以下信息项：

（1）问题日志。

（2）事件报告。

（3）评审报告。

# 第二篇　测试技术篇

测试技术是指导测试人员针对被测软件来设计测试用例所使用的技术。根据测试用例设计所依据的信息来源和测试方式，本篇分为基于规格说明的测试设计技术（第5章）、基于结构的测试技术（第6章）、自动化测试技术（第7章）、基于经验的测试技术（第8章）和基于质量特性的测试与评价（第9章）。

在基于规格说明的测试中，测试的依据包含需求、规格说明、模型或用户需求等，是设计测试用例的主要信息来源，基于规格说明的测试，通常也被称为“黑盒测试”，被测件的内部结构是不可见的，把被测软件视为黑盒子，按照测试依据设计用例输入，以及相应的输出，对软件实现的正确性进行确认。在基于结构的测试中，被测软件的结构（如源代码或模型结构）是设计测试用例的主要信息来源，基于结构的测试，通常也被称为“白盒测试”，对于白盒测试，被测软件的内部结构是透明可见的。自动化测试是把人为驱动的测试行为转化为机器执行的一种过程，即模拟手工测试步骤，通过执行由程序语言编制的测试脚本，自动地完成软件的测试设计、单元测试、功能测试、性能测试等全部工作，包括测试过程的自动化和管理工具的自动化。在基于经验的测试中，测试人员的知识和经验是设计测试用例的主要信息来源，一般是测试人员基于以往的项目经验、特定的系统和软件知识或应用领域知识开展，能够发现运用系统化的测试方法不易发现的隐含特征的问题。基于质量特性的测试与评价的测试设计信息来源可以是与软件相关的规格说明、源代码、任务书、数据等，主要从软件质量特性的角度对软件产品进行测试与评价。

尽管每种测试技术都是独立于其他技术而定义的，实际工作中它们相互之间可以结合使用。组合运用这些技术会使测试更加有效。自动化测试是提高测试效率的有效途径和发展方向。

# 第 5 章　基于规格说明的测试技术

基于规格说明的测试的依据为软件需求规格说明，以及模型、用户需求等，把程序看作一个黑盒子，不考虑程序内部结构和内部特性，在程序接口进行测试，检查程序功能是否按照需求规格说明书的规定正常使用，程序是否能有效接收输入数据而产生正确的输出信息。

本章介绍了 GB/T 38634.4—2020《系统与软件工程　软件测试　第 4 部分：测试技术》中提到的基于规格说明的一些常见测试技术，包括等价类划分、分类树、边界值、语法测试、组合测试、判定表测试、因果图、状态转移测试、场景测试和随机测试等，并介绍了多种测试设计方法间的选择策略，最后从测试设计规格说明、测试用例规格说明、测试规程规格说明三个方面介绍了测试用例设计相关文档的编写。

## 5.1　测试用例设计方法

基于规格说明的测试用于发现软件功能性、性能效率、易用性、可靠性、信息安全性、维护性、兼容性、可移植性等的错误。要保证测试的充分性，关键是测试用例的设计，测试用例设计方法可以用于回答以下问题：

①如何测试功能的有效性？

②何种类型的输入会产生好的测试用例？

③软件是否对特定的输入值尤其敏感？

④如何分隔数据类的边界？

⑤软件能够承受何种数据率和数据量？

⑥特定类型的数据组合会对软件产生何种影响？

相较于基于结构的测试来说，基于规格说明的测试更为注意软件的信息域。它注重于测试软件的功能性需求，使软件测试人员派生出执行程序所有功能需求的输入条件。

理论上说，从输入端要保证查出程序中所有的错误，只能采用穷举的方法，把所有可能的输入都作为测试情况考虑。但实际上测试情况有无穷多个，我们不仅要测试所有合法的输入，而且还要对那些不合法但可能的输入进行测试，所以穷举测试在很多时候都是不可行的。实际的测试工作需要我们采用各种技术来有针对性地进行测试，通过制定测试案例指导测试的实施，保证软件测试有组织、按步骤，以及有计划地进行。

运用基于规格说明的测试技术，可以导出满足以下标准的测试用例集：

①所设计的测试用例能够减少达到合理测试所需的附加测试用例数。

②所设计的测试用例能够告知某些类型错误的存在或不存在，而不是仅仅与特定测试相关的错误。

下面我们讨论几种常见的基于规格说明的测试技术。

### 5.1.1 等价类划分法

等价类划分是一种典型的黑盒测试方法。它把程序的输入域划分成若干部分（子集），然后从每个部分中选取少数代表性的数据作为测试用例。每一类的代表性数据在测试中的作用可以等价于这一类中的其他所有值，这就是“等价类”这个名字的由来。

等价类指的是输入域的某个子集，在该子集中，各个输入数据对于接入程序中的错误都是等效的，并且我们还可以进一步合理假定：测试某个等价类的代表值就等于对这一类的其他值的测试。

如果某一类中的一个数据发现了错误，这一等价类中的其他数据也能发现同样的错误；反之，如果某一类中的一个数据没有发现错误，则这一类中的其他数据也不会查出错误（除非等价类中的某些数据同时还属于另一等价类，因为几个等价类之间是可能相交的）。这样我们就可以把全部的输入数据合理地划分为若干个等价类，在每一个等价类中取一个数据作为测试的输入条件，从而把无限的穷举输入转化为有限的等价类有代表性的输入，用少量的代表性测试数据来取得较好的测试结果。

**1. 等价类的划分**

等价类划分有两种不同的情况：有效等价类和无效等价类。

有效等价类指的是对于程序的规格说明来说是合理的、有意义的输入数据构成的集合。利用有效等价类可检验程序是否实现了规格说明中所规定的功能和性能。

无效等价类与有效等价类的定义恰巧相反，是那些对于程序的规格说明来说是不合理的或无意义的输入数据所构成的集合。

设计测试用例时，要同时考虑这两种等价类。具体到项目中，无效等价类至少应有一个，也可能有多个。因为软件不仅要能接收合理的数据，也要能经受各种意外的考验。这样的测试才能确保软件具有更高的可靠性。

等价类的划分需要在认真研读需求规格说明的基础上进行。它不仅可以用来确定测试用例中的数据输入输出的精确取值范围，也可以用来准备中间值状态和与时间相关的数据以及接口参数。在有明确的条件和限制的情况下，利用等价类划分技术可以设计出完备的测试用例。这种方法还可以减少设计一些不必要的测试用例，因为这种测试用例一般使用相同的等价类数据，从而使测试对象得到同样的反应行为。

**2. 划分等价类的原则**

常见的划分等价类的方式包括按区间划分、按数值划分、按数值集合划分、按限制条件或规划划分、按处理方式划分等。

下面给出6条划分等价类的原则：

①在输入条件规定了取值范围或值的个数的情况下，可以确立一个有效等价类和两个无效等价类。

②在输入条件规定了输入值的集合或者规定了“必须如何”的条件的情况下，可以确立一个有效等价类和一个无效等价类。

③在输入条件是一个布尔量的情况下，可确定一个有效等价类和一个无效等价类。

④在规定了输入数据的一组值（假定 *n* 个），并且程序要对每一个输入值分别处理的情况下，可确立 *n* 个有效等价类和一个无效等价类。

⑤在规定了输入数据必须遵守的规则的情况下，可确立一个有效等价类（符合规则）和若干个无效等价类（从不同角度违反规则）。

⑥在确知已划分的等价类中各元素在程序处理中的方式不同的情况下，则应再将该等价类进一步划分为更小的等价类。

**3. 建立等价类表**

在确立了等价类后，可以建立等价类表，列出所有划分出的等价类。

一个等价类表的典型例子如表 5-1 所示。一个软件中要求用户输入以年月表示的日期，假定日期的输入范围限定在 2000 年 1 月至 2100 年 12 月之间，并且规定日期由 6 位数字字符组成，前 4 位表示年，后 2 位表示月，那么对应的“日期输入格式检查”这一功能的等价类表可以设计如下。

**表 5-1 等价类表**

| 输入条件 | 有效等价类 | 无效等价类 |
|---|---|---|
| 日期的类型及长度 | ①6 位数字字符 | ④有非数字字符 |
| | | ⑤小于 6 位数字字符 |
| | | ⑥大于 6 位数字字符 |
| 年份范围 | ②在 2000 至 2100 之间 | ⑦小于 2000 |
| | | ⑧大于 2100 |
| 月份范围 | ③在 01 至 12 之间 | ⑨等于 00 |
| | | ⑩大于 12 |

**4. 确定测试用例**

根据建立的等价类表，可以从划分出的等价类中按以下步骤确定测试用例：

①为每个等价类规定一个唯一的编号。

②设计一个新的测试用例，使其尽可能多地覆盖尚未覆盖的有效等价类。重复这一步，最后使得所有有效等价类均被测试用例所覆盖。

③设计一个新的测试用例，使其只覆盖一个无效等价类。重复这一步使所有无效等价类均被覆盖。

我们继续用上一个日期输入的例子来演示测试用例的设计。其中第一步为每个等价类规定编号的工作，已经在等价类表中完成了。我们继续反复迭代完成第二步以形成有效类所对应的测试用例，如表 5-2 所示；反复迭代完成第三步以形成无效类所对应的测试用例，如表 5-3 所示。

**表 5-2 设计的有效类测试用例**

| 测试数据 | 期望结果 | 覆盖的有效等价类 |
|---|---|---|
| 200001 | 输入有效 | ①②③ |
| 205506 | 输入有效 | ①②③ |
| 210012 | 输入有效 | ①②③ |

**表 5-3 设计的无效类测试用例**

| 测试数据 | 期望结果 | 覆盖的无效等价类 |
|---|---|---|
| 20a734 | 输入无效 | ④ |
| 20207 | 输入无效 | ⑤ |
| 20200624 | 输入无效 | ⑥ |
| 199912 | 输入无效 | ⑦ |
| 210101 | 输入无效 | ⑧ |
| 202000 | 输入无效 | ⑨ |
| 202020 | 输入无效 | ⑩ |

上面的表格中列出了 3 个覆盖所有有效等价类的用例，以及 7 个覆盖所有无效等价类的测试用例。

等价类与测试用例之间的关系，可以由每一个测试用例覆盖一个特定的等价类（如上表中无效类的测试用例就都是一对一的）；也可以由一个测试用例对应多个等价类（如上表中有效类的测试用例都是一对多的）。为了达到使用最小的测试用例数来达到覆盖所有等价类的目标，还可以使用组合测试设计技术辅助用例设计，参考本书 5.1.5 节的相关内容。

请记住，等价类划分的目标是把可能的测试用例组合缩减到仍然足以满足软件测试需求为止。因为，选择了不完全测试，就要冒一定的风险，所以必须仔细选择分类。

关于等价类划分最后要讲的一点是，这样做有可能不客观。科学有时也是一门艺术。测试同一个复杂程序的两个软件测试员，可能会制定出两组不同的等价区间。只要审查等价区间的人都认为它们足以覆盖测试对象就可以了。

### 5.1.2 分类树法

分类树是另一种对程序的输入域划分子集的方法。它将输入域分割成若干个独立的分类，每个分类再根据一定的准则再次划分类和子类，直到将整个输入域分割成一些不可再分的子类的组合为止。每一次划分都会生成若干个独立而不重叠的类或子类，同时还应保证分类集的完整性，即所有输入域都被识别且被包括在了某个分类中。

这个划分的过程可以用一个树状图进行表示，将分类、类和子类之间的层次关系塑造成一棵树，输入域作为树的根节点，分类作为分支节点，类或者子类作为叶节点。这就是“分类树”这个名字的由来。

一般地，每个分类应该是一个测试条件。通过分解分类所得到的“类”可能会进一步分为“子类”。根据要求的测试覆盖程度，导出的划分和类可能同时包括有效和无效的输入数据。

例如，某组织为其员工到国内主要城市出差而记录了他们的旅行选项，分为目的地、舱位、座位、食物偏好四个分类的单选项，这些单选项的内容如表 5-4 所示。

**表 5-4　旅行选项案例说明**

| 单选项 | 可选值 |
| --- | --- |
| 目的地 | 北京、上海、广州、深圳、武汉、西安、成都、重庆 |
| 舱位 | 头等舱、公务舱、经济舱 |
| 座位 | 靠过道、靠窗、中间 |
| 食物偏好 | 糖尿病餐、无麸质、蛋奶素食、低脂、低糖、严格素食、标准 |

从每个分类中选择一个类的任意组合都会出现消息“成功预订”，但其他输入都会出现一个错误的信息“无效输入”。员工不能选择不进餐，因此在本例中没有这个选项。

那么，对于分类树测试而言，测试条件是通过生成每个输入参数的划分和类来确定的。本例构造的分类树可用图 5-1 表示，其中顶层表示测试对象的整个输入域，矩形框表示可以继续划分的分类，叶子节点的文字表示分解到的原子类。

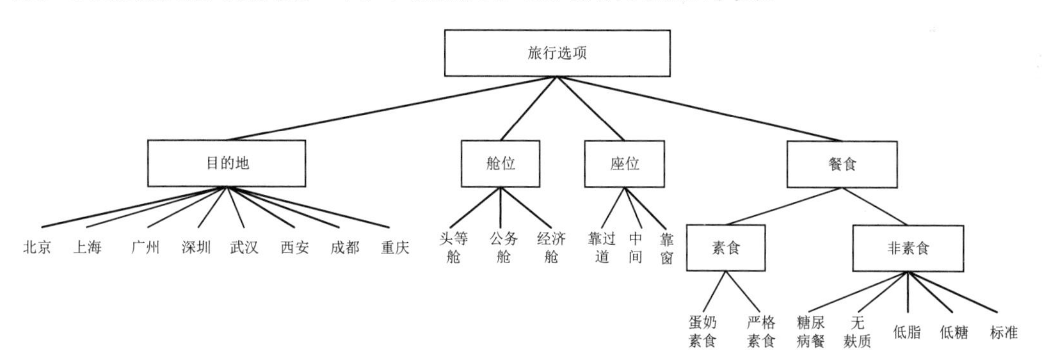


图 5-1　分类树示意图

分类树划分完毕之后，可以通过结合表的方式将各个叶子节点的内容结合而成测试用例，如图 5-2 所示。

分类树的划分过程和等价类划分有点类似，但两者的区别在于，分类树方法中所划分出的类是完全不相交的，而在等价类划分中，它们某些时候也可能会重叠。

考虑到分类树算法在机器学习和数据挖掘中的广泛影响，该测试技术在研究测试用例自动生成时也有广泛应用。

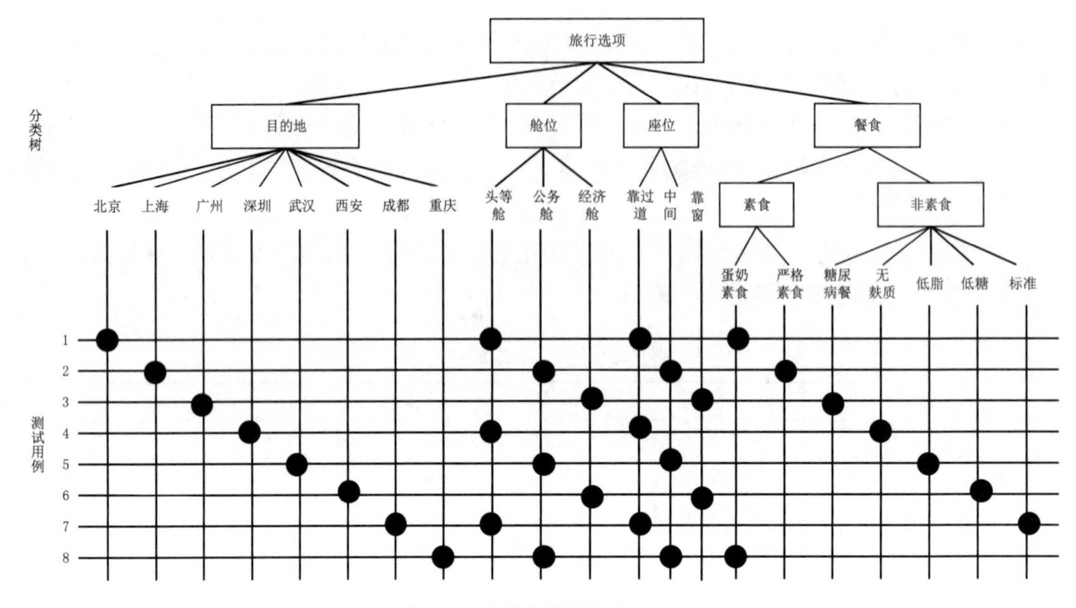


图 5-2　测试用例的确定

### 5.1.3　边界值法

边界值测试是源于人们长期以来的测试工作经验所提出的一个关键假设：错误更容易发生在输入域的边界或者说极值附近，而非输入域的中间部分。

边界值的选择可以分为二值边界测试和三值边界测试。对于二值边界测试，应为每个边界选择两个输入，这些输入对应于边界上的值和等价划分边界外的增量距离；对于三值边界测试，应为每个边界选择三个输入，这些输入对应于边界上的值和等价划分边界的每一侧的增量距离。增量距离应定义为对应的数据类型的最小有效值。

二值边界测试在大多数情况下是充分的；但是，在某些情况下可能需要进行三值边界测试（例如，测试人员和开发人员在确定被测软件中变量的边界没有发生错误时的严格测试）。

**1. 二值基本边界值分析**

边界值测试的另一个关键假设是认为：失效极少是由两个（或多个）缺陷的同时发生引起的，在可靠性理论上叫作“单缺陷”假设，这种依据“单缺陷”假设的边界值测试称为基本边界值分析。

在边界值测试时，我们通常使用二值边界，再辅助以一个正常值来设计输入变量的值。

如图 5-3 所示，对于只有 x 和 y 两个输入变量的软件，其输入域在二维坐标系中就是阴影所标示出来的部分。采用基本边界值分析得到的测试用例就是黑点所在位置，一共九个测试用例。

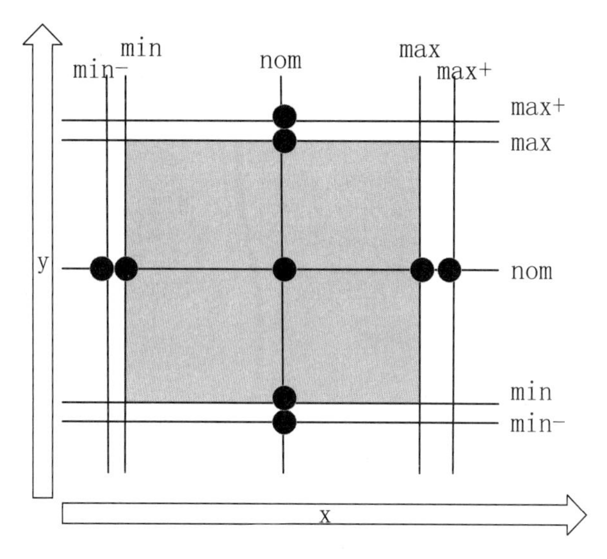


图 5-3　两输入变量的基本边界值分析

如果有一个 n 变量的软件输入域，使其中一个变量取略小于最小值、最小值、正常值、最大值、略大于最大值这样五种选择，其余的所有变量取正常值。如此对每个变量都重复进行之后，该 n 变量软件输入域的边界值分析会产生 4n+1 个测试用例。

**2. 三值基本边界值分析**

如图 5-4 左图所示，对于只有 x 和 y 两个输入变量的软件，使每个变量取略小于最小值、最小值、略大于最小值、正常值、略小于最大值、最大值、略大于最大值这样七种选择，其余的所有变量取正常值。按照三值基本边界值分析所得到的测试用例就是黑点所在位置。

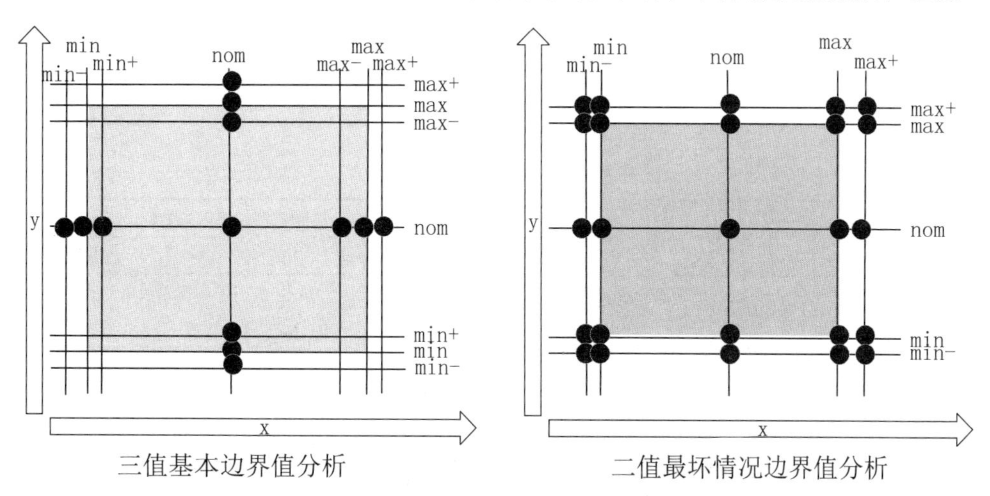


图 5-4　两输入变量的两种不同边界值分析

对于一个 n 变量输入域，三值基本边界值分析将会产生 6n+1 个测试用例。

**3. 最坏情况边界值分析**

最坏情况边界值分析是在“多缺陷”假设的情况，即程序的失效是由于两个（或多个）变量值在其边界值附近取值共同引起的，这在电子电路分析中称为“最坏情况测试”。

我们这里借此思想来进行软件测试用例的边界值分析，如图 5-4 右图所示，对于只有 x 和 y 两个输入变量的软件，按照二值边界的最坏情况分析所得到的测试用例就是黑点所在位置。

针对 n 个变量的输入域，最坏情况测试用例将是五元素集合的笛卡儿积，会产生 $5^n$ 个测试用例。

**4. 健壮最坏情况测试**

对于确实极端的测试，会采用健壮最坏情况测试，把略小于最小值、略大于最大值的两个无效值考虑在内，同时考虑最坏情况，使用七元素集合的笛卡儿积，会产生 $7^n$ 个测试用例。

**5. 边界值的获取**

依据产品说明书/需求规格说明等中的输入域范围可以明显地获得一些数值型参数的边界，或者在使用软件的过程中可以容易找到。一些常见的边界值包括：屏幕光标的最左上、右下位置，报表的第一行和最后一行，数组元素的第一个和最后一个，循环的第 0 次、第 1 次和最后 1 次，等等。

而有些边界是在软件内部，最终用户几乎看不到。但是软件测试仍有必要对其进行检查。这样的边界条件称为次边界条件或者内部边界条件。

寻找这样的边界不要求软件测试员具有程序员那样阅读源代码的能力，但是要求大体了解软件的工作方式。2 的 N 次方和 ASCII 码表就是这样的典型例子。

1）2 的 N 次方

计算机和软件的计数基础是二进制数，用位（bit）来表示 0 和 1，一个字节（Byte）由 8 位组成，一个字（word）由两个字节组成等。表 5-5 中列出了常用的 2 的乘方单位及其范围或值。

**表 5-5 软件中的 2 的 N 次方**

| 术语 | 取值范围 | 术语 | 取值 | |
|---|---|---|---|---|
| 位 | 0/1 | 1 KB（KiloByte） | = 1,024 B | （$2^{10}$） |
| 双位 | 0 至 15（$2^4$–1） | 1 MB（MegaByte） | =1,048,576 B<br>= 1,024 KB | （$2^{20}$） |
| 字节（Byte） | 0 至 255（$2^8$–1） | 1 GB（GigaByte） | =1,073,741,824 B<br>= 1,024 MB | （$2^{30}$） |
| 字 | 0 至 65535（$2^{16}$–1） | 1TB（TeraByte） | = 1,099,511,627,776 B<br>=1,024 GB | （$2^{40}$） |

表 5-5 中所列的取值和取值范围是作为边界条件的重要数据。除非软件向用户提出这些范围，否则在需求文档中不会指明，但在测试的时候需要考虑这些边界会否产生软

件缺陷，在建立等价区间时，要考虑是否需要包含 2 的 N 次方边界条件。

例如，如果软件接受用户输入 1～1000 范围内的数字，明显可知输入域的合法区间中包含 1 和 1000，也许还要有 2 和 999。但考虑到输入的数字必然是以某种数据类型存储在计算机中的，那么为了覆盖任何可能的 2 的 N 次方边界，还要考虑包含临近双位边界的 14、15 和 16，以及临近字节边界的 254、255 和 256。

2）ASCII 码表

ASCII 码是供不同计算机在相互通信时共同遵守的字符编码国际通行标准，它的原理是使用单字节对常见的文本字符进行编码，ASCII 码是从 0 开始连续排列下去的数字，每个数字对应一个字符。如表 5-6 所示是从 ASCII 码表中节选的部分内容。

**表 5-6 部分 ASCII 码表**

| 字符 | ASCII 码 | 字符 | ASCII 码 | 字符 | ASCII 码 | 字符 | ASCII 码 |
|---|---|---|---|---|---|---|---|
| / | 47 | 8 | 56 | @ | 64 | y | 121 |
| 0 | 48 | 9 | 57 | A | 65 | z | 122 |
| 1 | 49 | : | 58 | B | 66 | { | 123 |

在 ASCII 码表中，我们常用的 0～9 数字所对应的 ASCII 码值是 48～57，大写字母 A～Z 对应 65～90，小写字母 a～z 对应 97～122。按照 ASCII 码顺序，字符“/”在数字 0 的前面，而字符“:”在数字 9 的后面；字符“@”在大写字母 A 的前面，而字符“[”在大写字母 Z 的后面；字符“`”在小写字母 a 的前面，而字符“{”在小写字母 z 的后面。这些情况都代表了次边界条件。

如果测试进行文本输入或文本转换的软件，在定义数据区间包含哪些值时，如果测试的文本框只接受用户输入字符 A～Z 和 a～z，就应该在非法区间中包含 ASCII 码表中这些字符前后的值。

### 5.1.4 语法测试

对于使用形式化方法描述的软件规格说明，考虑到形式化的语言是具有严格的语法语义定义的，可以使用形式化的语法作为测试设计的基础。

语法模型表示为多个规则，其中每个规则根据语法中的元素“序列”、元素“迭代”或元素“之间的选择”来定义输入参数的形式。语法可以用文本或图形形式表示，比如巴科斯范式是一种形式化元语言，以文本形式来表示语法，而抽象语法树则以图形化来表示形式化语法。

语法测试中的测试条件应为输入的全部或部分语法模型。

在语法测试中，应基于两个目标来设计测试用例：

①正面测试，设计的测试用例应以各种方式覆盖有效语法；

②负面测试，设计的测试用例应故意违反规则语法。

正面测试应是已定义语法的“选项”，而负面测试应是已定义语法的“变异”。

在使用语法测试来设计用例时，应考虑如下的指导原则：

①每当语法强制选择时，就为该选择的每个备选方案导出一个“选项”。

例如：对于输入变量“颜色=蓝色|红色|绿色”（“|”表示“或”布尔运算符），则导出三个选项“蓝色”“红色”“绿色”。

②每当语法强制执行迭代时，为此迭代导出至少两个“选项”，一个包含了最小重复次数，另一个则大于最小重复次数。

例如：输入变量“字母=$[A-Z \mid a-z]^{+}$”（“+”表示“一个或多个”），则导出两个选项“一个字母”和“多个字母”。

③每当迭代被要求具有最大重复次数时，为此迭代导出至少两个“选项”，一个具有最大重复次数，另一个则超过最大重复次数。

例如：输入变量“字母=$[A-Z \mid a-z]^{100}$”（“100”表示一个字母最多选择 100 次），至少生成两个选项“100 个字母”和“多于 100 个字母”。

④对于任何输入，可以对定义的语法改变以导出无效输入（“变异”）。

例如：输入变量“颜色=蓝色|红色|绿色”，一个变异可能引入一个无效的变量值，选择颜色“黄色”，“黄色”没有在输入变量列表中出现。

通过选择当前测试用例中包含的一个或多个选项来逐个生成有效测试用例，确定输入来满足选项和决定预期输出；通过选择包含在当前测试用例中的一个或多个变异生成无效测试用例，确定输入来测试变异和决定预期输出，还可以通过使用单独的变异或者组合变异来生成更多的测试用例。

### 5.1.5 组合测试

前面介绍的各种测试用例设计技术，已经能够在设计测试用例时大幅减少最终生成的用例数目，但是对于复杂庞大的软件系统，依旧会产生大量用例。尤其当软件的输入参数数目过多，或者参数的取值数目过多的时候，会产生组合爆炸问题。

图 5-5 是 Word 软件的一个字体设置对话框。以此为例，该对话框总共有 19 个输入参数需要设置。经过等价类划分和边界值处理后，如果要进行全组合测试，会产生超过两千万个测试用例。即使每条用例只使用 1 分钟时间测试，完成这个对话框的功能测试都需要 100 多年，这在实际中是不可接受的。

图 5-5 Word 字体设置对话框

在实际测试过程中，由于资源、时间、人力等各种因素的限制，不可能对所有参数进行全组合测试。但是如果选择过少的测试用例又将导致测试不充分，无法保证软件的质量。

组合测试的目的，就是为组合爆炸情况提供一种相对合理的解决方案，在保证错误检出率的前提下采用较少的测试用例，它将被测软件抽象成一个受到多个参数影响的系统，并通过被测软件的参数和参数可取的值，按照一定的组合策略来规划测试。当多参数（每个参数都有大量离散值）必须相互作用的情况下，这种技术可以显著减少所需的测试用例数量，而不会影响功能覆盖率。

**1. 组合测试的输入数据要求**

在进行组合测试之前，我们首先要观察参与组合的数据输入。

参与组合的参数的取值范围必须是可离散的。例如操作系统和浏览器的版本（至今已发布的版本数量是确定的），工作日期是星期几（只能取 7 个特定值）等。

对于取值范围连续的参数（例如实数类型）或者存在过多的取值，有必要先使用其他测试设计技术，如等价类划分、分类树、边界值等，将一个很大的取值范围减少为一个可控的子集。

例如，某航空公司售票系统中对于婴儿（2 岁以下）、儿童（满 2 岁但不满 12 岁）和学生（满 12 岁但不满 15 岁）实施票价优惠。乘客年龄参数取值虽然是离散值，但选择过多，宜先使用等价类和边界值进行划分。

又如，某软件的用户密码设定，要求密码长度不少于 8 位，密码应至少包含数字和字母，如密码不符合要求则拒绝接受该密码的设定。考虑到密码的可能取值实在太多，因此需要采用等价类的方式对输入域进行划分，将其离散化。

**2. 组合测试的实施步骤**

应用组合测试方法设计测试用例，应按照如下步骤进行：

①根据测试目标，识别出所需测试的软件功能，以及影响被测软件功能的参数。

②依据步骤①的结果，识别每个参数的取值范围。取值范围应为有限个离散取值。如果某参数的取值范围不符合要求，则采用其他测试技术对其进行离散化处理。

③依据步骤①的结果，识别出参数间的约束。分析各参数间交互作用的强度，设定指导测试用例设计的组合强度。

④根据步骤③中设定的组合强度，采用对应组合测试方法，生成与组合强度相符的测试覆盖项。

⑤依据步骤④中的测试覆盖项生成测试用例，直到每个测试覆盖项都包含在至少一个测试用例中。

**3. 组合强度**

常见的组合强度包括单一选择、基本选择、成对组合、全组合和 K 强度组合等。

我们使用某组织的旅行选项作为案例，来逐一说明不同的组合强度对用例设计的影响。某组织为其员工到国内主要城市出差而记录了他们的旅行选项，分为目的地、舱位、座位三个分类的单选项。这些单选项的内容如表 5-7 所示。

表 5-7 旅行选项之组合案例说明

| 单选项 | 可选值 |
|---|---|
| 目的地 | 北京、上海、广州 |
| 舱位 | 头等舱、公务舱、经济舱 |
| 座位 | 靠过道、靠窗 |

如果程序中输入的是上表中这些参数的有效输入组合，将输出“同意”，否则输出“拒绝”。

组合测试的每个测试条件应该是选择的被测软件的参数（P），其具有特定值（V），形成键值对。重复执行直到所有的参数与其设定的值都成对。

本案例会生成如表 5-8 的 8 组键值对，作为组合测试条件。

表 5-8 旅行选项之组合测试条件

| | | |
|---|---|---|
| TCOND 1：目的地=北京 | TCOND 4：舱位=头等舱 | TCOND 7：座位=靠过道 |
| TCOND 2：目的地=上海 | TCOND 5：舱位=公务舱 | TCOND 8：座位=靠窗 |
| TCOND 3：目的地=广州 | TCOND 6：舱位=经济舱 | |

①**单一选择**：被测软件中的所有参数取值范围的任意可能取值至少被一个测试用例覆盖。

在单一选择测试中，测试覆盖项就是键值对的集合，$TCOVER_n=TCOND_n$。

通过选择当前测试用例中的一个或者多个不重复的键值对（测试覆盖项）来导出测试用例，测试用例其他的输入变量取任意有效值，确定预期结果，重复上述步骤直到所有键值对都至少被一个测试用例包含。对于单一选择测试，本案例只需要 3 个测试用例即可达到覆盖，如表 5-9 所示。

表 5-9 单一选择所设计的用例

| 测试用例编号 | 输入值 | | | 预期结果 | 测试覆盖项 |
|---|---|---|---|---|---|
| | 目的地 | 舱位 | 座位 | | |
| 1 | 北京 | 头等舱 | 靠过道 | 预订成功 | TCOVER1，TCOVER4，TCOVER7 |
| 2 | 上海 | 公务舱 | 靠窗 | 预订成功 | TCOVER2，TCOVER5，TCOVER8 |
| 3 | 广州 | 经济舱 | 靠过道 | 预订成功 | TCOVER3，TCOVER6，TCOVER7 |

注意：这只是满足单一选择强度的其中一种组合方案，导出其他的测试用例也可以达到要求的组合覆盖率。

②**基本选择**：被测软件中，对于任意一个参数的两个取值，存在两个测试用例覆盖这两个取值，且其他参数的取值相同。

对于基本选择测试，测试覆盖项是通过选择每个参数的“基本选择”来确定的。基本选择可以从操作手册、用例的基本路径或者等价类划分中得到的测试覆盖项中挑选。在本案例中，操作手册中给出了一个基本选择，如表 5-10 中第一行 TCOVER1 所示。

**表 5-10　基本选择的测试覆盖项**

| 测试覆盖项编号 | 测试覆盖项内容 | 对应测试条件 |
| --- | --- | --- |
| TCOVER1 | 目的地=上海，舱位=经济舱，座位=靠窗 | (TCOND2，6，8) |
| TCOVER2 | 目的地=北京，舱位=经济舱，座位=靠窗 | (TCOND1，6，8) |
| TCOVER3 | 目的地=广州，舱位=经济舱，座位=靠窗 | (TCOND3，6，8) |
| TCOVER4 | 目的地=上海，舱位=头等舱，座位=靠窗 | (TCOND2，4，8) |
| TCOVER5 | 目的地=上海，舱位=公务舱，座位=靠窗 | (TCOND2，5，8) |
| TCOVER6 | 目的地=上海，舱位=经济舱，座位=靠过道 | (TCOND2，6，7) |

剩余的测试覆盖项是通过识别所有的剩余键值对来导出的。

通过测试覆盖项先导出一个基本选择测试用例：

基本选择：上海，经济舱，靠窗。

这是表 5-11 中的第 1 个测试用例。通过替代基本测试用例中的每个键值对导出剩下测试用例，重复上述步骤直到覆盖所有的键值对，可以得到所设计的全部测试用例，如表 5-11 所示。

**表 5-11　基本选择所设计的用例**

| 测试用例编号 | 输入值 | | | 预期结果 | 测试覆盖项 |
| --- | --- | --- | --- | --- | --- |
| | 目的地 | 舱位 | 座位 | | |
| 1 | 上海 | 经济舱 | 靠窗 | 预订成功 | TCOVER1 |
| 2 | 北京 | 经济舱 | 靠窗 | 预订成功 | TCOVER2 |
| 3 | 广州 | 经济舱 | 靠窗 | 预订成功 | TCOVER3 |
| 4 | 上海 | 头等舱 | 靠窗 | 预订成功 | TCOVER4 |
| 5 | 上海 | 公务舱 | 靠窗 | 预订成功 | TCOVER5 |
| 6 | 上海 | 经济舱 | 靠过道 | 预订成功 | TCOVER6 |

表格中我们用灰色做底色标识出了其余各用例与基本选择测试用例（用例 1）所不同的参数取值。可以清楚地看到，针对参数“目的地”，用例 1 与用例 2、3 共同覆盖了这一参数的所有取值，而其他参数取值相同；针对参数“舱位”，用例 1 与用例 4、5 共同覆盖了这一参数的所有取值，而其他参数取值相同；针对参数“座位”，用例 1 与用例 6 共同覆盖了这一参数的所有取值，而其他参数取值相同。

**③成对组合：**被测软件中任意两个参数，它们取值范围的任意一对有效取值至少被一个测试用例所覆盖。

在成对组合中，测试覆盖项是两个不同参数的不重复键值对，如表 5-12 所示。

表 5-12　成对组合的测试覆盖项

| 测试覆盖项编号 | 测试覆盖项内容 | 对应测试条件 |
| --- | --- | --- |
| TCOVER1 | 北京，头等舱 | (TCOND1，TCOND4) |
| TCOVER2 | 北京，公务舱 | (TCOND1，TCOND5) |
| TCOVER3 | 北京，经济舱 | (TCOND1，TCOND6) |
| TCOVER4 | 上海，头等舱 | (TCOND2，TCOND4) |
| TCOVER5 | 上海，公务舱 | (TCOND2，TCOND5) |
| TCOVER6 | 上海，经济舱 | (TCOND2，TCOND6) |
| TCOVER7 | 广州，头等舱 | (TCOND3，TCOND4) |
| TCOVER8 | 广州，公务舱 | (TCOND3，TCOND5) |
| TCOVER9 | 广州，经济舱 | (TCOND3，TCOND6) |
| TCOVER10 | 北京，靠过道 | (TCOND1，TCOND7) |
| TCOVER11 | 北京，靠窗 | (TCOND1，TCOND8) |
| TCOVER12 | 上海，靠过道 | (TCOND2，TCOND7) |
| TCOVER13 | 上海，靠窗 | (TCOND2，TCOND8) |
| TCOVER14 | 广州，靠过道 | (TCOND3，TCOND7) |
| TCOVER15 | 广州，靠窗 | (TCOND3，TCOND8) |
| TCOVER16 | 头等舱，靠过道 | (TCOND4，TCOND7) |
| TCOVER17 | 头等舱，靠窗 | (TCOND4，TCOND8) |
| TCOVER18 | 公务舱，靠过道 | (TCOND5，TCOND7) |
| TCOVER19 | 公务舱，靠窗 | (TCOND5，TCOND8) |
| TCOVER20 | 经济舱，靠过道 | (TCOND6，TCOND7) |
| TCOVER21 | 经济舱，靠窗 | (TCOND6，TCOND8) |

通过选择当前测试用例中的一个或者多个不重复配对参数的键值对（测试覆盖项）来导出测试用例，测试用例其他的输入取任意有效值，确定预期结果，重复上述步骤直到所有两个不同参数的键值对都至少被一个测试用例包含。在本例中，所有的测试用例包含了 3 个（两个不同参数的）键值对，如表 5-13 所示。

表 5-13　成对组合所设计的用例

| 测试用例编号 | 输入值 | | | 预期结果 | 测试覆盖项 |
| --- | --- | --- | --- | --- | --- |
| | 目的地 | 舱位 | 座位 | | |
| 1 | 北京 | 头等舱 | 靠过道 | 预订成功 | TCOVER1，TCOVER10，TCOVER16 |
| 2 | 北京 | 公务舱 | 靠窗 | 预订成功 | TCOVER2，TCOVER11，TCOVER19 |
| 3 | 北京 | 经济舱 | 靠过道 | 预订成功 | TCOVER3，TCOVER10，TCOVER20 |
| 4 | 上海 | 头等舱 | 靠过道 | 预订成功 | TCOVER4，TCOVER12，TCOVER16 |
| 5 | 上海 | 公务舱 | 靠窗 | 预订成功 | TCOVER5，TCOVER13，TCOVER19 |
| 6 | 上海 | 经济舱 | 靠过道 | 预订成功 | TCOVER6，TCOVER12，TCOVER20 |
| 7 | 广州 | 头等舱 | 靠窗 | 预订成功 | TCOVER7，TCOVER15，TCOVER17 |
| 8 | 广州 | 公务舱 | 靠过道 | 预订成功 | TCOVER8，TCOVER14，TCOVER18 |
| 9 | 广州 | 经济舱 | 靠窗 | 预订成功 | TCOVER9，TCOVER15，TCOVER21 |

④**全组合：**被测软件中所有参数取值范围的任意有效取值的组合至少被一个测试用例所覆盖。

在全组合测试中，测试覆盖项是键值对的不重复组合，每个被测软件的参数取一个值组成键值对。根据乘法原理等排列组合知识易知，三个参数分别有 3、3、2 个取值可能，则一共可以得出 3×3×2=18 种不同的键值对（测试覆盖项）。考虑到篇幅关系，在此不再冗述，简单示意如表 5-14 所示。

**表 5-14　全组合的测试覆盖项**

| 测试覆盖项编号 | 测试覆盖项内容 | 对应测试条件 |
| --- | --- | --- |
| TCOVER1 | 目的地=北京，舱位=头等舱，座位=靠过道 | (TCOND1，4，7) |
| TCOVER2 | 目的地=北京，舱位=头等舱，座位=靠窗 | (TCOND1，4，8) |
| TCOVER3 | 目的地=北京，舱位=公务舱，座位=靠过道 | (TCOND1，5，7) |
| TCOVER4 | 目的地=北京，舱位=公务舱，座位=靠窗 | (TCOND1，5，8) |
| …… | …… | …… |
| TCOVER18 | 目的地=广州，舱位=经济舱，座位=靠窗 | (TCOND3，6，8) |

对应全组合，每一种测试覆盖项都可以导出一个测试用例，最终得出 18 个测试用例。

⑤**K 强度组合：**在组合强度要求为 K 的组合中（简称为 K 强度），任意 K 个参数取值范围的任意有效值的组合至少被一个测试用例覆盖。

当 K=1，K 强度组合就是单一选择；当 K=2，K 强度组合就等同于成对组合；而当 K 等于所有参数数量时，K 强度组合等同于全组合。

一些相关研究文献中的数据说明，成对组合最多能发现 95%的缺陷、平均缺陷检出率也达到了 86%，而 3 强度组合甚至更高因素的组合对所发现缺陷数量的提升是相对有限的。超过 90%的软件缺陷，都是由 3 个或更少的参数值触发的。因此，针对不同软件的可靠性要求，普通软件应至少保证其关键参数满足成对组合的覆盖测试。对于那些有着高可靠性需求的软件，比如医疗设备或者航空电子设备，应至少保证 3 强度因素组合的覆盖测试。

### 5.1.6　判定表测试

判定表展示出输入条件与输出结果的对应关系。判定表测试以判定表的形式使用了测试项条件（原因）和动作（结果）之间的逻辑关系（判定规则）模型。

在软件发展的初期，判定表就已被用作编写程序的辅助工具了。它可以把复杂的逻辑关系和多种条件组合的情况表达得既具体又明确，针对不同的逻辑条件组合值分别执行不同的操作。

那么我们很自然地会想到，也可以使用判定表来辅助测试用例的设计。对每一种逻辑条件组合值设定一个测试用例，以便保证测试程序在输入条件的某种组合下，操作是正确的。

**1. 判定表的组成**

判定表通常由四个部分组成，如图5-6所示。

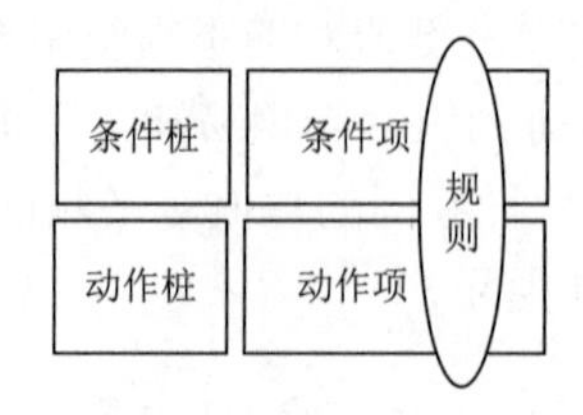


图5-6 判定表

①条件桩（condition stub）：列出了问题的所有条件。通常认为列出的条件的次序无关紧要。

②动作桩（action stub）：列出了问题规定可能采取的操作。这些操作的排列顺序没有约束。

③条件项（condition entry）：列出针对它所列条件的取值，在所有可能情况下的真假值。

④动作项（action entry）：列出在条件项的各种取值情况下应该采取的动作。

规则：任何一个条件组合的特定取值及其相应要执行的操作。在判定表中贯穿条件项和动作项的一列就是一条规则。显然，判定表中列出多少组条件取值，也就有多少条规则，条件项和动作项就有多少列。

**2. 判定表的建立**

应该依据软件的规格说明，按照如下步骤建立判定表：

①确定规则的个数。假如有n个条件，每个条件有两个取值（0，1），则有2n种规则。

②列出所有的条件桩和动作桩。

③填入条件项。

④填入动作项。制定初始判定表。

⑤简化。合并相似规则或者相同动作。

以支票的借记功能为例，输入是借记金额、账户类型和当前余额，输出是新的余额和操作代码。账户类型是邮政（“p”）类型或柜台（“c”）类型。操作代码是“D&L”“D”“S&L”“L”，分别对应“处理借记并发送信件”“只处理借记”“冻结账户和发送信件”“只发送信件”。该功能的描述如下：如果账户中有足够的金额或者新的余额在授权透支的范围内，则处理借记。如果新的余额超过了授权透支的范围，则不处理借记，如果是一个邮政账户则进行冻结。邮政账户的所有交易都会发送信件，非邮政账户如果有足够的资金也会发送信件（即账户将不再是信贷）。

那么，从功能描述中我们可以得到所有的条件桩（C）一共三个，C1：账户中有足够金额；C2：新的透支余额在授权范围内；C3：账户是邮政类型。得到所有的动作桩（A）

也是一共三个，A1：处理借记；A2：冻结账户；A3：发送信件。

据此我们建立判定表如表 5-15 所示。

**表 5-15　支票借记功能的判定表**

| | | 判定规则 | | | | | | | |
|---|---|---|---|---|---|---|---|---|---|
| | | 1 | 2 | 3 | 4 | 5 | 6 | 7 | 8 |
| 条件桩 | C1：账户中有足够金额 | F | F | F | F | T | T | T | T |
| | C2：新的透支余额在授权范围内 | F | F | T | T | F | F | T | T |
| | C3：账户是邮政类型 | F | T | F | T | F | T | F | T |
| 动作桩 | A1：处理借记 | F | F | T | T | T | T | * | * |
| | A2：冻结账户 | F | T | F | F | F | F | * | * |
| | A3：发送信件 | T | T | T | T | F | T | * | * |

在本判定表中，每一列是一个判定规则。实际操作中也可以把整个判定表转置过来，用行的形式来显示判定规则。

该表包含了两个部分。在第一个部分中，每个判定规则对应多个条件。“T”表示对于使用的判定规则来说条件必须是真的；“F”表示对于使用的判定规则来说条件必须是假的。第二部分中，每个判定规则对应多个动作。“T”表示动作将被执行；“F”表示动作不会被执行；星号（*）表示条件的组合是无效的，因此该判定规则没有对应的动作。如果两个或多个列都包含了一个不会影响结果的布尔条件，则可以进行合并。本例对应的判定表有 8 条判定规则，其中 6 条是有效的，因此得到 6 个测试输入条件组合。

最后从判定表中一次选择一个或者多个有效的判定规则来导出测试用例，确保当前导出的这些规则未被已生成的测试用例覆盖，确定测试判定规则的条件和动作的输入值，测试用例其他的输入变量取任意有效值，确定预期结果，重复上述步骤直到达到覆盖要求为止，然后汇集这些测试用例成为对应该项待测功能的一个测试集。

**3. 适合使用判定表的条件**

适合使用判定表设计测试用例的条件如下：

①规格说明以判定表的形式给出，或很容易转换成判定表。

②条件的排列顺序不影响执行哪些操作。

③规则的排列顺序不影响执行哪些操作。

④当某一规则的条件已经满足，并确定要执行的操作后，不必检验别的规则。

⑤如果某一规则要执行多个操作，这些操作的执行顺序无关紧要。

### 5.1.7　因果图法

因果图是一种简化了的逻辑图，能直观地表明输入条件和输出动作之间的因果关系。因果图可帮助测试人员把注意力集中到与软件功能有关的输入组合上，使用因果图来辅助设计测试用例，非常适合描述多种输入条件的组合。根据输入条件的组合、约束关系和输出条件的因果关系，分析输入条件的各种组合情况，从而设计测试用例。

因果图法是从用自然语言书写的程序规格说明的描述中找出因（输入条件）和果（输出或程序状态的改变）。它适合于检查软件的输入条件涉及的各种组合情况。通过映射同时发生相互影响的多个输入来确定判定条件，因果图法最终生成的就是判定表。

**1. 因果图的基本关系符号和约束**

因果图中一般以左侧为原因，右侧为结果，表示原因和结果之间基本关系的符号如表 5-16 所示。

**表 5-16　因果图的关系符号**

| 符号名 | 图例 | 释义 |
|---|---|---|
| 恒等 | 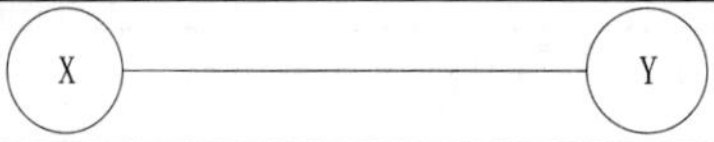 X　Y | • 若原因出现，则结果出现<br>• 若原因不出现，则结果也不出现 |
| 非 | 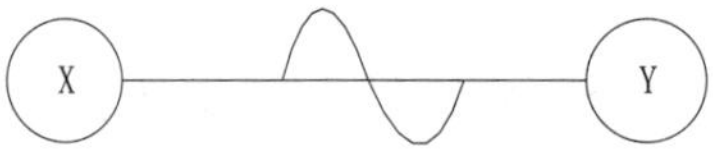 X　Y | • 若原因出现，则结果不出现<br>• 若原因不出现，则结果出现 |
| 与 | 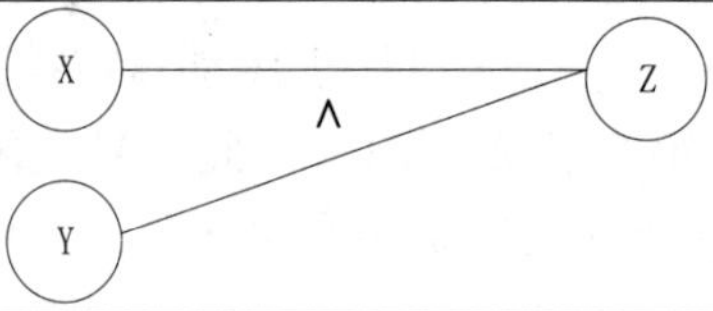 X　∧　Y　Z | • 若几个原因都出现，结果才出现<br>• 若其中有 1 个或更多原因不出现，则结果不出现 |
| 或 | 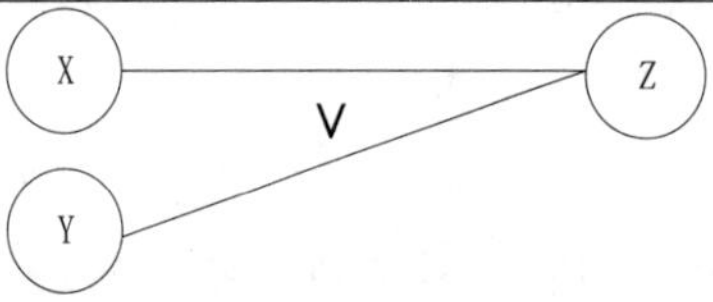 X　∨　Y　Z | • 若几个原因中有 1 个或更多出现，则结果出现<br>• 若几个原因都不出现，则结果不出现 |
| 与非 | 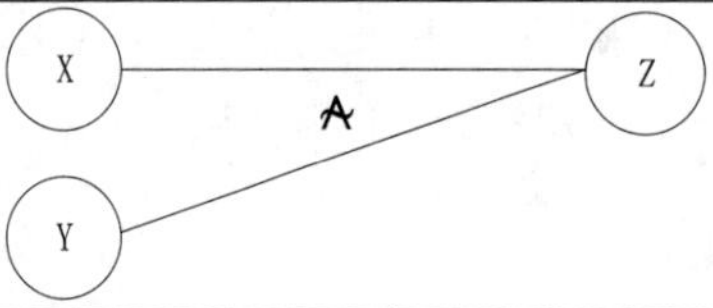 X　$\not\wedge$　Y　Z | • 若几个原因中有 1 个或更多不出现，则结果出现<br>• 若所有原因均出现，则结果不出现 |
| 或非 | 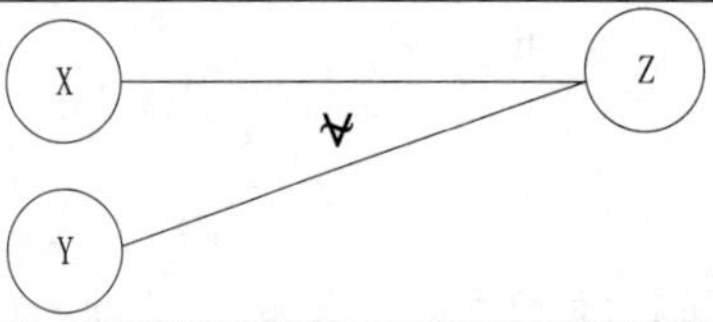 X　$\not\vee$　Y　Z | • 若所有原因全部不出现，则结果出现<br>• 若其中有 1 个或更多原因出现，则结果不出现 |

为了表示原因与原因之间、结果与结果之间可能存在的约束条件，在因果图中可以附加一些表示约束条件的符号。这类约束符号及其释义如表 5-17 所示，图例如图 5-7 所示。

表 5-17　因果图的约束符号

| 约束名 | 释义 |
| --- | --- |
| E（互斥） | 表示 a、b 两个原因不会同时成立，两个中最多有一个可能成立 |
| I（包含） | 表示 a、b、c 这 3 个原因中至少有一个必须成立 |
| O（唯一） | 表示 a 和 b 当中必须有一个，且仅有一个成立 |
| R（要求） | 表示当 a 出现时，b 必须也出现。a 出现时不可能 b 不出现 |
| M（屏蔽） | 表示当 a 是 1 时，b 必须是 0。而当 a 为 0 时，b 的值不定 |

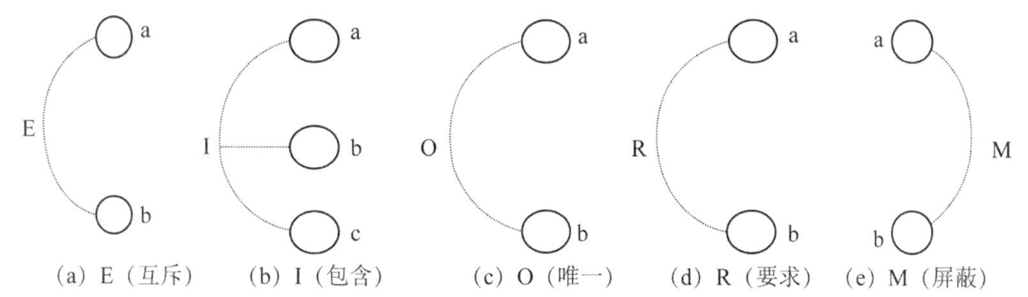


图 5-7　因果图的约束符号图例

**2. 利用因果图导出测试用例**

利用因果图导出测试用例需要经过以下几个步骤：

①分析程序规格说明的描述中，哪些是原因，哪些是结果。原因常常是输入条件或是输入条件的等价类，而结果是输出条件。

②分析程序规格说明的描述中语义的内容，并将其表示成连接各个原因与各个结果的“因果图”。

③标明约束条件。由于语法或环境的限制，有些原因和结果的组合情况是不可能出现的。为表明这些特定的情况，在因果图上使用若干个标准的符号标明约束条件。

④把因果图转换成判定表。

⑤为判定表中每一列表示的情况设计测试用例。

因果图生成的测试用例（局部，组合关系下的）包括了所有输入数据的取 TRUE 与取 FALSE 的情况，构成的测试用例数目达到最少，且测试用例数目随输入数据数目的增加而增加。在较为复杂的问题中，这个方法常常十分有效，它能有力地帮助我们确定测试用例。当然，如果哪个开发项目在设计阶段就采用了判定表，也就不必再画因果图了，而是可以直接利用判定表设计测试用例了。

依旧使用上一节判定表中的支票借记功能的示例。我们可以通过对规格说明的分析，找到对应的原因和结果。我们可以得到一共三个原因，C1：账户中有足够金额；C2：新的透支余额在授权范围内；C3：账户是邮政类型。得到的结果也是三个，A1：处理借记；A2：冻结账户；A3：发送信件。

根据规格说明的描述，绘制因果图如图 5-8 所示。其中，连接 C1/C2 到 A1/A2/A3

的“空”节点是一个连接节点，在因果图中一般用于连接两个或者多个原因。

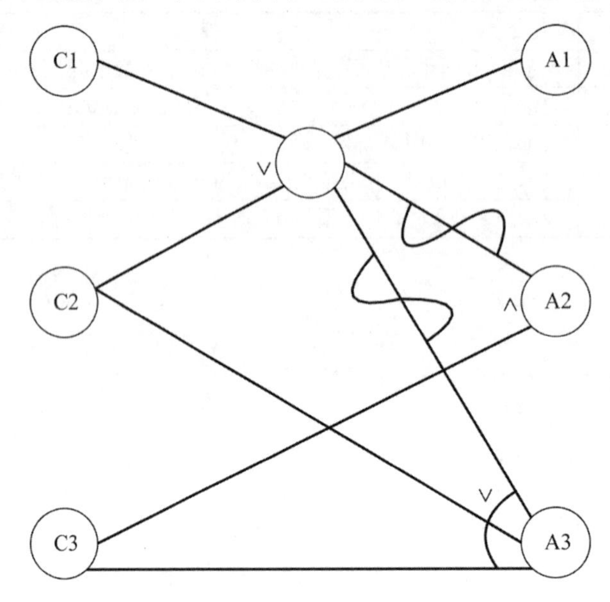


图 5-8 支票借记功能因果图

根据该因果图，进一步转换成为判定表如表 5-15 所示，后续工作即可按照判定表的方法继续执行，在此不再冗述。

### 5.1.8 状态转移测试

状态转移测试是把被测软件的若干状态以及状态之间的转换条件和转换路径抽象出来，从覆盖所有状态转移路径的角度去设计测试用例，关注状态的转移是否正确。

有限状态机是一种用来进行对象行为建模的工具，主要用于描述对象在其生存周期内所经历的状态序列，以及如何响应来自外界的各种事件进行状态转移。对于一个有限状态机，通过测试验证其在给定的条件内是否能够产生需要的状态转移，有没有不可达的状态和非法的状态，是否可能产生非法的状态转移等。通过构造能导致状态转移的事件来测试状态之间的转换。使用这种方法还可以设计逆向的测试用例，如状态和事件的非法组合。在测试用例自动生成的相关研究中，基于有限状态机的状态转移测试技术也是被广泛使用的。

状态转移测试的步骤如下：

①画出状态迁移图；

②列出状态-事件表；

③画出状态转换树，并从状态转换树推导出测试路径；

④根据测试路径编写测试用例。

状态转移测试的完成程度取决于对测试的覆盖率要求。状态覆盖有如下几种不同的要求：

- 状态覆盖，能使状态模型中所有的状态都被“访问”到。
- 单步转移（0-switch），应能覆盖状态模型中的有效单步转移。
- 全转移，应能覆盖状态模型中的有效转移和无效转移（从状态模型中未指定有效转移的事件启动的状态转移）。
- 多步转移（N-switch），应能覆盖状态模型中 N+1 步转移的有效序列。

其中，“2 步转移”覆盖是“多步转移”覆盖的一种特殊情况，要求实现成对的转移。

以一个软件缺陷从提交到解决的整个过程中，缺陷状态变化的情况为例。

第一步，我们画出状态转移图，如图 5-9 所示。

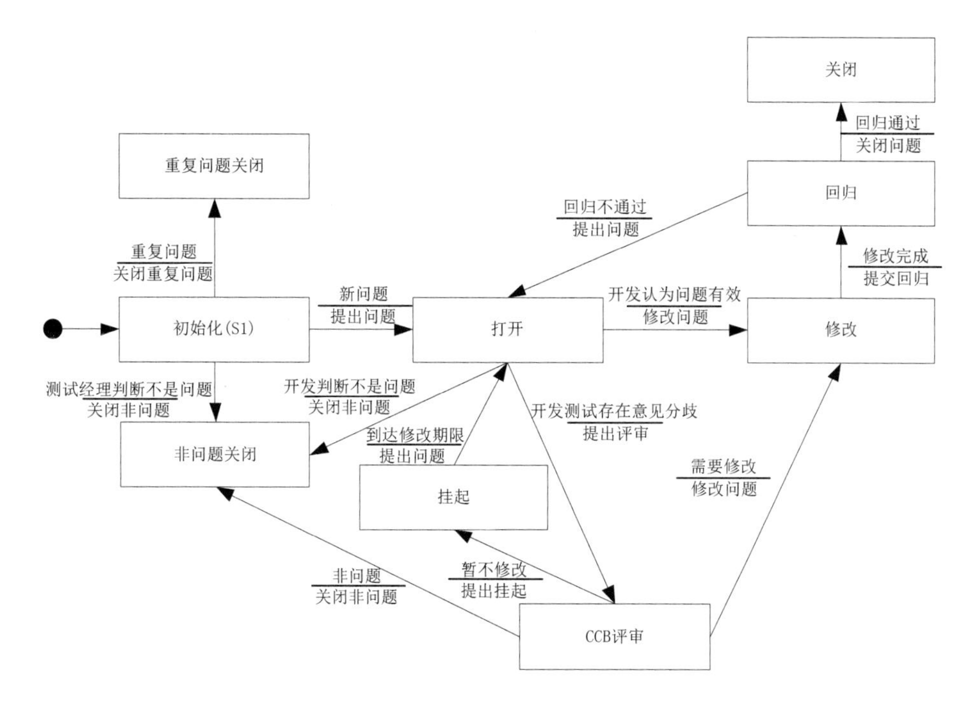


图 5-9　缺陷的状态转移图

第二步，我们根据这张转移图列出状态-事件表，如表 5-18 所示。

**表 5-18　缺陷的状态-事件表**

| 前一状态 | 后一状态 | 事件 |
| --- | --- | --- |
| 初始化 | 打开 | 新问题 |
| 初始化 | 重复问题关闭 | 重复问题 |
| 初始化 | 非问题关闭 | 测试经理判断不是问题 |
| 打开 | 非问题关闭 | 开发判断不是问题 |
| 打开 | 修改 | 开发认为问题有效 |

续表

| 前一状态 | 后一状态 | 事件 |
| --- | --- | --- |
| 打开 | CCB 评审 | 开发测试存在意见分歧 |
| CCB 评审 | 挂起 | 暂不修改 |
| CCB 评审 | 非问题关闭 | 非问题 |
| 挂起 | 打开 | 到达修改期限 |
| CCB 评审 | 修改 | 需要修改 |
| 修改 | 回归 | 修改完成 |
| 回归 | 关闭 | 回归通过 |
| 回归 | 打开 | 回归不通过 |

第三步，根据状态转移图画出状态转换树，如图 5-10 所示。

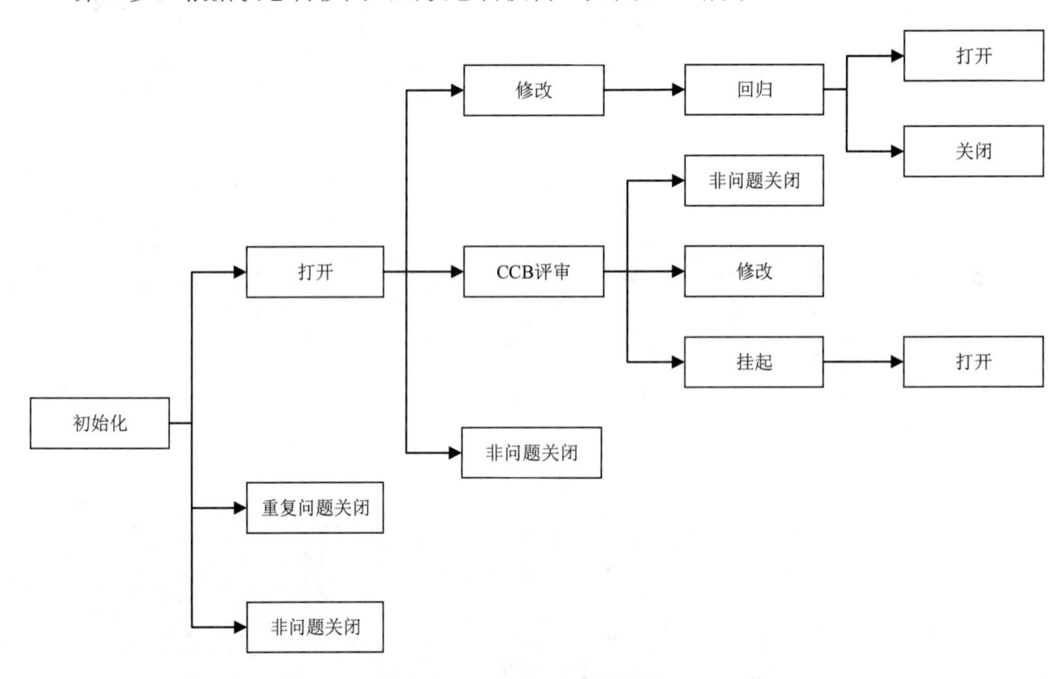


图 5-10 缺陷的状态转换树

根据状态转换树，按照单步转移覆盖的要求，可以推导出如下的测试路径：

路径 1：初始化→打开→修改→回归→打开。

路径 2：初始化→打开→修改→回归→关闭。

路径 3：初始化→打开→CCB 评审→非问题关闭。

路径 4：初始化→打开→CCB 评审→修改。

路径 5：初始化→打开→CCB 评审→挂起→打开。

路径 6：初始化→打开→非问题关闭。

路径 7：初始化→重复问题关闭。

路径 8：初始化→非问题关闭。

第四步，根据测试路径逐一编写测试用例即可。

### 5.1.9　场景测试

现在的软件几乎都是用事件触发来控制流程的，事件触发时的情景便形成了场景，而同一事件不同的触发顺序和处理结果就形成了事件流。这种在软件设计方面的思想也可引入到软件测试中，可以比较生动地描绘出事件触发时的情景，有利于测试设计者设计测试用例，同时使测试用例更容易理解和执行。

场景测试使用被测软件与用户或其他系统之间的交互序列模型来测试被测软件的使用流程。测试条件是需要在测试中覆盖的基本场景和可选场景（即用户和系统交互的事件流用序列组成一个场景）。

场景测试应该包括以下场景：

- “基本”场景，是被测软件的预期典型动作序列，或无典型动作序列时所采取的一个任意选择；
- “可选”场景，表示被测软件可选择的（非基本）场景。备选的场景包括非正常的使用、极端或者压力条件和异常等。

场景测试的一种常见形式称为用例测试，其采用了被测软件的用例模型来描述被测软件如何与一个或多个参与者交互，以测试被测软件的交互序列（即场景）。在用例测试中，用例模型用于描述参与者如何触发被测软件的各种动作。参与者可以是用户或其他系统。

事务流测试也是一种典型的场景测试。

我们以自动取款机（ATM）系统为例，来示范场景测试的使用。该系统要求如下：允许有银行账户的客户通过 ATM 从他们的账户取款。取款要求用户必须有一个激活的账户、一张有效的卡和匹配的密码以及一台可工作的 ATM。当取款完成后，账户余额扣除取款金额，打印取款回执条，ATM 可用于为下一位用户服务。

那么，根据用户需求，我们可以定义出如下的场景：

基本场景：

成功从账户取款。

可选场景：

不支持取款，因为：

- 银行卡不能被 ATM 识别，被拒绝；
- 用户输入密码错误不多于 2 次；
- 用户输入密码错误 3 次，ATM 吞卡；
- 用户选择存款或者转账，不选择取款；
- 用户选择了错误账户，此账户在插入的卡中不存在；
- 用户输入的取款金额是无效的；

- ATM 中现金不足；
- 用户输入不符合面额的取款金额；
- 用户输入的取款金额超过了每日最大取款金额；
- 用户银行账户中的金额不足。

我们采用事务流模型对被测软件进行建模，以识别每个场景中的活动。如图 5-11 所示。在这些符号中，“主”路径用粗黑线表示，工作流的开始和结束点进行了标记，每个动作用唯一的标识符来表示，代表用户（U）或系统（S）（即被测软件）的动作。

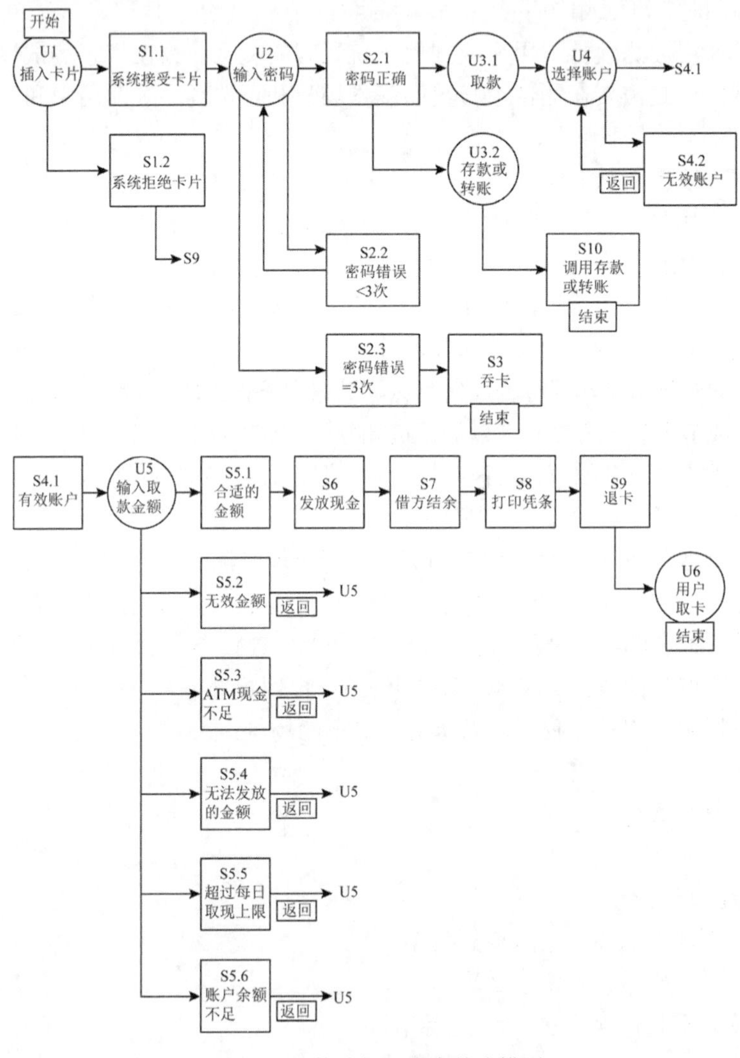


图 5-11 取款功能场景事件流模型

前面分析得出，用户需求中一共描述了 11 个场景，包括 1 个基本场景和 10 个可选场景。可以将这些场景每个转换为一条测试路径，具体如表 5-19 所示。

表 5-19　取款功能场景测试路径

| 测试路径 | 路径覆盖内容 |
| --- | --- |
| 取款成功 | （U1，S1.1，U2，S2.1，U3.1，U4，S4.1，U5，S5.1，S6，S7，S8，S9，U6） |
| 银行卡不能被 ATM 识别 | （U1，S1.2，S9，U6） |
| 用户输入密码错误次数小于 3 次 | （U1，S1.1，U2，S2.2） |
| 用户输入密码错误次数等于 3 次 | （U1，S1.1，U2，S2.2，U2，S2.2，U2，S2.3，S3） |
| 用户选择存款或者转账 | （U1，S1.1，U2，S2.1，U3.2，S10） |
| 用户选择错误账户 | （U1，S1.1，U2，S2.1，U3.1，U4，S4.2） |
| 用户输入无效的取款金额 | （U1，S1.1，U2，S2.1，U3.1，U4，S4.1，U5，S5.2） |
| ATM 中现金不足 | （U1，S1.1，U2，S2.1，U3.1，U4，S4.1，U5，S5.3） |
| 用户输入不符合面额的取款金额 | （U1，S1.1，U2，S2.1，U3.1，U4，S4.1，U5，S5.4） |
| 用户输入的取款金额超过了每日最大的金额 | （U1，S1.1，U2，S2.1，U3.1，U4，S4.1，U5，S5.5） |
| 用户银行账户中的金额不足 | （U1，S1.1，U2，S2.1，U3.1，U4，S4.1，U5，S5.6） |

最后，结合测试路径的要求，确定测试用例的输入和预期结果，逐个导出测试用例直到覆盖完毕所有要求的场景为止。在实际设计测试用例时，还可以结合等价类划分、边界值等用例设计方法来生成填充每个输入字段的输入值。

### 5.1.10　随机测试

随机测试的目的是在选定的输入分布模型内生成被测软件的输入参数，形成一个测试集。这种测试技术不需要对被测软件的输入域进行划分，仅要求输入值是从输入域中随机选择的。

随机测试一般用在测试用例自动化生成和执行的过程中。常见的被测软件输入分布模型的定义如正态分布、均匀分布、运行剖面等。

按照预先定义好的输入分布模型，计算机随机选择输入值并执行，反复迭代这一过程直到满足事先定义好的停止条件为止。常见的停止条件包括完成了一些指定必须执行的测试、达到了测试应花费的时间要求等。

下面以变换坐标为例，示范随机测试的使用。

组件需要将屏幕中用直角坐标系（x，y）表示的位置变为用极坐标系（r，H）表示，替换公式为：$r=sqrt(x^2+y^2)$，$\cos H = x/r$。直角坐标系的原点和极坐标系的极点重合，x 轴是极坐标系逆时针方向的起始线。所有输入和输出都被表示为一个有范围和精度的定点数，如下所示：

输入

x—范围为–320～+320，精度为 $1/2^6$

y—范围为–240～+240，精度为 $1/2^7$

输出

r—范围为 0～400，精度为 $1/2^6$

H—范围为 0～（2×pi）$-1/2^6$，精度为 $1/2^6$

构造测试用例首先选择输入分布区间，然后在每个测试条件上使用输入区间，最后确定每个测试用例的预期结果（两个输出参数“r”和“H”的“输出”根据替换公式进行计算，精度为 $1/2^7$）。本例中被测软件输入分布模型采用均匀分布，从定义可知，x 可以随机选择 41 024 个值（$641\times2^6$）中的任意一个，同时 y 可以随机选择 61 568 个值（$481\times2^7$）中的任意一个。因为每个测试用例必须同时包含测试条件中 x 和 y 的一个随机测试输入值，所以每个测试用例覆盖了 x 和 y 两个测试条件。在均匀分布中，x 和 y 定义范围内的所有输入值有相同的概率被选为测试用例的输入值。

随机测试可以手动测试或自动化测试。完全自动化随机测试不需要人工干预，是最有效率的。但是，为了达到完全自动化，必须满足：

- 自动生成随机测试的输入值；
- 从测试依据中自动生成预期结果；
- 自动按测试依据核对测试结果。

只要测试项的输入是已经定义的，使用伪随机数发生器自动生成随机测试的输入值并不难。如果用伪随机数发生器自动生成随机测试的输入值，这些值就不需要进行明确记录，因为可以重新生成相同的值。如果使用一个已经记录的“种子”填充伪随机数发生器，这就是可能的。

自动生成预期结果和自动核对输出是比较难的。通常情况下，根据测试依据自动生成预期结果和自动核对输出是不容易操作的，但是对于一些测试项是有可能的，例如：

- 可以使用执行与测试项相同功能的、可信的、独立制作的软件（很可能不符合相同的约束，例如处理速度、实现语言等等）。
- 仅检查测试项是否崩溃（所以其预期结果是“不崩溃”）。
- 测试项输出结果的性质使得核对结果相对容易。排序函数就是这样一个例子，检查输出是否进行了正确的排序是非常简单的任务。
- 从每个输出生成输入是比较简单的（使用测试项的逆向功能）。例如，平方根函数可以通过对输出进行平方逆向计算出函数的输入。

在本例中，选取逆向功能函数进行自动检验。从测试项的测试依据中可以直接获得 rcosH=x。经过分析，可以推导出 rsinH=y。如果这两个公式在合理的数值误差内，则测试项正确转换了坐标系。

尽管完全自动化随机测试是不切实际的，但是仍需要考虑，因为它在设计测试用例的过程中不需要大量的开销，而在非随机测试技术中则需要这样的开销。

对于比本例的输入集更大的测试项，“符号输入属性分解”（SIAD）树（Cho 1987）是一种有效的方法，可以在测试用例设计前组织随机抽样的输入域。

## 5.2　测试设计方法选择策略

测试用例的设计方法不是单独存在的，具体到每个测试项目里都会用到多种方法，每种类型的软件有各自的特点，每种测试用例设计的方法也有各自的特点，针对不同软件如何利用这些测试方法是非常重要的，在实际测试中，往往是综合使用各种方法才能有效地提高测试效率和测试覆盖度，这就需要认真掌握这些方法的原理，积累更多的测试经验，以有效地提高测试水平。

以下是基于规格说明的各种测试用例设计方法的综合选择策略，可供读者在实际应用过程中参考：

① 首先采用分类树或等价类对函数的输入域进行划分，将无限测试变成有限测试，这是减少工作量和提高测试效率最有效的方法。

②在任何情况下都必须使用边界值分析方法。经验表明，用这种方法设计出的测试用例发现程序错误的能力最强。

③对于参数配置类的软件，要用组合测试技术选择较少的组合方式达到最佳效果。

④如果程序的功能说明中含有输入条件的组合情况，则一开始就可选用因果图法绘制判定表，然后采用判定表法继续进行测试。

⑤对于业务流清晰的系统，场景测试法可以贯穿整个测试案例过程，综合考察软件的主要业务流程、功能和错误处理能力。场景测试法中间可以再综合考虑运用等价类划分、边界值分析等方法进行进一步的设计。

⑥状态转移测试对于明确存在不同状态转移的软件设计测试用例的效果非常好，我们可以通过不同状态间的转移条件的有效性设计不同的测试数据。

⑦对照程序逻辑，检查已设计出的测试用例的逻辑覆盖程度。如果没有达到要求的覆盖标准，应当再补充足够的测试用例。

⑧如测试用例自动生成和使用中可以结合被测软件实际，考虑选用分类树、状态转移测试、随机测试等多种方式。

⑨对于形式化方式定义的规格说明，语法测试是一种比较适合的方式。

## 5.3　测试用例的编写

编写测试用例，在整个软件测试过程中是属于动态测试过程中的测试设计和实现过程（详见 3.3.1 节）的工作。该过程应完成下列工作：

①分析被测软件的相关测试依据，将待测的特征组合成特征集，记录在测试设计规格说明中；

②根据测试计划中规定的测试完成准则，确定每个特征的测试条件，并记录在测试

设计规格说明中；

③根据测试条件，导出测试覆盖项，记录在测试用例规格说明中；

④根据测试覆盖项，导出测试用例，并记录在测试用例规格说明中；

⑤根据执行的约束将测试用例汇集到一个或多个测试集中，记录在测试规程规格说明中；

⑥根据前置条件和后置条件，以及其他测试要求所描述的依赖性，对测试集中的各测试用例进行排序，导出测试规程，并将其记录在测试规程规格说明中。

可以看到，整个测试设计与实现过程，其实就是我们分析测试依据，梳理测试条件，然后应用各种测试用例设计方法来设计测试用例，安排测试规程的工作过程，该过程的最终工作产品包括测试设计规格说明、测试用例规格说明和测试规程规格说明三个文档。在测试用例设计时，还需要对前期测试策划过程编写的测试计划进行一定补充，将测试用例中新增但未包含在测试计划中的测试数据和测试环境要求增补进去。

下面，我们分别介绍一下这三个文档的主要内容。

### 5.3.1　测试设计规格说明

实际测试工作中，在测试管理过程中完成了测试策划过程，编制完测试计划之后，下一步就进入到动态测试过程中的测试设计和实现过程，而测试设计规格说明是测试设计和实现过程的第一个工作产品，它确定了要测试的特征，并从每个特征的测试依据导出测试条件，作为定义测试用例和要执行的测试规程的第一步。

理论上说，测试计划里已经划定了被测软件的测试范围，提到了测试设计技术、测试待收集的度量、测试数据需求和测试环境需求等。但这些在测试计划中还是比较粗线条比较顶层的要求。例如，测试计划中划定的测试范围可能只提到某版本的某软件在何种部署下，测试其中哪些功能模块，但并不具体细分这些功能模块各自待测的内容和特征；测试计划中要求的软件测试设计技术可能仅仅对使用自动化测试还是黑盒测试或者白盒测试有一些提示，但是并不会涉及如何去做。

那么，为了更好地进行测试，我们要做的就是根据测试计划来进一步把工作细化。

**1. 特征集**

根据测试计划已划定的测试范围，我们可以分析被测软件的相关测试依据，梳理出其中全部的待测试的特征，并形成特征集。特征集是测试项需被测试的特征的逻辑分组，一般地，特征集可能直接对应测试项的体系结构，也可能为了更有效率的测试，与体系结构不同。特征集也可能是由一系列特征组成的业务流程。

特征集应包括如下内容：唯一标识符（供追溯和区分）、目标、测试优先级、具体策略和可追溯性。

以 5.1.5 节中讲解组合测试技术各组合强度时的示例为例，表 5-7 及其前后用于说明被测软件部分功能的文字，就是整理被测软件其中部分功能的待测试的特征。最后实际成文的特征集内容应能覆盖全部测试依据的要求，不止包括被测软件这一个旅行组合功能，还有其他各个功能，将它们按照一定形式组织在一起。

**2. 测试条件**

在总结完特征集后，需要将对应的测试依据指定的项或事件梳理成测试条件。测试条件可能是一个需求的简单引用或一个设计描述，也可以是需求或一组需求的重新措辞。

测试条件应包括如下内容：唯一标识符、测试条件描述、测试优先级和可追溯性。

例如使用等价类划分方法，每个等价类就是测试条件；分类树方法的话，每个分类就是一个测试条件；边界值分析方法中，每个边界就是一个测试条件；语法测试中的语法模型就是测试条件；组合测试设计方法中，以组合强度中的示例为例，表 5-8 中的内容就是被重新措辞后的需求，作为整理出来的测试条件描述。测试条件描述也可以用图形、表格甚至使用数据库或专用测试工具来表达。例如因果图和判定表，或是语法测试和随机测试等使用自动化工具时的设定。

### 5.3.2　测试用例规格说明

该文档标识了测试覆盖项，以及从一个或多个特征集的测试依据导出的相应测试用例。

**1. 测试覆盖项**

测试覆盖项指的是使用测试设计技术从测试条件中导出的，预计未来的测试用例将覆盖的内容。完整的测试覆盖项应包括以下内容：唯一标识符（供追溯和区分）、测试覆盖项描述、测试优先级和可追溯性，每个测试覆盖项都能追溯到其所属的测试条件、特征集或其引用的测试依据。

例如，等价类划分法中将测试覆盖项划分为有效等价类和无效等价类就是它的测试覆盖项；分类树中用组合表所表示的组合分类就是它的测试覆盖项；边界值测试根据所选的二值边界或三值边界，对每个边界导出不同个数的测试覆盖项；语法测试中正面的“选项”和负面的“变异”就是它的测试覆盖项；组合测试设计技术中按照不同组合强度组合出来的键值对组合就是它的测试覆盖项，以 5.1.5 节中讲解组合测试技术各组合强度时的示例为例，表 5-10、表 5-12 和表 5-14 是选择了不同的组合强度后对应的测试覆盖项。

**2. 测试用例**

针对每个测试覆盖项再进一步导出测试用例。一个导出的完整的测试用例应包括以下内容：唯一标识符（供追溯和区分）、测试目标、测试优先级、可追溯性、测试的前置条件、输入、预期结果和评价判定结果的准则，在执行完测试之后再增加对应的实测结果和结果判定。每个测试用例都能追溯到对应的一个或多个测试覆盖项。

其中，前置条件指的是执行测试用例前必须具备的先决条件，包括测试环境必要的状态以及与测试用例执行有关的任何特殊约束。常见的前置条件包括：软件配置和硬件配置；测试开始之前需要设置或重置的标志、断点、控制参数或初始数据；运行测试用例可能需要的预置硬件条件或电气状态；计时测量时所需的初始条件；模拟环境调整等。

评价判定结果的准则指的是用于评价测试用例的中间和最终结果的准则。常见的判定准则包括：输出可能与预期结果有变化但仍能接受的范围或准确性；用时间或事件数表示的允许的最大/最小持续时间；测试期间允许发生的中断最大次数；当测试结果不确定时进行再测试的条件等。

测试用例可以采取测试组织所自行定义的任何合适的格式，便于记录下测试用例的全部内容要素即可。

以组合测试技术中所举示例为例，表 5-9、表 5-11、表 5-13 等都已经列出了对应每个用例的序号（作为标识符）、输入、预期结果和可追溯性（追溯到测试覆盖项），但这些只是粗略说明了测试用例设计过程中最重要的几个基本要素，完整的测试用例还有一些内容需要补充。

按照 GB/T 38634.3—2020《系统与软件工程 软件测试 第 3 部分：测试文档》 附录 J 所给出的资料性附录提供的传统企业的软件测试用例示例，一个比较完整的测试用例包含的内容可以参考表 5-20。我们将表 5-11 中第一行设计出来的测试用例展开如下表，实际执行时再填写其中的实测结果和结果判定两行内容。

**表 5-20 测试用例示例表**

| 测试用例 ID | 1 | 目的 | 基本选择组合强度下的有效输入：上海/经济舱/靠窗 |
|---|---|---|---|
| 跟踪 | TCOVER1 | 优先级 | ■ 高　　□ 中　　□低 |
| 测试前置条件 | 被测软件按照要求部署，使用测试基础数据库 | | |
| 测试输入 | 选择目的地=上海，舱位=经济舱，座位=靠窗后提交 | | |
| 预期结果 | 程序输出“同意” | | |
| 结果判定准则 | 程序正常输出，结果与预期结果一致为通过；<br>结果不一致或其间发生闪退、程序崩溃、死机等异常情况为不通过 | | |
| 实测结果 | | | |
| 结果判定 | □ 通过　　□ 不通过 | | |

按照以上给出的测试用例格式，每个测试用例都需要填写一张类似的表格。很多政府或军方项目是严格要求按照这样一用例一表的格式来形成文档的。但更多的情况下，可以采取更简便的方法对相关信息进行精简，把其中相对共同的内容抽选到一起，留下那些每个用例之间不同的内容来汇总成表。例如在表 5-11 的形式上增加两列分别用于记录对应用例的实测结果和判定，并在表前追加一段说明本表中所有用例的优先级、前置条件、通用操作、预期结果和结果判定准则等相对共同的信息，这也是一种常见的测试用例记录方式。

### 5.3.3 测试规程规格说明

使用各种测试用例设计方法从测试覆盖项导出的测试用例，在成文格式上并没有着重于执行的顺序，绝大多数还是依据设计用例时的思路和覆盖顺序成文，未考虑每个用例的约束条件、前置条件和完成时的状态。不适合直接使用其来执行。

测试规程规格说明就是用于解决测试用例从“设计”到“执行”这一问题的文档。该文档按照执行顺序描述了所选测试集中的测试用例，以及设置初始前置条件和任何执行结束后活动所需的任何相关操作。

**1. 测试集**

我们可以根据测试用例执行时的特点，将它们分配到一个或多个测试集中。例如，某些测试集可能需要特定的测试环境设置，或者某些测试集适合于人工测试执行，而其他测试集更适合于自动化测试执行，或者某些测试集需要特定的领域知识等。

测试集通常会反映特征集，但是它们也可包含许多特征集的测试用例。

选择哪些测试用例进入一个测试集，可以根据识别的风险、测试依据、执行约束、复测和/或回归测试等来选择。

一个测试集的描述应包括以下内容：唯一标识符（供追溯和区分）、测试目标、测试优先级、测试集内容（可追溯性）。

测试目标是对该测试集的焦点目标的简单描述。例如：本测试集用于第 N 轮回归中针对某问题的复测修正。

测试集内容通常列写对应该测试集中所选的测试用例的唯一标识符列表。这同时也是测试集向测试用例的追溯。

**2. 测试规程**

测试规程指定的是对应测试集中的测试用例如何按照前置条件、后置条件以及其他测试需求所描述的依赖关系执行的顺序和操作。

一个测试规程应包括以下内容：唯一标识符（供追溯和区分）、启动操作、待执行的测试用例、与其他规程的关系、如何停止及结束测试等。

启动操作描述的是为执行测试过程中指定的测试用例而准备的必要操作。这通常是为要执行的第一个测试用例设置前置条件的操作。

待执行的测试用例是按照拟执行测试用例的顺序列出测试用例。这个列表可以是对测试用例的引用，也可以是测试用例的复制列表。如果规程中一个或多个测试用例的执行没有为下一个测试用例设置前置条件，则可以在测试用例之间添加设置前置条件的操作。

与其他规程的关系描述的是测试规程可能与其他测试规程存在的依赖关系。例如：测试集 A 的测试规程在当前测试规程之前执行，测试集 B 的测试规程与当前测试规程并发执行，测试集 C 的测试规程在当前测试规程之后执行。

如何停止及结束测试描述的是有序停止当前测试工作所需的操作，以及当前规程执行完成之后所需的操作。例如终止并保存当前日志记录、重置测试数据库、恢复测试环境等。

### 5.3.4　测试用例编写的细节

根据 GB/T 38634.3—2020《系统与软件工程 软件测试 第 3 部分：测试文档》的要

求，测试设计规格说明、测试用例规格说明和测试规程规格说明三个文档可以是单独的文件，也可以作为测试规格说明文档的不同章节来出现，甚至可以根据测试项目的大小和性质，以章程的形式出现。也就是说，标准并不要求你具体采用何种格式的文档，只需要保证关键内容都有即可。

对于测试工程师来说，测试用例的编写一般是按照其所在组织的要求，根据当前测试项目相关行业要求来选择对应的测试文档模板。测试用例的相关文档须符合内部的规范要求。部分测试机构可能会选择一些测试用例辅助管理和测试过程管理的软件来帮助测试人员编写测试用例，例如 TestManager、TestDirector、TestLink 等。Excel 甚至思维导图软件也常用于测试用例的设计和编写。

# 第 6 章　基于结构的测试技术

本章介绍了基于结构的测试技术，包括静态测试技术和动态测试用例设计技术，以及基于结构测试的一些辅助技术，并给出了基于结构测试的综合策略。

其中，常见的静态测试技术包括代码检查、编码规则检查、静态分析等；常见的动态测试用例设计方法可以分别基于控制流或数据流来设计用例，参考 GB/T 38634.4—2020《系统与软件工程 软件测试 第 4 部分：测试技术》中提到的基于结构的一些测试用例设计技术。词法和语法分析、程序插桩技术和程序驱动技术等均能够有效地辅助基于结构的测试工作的推进。

## 6.1　静态测试技术

静态测试是在不运行代码的情况下，通过一组质量准则或其他准则对测试项进行检查的测试。静态测试是相对于动态测试而言的，它可以由人工进行，充分发挥人的逻辑思维优势，也可以借助软件工具来自动进行。相对于动态测试而言，静态测试的成本更低，效率较高，更重要的是可以在软件生存周期的早期阶段即发现软件的缺陷。静态测试是一种非常有效的重要测试技术。

### 6.1.1　代码检查

代码检查一般在编译和动态测试之前进行。代码检查的常见形式有如下两种。

**1. 代码审查**

代码审查的目的是检查代码和设计的一致性、代码执行标准的情况、代码逻辑表达的正确性、代码结构的合理性以及代码的可读性。代码审查应根据所使用的语言和编码规范确定审查所用的检查单（checklist），检查单的设计或采用应经过评审并得到确认。

**2. 代码走查**

代码走查是由测试人员组成小组，准备一批有代表性的测试用例，集体扮演计算机的角色，沿程序的逻辑，逐步运行测试用例，查找被测软件缺陷。

在实际使用中，代码检查能快速地找到软件缺陷，而且代码检查看到的是软件缺陷本身而非表面的故障现象。据统计，约 30%～70%的逻辑设计和编码缺陷是在代码检查阶段被发现的。但是代码检查非常耗费时间，而且代码检查需要知识和经验的积累。

常见的代码检查项目包括：

①检查变量的交叉引用表：重点是检查未说明的变量和违反了类型规定的变量，还

要对照源程序，逐个检查变量的引用、变量的使用序列、临时变量在某条路径上的重写情况，局部变量、全局变量与特权变量的使用。

②检查标号的交叉引用表：验证所有标号的正确性，检查所有标号的命名是否正确，转向指定位置的标号是否正确。

③检查子程序、宏、函数：验证每次调用与所调用位置是否正确，确认每次所调用的子程序、宏、函数是否存在，检验调用序列中调用方式与参数顺序、个数、类型上的一致性。

④等价性检查：检查全部等价变量的类型的一致性，解释所包含的类型差异。

⑤常量检查：确认常量的取值和数制、数据类型，检查常量每次引用同它的取值、数制和类型的一致性。

⑥标准检查：用标准检查工具软件或手工检查程序中违反标准的问题。

⑦风格检查：检查发现程序在设计风格方面的问题。

⑧比较控制流：比较由程序员设计的控制流图和由实际程序生成的控制流图，寻找和解释每个差异，修改文档并修正错误。

⑨选择、激活路径：在程序员设计的控制流图上选择路径，再到实际的控制流图上激活这条路径。如果选择的路径在实际控制流图上不能被激活，则源程序可能有错。

⑩对照程序的规格说明，详细阅读源代码，逐字逐句进行分析和思考，比较实际的代码和期望的代码，从它们的差异中发现程序的问题和错误。

⑪补充文档：桌面检查的文档是一种过渡性的文档，不是公开的正式文档。通过编写文档，也是对程序的一种下意识的检查和测试，可以帮助程序员发现和抓住更多的错误。管理部门也可以通过审查桌面检查文档，了解模块的质量、完全性、测试方法和程序员的能力。

以上这些检查项目中，有的只能通过人脑来逐项检查，有的已经可以结合计算机辅助软件的帮助来进行，以提高测试效率，降低劳动强度，例如 6.3.1 节介绍的基于词法和语法分析来进行静态测试辅助。

### 6.1.2 编码规则检查

前面代码检查中已经提到，部分检查项目可以结合计算机辅助软件来进行。目前，计算机的代码规范检查或者说编码规则检查已经是很成熟的技术。市面上存在大量或商用或开源的工具软件，支持不同语言、各种编码规则的检查。

以 C 或 C++语言为例，常见的编码规则包括 MISRA-C 安全编程规范、ISO/IEC 17961、GJB 8114—2013《C/C++语言编程安全子集》等。其中 GJB 8114 参考了 MISRA-C 的要求并明确地提出了 C 语言和 C++语言的编程规范内容。标准中的第 5 章规定 C 和 C++语言编程时应该遵守的共同准则，第 6 章规定 C++语言编程时应遵守的专用准则，共计提出 C 和 C++共用的强制准则共 124 条，C++专用的强制准则 28 条，C 和 C++共用的建议准则 41 条，C++专用的建议准则 11 条。

使用编码规则工具对代码进行检查，通常是通过在工具软件中选择对应的编码规则，或根据当前项目的要求来定制所需要的编码规则，然后使用工具软件依据这些选定的编码规则对被测代码进行扫描。最后阅读工具软件所给出的扫描结果报告文件，检查代码中那些违反编码规则的地方是否存在潜在风险。

### 6.1.3　静态分析

静态分析是一种检查代码的方法（无论是源代码或对象/可执行级别），无需执行程序。它提供了一种机制，可以审查代码结构、控制流和数据流，检测潜在的可移植性和可维护的问题，计算适当的软件质量测度。

程序的结构形式是白盒测试的主要依据。研究表明程序员 38%的时间花费在理解软件系统上，因为代码以文本格式被写入多重文件中，这是很难阅读理解的，需要其他一些东西来帮助人们阅读理解，如各种图表等，而静态分析满足了这样的需求。

在静态分析中，测试者通过使用测试工具分析程序源代码的系统结构、数据结构、数据接口、内部控制逻辑等内部结构，生成函数调用关系图、模块控制流图、内部文件调用关系图、子程序表、宏和函数参数表等各类图形图表，可以清晰地标识整个软件系统的组成结构，使其便于阅读与理解，然后可以通过分析这些图表，检查软件是否存在缺陷。

静态分析测试工具可以提供如下的常见辅助分析。

**1. 控制流分析**

一种常见的控制流分析方法是通过生成程序的有向控制流图来对代码进行分析。控制流图使用如图 6-1 中的流图符号来描述逻辑控制流，其中用圆形节点表示基本代码块，节点间的有向边代表控制流路径，反向边表示可能存在的循环。

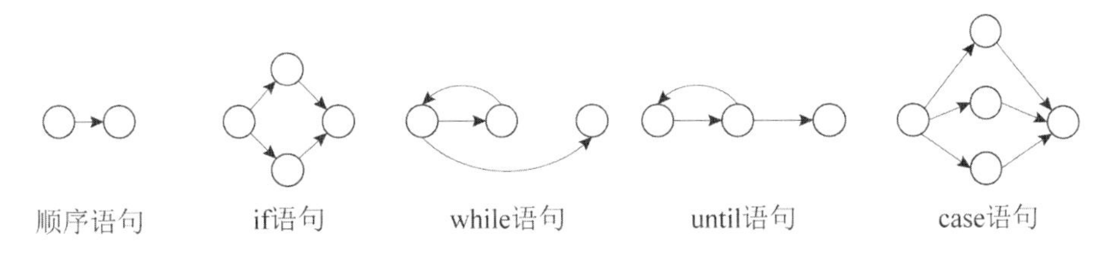


图 6-1　常见语句的流图符号

McCabe 圈复杂度是目前较为常用的一种代码复杂度的衡量标准。它是对源代码中线性独立路径数的定量测量，可以用来衡量一个模块判定结构的复杂程度。

圈复杂度与分支语句（if-else、switch-case 等）和循环语句（for、while）的个数，以及判定复合条件的逻辑组合符成正相关。当一段代码中含有较多的分支语句，其逻辑复杂程度就会增加。

圈复杂度计算公式是：

$$V(G)=e-n+2=P+1=A+1$$

其中，$V(G)$代表圈复杂度。$e$ 代表控制流图中的边的数量，对应代码中顺序结构的部分。$n$ 代表在控制流图中的节点数量，包括代码中的分支语句，以及起点和终点。注意，计算时所有终点只计算一次，即便该函数存在多个出口。$P$ 表示控制流图中的判定节点数。$A$ 表示流图中的封闭区域数目。

以一段 C 语言代码为例，如图 6-2 所示，该函数用于计算两个整数 $x$ 和 $y$ 之间的最大公约数。

```
1   int gsd(int x,int y)
2   {
3       int q=x;
4       int r=y;
5       while(q!=r)
6       {
7           if(q>r)
8               q=q−r
9           else
10              r=r−q
11      }
12      return q;
13  }
```

图 6-2 控制流图范例代码

根据这段代码可以绘制控制流图如图 6-3 所示。

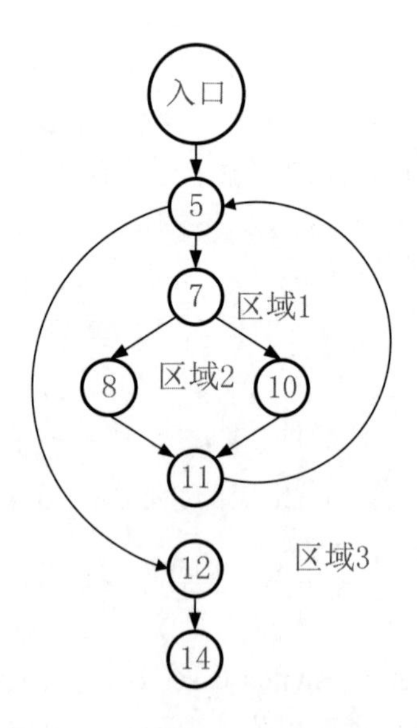


图 6-3 控制流图与圈复杂度计算

该控制流图中的所有节点中标出了对应的代码行标号。按照第一种算法，可以数出来图中的边数为 9，而节点数为 8，故该段程序的圈复杂度 $V(G)=9-8+2=3$。

按照第二种算法，观察控制流图中的判定节点，分别为第 5 行和第 7 行各有一个判定条件，故该段程序的圈复杂度 $V(G)=2+1=3$。要注意的是，判定条件和判定语句不是一个概念。一条判定语句中可能存在多个判定条件相复合（例如：if((a<7)or(b>5))这条语句就是由 a<7 和 b>5 两个判定条件通过逻辑或符号复合而成），其中的每个判定条件都会对应控制流图中的一个节点。

按照第三种算法，我们可以观察平面被控制流图划分成的区域数。其中封闭区域是图中的区域 1 和区域 2，而外侧还有一个开放区域 3。故该段程序的圈复杂度 $V(G)=2+1=3$。

本例是非常简单的代码，圈复杂度也很小。如果圈复杂度大，那么说明程序代码的判断逻辑复杂，可能质量低且难于测试和维护。

一个共识是程序的可能错误和高的圈复杂度有相关（非因果）关系。McCabe 公司的建议是让圈复杂度尽可能不超过 10，一些特定情形下，圈复杂度上限可以适当放宽到 15 或更多。

另一种常见的分析方法是使用函数调用关系图来表示函数间的嵌套关系，并据此计算函数的扇入和扇出值。在结构化设计的软件中，扇入是指直接调用该模块的上级模块的个数；扇出是指该模块直接调用的下级模块的个数。

直观来说，扇入大表示模块的复用程度高。扇出大表示模块的复杂度高，需要控制和协调过多的下级模块，但扇出过小（例如总是 1）也不好，同样需要适当控制。

从软件结构上说，扇出过大一般是因为缺乏中间层次，应该适当增加中间层次的模块。扇出太小时可以把下级模块进一步分解成若干个子功能模块，或者合并到它的上级模块中去。

**2. 数据流分析**

数据流指的是数据对象的顺序和可能状态的抽象表示。数据值的变量存在从创建、使用到销毁的一个完整状态。

数据流分析的作用是用来测试变量设置点和使用点之间的路径。这些路径也称为“定义-使用对”。对“定义-使用对”的检查能快速发现软件的定义和使用异常方面的缺陷，包括：

- 所使用的变量没有被定义（未定义），严重错误；
- 变量被定义，但从来没有使用（未使用），可能是编程错误；
- 变量在使用之前被定义了两次（重复定义），可能是编程错误。

如果再考虑到变量撤销的情况，还可以有：

- 撤销变量之后再使用，严重错误；
- 变量被定义随后又被撤销，或变量被撤销随后又被定义，可能是编程错误；
- 所撤销的变量没有被定义，可能是编程错误；

- 变量撤销后又再次被撤销，可能是编程错误。

**3. 接口分析**

接口一致性是程序的静态错误分析和设计分析要共同研究的题目。接口一致性的设计分析可以检查模块之间接口的一致性和模块与外部数据库之间接口的一致性。

程序关于接口的静态错误分析主要检查过程与实参在类型、函数过程之间接口的一致性，因此要检查形参与实参在类型、数量、维数、顺序、使用上的一致性；检查全局变量和公共数据区在使用上的一致性。

**4. 表达式分析**

对表达式进行分析，以发现和纠正在表达式中出现的错误。包括：

- 在表达式中不正确地使用了括号造成错误；
- 数组下标越界造成错误；
- 除数为零造成错误；
- 对负数开平方，或对π求正切造成错误。

最复杂的一类表达式分析是对浮点数计算的误差进行检查。由于使用二进制数不精确地表示十进制浮点数，常常使计算结果出乎意料。

## 6.2 动态测试技术

基于结构的动态测试主要关注语句、分支、路径、调用等程序结构的覆盖，为了设计较少的用例，达到更高的覆盖率甚至100%的覆盖率，动态测试关键的是用例设计。

基于结构的动态测试用例设计，其设计基础是建立在对软件程序的控制结构的了解上的。原则上应做到：

- 保证一个模块中的所有独立路径至少被使用一次；
- 对所有逻辑值均需测试 true 和 false；
- 在上下边界及可操作范围内运行所有循环；
- 检查内部数据结构以确保其有效性。

但是对于一个具有多重选择和循环嵌套的程序，满足上述要求的不同的路径数目可能是天文数字，穷举然后完全测试是不可能的。实际的测试工作同样需要我们采用各种方法来精简测试用例，从数量巨大的测试输入中挑选出少量测试用例，并确保采用这些测试用例就能够达到需要的测试效果。常见的测试用例设计方式可以分为基于控制流和数据流两大类。

### 6.2.1 基于控制流设计用例

基于控制流设计用例，是通过对程序控制流所表达出来的逻辑结构的遍历，实现对程序不同程度的覆盖，并认为当所选择的用例能达到对应程度的覆盖时，执行这些用例能够达到期望的测试效果。

以下面这段 C 语言代码作为示例，如图 6-4 所示，来演示不同覆盖标准所对应设计的测试用例，及其覆盖效果。

```
1   int function1(bool a, bool b, bool c)
2   {
3           int x;
4           x = 0;
5           if( a && ( b || c ) )
6           {
7                   x = 1;
8           }
9           return x;
10  }
```

图 6-4 基于控制流设计用例的范例代码

这段代码对应的程序流程图如图 6-5 所示。

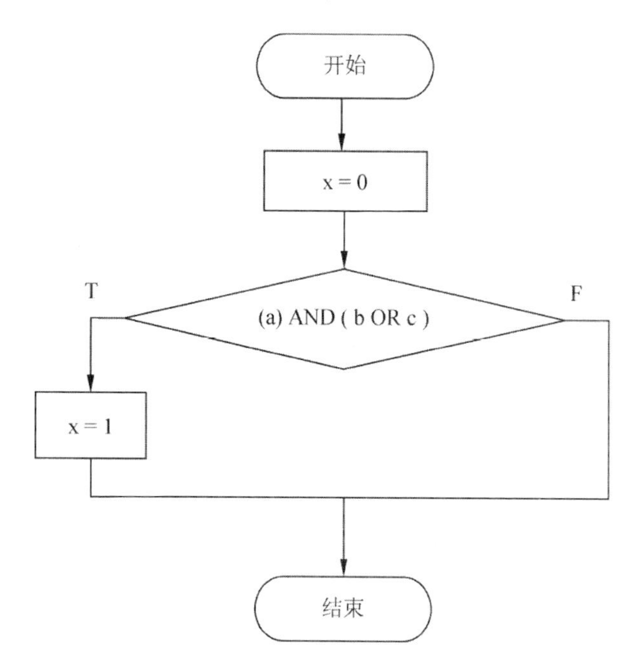


图 6-5 基于控制流设计用例的程序流程图

与上一章中基于规格说明的测试中提到的测试用例编写过程一样，我们在基于结构的测试中编写测试用例同样要经历特征集→测试条件→测试覆盖项→测试用例这样一个逐步推演的过程。

在基于控制流设计的用例里，测试特征集都是被测的代码段。不同的用例设计方法体现在测试条件和测试覆盖项的不同上，从而导致后续的测试用例也随之变化，如表 6-1 所示。

表 6-1 基于控制流设计用例的测试条件和测试覆盖项

| | 语句测试 | 分支测试 | 判定测试 | 分支条件测试 | 分支条件组合测试 | 修正条件判定测试 |
|---|---|---|---|---|---|---|
| 测试条件 | 每个可执行语句 | 每个分支（控制流图的边） | 每个判定语句 | 每个判定语句 | 每个判定语句 | 每个判定语句 |
| 测试覆盖项 | 每个可执行语句 | 每个分支 | 每个判定语句的每个结果值 | 每个判定语句中所有判定条件的取值 | 每个判定中所有判定条件的布尔值的每个唯一可行组合 | 单个布尔条件可以独立影响判定结果的判定条件，其布尔值的每个唯一可行组合 |

测试用例的覆盖率即为执行对应测试用例所覆盖到的测试覆盖项个数占全部测试覆盖项的百分比。

**1. 语句测试（Statement Testing）**

**语句测试的含义是：选择足够多的测试数据，使被测程序中每条语句都要被遍历到。**

为了使图 6-4 程序中的每条语句都能够至少执行一次，我们可以构造以下测试用例：

输入 a = T，b = T，c = T，预期结果 x=1

从程序中的每条语句都得到执行这一点看，语句覆盖的方法似乎能够比较全面地检验每一条语句，但是语句覆盖对程序执行逻辑的覆盖很低，这是其最严重的缺陷。图 6-5 是示例代码所对应的程序流程图，可以看到其右侧分支上是没有语句的。换言之，仅仅采用语句测试覆盖完全部语句的时候，很可能完全没验证到这个流程图的右侧分支。因此一般认为语句覆盖是很弱的逻辑覆盖。

**2. 分支测试（Branch Testing）**

**分支测试的含义是：使得程序中的每个分支都要被遍历到——哪怕这个分支上没有语句。**

图 6-5 程序流程图中一共存在两个分支，每个分支对应一个测试覆盖项。为了覆盖到每个分支，我们可以构造如表 6-2 所示的测试用例组。

表 6-2 分支测试用例组

| 序号 | 输入 | | | 预期输出 |
|---|---|---|---|---|
| | a | b | c | |
| 1 | T | T | T | x=1 |
| 2 | F | F | F | x=0 |

可以注意到，当分支覆盖率达到 100%时，所有的语句也必然会全部被覆盖到。因为每个语句都是位于某个分支上的——无论是入口主分支还是下面的判定分支。由此看来，分支覆盖比语句覆盖要更强一些。

但我们依旧要看到，假如这一程序段中判定的逻辑运算有问题，如表 6-3 所示，判

定的第一个运算符“&&”错写成运算符“||”或第二个运算符“||”错写成运算符“&&”，这时使用上述的测试用例仍然可以达到 100%的分支覆盖，实际输出也与期望值一样。代码中的该逻辑错误依旧无法被发现。因此我们还需要更强的逻辑覆盖标准。

**表 6-3　分支测试无法找到的错误示例**

| 序号 | 输入 | | | 覆盖的分支（实际输出） | |
|---|---|---|---|---|---|
| | a | b | c | a&&(b\|\|c) | 错误语句 a\|\|(b\|\|c) |
| 1 | T | T | T | T 分支(x=1) | T 分支(x=1) |
| 2 | F | F | F | F 分支(x=0) | F 分支(x=0) |

**3. 判定测试（Decision Testing）**

**判定测试的含义是：使得程序中的每个判定语句的取值都要被遍历到。**对于真假双值的判定来说，应设计测试用例使得判定语句至少获得过取“真”值和取“假”值各一次；对于多值判定，例如 switch-case 结构，设计测试用例就要保证所有的 case 和 default 分支均要取到。

示例代码中仅有一个双值判定语句 if(a&&(b||c))，该语句的每个判定取值都对应一个测试覆盖项。

可以看到，由于程序中的不同的分支都是基于判定语句的取值来划分的，判定测试与分支测试是密切相关的。当达到判定测试 100%覆盖时，所选用的测试用例同样也达到分支测试覆盖 100%，而达到分支测试 100%覆盖时，所选用的测试用例同样也达到判定测试覆盖 100%，因此二者经常被混为一谈。

但是，在计算具体某个测试用例或用例集的覆盖率的时候，当覆盖率不为 100%，判定覆盖率和分支覆盖率的值就并不完全一致了。我们用另外一段示例代码来说明这个问题，如表 6-4 所示。

**表 6-4　查表的示例代码**

| | |
|---|---|
| | *int binsearch (char *word, struct key tab[], int n)* |
| | {<br>*int cond;*<br>*int low, high, mid;* |
| B1 | *low = 0;*<br>*high = n – 1;* |
| B2 | *while (low <= high)* |
| B3 | {<br>*mid = (low+high) / 2;*<br>*if ((cond = strcmp(word, tab[mid].word)) < 0)* |
| B4 | {<br>*high = mid – 1;*<br>} |
| B5 | *else if (cond > 0)* |

续表

| | |
|---|---|
| B6 | {<br>*low = mid + 1;*<br>} |
| B7 | *else* |
| B8 | {<br>*return mid;*<br>}<br>} |
| B9 | *return* –1; |
| | } |

表 6-4 右侧的一段 C 语言代码用于确定一个单词在单词表中的位置，单词表是按字母顺序排序的。除了输入单词和表，还应当向组件输入查找的表中的单词数量。如果在表中查找到单词，组件应当返回该单词的位置（从零开始），否则返回“-1”。

拿到代码之后我们先要构造程序的控制流图。

第一步是把程序划分为基本块。基本块是指令的序列。不存在分支进入基本块（除了开始），也不存在分支从基本块出来（除了结束）。每个基本块的语句将一起执行或者都不执行。表 6-4 中左侧第一列标记出了这段程序的 9 个不同基本块。

第二步画出基本块之间的可能控制转移，亦即控制流图中的边。代码中存在的控制转移可能有如下几种：

B1→B2　　B3→B4　　B5→B6　　B6→B8

B2→B3　　B3→B5　　B5→B7　　B8→B2

B2→B9　　B4→B8

得到的控制流图如图 6-6 所示，其中有一个入口点 B1，两个出口点 B7 和 B9。

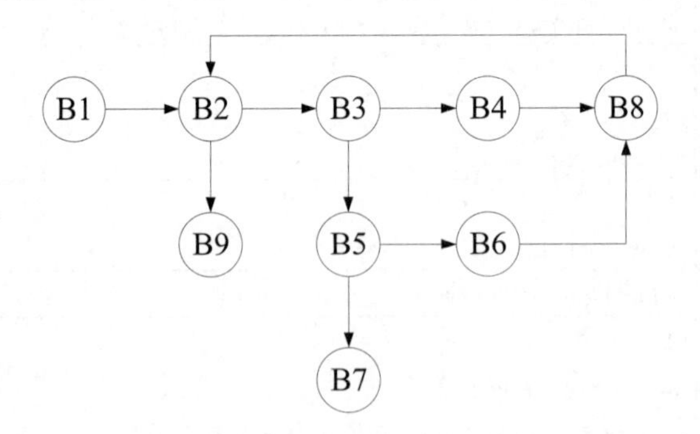


图 6-6　查表的控制流图示例

分支测试的测试条件是代码中的分支，每一条分支对应一个测试覆盖项，共计 10 条分支。具体如表 6-5 所示。

表 6-5　分支测试查表的测试条件和测试覆盖项

| 测试条件编号 | 测试覆盖项编号 | 分支 |
| --- | --- | --- |
| BRANCH-TCOND1 | BRANCH-TCOVER1 | B1→B2 |
| BRANCH-TCOND2 | BRANCH-TCOVER2 | B2→B3 |
| BRANCH-TCOND3 | BRANCH-TCOVER3 | B2→B9 |
| BRANCH-TCOND4 | BRANCH-TCOVER4 | B3→B4 |
| BRANCH-TCOND5 | BRANCH-TCOVER5 | B3→B5 |
| BRANCH-TCOND6 | BRANCH-TCOVER6 | B4→B8 |
| BRANCH-TCOND7 | BRANCH-TCOVER7 | B5→B6 |
| BRANCH-TCOND8 | BRANCH-TCOVER8 | B5→B7 |
| BRANCH-TCOND9 | BRANCH-TCOVER9 | B6→B8 |
| BRANCH-TCOND10 | BRANCH-TCOVER10 | B8→B2 |

而判定测试的测试条件是代码中的判定语句。每个判定语句的不同取值都对应一个测试覆盖项，共计 3 个判定语句，6 个判定语句取值。具体如表 6-6 所示。

表 6-6　判定测试查表的测试条件和测试覆盖项

| 测试条件编号 | 判定语句 | 测试覆盖项编号 | 判定语句取值 |
| --- | --- | --- | --- |
| DECISION-TCOND1 | B2 | DECISION-TCOVER1 | B2 = T |
| | | DECISION-TCOVER2 | B2 = F |
| DECISION-TCOND2 | B3 | DECISION-TCOVER3 | B3 = T |
| | | DECISION-TCOVER4 | B3 = F |
| DECISION-TCOND3 | B5 | DECISION-TCOVER5 | B5 = T |
| | | DECISION-TCOVER6 | B5 = F |

任何一个单独测试，都会执行一个子路径，也会包含许多判定和分支。

考虑测试用例执行子路径 B1→B2→B9。该用例的期望结果 n = 0，表示查找的表中没有条目。子路径执行判定（B2→B9），达到了 1/6=16.7%的判定覆盖率；执行 10 个分支中的 2 个分支，达到了 20%的分支覆盖率。此时判定覆盖率和分支覆盖率就是不同的。

**4. 分支条件测试（Branch Condition Testing）**

从表 6-3 中可以看到，分支测试之所以未能成功找到错误语句，主要原因是程序中的这个判定语句是一个由多个条件组合而成的复合判定语句。a&&(b||c)这个判定中包含了三个判定条件：a、b 和 c。基于分支或者判定语句的覆盖是无法测试到复合判定中的各个判定条件的。

那么我们很自然会想到，如果针对覆盖所有的判定条件的要求来设计用例，使得每个判定条件（而非判定语句）的取值都被满足一次，是否能解决问题呢？这就是条件覆盖的定义，使得每一判定语句中每个判定条件的可能值至少满足一次。

对图 6-4 的示例程序满足条件覆盖 100%的测试用例，如表 6-7 这组就可以。

表 6-7 条件覆盖测试用例组 1

| 序号 | 输入 | | | 预期输出 |
|---|---|---|---|---|
| | a | b | c | |
| 1 | F | T | F | x=0 |
| 2 | T | F | T | x=1 |

可以发现，上述用例在满足条件覆盖的同时，把判定语句的两个分支也覆盖了。这样是否可以说，达到了条件覆盖也就必然实现了判定覆盖呢？我们再继续观察。

假如选择表 6-8 这组测试用例，同样也覆盖了 100%的判定条件。但是预期输出全部都走了判定语句的 F 分支，不但没有覆盖到 T 分支，连 x=1 的这条语句都没覆盖到。

表 6-8 条件覆盖测试用例组 2

| 序号 | 输入 | | | 预期输出 |
|---|---|---|---|---|
| | a | b | c | |
| 1 | F | T | T | x=0 |
| 2 | T | F | F | x=0 |

可见，单纯使用条件覆盖是不够的。我们需要把它与分支结合起来共同考虑。

**分支条件测试的含义是：设计足够的测试用例，使得每个判定语句的取值，以及每个判定条件的取值都能被覆盖到。**

依旧以图 6-4 中的代码为例。对于分支条件测试来说，测试条件是代码中的判定语句，代码中只有唯一一句判定语句：a&&(b||c)。但语句中还存在 3 个判定条件，测试覆盖项要求这些判定条件和判定语句的“真”和“假”都要被取到，如表 6-9 所示。

表 6-9 分支条件测试覆盖项示例

| 测试覆盖项编号 | 判定条件/语句取值 |
|---|---|
| TCOVER1 | a =T |
| TCOVER2 | a =F |
| TCOVER3 | b =T |
| TCOVER4 | b =F |
| TCOVER5 | c =T |
| TCOVER6 | c =F |
| TCOVER7 | a&&(b\|\|c) = T |
| TCOVER8 | a&&(b\|\|c) = F |

对应导出如表 6-10 的测试用例。

表 6-10　分支条件测试用例示例

| 序号 | 输入（判定条件取值） | | | 判定语句取值 | 预期输出 | 对应测试覆盖项 |
|---|---|---|---|---|---|---|
| | a | b | c | a&&(b\|\|c) | | |
| 1 | F | T | F | 0 | x=0 | TCOVER2、3、6、8 |
| 2 | T | F | T | 1 | x=1 | TCOVER1、4、5、7 |

分支条件测试同样存在强度不够的缺陷。假如这一程序段中判定的逻辑运算有问题，将判定语句错写成了 a||(b&&c)，这时使用上述的测试用例仍然可以达到 100%的分支条件覆盖，实际输出也与期望值一样，代码中的该逻辑错误依旧无法被发现。因此我们还需要寻找更强的逻辑覆盖标准。

**5. 分支条件组合测试（Branch Condition Combination Testing）**

**分支条件组合测试的定义是：要求设计足够的测试用例，使得每个判定语句中的所有判定条件的各种可能组合都至少出现一次。**显然，满足分支条件组合测试 100%覆盖的用例集，其语句测试、分支测试/判定测试、分支条件测试的覆盖率也一定是 100%。

依旧以图 6-4 中的代码为例。对于分支条件组合测试来说，测试条件是代码中的判定语句，代码中只有唯一一句判定语句：a&&(b||c)。语句中还存在 3 个判定条件，每个判定条件都有两种可能取值，测试覆盖项要求这些判定条件的所有取值都要被取到，根据乘法原理等排列组合知识易知，共需 $2^3=8$ 种可能组合，如表 6-11 所示。

表 6-11　分支条件组合测试覆盖项示例

| 测试覆盖项编号 | a | b | c |
|---|---|---|---|
| TCOVER1 | F | F | F |
| TCOVER2 | T | F | F |
| TCOVER3 | F | T | F |
| TCOVER4 | T | T | F |
| TCOVER5 | F | F | T |
| TCOVER6 | T | F | T |
| TCOVER7 | F | T | T |
| TCOVER8 | T | T | T |

上表中每个测试覆盖项都可以对应导出一个测试用例，在此不再冗述。

分支条件组合测试的覆盖十分详尽。但是相对应的，所需测试用例数也很庞大。对于包含 n 个布尔条件的代码，就需要 $2^n$ 个测试用例来实现其 100%覆盖率。

**6. 修正条件判定测试（Modified Condition Decision Coverage Testing）**

修正条件判定（MCDC）测试概念的最早提出是来自欧美的航空/航天制造厂商和使用单位所制定的 DO-178B 系列标准（现已升级到 DO-178C 版本），针对民航机载系统设备适航审定中的软件进行考虑。这种测试设计覆盖方法既保持了与分支条件组合测试相同的覆盖强度，又显著减少了需要的测试用例，目前在各行业的高安全可靠性软件测试中都得到了广泛应用。

**MCDC 测试的定义是：要求足够的测试用例来确定各个条件能够影响到包含的判定的结果。**它要求满足两个条件：首先，每一个程序模块的入口和出口点都要考虑至少要被调用一次，每个程序的判定到所有可能的结果值要至少转换一次；其次，程序的判定被分解为通过逻辑操作符（and、or）连接的 bool 条件，每个条件对于判定的结果值是独立的。

依旧以图 6-4 中的代码为例。对于 MCDC 测试来说，测试条件是代码中的判定语句，代码中只有唯一一句判定语句：a&&(b||c)。语句中还存在 3 个判定条件，每个判定条件都有两种可能取值。测试覆盖项是判定中的条件独立布尔值的不重复组合，允许一个布尔条件单独影响结果。

那么我们将分支条件组合测试覆盖项表 6-11 扩展成为带有判定结果的表格进行观察，如表 6-12 所示。

表 6-12 修正条件判定测试覆盖项示例

| 分支条件组合测试覆盖项编号 | a | b | c | a&&(b\|\|c) | MCDC 测试覆盖项编号 |
|---|---|---|---|---|---|
| TCOVER1 | F | F | F | F | —— |
| TCOVER2 | T | F | F | F | MCDC-TCOVER1 |
| TCOVER3 | F | T | F | F | MCDC-TCOVER2 |
| TCOVER4 | T | T | F | T | MCDC-TCOVER3 |
| TCOVER5 | F | F | T | F | —— |
| TCOVER6 | T | F | T | T | MCDC-TCOVER4 |
| TCOVER7 | F | T | T | F | —— |
| TCOVER8 | T | T | T | T | —— |

观察表中各分支条件组合的测试覆盖项，TCOVER3 和 4，TCOVER5 和 6，TCOVER7 和 8，这三对测试覆盖项都能实现当输入条件 b 和 c 保持不变时，仅改变 a 的状态就能改变结果，即 a 可以独立影响判定语句的结果。

TCOVER2 和 4 这对测试覆盖项能实现当输入条件 a 和 c 保持不变时，仅改变 b 的状态就能改变结果，即 b 可以独立影响判定语句的结果。

TCOVER2 和 6 这对测试覆盖项能实现当输入条件 a 和 b 保持不变时，仅改变 c 的状态就能改变结果，即 c 可以独立影响判定语句的结果。

从分支条件组合的测试覆盖项转化为 MCDC 的测试覆盖项时，我们可以有多种选择，对应 a 独立影响判定语句结果的测试覆盖项中，我们可以选择任何一对——本例中我们选择 TCOVER3 和 4，对应 b 和 c 各都是一对测试覆盖项。最后选定的 MCDC 测试覆盖项如表 6-12 最右一列所示，一共 4 个测试覆盖项，分别对应分支条件组合的覆盖项 TCOVER2/3/4/6。每个测试覆盖项都可以导出成为一个测试用例。

本例中，满足 MCDC 要求的分支条件组合测试覆盖项还可以选择其他的组合，如

TCOVER2/4/5/6，或者 TCOVER2/4/6/7/8。显然，对应 a、b、c 三个布尔条件，最少只需要 4 个测试用例可以实现 100%覆盖率。引申扩展到对于包含 n 个布尔条件的代码，MCDC 测试只需要 n+1 个测试用例即可实现 100%覆盖率。

### 6.2.2　基于数据流设计用例

基于数据流设计用例是通过选择的定义-使用的覆盖率来导出测试用例集，以覆盖测试项中变量定义和使用之间的路径。不同的数据流覆盖准则要求执行不同定义-使用对和子路径。

拿到代码之后，首先识别代码中的控制流子路径，在该子路径中，给定变量的每个定义与该变量的后续使用相关，并且后续使用没有重新定义变量的值。

“定义”可能给变量赋了新的值（有时定义将变量保持与之前相同的值）。“使用”是变量出现，但不是赋新的值。“使用”可以进一步划分为“P-use”（谓词使用）和“C-use”（计算使用）。谓词使用是指使用变量来确定判定条件（谓词）的结果，例如 while 循环、if-else 等判定中。计算使用是指一个变量作为其他变量定义或输出的计算输入。

基于数据流的测试中，编写测试用例同样要经历特征集→测试条件→测试覆盖项→测试用例这样一个逐步推演的过程。其中，测试特征集都是被测的代码段，测试条件则是代码中的定义-使用对。不同的用例设计方法体现在测试覆盖项的不同上，从而导致后续导出的测试用例也随之变化，如表 6-13 所示。

表 6-13　基于数据流设计用例的测试覆盖项

| | 全定义测试 | 全计算使用测试 | 全谓词使用测试 | 全使用测试 | 全定义-使用路径测试 |
|---|---|---|---|---|---|
| 测试覆盖项 | 从变量定义到使用（计算使用或谓词使用）的控制流子路径 | 从变量定义到该定义所有计算使用的控制流子路径 | 从变量定义到该定义所有谓词使用的控制流子路径 | 从每个变量定义到该定义的任一使用（包括谓词使用和计算使用）的控制流子路径 | 从每个变量定义到该定义的每次使用（包括谓词使用和计算使用）的控制流子路径 |

测试用例的覆盖率即为执行对应测试用例所覆盖到的测试覆盖项个数占全部测试覆盖项的百分比。

我们以图 6-7 这段 Ada 语言的代码作为示例，来演示不同覆盖标准所对应设计的测试用例及其覆盖效果。该段代码用于求解形如 $ax^2+bx+c=0$ 的二次方程。当方程无实数解时，输出 Is_Complex 为真；如果有实数解则输出至 R1/R2 中。

拿到代码后，首先对其进行分析，列出测试项中所使用的变量：A、B、C、Discrim、Is_Complex、R1 和 R2。接下来，测试项中变量每次出现都是对程序列表的交叉引用，并为其分配一个类别（定义、谓词使用或计算使用），如表 6-14 所示。

```
    procedure Solve_Quadratic(A, B, C: in Float; Is_Complex; out Boolean; R1, R2:out Float) is
1       Discrim : Float := B*B– 4.0*A*C;
2       R1, R2: Float;
3       Begin
4           if Discrim < 0.0 then
5               Is_Complex : = true;
6           else
7               Is_Complex := false;
8           end if;
9           if not Is_Complex then
10              R1 := (–B + Sqrt(Discrim))/ (2.0*A);
11              R2 := (–B + Sqrt(Discrim))/ (2.0*A);
12          end if;
13      end Solve_Quadratic;
```

图 6-7　基于数据流设计用例的范例代码

**表 6-14　范例代码中的变量使用分类表**

| 行 | 类别 | | |
|---|---|---|---|
| | 定义 | 计算使用 | 谓词使用 |
| 0 | A, B, C | | |
| 1 | Discrim | A, B, C | |
| 2 | | | |
| 3 | | | |
| 4 | | | Discrim |
| 5 | Is_Complex | | |
| 6 | | | |
| 7 | Is_Complex | | |
| 8 | | | |
| 9 | | | Is_Complex |
| 10 | R1 | A, B, Discrim | |
| 11 | R2 | A, B, Discrim | |
| 12 | | | |
| 13 | | R1, R2,Is_Complex | |

基于数据流设计测试用例时，对应的测试条件是其中的定义-使用对。那么我们需要识别定义列中的每个条目到该变量的谓词使用或计算使用列的每个条目之间的路径，如表 6-15 所示的每个定义-使用对就是一个测试条件，共计 16 个测试条件。

**表 6-15　定义-使用对及其类型**

| 定义使用对（起始行→结束行） | 变量 | | 测试条件 |
|---|---|---|---|
| | 计算使用 | 谓词使用 | |
| 0→1 | A | | TCOND1 |
| | B | | TCOND2 |
| | C | | TCOND3 |

续表

| 定义使用对（起始行→结束行） | 变量 | | 测试条件 |
|---|---|---|---|
| | 计算使用 | 谓词使用 | |
| 0→10 | A | | TCOND4 |
| | B | | TCOND5 |
| 0→11 | A | | TCOND6 |
| | B | | TCOND7 |
| 1→4 | | Discrim | TCOND8 |
| 1→10 | Discrim | | TCOND9 |
| 1→11 | Discrim | | TCOND10 |
| 5→9 | | Is_Complex | TCOND11 |
| 7→9 | | Is_Complex | TCOND12 |
| 10→13 | R1 | | TCOND13 |
| 11→13 | R2 | | TCOND14 |
| 5→13 | Is_Complex | | TCOND15 |
| 7→13 | Is_Complex | | TCOND16 |

根据不同的数据流覆盖强度，导出不同的测试覆盖项，并进一步导出对应的测试用例，如下所示。

**1. 全定义测试（All-Definitions Testing）**

**“全定义”测试要求所有变量定义都覆盖从定义到其谓词使用或者计算使用的至少一个定义到任意类型使用的子路径（与特定变量有关）。**

示例中，观察表 6-15 中的定义-使用对，列出了其中从其首次定义到任一种使用的控制流子路径如表 6-16 所示。

**表 6-16 全定义测试的测试覆盖项**

| 测试条件 | 全定义 | | 测试覆盖项 |
|---|---|---|---|
| | 变量 | 定义-使用对 | |
| TCOND1 | A | 0→1 | TCOVER1 |
| TCOND2 | B | 0→1 | TCOVER2 |
| TCOND3 | C | 0→1 | TCOVER3 |
| TCOND8 | Discrim | 1→4 | TCOVER4 |
| TCOND11 | Is_Complex | 5→9 | TCOVER5 |
| TCOND12 | Is_Complex | 7→9 | TCOVER6 |
| TCOND13 | R1 | 10→13 | TCOVER7 |
| TCOND14 | R2 | 11→13 | TCOVER8 |

为达到 100%全定义数据流覆盖率，至少执行每个变量定义到使用（谓词使用或计算使用）的一个子路径，导出的全定义测试用例如表 6-17 所示。

表 6-17　全定义测试的测试用例

<table>
<tr><th rowspan="2">编号</th><th colspan="3">全定义</th><th rowspan="2">测试覆盖项</th><th colspan="3">输入</th><th colspan="3">预期结果</th></tr>
<tr><th>变量</th><th>定义-使用对</th><th>子路径</th><th>A</th><th>B</th><th>C</th><th>Is_Complex</th><th>R1</th><th>R2</th></tr>
<tr><td rowspan="3">1</td><td>Is_Complex</td><td>7→9</td><td>7-8-9</td><td>TCOVER6</td><td rowspan="3">1</td><td rowspan="3">2</td><td rowspan="3">1</td><td rowspan="3">FALSE</td><td rowspan="3">–1</td><td rowspan="3">–1</td></tr>
<tr><td>R1</td><td>10→13</td><td>10-11-12-13</td><td>TCOVER7</td></tr>
<tr><td>R2</td><td>11→13</td><td>11-12-13</td><td>TCOVER8</td></tr>
<tr><td rowspan="3">2</td><td>A,B,C,</td><td>0→1</td><td>0-1</td><td>TCOVER1</td><td rowspan="3">1</td><td rowspan="3">1</td><td rowspan="3">1</td><td rowspan="3">TRUE</td><td rowspan="3">未定义</td><td rowspan="3">未定义</td></tr>
<tr><td>Discrim</td><td>1→4</td><td>1-2-3-4</td><td>TCOVER2<br>TCOVER3<br>TCOVER4</td></tr>
<tr><td>Is_Complex</td><td>5→9</td><td>5-8-9</td><td>TCOVER5</td></tr>
</table>

**2. 全计算使用测试（All-C-Uses Testing）**

“全计算使用”测试要求所有相关变量定义都覆盖从定义到其每个计算使用的至少一个自由定义子路径（与特定变量有关）。

示例中，观察表 6-15 中的定义-使用对，列出了其中从变量定义到该定义所有计算使用的控制流子路径如表 6-18 所示。

表 6-18　全计算使用测试的测试覆盖项

| 测试条件 | 全计算使用 | | | 测试覆盖项 |
|---|---|---|---|---|
| | 变量 | 定义-使用对 | 子路径 | |
| TCOND1 | A | 0→1 | 0-1 | TCOVER1 |
| TCOND2 | B | 0→1 | 0-1 | TCOVER2 |
| TCOND3 | C | 0→1 | 0-1 | TCOVER3 |
| TCOND4 | A | 0→10 | 0-1-2-3-4-6-7-8-9-10 | TCOVER4 |
| TCOND5 | B | 0→10 | 0-1-2-3-4-6-7-8-9-10 | TCOVER5 |
| TCOND6 | A | 0→11 | 0-1-2-3-4-6-7-8-9-10-11 | TCOVER6 |
| TCOND7 | B | 0→11 | 0-1-2-3-4-6-7-8-9-10-11 | TCOVER7 |
| TCOND9 | Discrim | 1→10 | 1-2-3-4-6-7-8-9-10 | TCOVER8 |
| TCOND10 | Discrim | 1→11 | 1-2-3-4-6-7-8-9-10-11 | TCOVER9 |
| TCOND13 | R1 | 10→13 | 10-11-12-13 | TCOVER10 |
| TCOND14 | R2 | 11→13 | 11-12-13 | TCOVER11 |
| TCOND15 | Is_Complex | 5→13 | 5-8-9-12-13 | TCOVER12 |
| TCOND16 | Is_Complex | 7→13 | 7-8-9-10-11-12-13 | TCOVER13 |

为达到 100%全计算使用数据流覆盖率，执行每个变量定义到该定义的所有计算使用的一个子路径，导出的全计算使用测试用例如表 6-19 所示。

表 6-19　全计算使用测试的测试用例

<table>
<tr><th rowspan="2">编号</th><th colspan="3">全计算使用</th><th rowspan="2">测试覆盖项</th><th colspan="3">输入</th><th colspan="3">预期结果</th></tr>
<tr><th>变量</th><th>定义-使用对</th><th>子路径</th><th>A</th><th>B</th><th>C</th><th>Is_Complex</th><th>R1</th><th>R2</th></tr>
<tr><td rowspan="8">1</td><td>A, B, C</td><td>0→1</td><td>0-1</td><td>TCOVER1<br>TCOVER2<br>TCOVER3</td><td rowspan="8">1</td><td rowspan="8">2</td><td rowspan="8">1</td><td rowspan="8">FALSE</td><td rowspan="8">−1</td><td rowspan="8">−1</td></tr>
<tr><td>A, B</td><td>0→10</td><td>0-1-2-3-4-6-7-8-9-10</td><td>TCOVER4<br>TCOVER5</td></tr>
<tr><td>A, B</td><td>0→11</td><td>0-1-2-3-4-6-7-8-9-10-11</td><td>TCOVER6<br>TCOVER7</td></tr>
<tr><td rowspan="2">Discrim</td><td>1→10</td><td>1-2-3-4-6-7-8-9-10</td><td>TCOVER8</td></tr>
<tr><td>1→11</td><td>1-2-3-4-6-7-8-9-10-11</td><td>TCOVER9</td></tr>
<tr><td>R1</td><td>10→13</td><td>10-11-12-13</td><td>TCOVER10</td></tr>
<tr><td>R2</td><td>11→13</td><td>11-12-13</td><td>TCOVER11</td></tr>
<tr><td>Is_Complex</td><td>7→13</td><td>7-8-9-10-11-12-13</td><td>TCOVER13</td></tr>
<tr><td>2</td><td>Is_Complex</td><td>5→13</td><td>5-8-9-12-13</td><td>TCOVER12</td><td>1</td><td>1</td><td>1</td><td>TRUE</td><td>未定义</td><td>未定义</td></tr>
</table>

**3. 全谓词使用测试（All-P-Uses Testing）**

**“全谓词使用”测试要求所有相关变量定义都覆盖从定义到其每个谓词使用的至少一个自由定义子路径（与特定变量有关）。**

示例中，观察表 6-15 中的定义-使用对，列出了其中从变量定义到该定义所有谓词使用的控制流子路径如表 6-20 所示。

表 6-20　全谓词使用测试的测试覆盖项

| 测试条件 | 全谓词使用 | | | 测试覆盖项 |
|---|---|---|---|---|
| | 变量 | 定义-使用对 | 子路径 | |
| TCOND8 | Discrim | 1→4 | 1-2-3-4 | TCOVER1 |
| TCOND11 | Is_Complex | 5→9 | 5-8-9 | TCOVER2 |
| TCOND12 | Is_Complex | 7→9 | 7-8-9 | TCOVER3 |

为达到 100%全谓词使用数据流覆盖率，执行每个变量定义到该定义的所有谓词使用的一个子路径，导出的全谓词使用测试用例如表 6-21 所示。

表 6-21　全谓词使用测试的测试用例

<table>
<tr><th rowspan="2">编号</th><th colspan="3">全谓词使用</th><th rowspan="2">测试覆盖项</th><th colspan="3">输入</th><th colspan="3">预期结果</th></tr>
<tr><th>变量</th><th>定义-使用对</th><th>子路径</th><th>A</th><th>B</th><th>C</th><th>Is_Complex</th><th>R1</th><th>R2</th></tr>
<tr><td>1</td><td>Is_Complex</td><td>7→9</td><td>7-8-9</td><td>TCOVER3</td><td>1</td><td>2</td><td>1</td><td>FALSE</td><td>−1</td><td>−1</td></tr>
<tr><td rowspan="2">2</td><td>Discrim</td><td>1→4</td><td>1-2-3-4</td><td>TCOVER1</td><td rowspan="2">1</td><td rowspan="2">1</td><td rowspan="2">1</td><td rowspan="2">TRUE</td><td rowspan="2">未定义</td><td rowspan="2">未定义</td></tr>
<tr><td>Is_Complex</td><td>5→9</td><td>5-8-9</td><td>TCOVER2</td></tr>
</table>

**4. 全使用测试（All-Uses Testing）**

“全使用”测试要求包括从每个变量定义到它的每个使用的至少一条子路径（不包括变量的中间定义）。

示例中，观察表 6-15 中的定义-使用对，列出了其中从变量定义到该定义的所有使用（包括谓词使用和计算使用）的控制流子路径如表 6-22 所示。

表 6-22　全使用测试的测试覆盖项

<table>
<tr><th rowspan="2">测试条件</th><th colspan="3">全使用</th><th rowspan="2">测试覆盖项</th></tr>
<tr><th>变量</th><th>定义-使用对</th><th>子路径</th></tr>
<tr><td>TCOND1</td><td>A</td><td>0→1</td><td>0-1</td><td>TCOVER1</td></tr>
<tr><td>TCOND2</td><td>B</td><td>0→1</td><td>0-1</td><td>TCOVER2</td></tr>
<tr><td>TCOND3</td><td>C</td><td>0→1</td><td>0-1</td><td>TCOVER3</td></tr>
<tr><td>TCOND4</td><td>A</td><td>0→10</td><td>0-1-2-3-4-6-7-8-9-10</td><td>TCOVER4</td></tr>
<tr><td>TCOND5</td><td>B</td><td>0→10</td><td>0-1-2-3-4-6-7-8-9-10</td><td>TCOVER5</td></tr>
<tr><td>TCOND6</td><td>A</td><td>0→11</td><td>0-1-2-3-4-6-7-8-9-10-11</td><td>TCOVER6</td></tr>
<tr><td>TCOND7</td><td>B</td><td>0→11</td><td>0-1-2-3-4-6-7-8-9-10-11</td><td>TCOVER7</td></tr>
<tr><td>TCOND8</td><td>Discrim</td><td>1→4</td><td>1-2-3-4</td><td>TCOVER8</td></tr>
<tr><td>TCOND9</td><td>Discrim</td><td>1→10</td><td>1-2-3-4-6-7-8-9-10</td><td>TCOVER9</td></tr>
<tr><td>TCOND10</td><td>Discrim</td><td>1→11</td><td>1-2-3-4-6-7-8-9-10-11</td><td>TCOVER10</td></tr>
<tr><td>TCOND11</td><td>Is_Complex</td><td>5→9</td><td>5-8-9</td><td>TCOVER11</td></tr>
<tr><td>TCOND12</td><td>Is_Complex</td><td>7→9</td><td>7-8-9</td><td>TCOVER12</td></tr>
<tr><td>TCOND13</td><td>R1</td><td>10→13</td><td>10-11-12-13</td><td>TCOVER13</td></tr>
<tr><td>TCOND14</td><td>R2</td><td>11→13</td><td>11-12-13</td><td>TCOVER14</td></tr>
<tr><td>TCOND15</td><td>Is_Complex</td><td>5→13</td><td>5-8-9-12-13</td><td>TCOVER15</td></tr>
<tr><td>TCOND16</td><td>Is_Complex</td><td>7→13</td><td>7-8-9-10-11-12-13</td><td>TCOVER16</td></tr>
</table>

为达到 100%全使用数据流覆盖率，执行每个变量定义到该定义的所有使用的一个子路径，导出的全使用测试用例如表 6-23 所示。

表 6-23　全使用测试的测试用例

<table>
<tr><th rowspan="2">编号</th><th colspan="3">全使用</th><th rowspan="2">测试覆盖项</th><th colspan="3">输入</th><th colspan="3">预期结果</th></tr>
<tr><th>变量</th><th>定义-使用对</th><th>子路径</th><th>A</th><th>B</th><th>C</th><th>Is_Complex</th><th>R1</th><th>R2</th></tr>
<tr><td rowspan="10">1</td><td>A, B, C</td><td>0→1</td><td>0-1</td><td>TCOVER1<br>TCOVER2<br>TCOVER3</td><td rowspan="10">1</td><td rowspan="10">2</td><td rowspan="10">1</td><td rowspan="10">FALSE</td><td rowspan="10">−1</td><td rowspan="10">−1</td></tr>
<tr><td>A, B</td><td>0→10</td><td>0-1-2-3-4-6-7-8-9-10</td><td>TCOVER4<br>TCOVER5</td></tr>
<tr><td>A, B</td><td>0→11</td><td>0-1-2-3-4-6-7-8-9-10-11</td><td>TCOVER6<br>TCOVER7</td></tr>
<tr><td rowspan="3">Discrim</td><td>1→4</td><td>1-2-3-4</td><td>TCOVER8</td></tr>
<tr><td>1→10</td><td>1-2-3-4-6-7-8-9-10</td><td>TCOVER9</td></tr>
<tr><td>1→11</td><td>1-2-3-4-6-7-8-9-10-11</td><td>TCOVER10</td></tr>
<tr><td>Is_Complex</td><td>7→9</td><td>7-8-9</td><td>TCOVER12</td></tr>
<tr><td>R1</td><td>10→13</td><td>10-11-12-13</td><td>TCOVER13</td></tr>
<tr><td>R2</td><td>11→13</td><td>11-12-13</td><td>TCOVER14</td></tr>
<tr><td>Is_Complex</td><td>7→13</td><td>7-8-9-10-11-12-13</td><td>TCOVER16</td></tr>
<tr><td rowspan="2">2</td><td>Is_Complex</td><td>5→9</td><td>5-8-9</td><td>TCOVER11</td><td rowspan="2">1</td><td rowspan="2">1</td><td rowspan="2">1</td><td rowspan="2">TRUE</td><td rowspan="2">未定义</td><td rowspan="2">未定义</td></tr>
<tr><td>Is_Complex</td><td>5→13</td><td>5-8-9-12-13</td><td>TCOVER15</td></tr>
</table>

### 5. 全定义-使用路径测试（All-DU-Paths Testing）

“全定义-使用路径”测试要求包括从每个变量定义到它的每个使用的所有子路径（不包括变量的中间定义）。全定义-使用路径测试不同于全使用测试，后者只需要从每个变量定义到其使用的一条路径进行测试。

示例中，观察表 6-15 中的定义-使用对，列出了其中从变量定义到该定义所有谓词使用的控制流子路径如表 6-24 所示。

表 6-24　全定义-使用路径测试的测试覆盖项

<table>
<tr><th rowspan="2">测试条件</th><th colspan="3">全谓词使用</th><th rowspan="2">测试覆盖项</th></tr>
<tr><th>变量</th><th>定义-使用对</th><th>子路径</th></tr>
<tr><td>TCOND1</td><td>A</td><td>0→1</td><td>0-1</td><td>TCOVER1</td></tr>
<tr><td>TCOND2</td><td>B</td><td>0→1</td><td>0-1</td><td>TCOVER2</td></tr>
<tr><td>TCOND3</td><td>C</td><td>0→1</td><td>0-1</td><td>TCOVER3</td></tr>
<tr><td>TCOND4</td><td>A</td><td>0→10</td><td>0-1-2-3-4-6-7-8-9-10</td><td>TCOVER4</td></tr>
<tr><td>TCOND5</td><td>B</td><td>0→10</td><td>0-1-2-3-4-6-7-8-9-10</td><td>TCOVER5</td></tr>
<tr><td>TCOND6</td><td>A</td><td>0→11</td><td>0-1-2-3-4-6-7-8-9-10-11</td><td>TCOVER6</td></tr>
<tr><td>TCOND7</td><td>B</td><td>0→11</td><td>0-1-2-3-4-6-7-8-9-10-11</td><td>TCOVER7</td></tr>
<tr><td>TCOND8</td><td>Discrim</td><td>1→4</td><td>1-2-3-4</td><td>TCOVER8</td></tr>
</table>

续表

| 测试条件 | 全谓词使用 | | | 测试覆盖项 |
|---|---|---|---|---|
| | 变量 | 定义-使用对 | 子路径 | |
| TCOND9 | Discrim | 1→10 | 1-2-3-4-6-7-8-9-10 | TCOVER9 |
| TCOND10 | Discrim | 1→11 | 1-2-3-4-6-7-8-9-10-11 | TCOVER10 |
| TCOND11 | Is_Complex | 5→9 | 5-8-9 | TCOVER11 |
| TCOND12 | Is_Complex | 7→9 | 7-8-9 | TCOVER12 |
| TCOND13 | R1 | 10→13 | 10-11-12-13 | TCOVER13 |
| TCOND14 | R2 | 11→13 | 11-12-13 | TCOVER14 |
| TCOND15 | Is_Complex | 5→13 | 5-8-9-12-13 | TCOVER15 |
| TCOND16 | Is_Complex | 7→13 | 7-8-9-10-11-12-13 | TCOVER16 |

按照全使用测试导出的同一组测试用例，对于本例中的全定义-使用路径测试，也可以达到最大的测试覆盖项覆盖率。

## 6.3 基于结构的测试辅助技术

### 6.3.1 词法和语法分析

词法分析和语法分析，是计算机编译原理中的基础。词法分析读入源程序的字符流，按一定的词法规则把它们组成词法记号流，供语法分析使用。语法分析的作用就是识别由词法分析给出的记号流序列是否是给定上下文无关文法的正确句子。若是，文法的句子则给出相应的分析树，否则指出错误的位置及性质。

通过它们可以获取组成软件的一些重要信息，例如变量标识符、过程标识符、常量等。组合这些可以得到软件的基本信息。如：

- 标号交叉引用表。列出在各模块中出现的全部标号，在表中标出标号的属性，包括已说明、未说明、已使用、未使用。表中还包括在模块以外的全局标号、计算标号等。
- 变量交叉引用表，即变量定义与引用表。在表中应标明各变量的属性，包括已说明、未说明、隐式说明以及类型及使用情况，进一步还可区分是否出现在赋值语句的右边，是否属于 COMMON 变量、全局变量或特权变量等。
- 子程序、宏和函数表。在表中列出各个子程序、宏和函数的属性，包括已定义、未定义、定义类型；以及参数表、输入参数的个数、顺序、类型，输出参数的个数、顺序、类型；已引用、未引用、引用次数等。
- 等价表。表中列出在等价语句或等值语句中出现的全部变量和标号。
- 常数表。表中列出全部数字常数和字符常数，并指出它们在哪些语句中首先被定义。

目前软件的静态测试相关计算机辅助工具，基本上都需要在词法语法分析基础上进行进一步工作。

### 6.3.2　程序插桩和驱动技术

由于测试时使用源代码，在单元、集成等运用基于结构测试技术较多，在进行测试时不是测试软件的全部，而是测试软件的某一模块。要用到桩模块代替被调用的模块，以便被测对象运行起来，运用驱动模块以给被测对象提供输入数据，并且可以根据输入参数利用边界、等价类划分进行不同输入的测试达到输入域的覆盖或语句覆盖、分支覆盖等。

**1. 程序插桩技术**

在软件动态测试中，程序插桩（Program Instrumentation）是一种基本的测试手段，有着广泛的应用。

程序插桩方法，简单地说，是借助往被测程序中插入操作，来实现测试目的的方法，插入内容也称为桩模块。

我们在调试程序时，常常要在程序中插入一些打印语句。其目的在于希望执行程序时能打印出我们最为关心的信息，从而进一步通过这些信息了解执行过程中程序的一些动态特性。常见的打印信息比如程序的实际执行路径，或是特定变量在特定时刻的取值等。

程序插桩技术就是从这一思想发展出的，它能够按用户的要求获取程序的各种信息，成为测试工作的有效手段。如果我们想要了解一个程序在某次运行中所有可执行语句被覆盖（或称被遍历）的情况，或是每个语句的实际执行次数，最好的办法就是利用插桩技术。

这里仅以程序为例，说明插桩方法的要点。如图 6-8 所示给出了一个计算整数 X 和整数 Y 的最大公约数的程序的流程图。图中的虚线框并不是源程序的内容，而是为了记录语句执行次数而插入的。

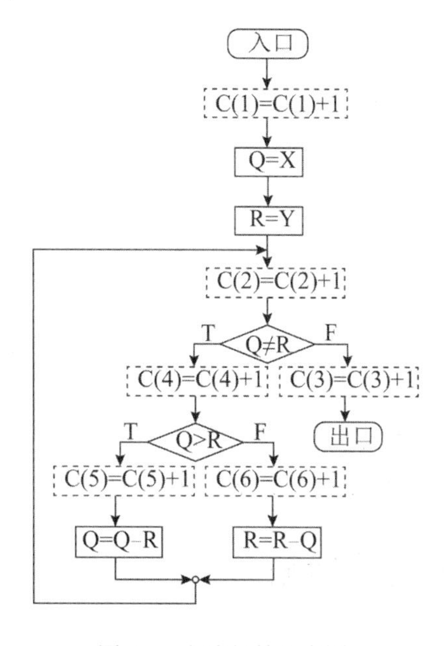


图 6-8　程序插桩示意图

这些虚线框要完成的操作都是计数语句，其形式为：

$$C(i) = C(i) + 1,\ i = 1, 2, \ldots, 6$$

程序从入口开始执行，到出口结束。凡经历的计数语句都能记录下该程序点的执行次数。如果我们在程序的入口处还插入了对计数器 C(i)初始化的语句，在出口处插入了打印这些计数器的语句，就构成了完整的插桩程序，它能记录并输出在各程序点上语句的实际执行次数。

通过插入的语句获取程序执行中的动态信息，这一做法如同在刚研制成的机器特定部位安装记录仪表一样。安装好以后开动机器试运行，我们除了可以从机器加工的成品检验得知机器的运行特性外，还可通过记录仪表了解其动态特性。这就相当于在运行程序以后，一方面可检验测试的结果数据，另一方面还可借助插入语句给出的信息了解程序的执行特性。正是这个原因，有时把插入的语句称为“探测器”，借以实现“探查”或“监控”的功能。

在程序的特定部位插入记录动态特性的语句，最终是为了把程序执行过程中发生的一些重要历史事件记录下来。例如，记录在程序执行过程中某些变量值的变化情况、变化的范围等。又如本书前面章节中所讨论的程序逻辑覆盖情况，也只有通过程序的插桩才能取得覆盖信息。实践表明，程序插桩方法是应用很广的技术，特别是在完成程序的测试和调试时非常有效。

**2. 程序驱动技术**

所谓程序驱动（Driver）是一个模拟程序，也称驱动模块。它在测试时能传递数据给模块，而且能接收模块已处理过的数据，以使该模块运行。具体桩模块与驱动模块的关系见图 6-9。

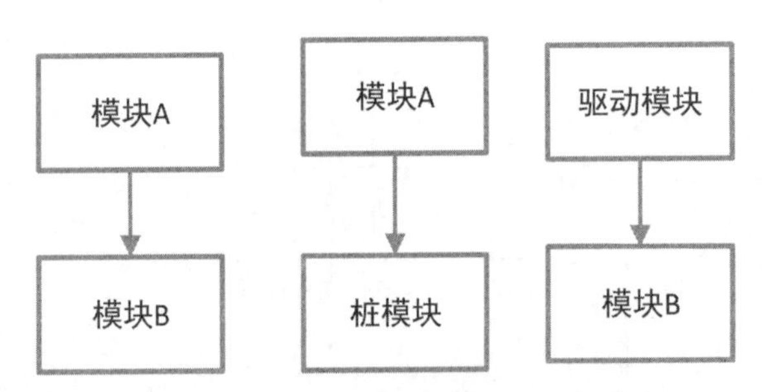


图 6-9　桩模块和驱动模块示意图

程序驱动主要提供模块的输入数据，并尽可能覆盖边界以及有意义的组合，达到对模块的路径、分支等的覆盖。具体的设计技术，根据不同的覆盖要求，参见本章 6.2 节和 6.4 节。

## 6.4　基于结构测试的综合策略

在本章中，我们已经学习了静态测试技术、动态测试用例设计技术等各种基于结构的测试技术。以下是基于结构的各种测试用例设计方法的综合选择策略，可供读者在实际应用过程中参考：

- 在测试中，应尽量先用工具对被测软件进行静态分析。利用静态分析的结果作为引导，通过代码检查和动态测试的方式对静态分析结果进行进一步的确认，能使测试工作更为有效。
- 测试中可采取先静态后动态的组合方式。先进行静态分析、编码规则检查和代码检查等，再根据测试项目所选择的测试覆盖率要求，设计动态测试用例。
- 覆盖率是对动态测试用例设计是否充分的监督。执行测试用例的目标仍然是检查每个用例的实测结果是否满足期望输出要求，而不是仅仅查看用例执行完之后覆盖率是否达到要求。
- 根据被测软件的安全风险要求，应使用与之对应的覆盖率标准来衡量代码需要被多少测试用例进行充分测试。一般地，常规软件测试应达到语句和分支/判定测试均 100%覆盖，对于一些高安全的软件可能需要达到 MCDC 测试 100%覆盖。
- 在不同的测试阶段，测试的侧重点不同。在单元测试阶段，以代码检查、编码规则检查和动态测试为主；在系统测试阶段，在使用编码规则检查和静态分析度量工具对代码进行扫描检查后，主要根据黑盒测试的结果，采取相应的白盒测试作为补充。

### 6.4.1　测试覆盖准则

测试覆盖是衡量测试用例的设计是否足够的方式。使用不同的测试技术，按照不同的覆盖强度划定了待覆盖的测试覆盖项后，通过不断地导出测试用例达到对测试覆盖项的覆盖，这样设计出来的测试用例集，我们就认为是符合要求的，执行这些测试用例就能够检出代码中可能存在的问题。

在前面 6.2 节的动态测试用例设计技术中，我们接触了基于控制流和基于数据流的各种结构覆盖。除此之外，还有一些其他的覆盖准则。

**1. ESTCA 覆盖准则**

错误敏感测试用例分析 ESTCA（Error Sensitive Test Cases Analysis）是在测试工作实践中，K.A.Foster 提出的一种经验型的测试覆盖准则。

在各种基于结构的测试中，我们对程序中的谓词取值非常重视，但在谓词判断的关键点上却非常容易发生问题。例如程序员把 if (i≤0)错写成 if(i<0)，但是在前面的各种语句、分支、组合……的逻辑覆盖中，考虑到了各种代码结构路径，却对这种常见小问题无能为力，只有恰当用例取到了 i=0 这个点的时候才能发现该问题。

为了解决这个问题，Foster 通过大量的实验确定了程序中谓词最容易出错的部分，得出了一套错误敏感测试用例分析 ESTCA 规则，具体如下：

[规则 1]  对于 A rel B（rel  可以是<、=和>）型的分支谓词，应适当地选择 A 与 B 的

值，使得当测试执行到该分支语句时，A < B、A = B 和 A>B 的情况分别出现一次。

[规则 2] 对于 A rel C（rel 可以是“>”或是“<”，A 是变量，C 是常量）型的分支谓词，当 rel 为“<”时，应适当地选择 A 的值，使 A=C−M。其中，M 是最小单位的正数，若 A 和 C 均为整型则 M=1。同样，当 rel 为“>”时，应适当地选择 A，使 A=C+M。

[规则 3] 对外部输入变量赋值，使其在每一测试用例中均有不同的值和符号，并与同一组测试用例中其他变量的值和符号不一致。

显然，上述规则 1 是为了检测 rel 符号的错误，规则 2 是为了检测“差 1”之类的错误（如本应是“IF A>1”而错成“IF A>0”），而规则 3 则是为了检测程序语句中的错误（如应引用一变量而错成引用一常量）。

上述三个规则并不完备，但在普通程序的测试中确是有效的。原因在于规则本身就是针对程序编写人员容易发生的错误，或是围绕发生错误的频繁区域，从而提高了发现错误的命中率。

**2. 层次 LCSAJ 覆盖准则**

线性代码序列与跳转 LCSAJ（Linear Code Sequence and Jump）是 Woodward 等人提出的一种层次覆盖准则。一个 LCSAJ 是一组顺序执行的代码，以控制流的跳转为其结束点。

LCSAJ 的起点是根据程序本身决定的。它的起点是程序第一行或转移语句的入口点，或是控制流可以跳达的点。几个首尾相接，且第一个 LCSAJ 起点为程序起点，最后一个 LCSAJ 终点为程序终点的 LCSAJ 串就组成了程序的一条路径。一条程序路径可能是由两个、三个或多个 LCSAJ 组成的。

基于 LCSAJ 与路径的这一关系，Woodward 提出了 LCSAJ 覆盖准则。这是一个分层的覆盖准则。第一层是语句覆盖；第二层是分支覆盖；第三层是 LCSAJ 覆盖，亦即程序中的每一个 LCSAJ 都至少在测试中被经历过一次；第四层是两两 LCSAJ 覆盖，亦即程序中的每两个首尾相连的 LCSAJ 组合起来都至少在测试中被遍历过一次……直至第 n+2 层，每 n 个首尾相连的 LCSAJ 组合起来都至少在测试中被遍历过一次。

显然，层次越高，对应的覆盖就需要更多测试用例，更难以满足。

基于以上这几种测试覆盖准则设计用例，可以与前述基于控制流/数据流测试覆盖结合起来，能帮助我们更有效地发现软件中的问题。

### 6.4.2 最小测试用例数计算

为实现测试的逻辑覆盖，必须设计足够多的测试用例，并使用这些测试用例执行被测程序，实施测试。我们关心的是，对某个具体程序来说，至少要设计多少测试用例。

这里提供一种估算最少测试用例数的方法。

我们知道，结构化程序是由 3 种基本控制结构组成的。这 3 种基本控制结构就是：

- 顺序型——构成串行操作；

• 选择型——构成分支操作；
• 重复型——构成循环操作。

如图 6-10 所示给出了一种类似于流程图的 N-S 图的基本控制结构。图中 A、B、C、D、S 均表示要执行的操作，P 是可取真假值的谓词，Y 表真值，N 表假值。DO WHILE 和 DO UNTIL 两种重复型结构代表了两种循环。

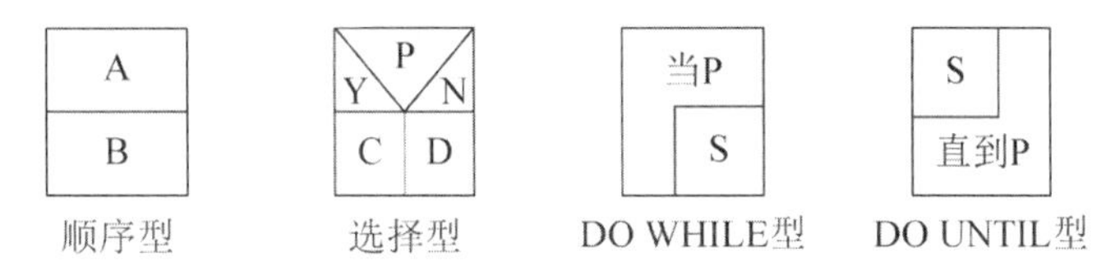


图 6-10　N-S 图表示的基本控制结构

为了把问题化简，避免出现测试用例极多的组合爆炸，我们可以把构成循环操作的重复型结构用选择结构代替。也就是说，并不指望测试循环体所有的重复执行，而是只对循环体检验一次。这样，任一循环便改造成了进入循环体或不进入循环体的分支操作。作了如上简化循环的假设以后，对于一般的程序控制流，我们只考虑顺序型和选择型即可。

使用加法原理、乘法原理等数学排列组合思想来看 N-S 图，把程序的控制结构分解成“分步”和“分类”完成相应功能，从而估算出相应所需的测试用例数量。

顺序型结构分为 A 和 B 两步操作来共同完成指定功能，“分步”对应使用乘法原理，A 所需的测试用例数乘以 B 所需的测试用例数，即得到该顺序型结构对应部分所需的测试用例数。

选择型结构分为 C 和 D 两类操作，任一类操作都能单独完成指定功能，“分类”对应使用加法原理，C 所需的测试用例数加上 D 所需的测试用例数，即得到该选择性结构对应部分所需的测试用例数。

如图 6-11 所示表达了两个顺序执行的分支结构。两个分支谓词 P1 和 P2 取不同值时，将分别执行 a 或 b 及 c 或 d 操作。显然，要测试这个小程序，需要至少提供 4 个测试用例才能做到逻辑覆盖。使得 ac、ad、bc 及 bd 操作均得到检验。

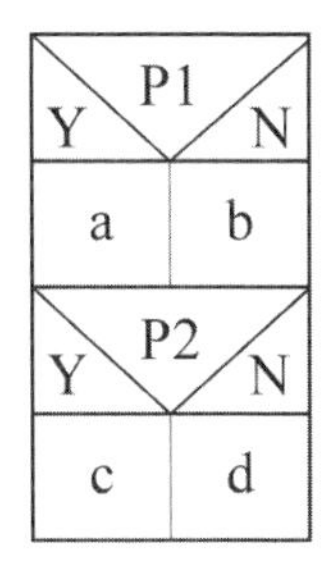


图 6-11　两个串行分支结构的 N-S 图

使用 N-S 图估算的话，我们首先观察整个 N-S 图可以拆解成由 P1 和 P2 两个分支结构串行顺序执行。那么总用例数应该是对P1进行测试的用例数和对P2进行测试的用例数之积。

再进一步观察，P1这个分支结构分为两个分支，a和b都已经是代码基本块不可再分，因此a和b各需要一个测试用例进行覆盖。对P1进行测试的用例数就是a、b二者用例数相加，需要2个用例。

同理P2也需要2个用例。那么该N-S图的总用例数就是P1用例数乘以P2用例数，2×2=4个用例。

对于一般的、更为复杂的问题，估算最少测试用例数的原则也依旧是这样，逐层拆解之后，根据顺序型/分支型分别采用乘法原理/加法原理来一一解决。

以图6-12所示的程序为例。该程序中共有9个分支谓词，尽管这些分支结构交错起来似乎十分复杂，很难一眼看出应至少需要多少个测试用例，但如果庖丁解牛式地一层层将其拆解开来，依旧很容易解决。

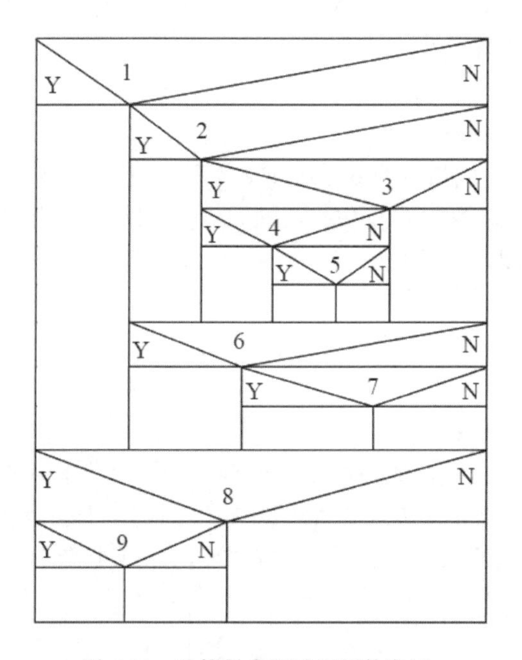


图6-12 计算最少测试用例数实例

我们注意到该图可分上下两层：分支谓词1的操作域是上层，分支谓词8的操作域是下层。这两层正像前面简单例中的P1和P2的关系一样。只要分别得到两层的测试用例个数，再将其相乘，即得总的测试用例数。

上层的谓词1是个选择型结构，谓词1用例数=Y分支测试用例数+N分支测试用例数。

其中Y分支已经是基本块了，测试用例数为1。N分支是谓词2和谓词6两个选择型结构串行在一起，也就意味着N分支=谓词2用例数×谓词6用例数。

进一步拆解，谓词 2 用例数=1+谓词 3 用例数=1+（1+谓词 4 用例数）=1+（1+（1+谓词 5 用例数）)，谓词 5 的两个分支都已经拆解到基本块，所以最终谓词 2 用例数=1+1+1+（1+1）=5 个。谓词 6 用例数=1+谓词 7 用例数=1+（1+1）=3 个。

因而两层组合，得到谓词 1 的 N 分支=5×3=15 个用例，于是整个程序结构上层，也就是谓词 1 所需测试用例数为 1+15=16 个。

同样方式可以计算出整个程序结构下层，也就是谓词 8 所需的测试用例数为 3 个。故最后得到整个程序至少所需测试用例数为 16×3=48 个。

# 第 7 章　自动化测试技术

本章主要描述自动化测试技术的发展、实施策略和技术框架。

## 7.1　自动化测试技术概述

### 7.1.1　自动化测试技术的发展和演进

自动化测试是把人为驱动的测试行为转化为机器执行的一种过程，即模拟手工测试步骤，通过执行由程序语言编制的测试脚本，自动地完成软件的测试设计、单元测试、功能测试、性能测试等全部工作，包括测试活动的自动化和测试过程管理的自动化。可以理解为一切可以由计算机系统自动完成的测试任务都已经由计算机系统或软件工具、程序来承担并自动执行。软件自动化测试的良好实践涉及开发和发布流程、测试流程、测试规范体系、自动化测试设计以及自动化测试执行等多方面的整合。

测试自动化不仅是技术、工具的问题，更是一个公司和组织的文化问题。首先组织要能理性认识自动化测试技术的优势和缺点，合理安排自动化测试改进的目标；其次从资金、管理上给予支持，建立专门的测试团队或角色去支撑适合自动化测试的测试流程和测试体系；最后才是把源代码从受控库中取出、编译、集成、发布并进行自动化的功能和性能等方面的测试执行。从组织文化（即在一个团队内鼓励什么，不鼓励什么）而言，对于期望通过自动化测试来获得各方面收益的，则应鼓励自动化测试实践的探索和实施，形成鼓励通过自动化，通过设计和编程来将重复劳动的任务通过自动化来优化的文化。在组织内尽量避免以短期行为，应付工作为导向的文化。通过逐步培育鼓励自动化测试实践的组织文化，能更快速有效地从自动化测试活动中获得效益，减少阻碍和摩擦。

**1. 第一代——以工具为中心的自动化**

第一代自动化测试大概在 1999 年之前，这一代自动化使用的测试工具，以捕捉/回放工具最为典型，即捕获用户的鼠标和键盘的输入并回放。但是缺少检查点的功能，而且测试脚本很难维护，所以这代测试自动化技术有很大的局限性。

**2. 第二代——以脚本为中心的自动化**

第二代自动化测试则大约在 1999—2002 年，一些测试团队在这个阶段已经认识到采用统一脚本语言的重要性，并找到了适合测试工作的、功能完备的脚本语言，在团队中大力推行。测试自动化主要依靠测试工程师的主观能动性，测试脚本大量产生。在这一代增加了检查点的功能，可以对软件做验证，测试范围相比以工具为中心的自动化方式扩大了许多。

**3. 第三代——以平台为中心的自动化**

在 2003 年开始了第三代的自动化测试，称为“测试框架”，主要是把测试脚本抽象化，让非技术人员（如系统分析师、使用者等）在即使不懂测试脚本，不会写程序的情况下，也可以使用自动化测试工具建立自动化测试案例。

**4. 第四代——以业务为中心的自动化**

第四代自动化测试从 2010 年前后开始，其专注于业务需求的自动化测试。由于测试任务日趋复杂、工作量大，对测试系统的功能、性能提出更高的要求。对于大型的业务系统比如银行和保险，其本身的需求就非常复杂和多变。在核心少量业务逻辑不变的基础上衍生出大量多变的应用业务，如存款利息的变化，周期的变化，由于国家政策变化导致的利率计算逻辑的变化等等。以业务为中心的自动化测试的主要实践是，用通用的业务描述语言来描述业务，即测试用例，然后利用自动化测试工具执行这些业务测试用例。利用事先编好的程序快速准确地进行操作，可以自动切换测试点和进行重复测试，容易适应测试内容复杂，工作量大的要求。

**5. 第五代——以测试设计为中心的自动化**

第五代自动化测试技术也从 2010 年前后开始成熟。 第五代的自动化测试技术的演进方向由专注于执行的测试自动化转变到了测试设计的自动化上。其特点是利用已经发展成熟的测试设计技术，或搜索算法自动地生成测试用例和脚本。

### 7.1.2　自动化测试的概念

在下文描述中，将区别使用自动化测试执行技术与自动化测试设计技术这两个概念。“自动化测试执行技术”指执行测试用例或脚本，自动操作被测对象及测试环境中周边设备来完成测试步骤和结果检查，自动判断出测试用例的执行结果的相关技术。“自动化测试设计技术”指通过某些信息（如系统的模型，设计模型，源代码等）由生成算法自动地生成测试用例和/或测试脚本的相关技术。

自动化测试设计目前有两个方向，一为基于模型的测试技术；另一个为基于搜索的测试技术。 基于模型的测试技术是通过模型描述软件的需求和期待的行为，自动地生成测试用例和脚本。基于模型的测试技术通过建立系统的模型，利用模型来描述系统的需求、行为、数据等各个方面的信息，通过计算机算法从模型中自动地生成测试用例和测试脚本。然后通过成熟的自动化测试执行系统来执行生成的测试，从而进一步提高自动化测试的效率。其将原由人工实施的测试用例设计的过程分为测试建模和测试生成两大部分。测试建模仍然需要人工实施，而测试生成则由生成算法来自动完成。 基于搜索的测试技术包括了各种元启发式技术，其核心思想是把测试数据生成问题转化为搜索问题，即从软件允许的输入域中搜索所需的值以满足测试要求。经典的基于搜索的测试技术是基于遗传算法的测试生成。其基本步骤是不断地进行迭代生成测试用例集合。生成的测试用例集合存在优劣的判断标准，通过判断优劣来淘汰不够优化的测试用例。在生成的测试用例集合之间还可以进行重组以产生新的测试用例集合，重组时引入类似生物演化时基因发生的交叉和突变。这样经过多次迭代理论上能得到相对优化和有效的自动化测试用例集合。

自动化测试执行是把以人为驱动的测试行为转化为机器执行的一种过程。手工测试通常是在设计测试用例并通过评审之后，由测试人员根据测试用例中描述的规程一步步执行测试，得到实际结果与期望结果进行比较的过程。为了节省人力、时间或者硬件资源，提高测试效率，便引入了自动化测试执行的概念。通过自动化测试执行可以极大地提升回归测试、稳定性测试和兼容性测试的工作效率，在保障产品质量和持续构件等方面起到举足轻重的作用。特别是在敏捷开发模式下，自动化测试执行更是必不可少的步骤。正确、合理地实施自动化测试执行，能够快速、全面地对软件进行测试，从而提高软件质量，节省经费，缩短产品发布周期。

在成熟度较高的组织中，将自动化测试设计与自动化测试执行集成在一起是一种高效率的实践。 即测试工程师或者业务专家完成建模后，系统自动地生成测试脚本。然后测试脚本被自动地发送给自动化测试执行系统去执行。执行的结果被自动地反馈回自动化测试设计系统形成测试报告。这样的做法能更好地节约测试活动中的人力，提高效率。

### 7.1.3 自动化测试的分类

前章节所述的自动化测试设计和自动化测试执行可以看作是将自动化测试按自动化的流程环节来划分其类别。从测试目的的角度来看自动化测试又可分为：功能自动化测试与非功能自动化测试。而非功能自动化测试中主要包含性能自动化测试和信息安全自动化测试。参见表 7-1。

表 7-1 按测试目的划分分类表

| 按测试目的划分 | | 自动化测试目标 |
|---|---|---|
| 功能自动化测试 | | 软件功能验证<br>提高测试效率 |
| 非功能自动化测试 | 性能自动化测试 | 软件性能的验证<br>完成人工无法完成的测试任务 |
| | 信息安全自动化测试 | 漏洞检测，信息安全验证<br>完成人工无法完成的测试任务和提高测试效率 |

一般所说的自动化测试往往指功能自动化测试，通过相关的测试技术，通过录制回放或编码的方式来测试一个软件的功能实现，这样就可以进行自动化的回归测试。如果一个软件一部分发生改变，只要修改一部分自动化测试代码，就可以重复地对整个软件进行功能测试，从而提高了测试效率。

性能自动化测试是通过自动化的测试工具模拟多种正常、峰值以及异常负载条件来对系统的各项性能指标进行测试。负载测试和压力测试都属于性能测试，两者可以结合进行。通过负载测试，确定在各种工作负载下系统的性能。目标是测试当负载逐渐增加时，系统各项性能指标的变化情况。压力测试是通过确定一个系统的处理能力瓶颈或者业务性能随系统压力下降到不能接受程度的点，来获得系统能提供的最大服务级别的测试。性能测试重在结果分析，能够通过数据分析出系统的瓶颈。

信息安全测试是在软件产品的生存周期中，特别是产品开发基本完成到发布阶段，对产品进行检验以验证产品符合安全需求定义和产品质量标准的过程。一般利用安全测试技术、测试工具在正式发布前找到潜在漏洞，修复漏洞，避免这些潜在的漏洞被非法用户发现并利用。

通常，根据自动化测试本身的类别来划分自动化测试工具的类别。比如按照测试目的划分，可以将自动化测试工具分为功能自动化测试工具，性能自动化测试工具和信息安全自动化测试工具。此外自动化测试工具还有其他一些分类角度：

按测试工具所访问和控制的接口划分可分为：用户界面自动化测试工具，接口自动化测试工具。

按测试工具所重点对应的测试阶段划分可分为：单元自动化测试工具，集成自动化测试工具和系统自动化测试工具（通常系统级别自动化测试为用户界面自动化测试）。

按照测试对象所在操作系统平台划分可分为：Web 应用测试，安卓移动应用测试，iOS 移动应用测试，Linux 桌面应用测试，Windows 桌面应用测试等。

在选择合适的自动化测试工具时可参照这些工具的分类进行。

### 7.1.4　自动化测试的优缺点和局限

自动化测试执行可以替代大量的手工机械重复性操作，测试工程师可以把更多的时间花在更全面的用例设计和新功能的测试上；自动化测试可以大幅提升回归测试的效率，非常适合敏捷开发过程；自动化测试可以更好地利用无人值守时间，去更频繁地执行测试，特别适合在非工作时间执行测试，工作时间分析失败用例的工作模式；自动化测试可以高效实现某些手工测试无法完成或者代价巨大的测试类型，比如关键业务 7×24 小时持续运行的系统稳定性测试和高并发场景的压力测试等；自动化测试还可以保证每次测试执行的操作以及验证的一致性和可重复性，避免人为的遗漏或疏忽。自动化测试并不能完全取代手工测试，其能够在一定程度上替代手工测试中执行频率高、机械化的重复步骤。手工测试发现的缺陷数量通常比自动化测试要更多，并且自动化测试仅仅能发现回归测试范围的缺陷。测试的效率很大程度上依赖自动化测试用例的设计以及实现质量，不稳定的自动化测试用例实现比没有自动化更糟糕。

综合而言，自动化测试的主要优点在于提高测试效率、提高测试覆盖率、提高测试的一致性和更快的反馈测试结果。自动化测试在带来诸多优点的同时也有一些不可避免的代价和局限。其优缺点详见表 7-2。

表 7-2 自动化测试优缺点

| 优点 | 缺点 |
| --- | --- |
| 提高测试质量 | 产生开发成本 |
| 提高测试效率，缩短测试工作时间 | 需要测试技术团队 |
| 提高测试覆盖率 | 脚本维护成本高 |
| 执行手工测试不易完成的测试任务 | 无创造性 |
| 更好地重现软件缺陷的能力 | 引入更多的复杂性 |
| 更好地利用资源 | 容易出现偏离原始的测试目标 |
| 增进测试人员与开发人员之间的合作伙伴关系 | 可能引入额外的错误 |
| 能执行测试步骤更长，综合性更强的测试用例 | |
| 更快地反馈软件质量情况 | |
| 提高系统的稳定性和可靠性 | |

自动化测试可以提高测试效率，能够完成手工测试不能完成的工作，但自动化测试在实际应用中也存在局限性，并不能完全替代手工测试，在下面的领域中自动化测试会有一定的局限性，如表 7-3 所示。

表 7-3 自动化测试局限性领域

| 涉及领域 | 说明 |
| --- | --- |
| 定制型项目 | 为客户定制的项目，甚至采用的开发语言、运行环境也是客户特别要求的，开发公司在这方面的测试积累少，这样的项目不适合作自动化功能测试 |
| 周期很短的项目 | 项目周期很短，相应的测试周期也很短，因此花大量精力准备的测试脚本，不能得到重复地利用。当然，为了某种特定的测试目的专门执行的测试任务除外，比如，针对特定应用的性能测试等 |
| 业务规则复杂的对象 | 业务规则复杂的对象有复杂的逻辑关系和运算关系，工具很难实现，或者要实现这些测试过程，需要投入的测试准备时间比直接进行手工测试所需的时间更长 |
| 人体感观与易用性测试 | 用户界面的美观、声音的体验、易用性的测试，无法用测试工具来实现 |
| 不稳定的软件 | 如果软件不稳定，则会由于这些不稳定因素导致自动化测试失败，或者致使测试结果本身就是无效的 |
| 涉及物理交互 | 自动化测试工具不能很好地完成与物理设备的交互，比如刷卡器的测试等 |

任何工具都有它的可用范围，面对任何一个待测系统，应该考虑选用的测试工具是否合适，引入测试工具是否有利于该项目的开发等，否则，有可能适得其反。

以上介绍了自动化测试的局限性，因此，作为测试工程师，在考虑选用自动化测试的过程中，还需要了解公司领导、项目负责人等对于自动化测试的期望并消除他们一些不正确的期望，如下所示：

- 自动化测试可以完成一切测试工作：有人一听到测试自动化，就认为自动化测试工具可以完成一切测试工作，从测试计划到测试执行，再到测试结果分析，不需要任何人工干预等，很显然，这是一种理想状态，现实中还没有测试工具有这个能力。在现实中有关的测试设计、测试案例以及一些关键的测试任务还是需要人工参与的，即自动化测试是对手工测试的辅助和补充，它永远不可能取代手工测试。

- 测试工具可适用于所有的测试：每种自动化测试工具都有它的应用范围和可用对象，所以不能认为一种自动化测试工具能够满足所有的测试需求。针对不同的测试目的和测试对象，应该选择合适的测试工具来进行测试，在很多情况下，需要利用多种测试工具才能完成测试工作。
- 测试工具能使工作量大幅度降低：事实上，引入自动化测试工具不会马上减轻测试工作，相反，在很多情况下，首次将自动化测试工具引入企业时，测试工作实际上变得更艰巨了。只有在正确合理地使用测试工具，并有一定的技术积累后，测试工作量才能逐渐减轻。
- 测试工具能实现百分之百的测试覆盖率：自动化测试可以增加测试覆盖的深度和广度，比如，利用白盒测试工具可能实现语句全覆盖、逻辑路径全覆盖等，但因为穷举测试必须使用所有可能的数据，包括有效的和无效的测试数据，所以在有限的资源下也不可能进行百分之百的彻底测试。
- 自动化测试工具容易使用：对于这一点，很多测试工程师也有同样的错误观点，认为测试工具可以简单地通过捕获（录制）客户端操作生成脚本，且脚本不加编辑就可用于回放使用。事实上，自动化测试不是那么简单，捕获的操作是否正确以及脚本编辑是否合理都会影响测试结果，因此，自动化测试需要更多的技能，也需要更多的培训。
- 自动化测试能发现大量的新缺陷：发现更多的新缺陷应该是手工测试的主要目的，不能期望自动化测试去发现更多新缺陷，事实上自动化测试主要用于发现回归缺陷。

### 7.1.5　自动化测试系统的通用架构

随着自动化测试技术的广泛应用，经过业界公认，自动化测试系统其实是可以有一个通用的架构的。在此架构中，自动化测试系统的两大难题——维护性和可移植性问题，能够被很好地、高效地解决。 不管是开源工具、商业工具还是自研工具，符合该架构的系统在大多数情况下都能很好地应对业务需求的变更，底层操作系统的多样化（比如同样的 App 在 iOS 和安卓上有 2 个版本）和分布式测试的需要。在大多数情况下，选择遵循自动化测试的通用架构将大大简化测试维护。

图 7-1 为自动化测试系统的通用架构。由于分层架构是软件的常用架构范式，这里应特别注意与下文的分层自动化测试区别。 下文中的层次是被测试软件的架构层次，而

这里是自动化测试系统的架构层次。

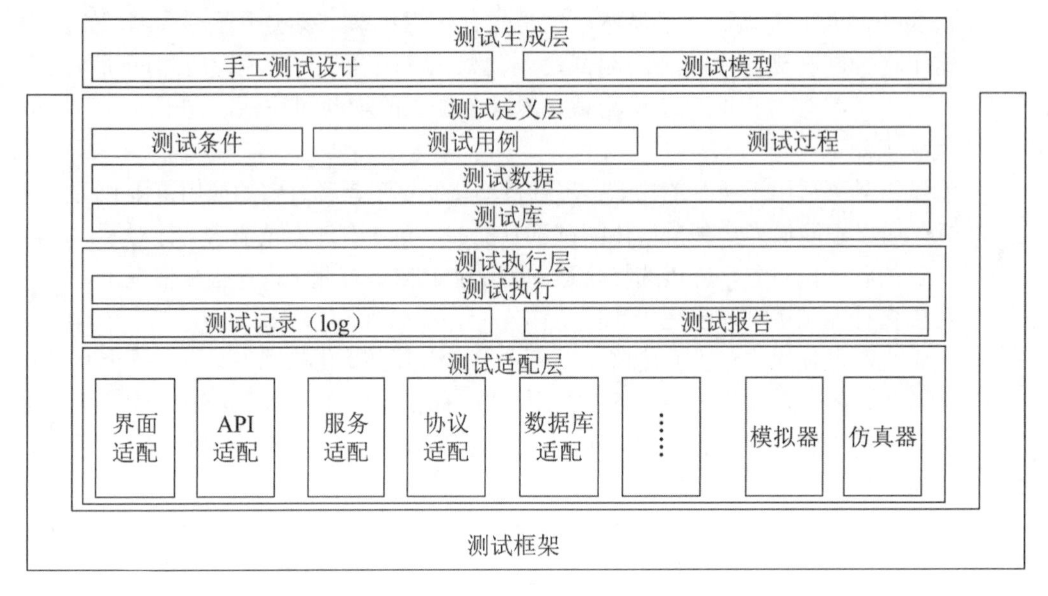


图 7-1 自动化测试的通用架构

通用架构中从上往下依次为“测试生成层”“测试定义层”“测试执行层”和“测试适配层”。架构中的上层模块依赖下层模块来实现其功能。即上层模块调用下层模块，一般不允许下层对上层的调用（除非是信息通知）。上层仅依赖下层提供的接口。这样的分层架构使得下层的处理逻辑和数据对上层隐藏（不可见），从而使得上层或下层的模块可任意变更，互不影响。这个互不影响在易维护角度上意味着，当被测试对象软件发生变更时，对应的变更将集中在较下层的模块，而较上层的模块没有或很少需要进行代码变更。下面将从上到下简要说明通用架构中各个层次的含义和作用：

“测试生成层”：在通用架构中，由此层面的模块来产生测试用例。前文所述的自动化测试设计（基于模型的测试）即属于本层。如果是人工设计测试用例，则测试工程师的工作也属于本层。“测试生成层”生成测试用例或脚本。而测试用例或脚本实际上是通过“测试定义层”提供的接口来定义的。

“测试定义层”：在此层面上“定义”测试用例和测试例程。即测试用例的具体描述，或者测试脚本的文本就属于本层次。换句话说，测试生成层是得到测试用例或脚本，而测试用例和脚本就是属于测试定义层的（测试用例和脚本“定义”了测试）。往往测试定义层内可以细分为若干层面。测试用例和子测试用例在不同的层面上封装一定的业务逻辑或操作逻辑。关键字驱动的关键字和数据驱动的数据表（库）也属于本层。

“测试执行层”：此层面的模块提供测试执行所必需的功能。比如对上层测试用例或者脚本进行解释执行（interpreter 或 compiler）的模块；提供测试记录（test log）功能的模块；提供测试报告自动生成的模块等。

"测试适配层"：在此层面上通常实现多个模块。每个模块的主要任务是与被测试对象或测试环境中的各种设备直接接口（交互），并为测试定义层的测试用例提供一致的接口。比如测试用例中需要的菜单操作在安卓上要通过 accessibility/UI automator 来完成，而 iOS 上则通过 instrument 来完成。各自的编程语言也不同，安卓系统是 Java，而 iOS 则是 Object C（类似 C++）。测试适配层封装（隐藏）这样的具体操作的技术细节，对上层模块提供一模一样的接口，从而使得上层的测试用例或脚本可以不变。

"测试框架"：这里的"测试框架"是在通用自动化测试架构内的一个层面。与其他部分提到的测试框架含义不同。这里仅指在通用自动化测试架构中的提供任何自动化测试系统都应支持的通用功能的模块。比如基础的文件读写、测试结果、被测试对象的安装、初始化、卸载等方法，被测试对象出错的检测机制和恢复机制等。

自动化测试的通用架构带来的好处主要是易维护和易移植。在构建自动化测试系统时只有切实地遵循此架构设计才能得到这些由架构所带来的好处。

由于通用自动化测试架构层次比较多，即使从测试定义层开始也有至少 3 个层次，从而可能导致该架构在执行时速度慢一些（当然，相比人的执行速度还是快很多的）。在需要测试脚本的动作、检查、下一动作这样的序列满足高实时性要求时，通用架构可能不完全适用。需要注意的是，自动化测试通用架构带来的好处是能较低成本地应对变更和多样性，牺牲的是实时性。所以在实际运用中，需要在这两端找到平衡。由测试用例决定操作步骤的序列，由适配记录该序列后，由开始命令触发序列的真正执行，这样的方式可以在满足实时性的同时最大程度上保持对变更的灵活应对的能力。

## 7.2　自动化测试的实践策略

本节讨论实施自动化测试前需要考虑的实施策略和可行性分析。通常自动化测试的策略为分层自动化测试。传统的自动化市场更关注产品用户界面层的自动化测试，而分层的自动化测试倡导产品开发的不同阶段都需要自动化测试。图 7-2 是经典的测试金字塔。在测试金字塔中，自动化测试投入得越早，层级越低，投入产出比越高。在功能测试中，提倡测试尽早介入原则，尽早介入测试，尽早发现问题，投入的成本也就越低。在分层的自动化测试中，也是同样的道理，在单元测试阶段投入测试，也是最有价值的。

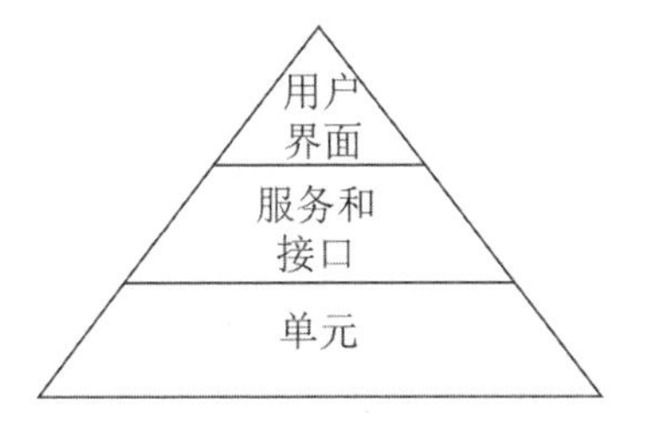


图 7-2　自动化测试金字塔

单元层：单元测试，最有价值的测试。应使用相应的单元测试框架来规范地实施单元测试，如 Java 的 Junit、TestNg，Python 的 Unittest、Pytest 等，几乎所有的主流语言，都会有其对应的单元测试框架。

服务和接口层：集成、接口自动化测试，它的价值居中。单元测试关注代码的实现逻辑，例如一个 if 分支或一个 for 循环的实现，集成、接口测试关注的是一个函数、类所提供的接口是否可靠，接口自动化测试能覆盖大多数主要的接口是比较合理的，也不难实现。

用户界面层：用户界面自动化测试，可以看出它的价值最小，大部分测试人员都是对用户界面层的功能进行测试。比如不断重复地对一个表单提交功能进行测试，可以通过相应的自动化测试工具来模拟这些操作，从而解放重复的手工测试。但是在实际生产过程中，它不易实现，维护成本很高，所以适当的界面自动化测试可以有，但是没必要 100%都自动化。用户界面层的自动化测试工具非常多，比如 QTP、Robot Framework、Selenium 等。

如果一个产品没有做单元测试和接口测试，只做用户界面层的自动化测试是低效的，很难从根本上保证产品的质量，最终获得的收益可能会远远低于所投入的成本。因为越往上层，其维护成本越高，尤其是用户界面层的界面元素会时常发生改变。所以，分层自动化测试主张把更多的自动化测试放在单元测试与接口测试阶段进行。

在确定自动化测试实施的策略时，除了确定如何分层和选择哪些分层，还需要进行自动化测试的可行性分析。对测试的项目做一些分析和考量，并非所有项目都适合实施自动化测试。由于自动化测试工具自身的特点，为达到较高的投资回报率，在以下项目和环境中更适合使用自动化测试工具：

- 被测试系统具备足够的易测试性。具备易测试性是自动化测试能否真正实施的技术基础。软件系统的易测试性体现在系统在架构或设计实现上为自动化测试工具或第三方软件控制其行为提供了接口。比如在 Windows、Linux、Android、iOS 等操作系统上普遍提供的 accessibility 功能。此类功能通常提供函数接口，允许第三方程序调用这些接口来获取应用界面的信息，应用的部分数据以及控制应用的行为，比如操纵界面菜单等。
- 需求稳定，不会频繁变更。过高的需求变更频率会导致自动化测试用例的维护成本直线上升。刚刚开发完成并调试通过的用例可能因为用户界面变化，或者是业务流程变化，不得不重新开发调试。所以自动化测试更适用于需求相对稳定的软件项目。
- 每日构建后的测试验证。每日构建版本出来后，运行一组自动化的测试用例，保证基本功能可用，减少人工测试的工作量。
- 研发和维护周期长，需要频繁执行回归测试。在持续修改软件功能的项目中，对功能的测试需要反复进行回归测试，手工测试工作量极大。自动化测试能够自动进行重复性的工作，验证软件的修改是否引入了新的缺陷，旧的缺陷是否已经修改。
- 软件系统用户界面稳定，变动少。

- 需要在多平台上运行的相同测试案例。这样的场景有很多，比如同样的测试用例需要在多种不同的浏览器上执行，同样的测试用例需要在多个不同的 Android 或者 iOS 版本上执行，又或者是同样的测试需要在大量不同的移动终端上执行。
- 项目进度压力不太大。由于自动化测试需求的确定、自动化测试框架的设计、测试脚本的编写与调试均需要相当长的时间来完成。如果项目进度压力大，自动化进度落后于项目进度，可能导致自动化测试活动的失败。
- 测试人员具备较强的编程能力。如果测试团队的成员没有任何开发编程的基础，那么想要推行自动化测试就会有比较大的阻力。

并非以上都具备的情况下才能开展测试自动化工作。在业界的普遍经验中，表 7-4 中的四个条件为在项目中开展自动化测试的必要条件。

表 7-4　开展自动化测试的必要条件

| 必要条件 | 说明 | 原因 |
|---|---|---|
| 具备足够的易测试性 | 在测试范围内的软件功能能够被自动化测试系统通过适当的软件或者硬件来操纵，获取结果并能够比较判断测试结果和预期结果的异同 | 当测试范围内的软件不具备易测试性时，无法实施自动化测试（注：很多嵌入式软件，其可测属性不一定完全具备） |
| 软件需求变动较少 | 在测试范围内的软件需求变化较少，或者变动不频繁 | 测试脚本的稳定性决定了自动化测试的维护成本。如果软件需求变动过于频繁，将造成维护成本超过自动化测试带来的收益 |
| 项目周期较长 | 项目从规划到发布的周期应远大于自动化测试系统的开发周期。或者项目产品预期的迭代次数很多 | 确定的自动化测试需求、设计自动化测试框架、测试脚本的编写与调试，这样的过程本身就是一个测试软件的开发过程，需要较长的时间来完成 |
| 自动化测试脚本可重用 | 所测试的项目之间是否有很大的差异性（如 C/S 系统和 B/S 系统的差异）所选择的测试工具是否适应这种差异测试人员是否有能力开发出适应这种差异的自动化测试框架 | 自动化测试脚本重用次数越多其边际效益越高，才更有机会获取正向收益 |

## 7.3　测试设计的自动化技术

### 7.3.1　基于模型的测试技术

#### 1. 概念和基本原理

传统的软件测试技术，比如最常用的等价类方法，其本质也是基于模型的，即用“等价类”模型来描述被测试对象的需求、特点。其将参数、场景等因素的取值根据“可以认为处理相同”这样的特点划分为多个集合。在集合内的取值，若某个值测试通过，则认为整个集合内的所有值测试都将是通过的，从而不必对集合内的每个值一一测试。这样的划分即用“等价类模型”对取值的特点进行了描述，并且借助这样的描述获得了测试需要覆盖的内容。

在 GB/T 38634.2—2020 中详述了软件测试设计的具体流程和步骤。软件测试设计的初始步骤就是在理解被测试的系统和功能的基础上，用一定的模型结构来描述被测试的系统的功能和质量属性，然后根据测试模型获取要覆盖的测试覆盖项。在获取具体明确的测试覆盖项后，可设计测试步骤来完成测试用例的设计。在实践中，这样的模型常被称为“测试模型”。所以，顺理成章地，基于模型的测试自然就是“从测试模型出发，得到测试用例”这样的方法。如何“得到测试用例”呢？可以是人工分析和编写，也可以是利用机器算法自动生成。对于主流的基于模型的测试技术而言，通过算法自动从模型中生成测试用例是最佳实践。

第 5 章和第 6 章结合测试设计技术给出了常用的测试模型。下面以状态机模型为例详细说明基于模型的测试技术是如何从模型中获得测试用例的。

对于图形化的模型，如状态迁移图和流程图，通过数学抽象可得模型图的数学表达是有向有环图。针对有向有环图，在离散数学中有着成熟的算法和研究。按模型的语义，一般而言，从模型中生成测试用例就是要基于有向有环图找到从图上任意一顶点到其他任意一顶点的路径。下面以状态迁移图为例具体说明。如图 7-3 所示是手机通话的状态迁移模型图。

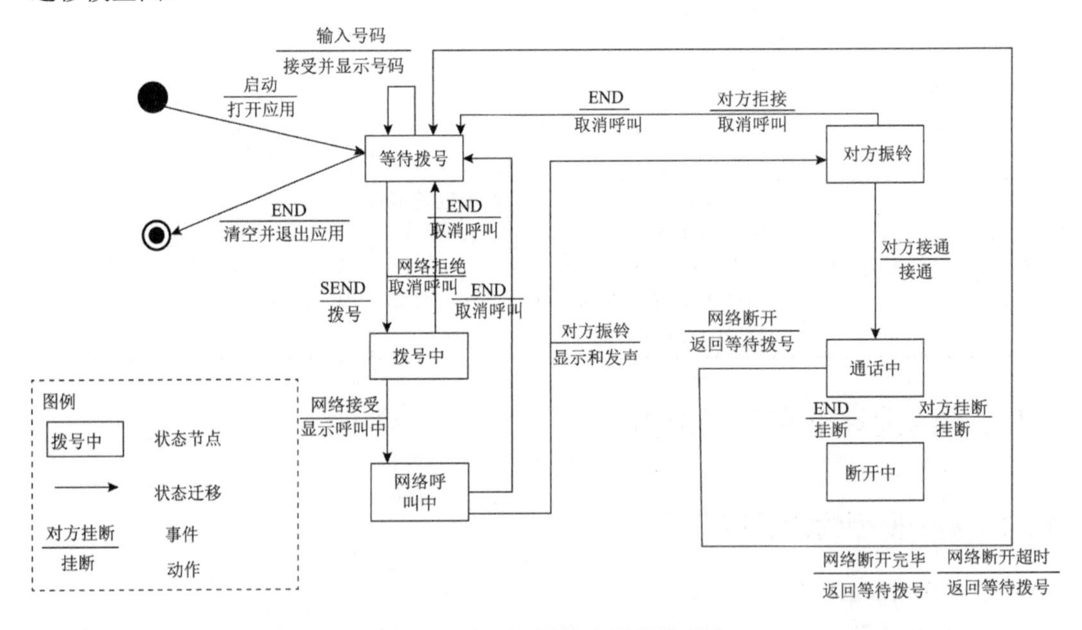


图 7-3　手机通话的状态迁移模型图

上图中●为起始状态；◎为终止状态。基于此模型进行的测试设计，就是从上图中起始状态顶点出发，找到一条经过图中若干状态节点到达终止状态的路径。例如图 7-4 所示的路径。

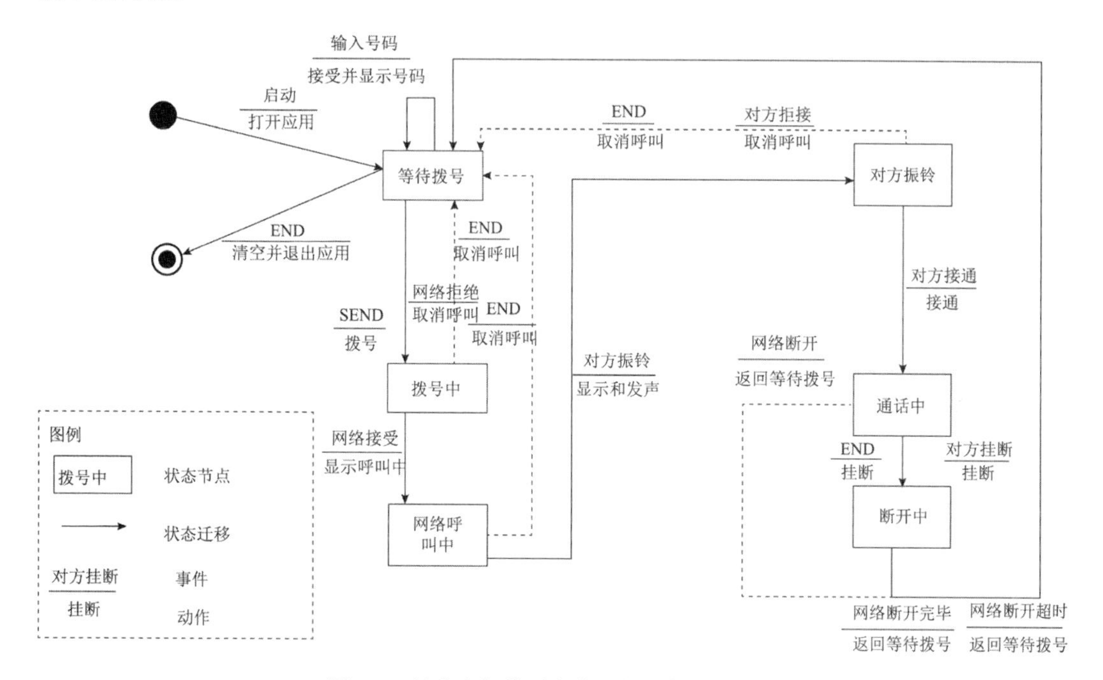


图 7-4　从状态机模型中获取的一条测试用例

这里通过算法来搜索路径可基于成熟的 dijikstra 算法、floyd-wallshall 算法等进行。具体的实现，不同的工具有不同的做法，这里不再赘述。

当通过计算机软件工具来辅助进行测试设计（测试用例的自动化生成），测试工程师的时间和精力将能够从细节琐碎的根据模型获取测试覆盖项和设计测试用例这些工作中解放出来。测试流程和技术将更多地集中于如何选择测试模型，如何建立测试模型，如何对生成算法设置最佳的参数（或调节参数）来达成符合测试策略和目标覆盖的测试用例，以及如何使得从测试模型生成的测试用例能自动地执行。

对于在项目中引入和应用基于模型的测试（自动化测试设计），应考虑包括测试策略的选择（考虑基于模型的测试的范围）、测试工具的选取（或自行开发）、建模流程的规定、建模质量的度量、基于模型的测试工具（系统）与自动化测试执行系统集成的方法。

相比传统的软件测试设计流程，基于模型的测试将更多的精力投入在问题领域或被测试对象的功能、质量属性的分析上，所以不精通测试技术的领域专家也可在此技术中获益。

总之，基于模型的测试是一种既“古老”又“新颖”的测试技术或方法，并且随着软件工程的发展，计算机技术的发展，基于模型的测试逐渐成为了软件测试技术发展的趋势方向之一。通过提高自动化率，将更多的测试环节纳入到自动化的范畴中，从而提高效率，降低成本以及提高测试覆盖和质量。

**2. 基于模型的测试技术的优缺点**

基于模型的测试技术的主要优点有：

- 测试设计的自动化能改善工作效率和减少人为错误。
- 尽早建立测试模型能改善沟通，提前发现需求中的缺陷。
- 使得不了解测试设计技术的业务分析人员也能实施测试设计。
- 提高测试覆盖，从而改进软件产品的质量。
- 缩短测试设计的周期，加速测试活动。

与自动化测试执行技术类似，基于模型的测试技术也有其缺点：

- 从模型生成测试用例数量可能过多（测试用例爆炸）。所以应仔细控制测试生成和选择合适的算法来避免。
- 建模需要一定的投入。
- 模型也可能描述错误。模型是人建立的，故此可能包含错误。由此生成的测试用例也会包含错误。
- 模型的抽象可能带来理解上的困难。所有的模型都有一定程度的抽象，当抽象的逻辑原则未达成共识时，可能导致评审者无法理解测试模型。

**3. 基于模型的测试技术的工具实现**

实现基于模型的测试技术的工具非常多，大多数都是在某个专业领域，比如汽车软件、航空航天、列车运行控制和核电站控制等。在日用、民用的软件领域中，下面这些是比较常见和通用的：

- 微软的 Spec Explorer。嵌入在 Visual Studio 开发套件中。仅支持 C#语言，支持用编程语言定义状态机，工具能将用 C#语言定义的状态机绘制成模型图，能从状态机模型中生成符合 0—swith、all-transition 等覆盖要求的测试用例。
- GraphWalker。开源的 MBT 工具，支持 Python 语言，支持用编程语言定义状态机。其功能与 Sepc Explorer 类似。
- Stoat。Stoat 支持针对 Android 应用软件的测试，其前身称为 FSMDroid。该工具也是通过动态探索应用软件的用户界面构建界面模型，然后基于模型系统性地生成测试用例集。
- MBT On Cloud。国内厂商开发的基于云服务的建模系统。可直接通过浏览器登录绘制模型，生成测试用例和自动化测试脚本。可与本地自动化测试执行系统集成实现无缝的自动化测试生成、执行和测试报告一键执行。

### 7.3.2　基于搜索的测试技术

**1. 基于搜索的测试技术的概念和原理**

基于搜索的测试技术一直是业界和学界广泛研究和使用的测试技术，尤其是在传统软件的测试中。基于搜索的测试技术包括了各种元启发式技术，其核心思想是把测试数据生成问题转化为搜索问题，即从软件允许的输入域中搜索所需的值以满足测试要求。经典的基于搜索的测试技术是基于遗传算法的测试，这类方法主要受到自然界中基因遗传变化的启发，不断进化选择最优的基因。图 7-5 给出了该技术的基本流程：（1）先通过随机遍历用户界面生成一组随机的测试用例集。（2）对每个随机测试用例进行优势信息评估。（3）在测试用例生成的过程中，遗传（或进化）算法从一组候选的个体测试用例集开始（即初始测试用例集），然后利用三种不同的搜索操作（一般为选择、交叉和变异）生成下一组更优的测试用例集。这里，选择操作是从每一轮生成的测试用例集中选择更优的个体测试用例进行重组（即交叉和突变）；交叉操作是将两个独立的个体测试用例产生进行交叉重组，从而共享部分来源于父辈测试用例的优势信息；而变异操作是对一部分的个体测试用例进行随机修改，注入额外信息。（4）基于搜索的测试技术通过不断地迭代上述的三个搜索操作，对给定的一组测试用例集进行优化，在优化过程中不断执行测试用例并检测是否有软件错误发生。在该测试技术中，如何有效编码待测软件的测试用例是关键。

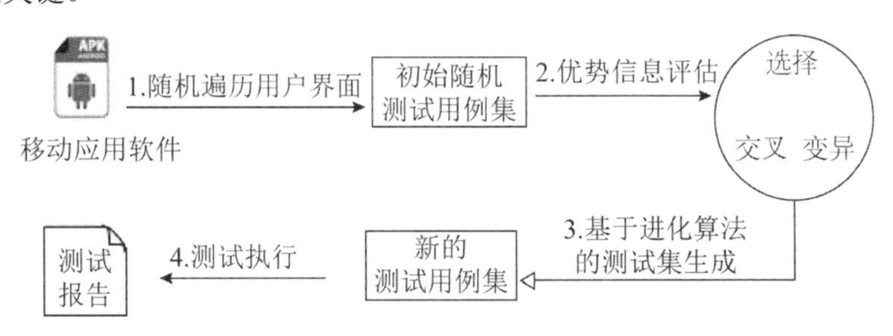


图 7-5　基于搜索的测试基本流程

**2. 基于搜索的测试技术的优缺点**

基于搜索的测试技术的优势在于把测试用例生成问题灵活转化为了在特定软件对象的输入域中搜索更优解的问题。在传统软件的测试中，此类技术已经在软件代码覆盖率和查错能力方面取得了很好的效果。在移动应用软件的测试场景下，基于搜索的测试技术的主要局限性在于变异操作可能产生大量输入事件序列无效的测试用例。移动应用软件是事件驱动的软件，其测试输入是一条事件顺序敏感的事件序列，而遗传算法的三种操作很可能破坏这种顺序关系，从而产生大量无效的测试用例，影响测试效率。

**3. 基于搜索的测试技术的工具实现**

这个类别中的代表性测试工具为 Sapienz。Sapienz 是第一个将基于搜索的测试思想加入 Android 应用软件测试的技术，主要由英国伦敦大学的研究团队开发完成，并且在 2017 年被 Facebook 收购。目前已经成为 Facebook 内部的一款移动应用软件的测试工具。基于该项测试技术，Facebook 团队实现了软件错误的自动修复和推荐技术等。本质上，Sapienz 作为一种基于搜索的测试技术，利用遗传算法演化生成的种子输入事件序列进行搜索和优化，最大限度地提高代码覆盖率和发现软件崩溃错误。Sapienz 的特点包括：（1）利用一系列预定义的输入事件序列来补充随机探索的劣势，并且为不同类型控件提供有效的局部操作（比如，在文本框中填入随机文本后优先点击提交按钮）；（2）提取出应用软件内部的字符串资源作为种子文本输入内容。Sapienz 支持在多台设备上同步生成测试用例，以提高搜索的过程。

## 7.4 测试执行的自动化技术

### 7.4.1 测试工具的选择

在自动化测试的分类中，概述了测试工具的分类，本章就实践层面讨论自动化测试工具的选择。目前市场上的自动化测试工具非常多，下面几款是比较常见的自动化测试工具。

**1. UFT**

UFT（别名：QuickTest Professional，简称 QTP）是一种企业级的自动化测试工具，提供了强大易用的录制回放功能。支持 B/S 与 C/S 两种架构的软件测试，是目前主流的自动化测试工具。

**2. Robot Framework**

Robot Framework 基于 Python，可扩展的关键字驱动的测试自动化框架，提供了一套特定的语法，并且有非常丰富的测试库。可以同时测试多种类型的客户端或者接口，可以进行分布式测试执行。

**3. Selenium**

Selenium 是一款用于 Web 应用程序测试的工具，支持多平台、多浏览、多语言去实现自动化测试。目前在 Web 自动化领域应用越来越广泛。

**4. Appium**

Appium 是一个 C/S 结构的开源测试自动化框架，支持 iOS 平台和 Android 平台上的原生应用、 Web 应用和混合应用。它使用 WebDriver 协议驱动 iOS、Android 和移动 Web 应用程序。

当然，除了上面所列的自动化测试工具外，根据不同的应用还有很多商业的、开源的以及公司自己开发的自动化测试工具。

## 7.4.2 自动化测试语言的选择

一些测试工具支持多种语言的开发，Java、Python、Ruby、PHP、C#、JavaScript 等。对于自动化测试人员来说，选择语言学习时，要结合测试工具、结合自身学习能力综合考虑，关注语言的难易程度、语言的扩展性和发展。

下面简单列举几个主流的语言的优劣势，如表 7-5 所示。

表 7-5　主流的语言的优劣势

| 开发语言 | 优点 | 缺点 |
| --- | --- | --- |
| Python | • 语法简单，更适合初学编程者<br>• 开发效率高，有非常强大的第三方库<br>• 语言的扩展性好<br>• 具有可移植性<br>• 具有可嵌入性 | • 执行效率比较慢<br>• 线程不能利用多 CPU |
| Java | • 纯面向对象的编程语言<br>• 跨平台执行，具有很好的可移植性<br>• 提供了很多内置的类库<br>• 提供了对 Web 应用开发的支持<br>• 具有较好的安全性和健壮性 | • 解释型语言，运行效率极低，不支持底层操作 |
| Go | • 主要用于云计算和服务设计<br>• 跨平台编译，编译很快<br>• 支持语言级别的并发性<br>• 丰富的标准库<br>• 简单易学<br>• 可直接编译成机器码，不依赖其他库 | • 缺少框架<br>• 错误处理不够好<br>• 软件包管理不够完善 |

被测试对象的开发语言与自动化测试的开发语言没有必然的依赖关系。在选取编写自动化测试的编程语言时，可从团队熟悉、易于上手、工具支持广泛等角度来综合权衡并做出选择。其中工具支持是最基本的大前提，在工具支持的前提下，尽量采取团队内最广泛适用的编程语言。或者反过来，先选择团队接受度最大的编程语言，然后再根据确定的编程语言来选择支持该语言并符合团队需要的自动化测试框架。

## 7.4.3 测试输入的设计与实现

经过了对项目进行可行性分析、测试工具的选择后就进入自动化测试的正式施行阶段。自动化测试实施与功能测试一样，都有一个流程，只不过手工执行测试用例变成了编写自动化脚本、调试脚本和执行脚本。自动化测试流程有以下几个步骤，如图 7-6 所示。

**1. 制订测试计划**

当测试项目满足了自动化的前提条件，并确定在该项目中需要使用自动化测试时，便可开始制订自动化测试计划。此过程需要明确自动化测试范围、测试目的、测试内容、测试方法、测试进度要求，并确保测试所需的人力、硬件、数据等资源都准备充分。制订好测试计划后，组织测试团队及相关的项目人员进行评审，评审通过后由测试人员执行。

**2. 分析测试需求**

很多时候，关注点在自动化的实现上，而忽略对自动化测试的需求分析，从而导致后期做出来的成果达不到预期效果，改动困难，自动化测试的首要特性就是重复执行。不能重复执行，且易暴露问题的自动化不如进行手工测试。

分析测试需求即是将软件需求转换成测试需求的过程，是建立在测试计划中的测试内容的基础之上，进行细化明确“测试点”。测试人员根据测试计划和需求说明书，分析测试需求，设计测试需求树，以便用例设计时能够覆盖所有的需求点。自动化测试很难做到测试覆盖率达到 100%，优先设计项目中相对稳定且相对重要的模块。测试用例需要完整覆盖该模块的所有业务逻辑以及相关的功能测试点，但是并不会实现所有测试用例的自动化。

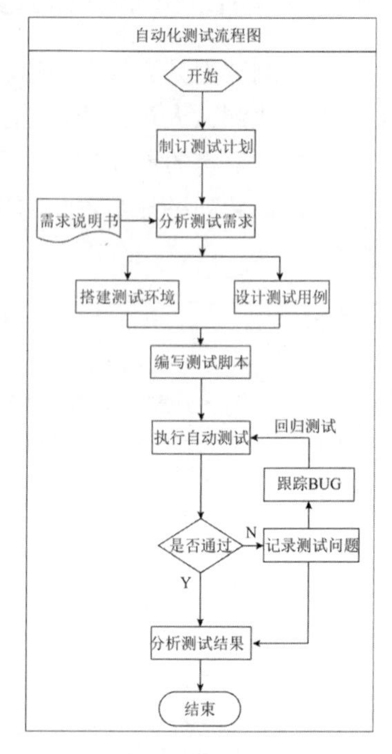


图 7-6 自动化测试流程图

**3. 设计测试用例**

不管是手工测试、自动化测试，还是性能测试都是以测试用例为前提的，测试用例是测试人员综合自己的经验从需求中挖掘和提炼而来。所以不管什么类型的测试工作，都不能盲目开展。任何测试工作都应该以需求为基础，以测试用例为导向进行实施。自动化测试用例是针对自动化测试框架，应用脚本技术进行用例解析。

通过分析测试需求，设计出能够覆盖所有需求点的测试用例，形成专门的测试用例文档。由于不是所有的测试用例都能用自动化来执行，所以需要将能够执行自动化测试的用例汇总成自动化测试用例。考虑到脚本开发的成本，不要选择流程太复杂的测试用例，可以考虑把流程拆分成多个用例来实现。选择的用例最好可以构建成场景，例如一个功能模块，分 n 个用例，这 n 个用例使用同一个场景，这样的好处在于方便构建关键字测试模型。选择的用例可以带有目的性，例如这部分用例是用例做冒烟测试，那部分是回归测试等，当然这样会存在重叠的关系。选取的用例可以是你认为是重复执行，很烦琐的部分，例如字段验证、提示信息验证这类，这部分适用回归测试。选取的用例也可以是主体流程，这部分适用冒烟测试。

自动化测试设计原则：

- 一个脚本是一个完整的场景，例如，从用户登录到用户退出系统，关闭浏览器。
- 一个脚本只验证一个功能点。
- 重点测试功能中的正向逻辑，避免在自动化测试中涉及大量的异常逻辑的测试，因为自动化测试脚本对异常逻辑可能引起的系统错误响应的容错性有限。
- 测试用例对应的测试脚本尽可能互相独立，即测试脚本之间不互相依赖或不互相影响。自动化测试脚本是自动化系统的一部分，其开发同样应贯彻软件工程的高内聚低耦合的理念。
- 在整个脚本中只对验证点进行验证，不是每一个步骤都需要验证点，不对整个脚本每一步都做验证。

**4. 搭建自动化测试框架**

自动化测试人员在用例设计工作开展的同时即可着手搭建测试环境。因为自动化测试的脚本编写需要录制页面控件，添加对象。测试环境的搭建包括被测系统的部署、测试硬件的调用、测试工具的安装和设置、网络环境的布置等。搭建测试环境的时候，注意各软件之间的版本，版本不同，支持的功能也有细微差距。比如 Selenium2.0 和 Selenium3.0，它们之间的区别不是很大，但 Selenium3.0 需要的 Java 最低版本是 Java 8，Selenium3.0 支持 Edge 和 Safari 原生驱动，启动浏览器需要安装 Geckodriver 驱动等。这个在制订测试计划的时候，就需要明确下来。

接下来就是自动化测试框架的搭建。所谓自动化测试框架便是像软件架构一般，定义了使用该套脚本时需要调用哪些文件、结构，调用的过程，以及文件结构如何划分。而根据自动化测试用例，很容易能够定位出自动化测试框架的典型要素。

1）公用的对象

不同的测试用例会有一些相同的对象被重复使用，比如窗口、按钮、页面等。这些公用的对象可被抽取出来，在编写脚本时随时调用。当这些对象的属性因为需求的变更而改变时，只需要修改该对象属性即可，而无需修改所有相关的测试脚本。

2）公用的环境

各测试用例也会用到相同的测试环境，将该测试环境独立封装，在各个测试用例中灵活调用，也能增强脚本的可维护性。

3）公用的方法

当测试工具没有需要的功能，而该功能又会被经常使用时，便需要自己编写该方法，以方便脚本的调用。

4）测试数据

也许一个测试用例需要执行很多个测试数据。可将测试数据放在一个独立的文件中，由测试脚本执行到该用例时读取数据文件，从而达到数据覆盖的目的。这样的做法通常被称为数据驱动。

在该框架中需要将这些典型要素考虑进去，在测试用例中抽取出公用的元素放入已定义的文件，设定好调用的过程。成熟的自动化测试框架还应包含对被测试对象运行情况持续的检测和当发现错误时执行适当的恢复措施的能力。应能使自动化测试的执行即使在被测试对象不稳定、有功能错误甚至死机的情况下，达到 7×24 小时连续执行的能力。

**5. 编写测试脚本**

编写测试脚本的过程是具体的测试用例的脚本转化。根据自动化测试用例的难易程度，采取适当的脚本开发语言编写测试脚本。可以通过录制、编程或两者同用的方式创建测试脚本。测试工具可以自动记录操作并生成所需的脚本代码，也可以直接修改测试脚本以满足各种复杂测试的需求。

很多人觉得编写自动化脚本很复杂，测试代码其实写起来不难，基本包含四部分内容：准备、执行、断言和清理。

- 准备：创建实例，创建模拟对象等。
- 执行：编写执行需要测试的方法，传入要测试的参数。
- 断言：断言就是检查结果对不对，实际结果与预期结果一致就是通过，不一致则用例不通过。
- 清理：对数据进行清理，关闭进程、清理变量和对象等，这样不影响下一次测试。

一个完整的自动化测试通常包含三个部分的验证，验证功能是否正确，覆盖边界条件，验证异常和错误的处理。比如对登录功能进行自动化测试，设计测试用例的时候，就要考虑输入正确的用户名和密码，能登录成功；如果用户名或密码为空，不允许注册成功；使用一个已经用过的用户名，应提示用户名已经被使用等。

编写测试脚本，可先通过录制的方式获取测试所需要的所有页面元素，然后再用结构化语句控制脚本的执行，插入检查点和异常判定反馈语句，将公共普遍的功能独立成共享脚本，必要时对数据进行参数化。比如将系统的用户、密码等参数信息独立出来形成测试数据，以便于脚本开发。对于用户界面自动化测试，可以将每一个页面抽象成一个页面对象类，把该页面中的元素定位、元素操作、业务流程等都封装在该类的方法中，编写用例时，直接以面向对象的思想调用该页面类中的方法。当页面元素属性变化时，这样就只需要更改页面对象类。当然还可以用其他方法编辑脚本。

在编写脚本时要注意增加丰富的脚本失败的定位信息。自动化测试脚本一旦失败，可以依靠脚本自身打印的信息进行定位，能一定程度上增加定位问题的速度。

自动化测试脚本根据类型不同，可以有以下的分类，具体如表 7-6 所示。

**表 7-6 自动化测试脚本分类**

| 脚本类型 | 说 明 | 优 点 | 缺 点 |
| --- | --- | --- | --- |
| 线性脚本 | 简单的录制、回放 | • 开发成本低<br>• 对测试人员的要求低 | • 脚本健壮性不高<br>• 脚本不能共享和重用，不易维护 |

续表

| 脚本类型 | 说　明 | 优　点 | 缺　点 |
|---|---|---|---|
| 结构化脚本 | 使用判断、分支、循环等测试逻辑，控制测试脚本的执行过程 | • 可以像函数一样作为模块被其他脚本调用或使用<br>• 可以提高脚本的重用性和灵活性，使得代码易于维护<br>• 维护成本较线性脚本低，测试也更加的灵活 | • 对测试人员的要求比较高<br>• 脚本健壮性依然不高 |
| 数据驱动脚本 | 数据与测试脚本分离，单独存在于数据文件或者数据库中 | • 测试脚本只包含测试逻辑，不包含测试数据，修改测试数据，无须关联修改测试脚本<br>• 脚本维护成本低，可以针对不同测试数据，使用相同测试逻辑，反复测试 | • 自动化测试设计工作量会加大<br>• 对测试人员编程技能要求更高 |
| 关键字驱动脚本 | 实际上是较复杂的数据驱动脚本的逻辑扩展。关键字驱动脚本将数据文件变为测试事例的描述，用一系列关键字指定要执行的任务 | • 数据与脚本分离<br>• 脚本维护成本低<br>• 综合了数据驱动、共享、结构化等脚本的优点 | • 自动化测试设计工作量会加大<br>• 依赖于测试工具对关键字驱动的支持情况 |
| 公共脚本 | 将系统基础、公共的功能对应的测试脚本独立出来，以便在其他脚本之间共享使用 | • 可以减少脚本开发工作量，做到脚本复用<br>• 脚本维护成本低 | • 需要更多的自动化测试工作量<br>• 需要建立额外的框架或者测试支持库<br>• 测试人员需要更多的编程技能来维护测试支持库 |

自动化测试是一个长期的过程，在此期间，可能会有多个测试人员参与编写脚本的工作，由于每个人对语言的熟练程度和代码编写风格不同，所以在进行编码前要对自动化测试用例的编码规范做一些要求。在进行编码时按照编码规范进行编写，这样做的目的是保证测试用例的统一，同时也是为了后续的维护和资产化。

脚本录制或编辑结束后，可以先在调试模式下运行脚本，并可以通过设置断点来监测变量，控制对象识别和隔离错误。脚本需要反复执行，不断地调试，直到运行正常为止。

**6. 执行测试**

脚本调试结束后，便可以在检验模式下测试被测软件。运行测试时，测试工具会自动操作应用程序，就像一个真实的用户根据业务流程执行着每一步的操作。此时，测试工具在运行脚本过程中如果遇到了检查点，就把当前实际测试结果和预期结果的值进行比较。如果实际结果与预期结果一致，测试则通过，如果发现有不一致项，就记录下来作为测试结果。

在具体的测试过程中，可以多个测试环境并行地执行测试脚本，这样可以缩短自动化执行的总时间。在执行测试脚本时，应保证测试环境独立。

### 7.4.4 测试输出结果的收集和分析

**1. 测试结果**

每次测试结束，测试工具都会把测试情况显示在测试结果报告中。测试结果报告会详细描述测试执行过程中发生的所有主要事件，如检查点、错误信息、系统信息或用户信息。如果在检查点有不符合的情况被发现，可以在测试结果窗口查看预期结果和实际测试结果。如果由于测试中发现错误而造成测试运行失败，可以直接从测试结果中查看有关错误信息。

对于自动化测试结果，应该及时进行分析，以便尽早地发现缺陷。理想情况下，自动化测试案例运行失败后，自动化测试平台就会自动上报一个缺陷。测试人员只需每天抽出一定时间确认上报的缺陷，是否是真实的缺陷。如果是缺陷就提交给开发人员进行修复，如果不是缺陷，就检查自动化测试脚本或者测试环境。

**2. 跟踪测试缺陷**

测试记录的缺陷要记录到缺陷管理工具中去，以便定期跟踪处理。开发人员修复后，需要对此问题执行回归测试，就是重复执行一次该问题对应的脚本，执行通过则关闭，否则继续修改。

**3. 持续集成和自动化测试**

如今互联网软件技术越来越成熟，软件的开发、测试和发布，已经形成了一套非常标准的流程。其中有个很重要的组成部分，就是持续集成，对于自动化测试也一样适用。目前最主要的持续集成工具是 Jenkins。

持续集成（Continuous Integration），简称 CI。持续集成是近现代软件工程中的一个非常重要的概念。持续集成是频繁地将代码集成到主干。持续集成强调开发人员提交了新代码之后，立刻进行构建、（单元）测试。根据测试结果，可以确定新代码和原有代码能否正确地集成在一起。

随着软件开发的复杂度不断增加，开发团队成员间如何更好地协同工作以确保软件开发的质量已经慢慢成为开发过程中不可回避的问题。尤其是近些年来，敏捷开发在软件工程领域越来越红火，如何能在不断变化的需求中快速适应和保证软件的质量也显得尤其的重要。

持续集成有以下好处：

- 快速发现错误。每完成一次更新，就集成到主干，可以快速发现错误，定位错误也比较容易。
- 防止分支大幅偏离主干。如果不是经常集成，主干又在不断更新，会导致以后集成的难度变大，甚至难以集成。

持续集成的目的，就是让产品可以快速迭代，同时还能保持高质量。它的核心措施是，代码集成到主干之前，必须通过自动化测试。只要有一个测试用例失败，就不能集成。

如图 7-7 所示，一个完整的持续集成系统必须包括：一个自动构建过程，包括自动编译、分发、部署和测试等。

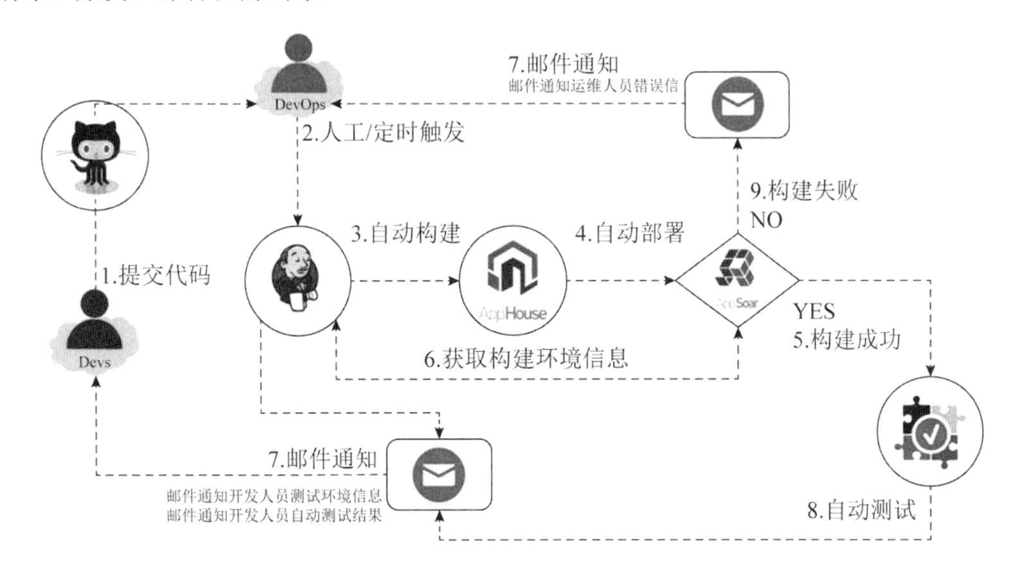


图 7-7　持续集成流程图

自动化测试一般可以和 Jenkins 一起使用，然后结合 Robot Framework、Jmeter 实现用户界面自动化和接口自动化测试。Jenkins 能够实现执行失败、测试报告以邮件通知。

# 第 8 章　基于经验的测试技术

基于经验的测试一般是测试人员基于以往的项目经验、特定的系统和软件知识或应用领域知识开展，能够发现运用系统化的测试方法不易发现的隐含特征的问题，其效果与测试人员的经验和技能有直接关系，但具有一定的随机性，往往难以评估其覆盖率。基于经验的测试技术通常有：错误推测法、探索性测试和基于检查表的测试。在实际的测试过程中，测试人员通常将基于经验的测试技术作为其他黑盒测试和白盒测试技术的补充，以达到最佳的测试效果。

## 8.1　错误猜测法

### 8.1.1　基本概念

错误猜测法又可称为错误推测法（error guessing），定义为一种测试技术，是基于测试人员对以往项目测试中曾经发现的缺陷、故障或失效数据，在导致软件错误原因分析的基础上设计测试用例，用于预测错误、缺陷和失效发生的技术。错误推测的结构化方法是基于测试人员丰富的经验，对软件错误产生原因进行分析，构建缺陷或故障列表，并尝试设计产生缺陷或故障的测试用例的方法。错误推测法能否成功主要取决于测试人员的技能。当使用错误推测法与其他测试技术相结合时，可以使测试人员更好地了解系统功能及其工作方式。根据对系统的理解，经验丰富的测试人员可以通过假设和推测找到系统无法正常运行的原因，发现更多的缺陷，有效地提高了软件测试的效率。

### 8.1.2　软件错误类型

软件错误是指软件的期望运行结果与实际运行结果之间存在差异的问题。错误推测法是测试人员在拥有丰富经验和知识，对软件错误原因分析的基础上，预判错误和缺陷的技术。软件的错误分类在错误推测法的使用中尤为重要，可以帮助测试人员根据软件错误的分类提前列出可能出现的缺陷，构建测试用例。

软件错误可分为以下类型。

**1. 软件需求错误**

软件需求错误包括但不限于：

- 软件需求不合理；
- 软件需求不全面、不明确；

- 需求中包含逻辑错误；
- 需求分析的文档有误。

**2. 功能和性能错误**

功能和性能错误包括但不限于：

- 需求规格说明中规定的功能实现不正确、存在未实现或冗余的情况；
- 性能未满足规定的要求；
- 为用户提供的信息不准确；
- 异常情况处理有误。

**3. 软件结构错误**

软件结构错误包括但不限于：

- 程序控制流或控制顺序有误；
- 处理过程有误。

**4. 数据错误**

数据错误包括但不限于：

- 数据定义或数据结构有误；
- 数据存取或数据操作有误。

**5. 软件实现和编码错误**

软件实现和编码错误包括但不限于：

- 编码错误或按键错误；
- 违反编码要求和标准，例如语法错误、数据名错误、程序逻辑有误等。

**6. 软件集成错误**

软件集成错误包括但不限于：

- 软件的内部接口或外部接口有误；
- 软件各相关部分在时间配合、数据吞吐量等方面不协调。

对于上述软件错误来说，软件结构错误、数据错误与功能和性能错误出现的频次较高也最为普遍，所以更需要充分的重视。

### 8.1.3 估算错误数量的方法

为了保证错误推测法的有效实施，可以预先对错误数量进行估算。测试人员通过了解软件中可能存在的错误数量，能够运用错误推测有效地推测程序中所有可能存在的各种错误。以下介绍了可以估算程序中可能存在错误数量的两个方法。

**1. Seeding 模型估算法**

1972 年，H.D.Mills 在估算软件中引入了 Seeding 模型，用来预测及计算程序中可能存在的错误数量。Seeding 模型的工作原理为，在开始排错工作前，排错人员并不知道软件中的错误总数，因此将软件中含有的未知错误数据记为 $N$，在此基础上，人为向程序

中再添加 $N_t$ 个错误。经过 $t$ 个月的排错工作以后，检查排错的清单，将排错类型分为两类，一类为程序中原有的错误，数量记为 $n$，另一类则是由排错人员人工插入的错误，数量记为 $n_t$。则预估该软件中错误总数 $N$ 的方法为：

$$N = \frac{n}{n_t} N_t$$

从理论上来说，此方法可以直观地帮助排错人员估计程序中的错误数量，但在实际应用中，排错人员由于无法确定程序中出现错误的数量和内容，可能会导致新添加的错误与原有错误重复，所以结果不一定准确。因此，此方法的效果并不理想。

Hyman 在 Mills 提出的 Seeding 模型估算错误的基础上对其进行改进，并被软件行业广泛应用。Hyman 估算方法为设置 A、B 两组测试人员相互独立地对某个软件进行测试，记 A 组人员和 B 组人员测得的错误数分别为 $i$ 和 $j$ 个，两组测试人员共同测试出的错误数为 $k$，软件错误数的估算值 $\widehat{N}$ 与这三个量的关系如下：

$$\widehat{N} = \frac{i \times j}{k}$$

通过理论推导证明了 Hyman 估算方法的可靠性。

**2. Shooman 模型估算法**

Shooman 模型是一种通过估算错误产生的频度来保证软件的可靠性的方法。估算错误产生的频度主要体现为估算平均失效等待时间 MTTF。因此，Shooman 模型估算 MTTF 的公式为：

$$\text{MTTF} = \frac{I_T}{\text{K}(E_T - E_C(t))}$$

其中，K 为经验常数；$E_T$ 是测试之前程序中的原有故障总数；$I_T$ 是程序长度（机器指令条数或简单汇编语句条数）；$t$ 是测试（包括排错）的时间；$E_C(t)$是在 0-$t$ 期间内检出并排除的故障总数。此公式中的 K 及 $E_T$ 可通过两次以上不同的互相独立的功能测试进行估算得到。此方法在应用中，估算 $E_T$ 值和 K 值较为困难，由此可能会导致实验数据存在误差。

Shooman 模型主要应用于软件的开发阶段，而 Seeding 模型主要应用于软件的测试阶段。因此通过对错误数量的估算，能够有效地提升软件可靠性。

## 8.2 探索性测试

### 8.2.1 基本概念

探索性测试（exploratory testing）与传统的软件测试有本质的不同，它是一种创造性的、基于经验的测试方法。探索性测试主要分为自由式探索性测试、基于场景的探索性测试、基于策略的探索性测试、基于反馈的探索性测试和基于会话的探索性测试。

探索性测试的概念最早是由 Cem Kaner 博士在 20 世纪 80 年代提出，强调测试设计、测试执行和测试结果分析是互相关联的活动，在整个项目过程中并发执行。Kaner 博士指出，探索性测试是一种软件测试风格，应当根据当前语境选择适当的测试技术，而不受某种特定软件测试技术的限制。因此，此概念一经提出，就获得了当时语境驱动的软件测试学派的支持。为了持续优化工作成果，测试人员应充分发挥主观能动性，为个人和团队负责。

探索性测试是测试人员根据他们的知识、对测试项目的探索和以前测试的结果来动态设计和执行测试的测试方法。在国家标准 GB/T 38634.1—2020《系统与软件工程 软件测试 第 1 部分：概念和定义》中将探索性测试定义为一种基于经验的测试，测试人员基于其现有的相关知识、测试项的前期探索（包括以前的测试结果）以及关于通常软件行为和故障类型的启发式“经验法则”，自发地设计和执行测试。

传统测试需要在测试设计阶段编写测试用例，测试人员可以根据测试过程中形成的文档相互传递，进行知识和经验的交流。探索性测试则不会以时间节点单独划分阶段，而是在测试过程的各阶段并行完成测试，允许测试过程进行动态的设计、执行和修改。测试人员也可以在探索性测试中根据测试项目提供的信息进行头脑风暴，不受规则的限制，动态地创建测试。运用自身丰富的经验和知识，将测试设计、测试执行与测试结果分析同时进行，对应用程序的各种功能自由地探索，从而尽可能多地发现软件中存在的问题。

### 8.2.2　探索性测试风格

探索性测试风格的核心是发现问题。每一个测试用例都可以认为是针对被测应用程序发现的问题，而设计探索性测试则是根据之前发现的问题进行有效回答。测试工程师可以选择任意一种风格来开始探索性测试。Kaner 博士提出了如下 9 种探索性测试风格：

- 预感（基于以往的缺陷，探索新的变化）；
- 模型（架构图、气泡图、状态表、故障模型等）；
- 示例（用例、特性演练、场景等）；
- 不变性（测试变更不会对应用程序产生影响）；
- 干扰（寻找中断或转移程序路径的方法）；
- 错误处理（检查错误处理是否正确）；
- 故障排除（错误分析，例如简化、澄清或加强错误报告，当缺陷修复后测试差异）；
- 小组洞察（头脑风暴、相关成员小组讨论、配对测试）；
- 规范（主动阅读，对照用户手册，启发式探索）。

### 8.2.3 探索性测试的相关方法

对于探索性测试来说，主要目的可分为三点：

- 帮助测试人员理解测试需求，并在此基础上对应用程序的功能进行快速评估，例如当项目采用敏捷软件开发或者需要做冒烟测试。
- 帮助软件实现满足功能的所有需求，适用于被测对象复杂并且难以理解。
- 帮助测试人员探索应用程序的各种极端情况，从而发现潜在的缺陷，有目的的使缺陷数量降到最低。

为了实现上述目标，探索性测试通过两种指导方法来帮助测试人员做出具体决策。

**1. 局部探索式测试法**

局部探索式测试法可以辅助测试人员针对测试过程中出现的细节问题做出即时的决定。测试人员可以将测试经验、专业知识以及在操作环境中构建和运行软件的知识结合在一起，在没有更多信息的前提下运行测试用例，动态地做出正确的局部决定。根据软件属性可将变化因素分为5个部分：输入、状态、代码路径、用户数据和执行环境。测试人员可以在测试过程中根据不同因素改变测试策略，从而有的放矢地进行探索性测试，最大限度地发现软件设计和实现中的重大缺陷。但此方法并不能建立一个完整的测试架构，也不能应用于测试用例的整体设计过程。而使用全局探索式测试法可以很好地解决这一问题。

**2. 全局探索式测试法**

全局探索式测试法可以辅助测试人员在实际开始测试之前建立起一个全局目标，确定对软件进行探索式测试的整体方向，以更系统化的方法来组织测试，从而尽量覆盖软件的复杂程度及其特性。全局决定确立了总体探索策略和产品特性的测试方法，用于指导整体的测试过程，帮助测试人员设计整体的测试策略。

将结构化的思想和自由的探索方式进行有机结合，能更有效地发现缺陷以及检验其正确性。

### 8.2.4 探索性测试的优势与局限

**1. 探索性测试的优势**

探索性测试主要的优势如下：

①在测试设计不充分的情况下，探索性测试可以基于之前类似的测试和结果进行测试；

②在早期需求模糊或系统不稳定时，探索性测试可以不受限制地在短时间内对产品质量进行反馈；

③当发现缺陷时，探索性测试可以快速向开发人员提供针对缺陷的严重程度、涉及范围和变化的反馈；

④探索性测试可以作为脚本测试的一个重要补充，以检测出脚本测试不能检测到的缺陷。

**2. 探索性测试的局限**

探索性测试主要的局限如下：

①探索性测试无法对被测对象进行全面性测试，测试结果一般不易度量，不能确保发现最重要的软件缺陷；

②脚本测试可以在需求收集阶段编制测试用例，根据用例的执行来发现缺陷，而探索性测试缺少预防缺陷的能力；

③对于已经确定了测试类型和执行顺序的测试来说，直接编写测试脚本并执行比进行探索性测试更有意义；

④依赖测试人员的领域知识和测试技术，探索性测试不容易协调及调整，导致测试效率低下，缺乏条理。

## 8.3　基于检查表的测试

### 8.3.1　基本概念

基于检查表的测试是通过设计相应的检查点，并按照检查点进行测试验证的一种测试方法。在基于检查表的测试中，测试人员设计、实施和执行测试以覆盖检查表中的测试条件。测试人员基于测试经验、对用户重要内容的了解或对软件错误的原因和方式的理解来构建检查表，检查表中所包含的检查项来源于以往的测试经验总结，且应是有效的和可测量的。测试人员可直接使用现有检查表，也可扩展现有的检查表或者创建新的检查表。

检查表可用于支持各种测试类型，包括功能和非功能测试。在没有详细测试用例的情况下，基于检查表的测试能提供指南和在一定程度上保持一致性。由于它们是概要性的列表，因此在实际测试中往往会出现一些变化和衍生，可扩大覆盖率，降低重复性。

### 8.3.2　基于代码检查表的测试

代码审查可以作为测试用例进行白盒测试正确性的检验。在代码审查阶段，代码检查表将常见的错误进行分类，在每一类错误下列举出容易出错的位置和在以往工作中的典型错误，将其以清单的形式展现。基于代码检查表进行代码审查的测试主要为了检查代码和设计的一致性，代码对标准的遵循、可读性，代码逻辑表达的正确性，代码结构的合理性等方面。

对应于不同的编程语言，基于代码检查表的测试具体内容将会不同。代码检查表中可能出现的错误如表 8-1 所示。

表 8-1 基于代码检查表的测试

| 检查点 | 检查项 | 结果 |
| --- | --- | --- |
| 格式规范性 | 嵌套的 IF 语句是否正确地缩进 | |
| | 注释是否准确并有意义 | |
| | 使用的标号是否有意义 | |
| | 代码与开始时的模块模式是否一致 | |
| | 整体上是否遵循全套的编程标准 | |
| 入口和出口的连接 | 初始入口和最终出口是否正确 | |
| | 跨模块调用时，是否完整地传递所需的参数 | |
| | 是否正确地设置了被传送的参数值 | |
| | 是否对关键的被调用模块的意外情况进行处理 | |
| 程序语言的使用 | 使用的动词是否合适 | |
| | 模块中是否使用完整定义的语言的有限子集 | |
| | 跳转语句是否适当 | |
| 存储器使用 | 首次使用域之前是否经过正确的初始化 | |
| | 规定的域是否正确 | |
| | 每个域是否有正确的变量类型声明 | |
| 判断和转移 | 正确的条件是否经判断 | |
| | 用于判断的是否是正确的变量 | |
| | 转移目标是否正确并能够被至少执行一次 | |
| 性能 | 每个逻辑是否实现了最佳编码 | |
| | 是否提供正式的错误/例外子程序 | |
| 可维护性 | 清单格式是否有助于提高可读性 | |
| | 标号和子程序是否符合代码的逻辑意义 | |
| 逻辑性 | 全部设计是否都已实现 | |
| | 代码实现是否与设计一致 | |
| | 循环语句是否能够执行其设定的次数 | |
| 可靠性 | 是否确认外部接口采集的数据 | |
| | 是否遵循可靠性编程要求 | |

### 8.3.3 基于文档检查表的测试

文档审查主要用来检查给用户提供的文档是否能让用户清晰有效地理解软件的目标及功能。在文档审查阶段，文档检查表将可能出现的错误分类并以清单的形式进行列举。基于文档检查表的测试进行文档审查主要涉及文档的可用性、文档内容及文档标识和标示等方面。表 8-2 详细列出了每个检查点在文档检查表中相对应的检查项。

表 8-2　基于文档检查表的测试

| 检查点 | 检查项 | 结果 |
| --- | --- | --- |
| 可用性 | 是否提供纸质或电子介质的文档 | |
| 内容 | 功能是否可以被测试或验证 | |
| 标识和标示 | 文档的封面、页眉/页脚或其他地方应具有唯一性标识 | |
| | 文档中应包含名称、版本及发布日期的软件产品标识 | |
| | 文档中应包含供方的名称和地址信息 | |
| 完备性 | 文档是否包含使用软件必需的信息 | |
| | 文档是否清晰陈述软件产品所有功能及用户能调用的所有功能 | |
| | 文档是否对软件运行过程中的差错和缺陷进行说明 | |
| | 文档是否包括执行应用管理职能所有必要的信息 | |
| 正确性 | 文档中包含的信息是否恰当且适合目标用户阅读使用 | |
| | 文档中包含的信息是否正确，没有歧义 | |
| 一致性 | 文档中的表述不应自相矛盾 | |
| 易理解性 | 文档中出现的术语可以被理解 | |
| | 文档是否包含清晰的组成文档清单或覆盖范围说明 | |

# 第 9 章　基于质量特性的测试与评价

产品质量是指产品满足不同利益相关方明确的或隐含的要求的程度。这些明确或隐含的要求就构成了产品的质量模型。在国标 GB/T 25000.10—2016《软件与系统工程 系统与软件质量要求和评价（SQuaRE）第 10 部分：系统与软件质量模型》中规定了软件产品质量模型由八个质量特性构成，每个质量特性下又分解为若干个子特性。国标 GB/T 25000.51—2016《软件与系统工程 系统与软件质量要求和评价（SQuaRE）第 51 部分：就绪可用软件产品（RUSP）的质量要求和测试细则》以 GB/T 25000.10—2016 中定义的质量模型为基础，规定了就绪可用软件产品的质量要求、对其进行测试的测试计划、测试说明和测试结果等测试文档集的要求，以及符合性测试细则。上述标准的详细介绍参见第 3 章。

在本章中，前八节依次介绍了基于功能性、性能效率、易用性、可靠性、信息安全性、维护性、兼容性、可移植性等八个质量特性/子特性如何开展测试与评价，在可能的情况下，给出了量化的定义。第九节以 GB/T 25000.51—2016 国家标准为例，介绍了符合性测试。在实际的测试中，可以根据软件自身的特点以及客户的需要对测试内容进行适当地增加或者删减。本书第 11 章至第 14 章中给出了几种不同架构软件的质量特性测试案例，因此读者可将本章与第 11 章至第 14 章结合起来学习。

## 9.1　功能性测试

功能性用于评估软件产品在指定条件下使用时，提供满足明确和隐含要求的功能的能力。功能性测试既包括单个功能点测试，还包括业务流程测试和主要场景测试。在功能测试中一般使用等价类划分法、边界值法、因果图法、判定表法、场景法等方法设计测试用例，用例包括正常用例和异常用例，最后对设计好的用例逐项进行测试，检查产品是否达到用户要求的功能。同时，可以将错误推测法、探索法、检查表法等基于经验的测试方法作为补充，以期发现更多的问题。

对功能性的测试可以从完备性、正确性、适合性和功能的依从性四个子特性来开展。

### 9.1.1　完备性

功能完备性测试的目标是评价软件产品提供的功能覆盖所有的具体任务或用户目标的程度。在测试时可以从需求规格说明书或者其他技术文档中获取软件需要实现的功能点，与软件实际实现的功能点进行匹配，形成功能对照，见表 9-1。

表 9-1　功能对照

| 用户文档集或产品说明中的应用功能 | | 实际的应用功能 |
| --- | --- | --- |
| 模块 1 | 功能点 1 | 实际系统的功能点 1 |
| | 功能点 2 | 实际系统的功能点 2 |
| 模块 2 | 功能点 3 | 实际系统的功能点 3 |

功能覆盖率是用于评价完备性的一个重要指标，它指的是软件产品实现规定的功能的比例。用数学方法可以表示为：

$$X = 1 - A/B$$

A = 缺少的功能数量

B = 指定的功能数量

其中指定的功能是指在需求规格说明、设计规格说明、用户手册等技术文档中指定的功能。缺少的功能是指系统或软件产品无法实现指定的功能。

### 9.1.2　正确性

软件产品除了能完整实现所要求的功能以外，还应该能正确实现所要求的功能。功能正确性测试的目标就是评估软件产品或系统提供具有所需精度的正确结果的能力。查看需求文档、设计文档、操作手册等用户文档集中是否陈述了软件的使用限制条件（如：时间、长度限制、数字精度、邮件格式等），对文档中规定准确度的功能点进行测试，采用边界值分析方法编写正向测试用例和反向测试用例，验证功能的测试结果是否与用户文档集中一致。

例如某软件需求规格说明书中陈述了在上传附件时，附件大小上限为 1GB，测试用例执行过程中的文件大小用例包括大于 1GB 文件、小于 1GB 文件、等于 1GB 文件以及远大于 1GB 的文件，验证测试执行结果。软件的实际结果与预期结果是否相一致。上传一个大小大于 1GB 的文件，弹出提示信息“上传失败”，与预期结果一致，单项测试用例判定为通过。

功能正确性用数学方法可以表示为：

$$X = 1 - A/B$$

A = 功能不正确的数量

B = 考虑的功能数量

其中考虑的功能是指用于评价的功能，可能是产品的所有功能或者特定阶段所需要的一组特定的功能集。不正确的功能是指无法达到预定预期目的的功能。

### 9.1.3　适合性

适合性是指产品适合其客户群的程度，例如电子产品配备的电源线，不同国家的电源制式不一样，应考虑为客户提供适合其使用环境的电源线。在软件产品中，功能适合性是指软件产品是否适合用户，也就是软件产品提供的功能是否是用户需求的功能。对于功能目标实现的程度，可以通过用户运行系统期间是否出现未满足的功能或不满意的操作情况进行识别。可以看出，功能适合性测试其实包含了两个层面的内容，首先功能点应该是实现的，其次功能点是符合用户需求的。

功能适合性用数学方法可以表示为：

$$X = 1 - A/B$$

A = 缺少或不正确的功能数量

B = 规定的功能数量

其中规定的功能是指依据需求规格说明、用户文档等，针对为实现特定使用目的所需的功能。

### 9.1.4 功能性测试案例

根据用户最终目的，软件产品可以分为很多不同的类型，有些软件产品较为简单，有些则较为复杂，具有较多的功能点和复杂的流程。本书的第三篇会针对几种不同的软件类型给出详细的测试实例，本节以较为常见的教务管理系统为例说明如何进行功能性测试。

**1. 测试需求分析**

教务管理工作是学生教学工作的中枢，是确保教学机制正常运转的枢纽，在本节案例中的教务管理系统分为教务端、教师端、学生端三个子系统。其中教务端的核心功能主要包括教师信息管理、学籍信息管理、基本信息管理、课程管理、成绩管理、审批管理、统计查询等；教师端的核心功能主要包括个人信息管理、学生管理、审批管理、教学信息管理等；学生端的核心功能主要包括个人信息管理、课程管理、申请审批管理等。

根据这个系统的需求规格说明书分析功能性测试需求如表 9-2 所示，整个系统一共包括 679 个功能点。

**表 9-2 功能性测试需求表**

| XX 教务系统功能性测试需求表 | | | |
|---|---|---|---|
| 子系统 | 模块 | 功能点 | 功能点说明 |
| 教务端 | 登录与退出 | 输入用户名 | 用户名为普通文本框 |
| | | 输入密码 | 密码为密码文本框，输入内容时不可见 |
| | | 登录系统 | 登录教务信息化管理系统 |
| | | 退出系统 | 退出教务信息化管理系统 |
| | 修改密码 | 身份验证 | 验证身份是否合法 |
| | | 密码修改 | 修改密码 |
| | 首页 | 查看最新公告 | 可查看最新公告记录 |
| | | 查看待办工作信息 | 待办工作记录用户待办的工作内容 |
| | 个人中心-安全设置 | 修改账户密码 | 密码为密码文本框，输入内容时不可见 |
| | | 修改绑定手机 | 修改绑定的手机号 |

续表

| XX 教务系统功能性测试需求表 | | | |
|---|---|---|---|
| 子系统 | 模块 | 功能点 | 功能点说明 |
| 教务端 | 基本信息管理-学期管理 | 查询学期信息 | 可按年度进行查询 |
| | | 添加学期信息 | 设置学期时间及对应的学期数，是否当前学期。可点击添加学期，添加后可在列表页设置此学期是否为当前学期 |
| | | 编辑学期信息 | 点击修改弹出内容修改框 |
| | 基本信息管理-教师级别管理 | 查询教师级别信息 | 对教师级别进行管理，可根据级别设置课酬 |
| | | 添加教师级别信息 | |
| | | 编辑教师级别信息 | |
| | | 删除教师级别信息 | |
| | | 批量删除教师级别信息 | |
| | 基本信息管理-教室管理 | 查询教室信息 | 对学校已有教室进行管理 |
| | | 添加教室信息 | |
| | | 编辑教室信息 | |
| | | 删除教室信息 | |
| | 基本信息管理-课程管理 | 查询课程信息 | 对学校各系上课内容进行管理，可对各系课程进行增删改查操作 |
| | | 添加课程信息 | |
| | | 编辑课程信息 | |
| | | 删除课程信息 | |
| | | 导入数据 | |
| | | 导出数据 | |
| | 学籍管理-学生管理 | 查询学生信息 | 可以对学生信息进行增删改查以及请假、免修、长期不到校状态设置 |
| | | 添加学生信息 | |
| | | 编辑学生信息 | |
| | | 修改免修状态 | |
| | | 修改长期不到校状态 | |
| | | 下载学籍卡 | |
| | | 导入数据 | |
| | | 导出数据 | |
| | | 批量上传头像 | |
| | | 请假 | |
| | …… | …… | …… |
| 教师端 | …… | …… | …… |
| 学生端 | …… | …… | …… |

**2. 测试用例设计**

功能性测试用例主要使用等价类划分、分类树、边界值、语法测试、组合测试、因果图、场景测试等黑盒测试技术来设计，这里以需求表中的“修改密码”模块的“身份验证”和“密码修改”功能点为例进行用例设计。

通过分析需求规格说明书和用户手册可以看出，“修改密码”在测试时包含“身份验证”和“密码修改”两个关联紧密的功能点，首先是输入用户名和密码进行身份验证，验证通过后依次输入旧密码、新密码和确认密码完成密码修改。其中密码要求为 6～12 位字母、数字、标点符号组成。

首先采用等价类划分法进行功能性测试用例设计。根据等价类划分原则，我们将等价类表设计成如表 9-3 所示。

**表 9-3 等价类表**

| 操作 | 输入条件 | 有效等价类 | 无效等价类 |
|---|---|---|---|
| 身份验证 | 用户名 | ①已注册的正确的用户名 | ⑥空用户名 |
| | | | ⑦错误的用户名 |
| | 密码 | ②正确的验证密码 | ⑧空的验证密码 |
| | | | ⑨错误的验证密码 |
| 密码修改 | 旧密码 | ③正确的旧密码 | ⑩空的旧密码 |
| | | | ⑪错误的旧密码 |
| | 新密码 | ④符合要求的密码 | ⑫空的新密码 |
| | | | ⑬不符合要求的密码 |
| | 确认密码 | ⑤与新密码相同的密码 | ⑭空的确认密码 |
| | | | ⑮与新密码不相同的密码 |

根据建立的等价类表，分别设计有效类测试用例和无效类测试用例，如表 9-4 和表 9-5 所示。

**表 9-4 有效类测试用例**

| 测试数据 | 预置条件 | 期望结果 | 覆盖的有效等价类 |
|---|---|---|---|
| 身份验证用户名: zhangsan<br>身份验证密码：123456<br>旧密码：123456<br>新密码：1234567<br>确认密码：1234567 | 用户名“zhangsan”已经注册，且密码为“123456” | 身份验证成功、密码修改成功 | ①②③④⑤ |

**表 9-5 无效类测试用例**

| 测试数据 | 预置条件 | 期望结果 | 覆盖的无效等价类 |
|---|---|---|---|
| 身份验证用户名和密码：空/123456 | 用户名“zhangsan”已经注册，且修改密码为“123456” | 身份验证失败 | ⑥ |
| 身份验证用户名和密码：lisi/123456 | 用户名“lisi”未在该系统进行注册 | 身份验证失败 | ⑦ |
| 身份验证用户名和密码：zhangsan/空 | 用户名“zhangsan”已经注册，且密码为“123456” | 身份验证失败 | ⑧ |

续表

| 测试数据 | 预置条件 | 期望结果 | 覆盖的无效等价类 |
|---|---|---|---|
| 身份验证用户名和密码：zhangsan/654321 | 用户名“zhangsan”已经注册，且密码为“123456” | 身份验证失败 | ⑨ |
| 旧密码：空 | 身份验证通过，旧密码为“123456” | 修改密码失败 | ⑩ |
| 旧密码：654321 | 身份验证通过，旧密码为“123456” | 修改密码失败 | ⑪ |
| 新密码：空 | 身份验证通过，旧密码输入正确 | 修改密码失败 | ⑫ |
| 新密码：123 | 身份验证通过，旧密码输入正确 | 修改密码失败 | ⑬ |
| 确认密码：空 | 身份验证通过，旧密码输入正确，新密码输入 1234567 | 修改密码失败 | ⑭ |
| 确认密码：7654321 | 身份验证通过，旧密码输入正确，新密码输入 1234567 | 修改密码失败 | ⑮ |

上述测试用例已经覆盖了全部等价类，但对具体输入数据的测试还不够完善，例如在需求规格说明中对密码的长度进行了规定，当输入的密码小于规定的最小长度或者大于规定的最大长度时，都属于⑬这一类无效等价类，因此我们继续引入边界值分析法对输入的新密码进行测试。

边界值分析法不是选择等价类的任意元素，而是选择等价类边界构建测试用例，是对等价类划分的很好的补充。大量实践证明，很多软件错误发生在等价类的边界处。因此，在设计测试用例时，对边界值的测试给予足够的重视，能够取得更好的测试效果。利用边界值分析法设计用例，可以有效地弥补等价类划分对具体用例数据设计上的不足。

接下来采用二值基本边界值分析法对输入的新密码进行测试，密码长度的下限分别取最小长度和最小长度减一，上限分别取最大长度和最大长度加一，具体的测试用例如表 9-6 所示。

**表 9-6　二值基本边界值法测试用例**

| 测试数据 | 预置条件 | 期望结果 | 边界值类型 |
|---|---|---|---|
| 新密码：abcde<br>确认密码：abcde | 身份验证通过，旧密码输入正确 | 修改密码失败 | 小于规定的最小长度 |
| 新密码：abcdef<br>确认密码：abcdef | 身份验证通过，旧密码输入正确 | 修改密码成功 | 等于规定的最小长度 |
| 新密码：abcdef123456<br>确认密码：abcdef123456 | 身份验证通过，旧密码输入正确 | 修改密码成功 | 等于规定的最大长度 |
| 新密码：abcdefg123456<br>确认密码：abcdefg123456 | 身份验证通过，旧密码输入正确 | 修改密码失败 | 大于规定的最大长度 |

结合需求规格说明书中“身份验证”和“密码修改”功能点的整体要求和以上采用等价类划分法、边界值分析法给出的测试用例，设计该功能的测试用例表如表 9-7 所示。

表 9-7 “身份验证”和“密码修改”功能点测试用例

| XX 教务系统“身份验证”和“密码修改”功能点测试用例 | | | | | |
|---|---|---|---|---|---|
| 用例编号 | 用例名称 | 预置条件 | 操作步骤 | 输入数据 | 预期结果 |
| DL-001 | 使用已注册用户登录，验证身份 | 用户名“zhangsan”已经注册，且密码为“123456” | 输入正确的用户名和密码，点击登录 | zhangsan/123456 | 身份验证成功 |
| DL-002 | 使用错误密码登录，验证身份 | 用户名“zhangsan”已经注册，且密码为“123456” | 输入正确的用户名和错误的密码，点击登录 | zhangsan/654321 | 身份验证失败，提示密码错误 |
| DL-003 | 使用未注册用户登录，验证身份 | 用户名“lisi”未在该系统进行注册 | 输入未注册的用户名和任意密码，点击登录 | lisi/123456 | 身份验证失败，提示密码错误 |
| DL-004 | 用户名为空登录，验证身份 | 用户名“zhangsan”已经注册，且密码为“123456” | 用户名为空，输入密码，点击登录 | 空/123456 | 身份验证失败，提示用户名不能为空 |
| DL-005 | 密码为空登录，验证身份 | 用户名“zhangsan”已经注册，且密码为“123456” | 输入用户名，密码为空，点击登录 | zhangsan/空 | 身份验证失败，提示密码不能为空 |
| DL-006 | 输入正确的旧密码、6 位新密码和确认密码 | 身份验证成功 | 输入正确的旧密码、新密码和确认密码，新密码长度为 6 位 | 123456/abcdef/abcdef | 密码修改成功 |
| DL-007 | 输入正确的旧密码、12 位新密码和确认密码 | 身份验证成功 | 输入正确的旧密码、新密码和确认密码，新密码长度为 12 位 | 123456/abcdef123456/abcdef123456 | 密码修改成功 |
| DL-008 | 输入为空的旧密码、6 位新密码和确认密码 | 身份验证成功 | 输入为空的旧密码、6 位新密码和确认密码 | 空/abcdef/abcdef | 密码修改失败，提示旧密码错误 |
| DL-009 | 输入错误的旧密码、6 位新密码和确认密码 | 身份验证成功 | 输入错误的旧密码、6 位新密码和确认密码 | 654321/abcdef/abcdef | 密码修改失败，提示旧密码错误 |
| DL-010 | 输入正确的旧密码、新密码为空 | 身份验证成功 | 输入正确的旧密码、新密码为空 | 123456/空/abcdef | 密码修改失败，提示新密码为空 |

续表

| XX 教务系统"身份验证"和"密码修改"功能点测试用例 | | | | | |
|---|---|---|---|---|---|
| 用例编号 | 用例名称 | 预置条件 | 操作步骤 | 输入数据 | 预期结果 |
| DL-011 | 输入正确的旧密码、5 位新密码和确认密码 | 身份验证成功 | 输入正确的旧密码、5 位新密码和确认密码 | 123456/ abcde/ abcde | 密码修改失败，提示新密码不符合要求 |
| DL-012 | 输入正确的旧密码、13 位新密码和确认密码 | 身份验证成功 | 输入正确的旧密码、13 位新密码和确认密码 | 123456/ abcdefg123456/ abcdefg123456 | 密码修改失败，提示新密码不符合要求 |
| DL-013 | 输入正确的旧密码、6 位新密码、确认密码为空 | 身份验证成功 | 输入正确的旧密码、6 位新密码、确认密码为空 | 123456/ abcdef/ 空 | 密码修改失败，提示确认密码为空 |
| DL-014 | 输入正确的旧密码、6 位新密码、与新密码不一致的确认密码 | 身份验证成功 | 输入正确的旧密码、6 位新密码、与新密码不一致的确认密码 | 123456/ abcdef/ fedcba | 密码修改失败，提示确认密码与新密码不一致 |

**3. 测试执行与结果分析**

使用设计好的测试用例依次对功能性测试需求表中的 679 个功能点进行测试，得到测试结果如表 9-8 所示，其中有 5 个功能点未实现，15 个功能点实现不正确，通过功能性三个子特性的评价指标计算得出，该系统的功能覆盖率为 99.26%，功能正确性为 97.77%，功能适合性为 97.05%，计算过程如下：

$X_{功能覆盖率} = 1 - A_{缺少的功能数量}/B_{指定的功能数量} = 1 - 5/679 = 99.26\%$

$X_{功能正确性} = 1 - A_{功能不正确的数量}/B_{考虑的功能数量} = 1 - 15/(679 - 5) = 97.77\%$

$X_{功能适合性} = 1 - A_{缺少或不正确的功能数量}/B_{规定的功能数量} = 1 - (5+15)/679 = 97.05\%$

**表 9-8　功能性测试结果**

| XX 教务系统功能性测试结果 | | | | |
|---|---|---|---|---|
| 子系统 | 模块 | 功能点 | 输出 | 结论 |
| 教务端 | 登录与退出 | 输入用户名 | 能够正常输入用户名 | 通过 |
| | | 输入密码 | 能够正常输入密码 | 通过 |
| | | 登录系统 | 正常登录系统 | 通过 |
| | | 退出系统 | 正常退出 | 通过 |
| | 修改密码 | 身份验证 | 身份验证成功 | 通过 |
| | | 密码修改 | 成功修改密码 | 通过 |

续表

XX 教务系统功能性测试结果

| 子系统 | 模块 | 功能点 | 输出 | 结论 |
|---|---|---|---|---|
| 教务端 | 首页 | 查看最新公告 | 查看最新公告中的附件详情，系统跳转到其他页面 | 不通过 |
| | | 查看待办工作信息 | 能正常查看待办工作信息 | 通过 |
| | 个人中心-安全设置 | 修改账户密码 | 能正常修改账户密码 | 通过 |
| | | 修改绑定手机 | 能够绑定手机 | 通过 |
| | 基本信息管理-学期管理 | 查询学期信息 | 能正常查询学期信息 | 通过 |
| | | 添加学期信息 | 能正常添加学期信息 | 通过 |
| | | 编辑学期信息 | 能正常编辑学期信息 | 通过 |
| | 基本信息管理-教师级别管理 | 查询教师级别信息 | 能正常查询教师级别信息 | 通过 |
| | | 添加教师级别信息 | 能正常添加教师级别信息 | 通过 |
| | | 编辑教师级别信息 | 能正常编辑教师级别信息 | 通过 |
| | | 删除教师级别信息 | 能正常删除教师级别信息 | 通过 |
| | | 批量删除教师级别信息 | 能正常批量删除教师级别信息 | 通过 |
| | 基本信息管理-教室管理 | 查询教室信息 | 能正常查询教室信息 | 通过 |
| | | 添加教室信息 | 能正常添加教室信息 | 通过 |
| | | 编辑教室信息 | 能正常编辑教室信息 | 通过 |
| | | 删除教室信息 | 能正常删除教室信息 | 通过 |
| | 基本信息管理-课程管理 | 查询课程信息 | 能正常查询课程信息 | 通过 |
| | | 添加课程信息 | 能正常添加课程信息 | 通过 |
| | | 编辑课程信息 | 能正常编辑课程信息 | 通过 |
| | | 删除课程信息 | 能正常删除课程信息 | 通过 |
| | | 导入数据 | 能正常导入数据 | 通过 |
| | | 导出数据 | 能正常导出数据 | 通过 |
| | 学籍管理-学生管理 | 查询学生信息 | 能正常查询学生信息 | 通过 |
| | | 查看学生信息 | 部分数据不正确、用户头像图片无法显示 | 不通过 |
| | | 添加学生信息 | 能正常添加学生信息 | 通过 |
| | | 编辑学生信息 | 能正常编辑学生信息 | 通过 |
| | | 修改免修状态 | 能正常修改免修状态 | 通过 |
| | | 修改长期不到校状态 | 能正常修改长期不到校状态 | 通过 |
| | | 下载学籍卡 | 未实现下载学籍卡功能 | 不通过 |
| | | 导入数据 | 能正常导入数据 | 通过 |
| | | 导出数据 | 能正常导出数据 | 通过 |
| | | 批量上传头像 | 未实现批量上传头像功能 | 不通过 |
| | | 请假 | 能正常请假 | 通过 |
| | …… | …… | …… | …… |
| 教师端 | …… | …… | …… | …… |
| 学生端 | …… | …… | …… | …… |

## 9.2 性能效率测试

性能效率测试用于评估在指定条件下使用的资源数量的性能。这里的资源包括其他软件产品、系统的软件和硬件配置。

进行性能效率测试的目的包括获得系统的性能表现情况、发现并验证和修改系统影响性能的缺陷、为系统性能优化提供数据参考。在性能效率测试过程中得出系统能为多少用户正常提供服务，在提供服务时系统的响应速度如何，在超出预期用户使用时系统的表现是否令人满意。如果达不到预期的要求，可以给出系统的性能瓶颈，再根据性能瓶颈提出优化建议。通过性能效率测试可以考察系统的可扩展性，预估是否可满足未来一段时间内系统负载的增加要求。

对性能效率的测试可以从时间特性、资源利用性、容量和性能效率的依从性四个子特性开展。

### 9.2.1 时间特性

时间特性测试的目标是评估产品或系统在特定条件下执行其功能时，其响应时间、处理时间及吞吐率满足需求的程度。时间特性反映与运行速度相关的性能。响应时间指的是从用户发起一个请求到得到响应的整个过程经历的时间。比如数据库查询的时间、将字符回显到终端上的时间、访问 Web 页面的时间。在图 9-1 中，响应时间 $T_1=N_1+N_2+N_3+N_4$，处理时间 $T_2=N_2+N_3$。

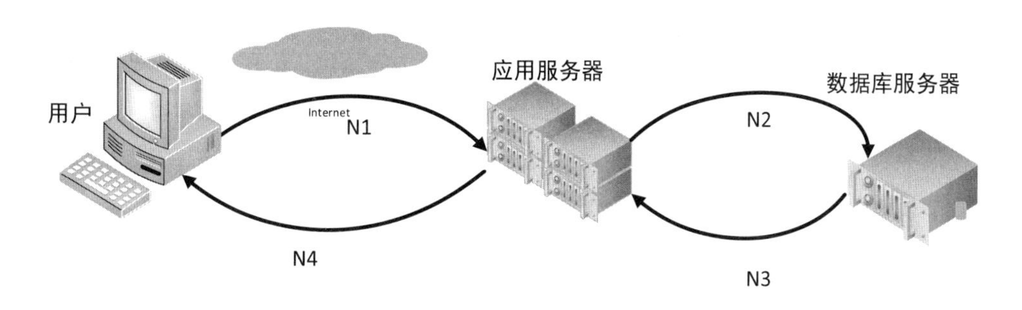


图 9-1　从用户端发出请求到得到响应的整个过程的时间

### 9.2.2 资源利用性

资源利用性测试的目标是评估产品或系统执行其功能时，所使用资源数量和类型满足需求的程度。对于产品说明、需求文档或设计文档中陈述的每一种并发压力下，通过监控服务器、数据库以及中间件的资源利用情况，分析系统性能。

服务器端监控的资源主要有 CPU 占用率、内存占用率、磁盘占用率、输入输出效率、带宽情况。数据库监控的资源包括数据缓冲区和命中率等。例如，对于 MySQL 资源监控可包括 MySQL 的进程数、客户端连接进程数、Query Cache（查询缓存）命中率、Thread Cache（线程缓存）命中率等。资源利用率的指标应当在合理的范围内，过高的资源利用率可能使系统达到性能瓶颈，过低的资源利用率会造成资源浪费。常用的资源利用性监控指标参见表 9-9。

表 9-9　资源利用性监控指标

| 操作系统 | 监控对象 | 指标 | 说明 |
| --- | --- | --- | --- |
| Windows | 内存 | Available MBytes | 指物理内存的剩余量 |
| | | Page Reads/sec | 指读取磁盘以解析硬页面错误的速度 |
| | | Pages/sec | 为解决硬页错误从磁盘读取或写入磁盘的速度 |
| | 网络 | Bytes Total/sec | 发送和接收字节的速率，包括帧字符在内 |
| | | Packets/sec | 发送和接收数据包的速率 |
| | 磁盘 | % Disk Time | 指所选磁盘驱动器用于为读或写入请求提供服务所用的时间的百分比 |
| | | Avg. Disk Queue Length | 指读取和写入请求（为所选磁盘在实例间隔中队列的）的平均数 |
| | 处理器 | % Processor Time | 指处理器执行非闲置线程时间的百分比 |
| | | % User Time | 指用于用户模式的非闲置处理器时间的百分比 |
| Linux | 内存 | Free Memory MBytes | 空闲内存的兆字节数 |
| | | Buffered MBytes | 内存转为缓存的兆字节数 |
| | | Cached MBytes | 应用程序使用的缓存兆字节数 |
| | | Available Swap MBytes | 显示了 Swap 空间的剩余量 |
| | 磁盘 | Disk Read KBytes/sec | 指在读取操作时从磁盘上传送千字节的速率 |
| | | Disk Write KBytes/sec | 指在写入操作时传送到磁盘上的千字节速率 |
| | 网络 | KBytes Total/sec | 指发送和接收千字节的速率 |
| | | Packets/sec | 指发送和接收数据包的速率 |
| | 处理器 | % CPU Time | 指非闲置处理器时间的百分比 |
| | | % Wait Time | 指用于等待模式的处理器时间的百分比 |

### 9.2.3 容量

容量测试用于评估软件产品或系统参数的最大限量满足需求的程度。包括使测试对象处理大量的数据，以确定是否达到了将使软件发生故障的极限。大量数据包括大量并发用户数、数据库记录数等。容量测试还将确定测试对象在给定时间内能够持续处理的最大负载或工作量。例如网上订票系统能够承受多少用户同时订票、系统能够处理的最大文件长度、数据库能够处理的最大数据库记录数等。

### 9.2.4　性能效率测试类型

**1. 基准测试**

基准测试是指测试环境确认以后，对业务模型中涉及的每种业务做基准检测。目的是获取单用户执行时的各项性能指标，为多用户并发和混合场景的性能测试分析提供参考依据。

**2. 并发测试**

并发测试是指并发不同数目的虚拟用户执行检查点操作。目的是对检查点进行压力测试，预测系统投入使用后在该检查点能够承受的用户压力情况，并根据相应的响应时间和各项资源使用情况分析、确定系统存在的性能瓶颈，为系统的优化和调整提供依据。

**3. 压力测试**

测试系统在事先规定的某种饱和状态下，比如 CPU 处于 75%利用率的情况下，系统是否还具备处理业务的能力，或者系统会发生什么样的状况，例如：是否会出现错误，系统宕机等情况。压力测试是考验一个系统的抗压能力的，即在当前比较大的压力下，系统能否承受得住。压力测试的目的是测试系统的稳定性。

**4. 负载测试**

在实际工作中，负载测试方法和压力测试方法往往被放在一起谈论，因此很容易混淆，其实它们的区别是很明显的。负载测试（Load Testing）方法通过在被测试系统上不断增加负荷，直到事先选定的性能指标（比如响应时间），变为不可接受或系统的某类资源使用已经达到饱和状态。负载测试方法实际就是一个不断加压，直到找到系统不可用临界点的过程。

**5. 稳定性测试**

稳定性测试是指被测系统在特定硬件、软件、网络环境条件下，给系统加载一定业务压力，使系统运行一段比较长的时间，以此检测系统是否稳定。这种类型的测试一般是针对需要长时间稳定运行的性能点开展。稳定性测试是概率性的测试，就是说即使系统通过稳定性测试，也并不能保证在实际运行过程中不出现问题，因此可以通过多次测试、延长测试时间、增大测试压力等方式提高测试的稳定性。稳定性测试的测试时间和压力存在一定的关系。在无法保证测试时间时，可以通过增加压力进行弥补。

例如对一款 PC 客户端软件进行稳定性测试，测试的需求包括：长时间运行及各种操作下软件的稳定性和各种性能指标的变化趋势；多进程或多线程运行时的稳定性；不同操作系统中运行的稳定性等。

**6. 极限测试**

在过量用户下的压力测试。目的是确定系统的极限并发用户数。

**7. 场景测试**

通过对系统体系架构和功能模块的分析以及对系统用户的分布和使用频率的分析，

来构造系统综合场景的测试模型，模拟不同用户执行不同操作，最大限度模拟系统真实场景，使用户预知系统投入使用后的真实性能水平，从而对系统做出相应的优化及调整，避免实际情况中出现系统长时间不响应及崩溃的情况。

**8. 吞吐量测试**

吞吐量测试是指模拟系统真实的使用情景，每隔一定时间段（如 5 秒、10 秒）并发不同数目的虚拟用户执行检查点操作，持续运行一段时间，计算每单位时间（秒、分、时、日）系统处理的能力（事务数/单位时间）。目的是计算系统的吞吐能力。

### 9.2.5 性能效率测试案例

某互联网支付系统具有客户管理、支付账户管理、商户管理、交易处理、对账处理、差错处理、资金结算、运营及接入管理等功能，其中“支付”和“交易明细查询”功能使用率较高，因此针对这两项功能进行性能效率测试。

**1. 性能效率测试需求分析**

系统需求规格说明书中要求“支付”操作在 50 用户并发、极限 100 用户的情况下平均响应时间不能超过 10 秒，“交易明细查询”操作在 50 用户并发、极限 100 用户的情况下平均响应时间不能超过 5 秒，上述两项核心业务的用户分配比例约为 8:2，压力解除后系统自恢复时间小于 10 秒，“支付”操作一年的吞吐量不小于 3.65 亿笔/年。

**2. 性能效率测试策略**

根据以上性能需求，确定在模拟环境下的性能效率测试指标，如表 9-10 所示。测试内容包括三个方面：一是验证系统是否支持业务的多用户并发操作；二是验证在规定的硬件环境条件和给定的业务压力下，系统是否满足性能效率需求和压力解除后系统自恢复能力；三是测试系统性能极限。

表 9-10 性能效率测试需求分析

<table>
<tr><th>测试项编号</th><th>测试场景</th><th>测试业务点</th><th>测试策略</th><th>测试过程描述</th></tr>
<tr><td>1.1</td><td>支付</td><td>支付</td><td rowspan="2">基准测试<br>并发测试<br>极限测试</td><td>基准测试以单用户、并发测试以 50 用户并发、极限测试以 100 用户并发执行“支付”操作</td></tr>
<tr><td>1.2</td><td>交易明细查询</td><td>交易明细查询</td><td>基准测试以单用户、并发测试以 50 用户并发、极限测试以 100 用户并发执行“交易明细查询”操作</td></tr>
<tr><td rowspan="2">1.3</td><td rowspan="2">综合场景</td><td>支付</td><td rowspan="2">场景测试<br>吞吐量测试<br>自恢复能力测试</td><td rowspan="2">模拟 100 用户在线持续执行 30 分钟“支付”和“交易明细查询”操作，分配用户数分别为 80 个和 20 个</td></tr>
<tr><td>交易明细查询</td></tr>
</table>

### 3. 性能效率测试执行与结果分析

针对系统主要操作的“支付”和“交易明细查询”共 2 个测试点，对系统进行性能效率测试，并对系统进行 100 用户在线持续 30 分钟的综合场景测试。测试结果如表 9-11 所示。

**表 9-11　性能效率测试结果**

| 场景设定 | | 总体情况 | | | | 服务器资源 | | | |
|---|---|---|---|---|---|---|---|---|---|
| 测试场景 | 测试业务点 | 并发用户数/TPS | 并发成功率（%） | 交易成功率（%） | 交易平均响应时间（秒） | CPU 利用率（平均%/最高%） | | | 内存使用情况 |
| 支付 | 支付 | 1 | 100 | 100 | 0.50 | 应用服务器 | 0.46 | 1.02 | 正常 |
| | | | | | | 数据库服务器 | 0.29 | 0.78 | 正常 |
| | | 50 | 100 | 100 | 0.54 | 应用服务器 | 0.67 | 1.21 | 正常 |
| | | | | | | 数据库服务器 | 0.41 | 0.99 | 正常 |
| | | 100 | 100 | 100 | 0.60 | 应用服务器 | 0.92 | 2.01 | 正常 |
| | | | | | | 数据库服务器 | 0.62 | 1.36 | 正常 |
| 交易明细查询 | 交易明细查询 | 1 | 100 | 100 | 0.10 | 应用服务器 | 0.38 | 0.99 | 正常 |
| | | | | | | 数据库服务器 | 0.23 | 0.62 | 正常 |
| | | 50 | 100 | 100 | 0.11 | 应用服务器 | 0.41 | 1.09 | 正常 |
| | | | | | | 数据库服务器 | 0.36 | 0.98 | 正常 |
| | | 100 | 100 | 100 | 0.12 | 应用服务器 | 0.64 | 1.24 | 正常 |
| | | | | | | 数据库服务器 | 0.52 | 1.12 | 正常 |
| 综合场景 | 支付 | 80/960 | 100 | 100 | 0.54 | 应用服务器 | 1.89 | 2.33 | 正常 |
| | 交易明细查询 | 20/20 | 100 | 100 | 0.12 | 数据库服务器 | 0.88 | 1.98 | 正常 |

从测试结果来看，场景测试中，基准测试、50 用户并发测试和 100 用户并发测试中，“支付”和“交易明细查询”两个测试点的平均响应时间均满足性能需求，并且各服务器 CPU、内存、磁盘和网络资源占用情况也在正常范围内，未发现明显性能瓶颈。吞吐量测试中，系统可以完成 100 用户在线持续 30 分钟的综合场景测试，其中“支付”和“交易明细查询”的吞吐率分别为 960 笔/秒和 20 笔/秒，根据二八原则，测试结果的吞吐率指标可以满足“支付”业务 3.65 亿笔/年的业务量指标要求。自恢复能力测试中，监控应用服务器和数据库服务器 CPU 占用情况，在综合场景测试压力解除后，各服务器的 CPU 占用恢复到综合场景前的占用水平，系统自恢复时间小于 10 秒。

## 9.3 易用性测试

易用性测试是指在指定的使用周境中，测试产品或系统在有效性、效率和满意度特性方面，为了指定的目标可为指定用户使用的程度。对易用性的测试可以从可辨识性、易学性、易操作性、用户差错防御性、用户界面舒适性、易访问性和易用性的依从性七个子特性开展。

### 9.3.1 可辨识性

可辨识性测试的目标是测试用户能够辨识产品或系统是否适合其要求的程度。可以通过对产品或系统的初步印象或与之相关的文档来辨识产品或系统的功能来进行测试。以下指标可用于评价可辨识性的测试结果。

**1. 描述的完整性**

描述的完整性是指产品说明或用户文档应充分完整地描述产品的使用场景。通过对产品说明或用户文档中描述的使用场景和实际产品中的使用场景进行比较来进行测试。对产品说明或用户文档进行评审，通过评审确定能理解的使用场景数量，并与相关文档中规定的使用场景数量进行比较。以此方法计算可以得出产品描述或用户文档中描述使用场景的比例。

**2. 演示覆盖率**

演示覆盖率是指有多少比例的任务具有让用户辨识其适合性的演示能力。软件应有演示帮助信息，如提供在线视频、远程协助等。在测试时，统计能充分演示的任务数，并计算期望演示的任务总数，将两者相比，可以得出演示覆盖率的值。

**3. 产品标识可辨识**

产品标识可辨识是指产品的每一种元素（数据媒体、文件等）均应带有产品标识，若含有两种以上的元素，应附上标识号或标识文字。测试的元素可以是软件的载体（如光盘、软件包等）、用户文档集、产品说明等。例如某杀毒软件在其官方网站发布页面的安装包标识如下：

××杀毒正式版　版本：5.0.0.8170　发布时间：2020.05.18

**4. 入口点的自描述性**

入口点的自描述性是指网站的引导页中能说明该网站目的的比例。在测试时，对网站引导页的用途描述进行评审，确定能说明网站目的的引导页数量，并与网站中引导页的数量进行比较。

表9-12给出了一个可辨识性测试案例。

表 9-12　可辨识性测试案例

| 可辨识性测试案例 | | | | |
|---|---|---|---|---|
| 序号 | 测试项 | 测试说明 | 测试结果 | 结论 |
| 1 | 产品说明或用户文档集充分完整描述产品的使用场景 | 检查产品说明或用户文档描述的产品使用场景是否充分和完整 | 用户文档集中使用场景描述完整 | 通过 |
| 2 | 核心功能模块有演示功能 | 检查软件系统是否有核心功能模块的演示功能，比如在线演示、离线演示或使用的 Tips 等 | 系统提供核心功能模块的演示功能 | 通过 |
| 3 | 产品标识可辨识 | 检查软件产品是否具有产品标识，产品标识是否完整正确 | 官方网站发布页面具有完整正确的产品标识 | 通过 |

### 9.3.2　易学性

易学性测试的目标是用于评估在指定的使用周境中，产品或系统在有效性、抗风险和满意度特性方面为了学习使用该产品或系统这一指定的目标，可以为指定用户使用的程度。对于易学性测试，可以评估软件的帮助系统和文档的有效性，以及评估用户要用多长时间才能学会如何使用某个功能。可以通过以下方面进行测试。

**1. 帮助系统和文档的完整性**

帮助系统和文档的完整性是指用户文档和/或帮助机制能充分描述并能使用户使用系统的各项功能。在测试时对用户文档和/或帮助机制中的功能描述进行评审，并对按要求描述的功能进行计数。以此方法计算可以得出在用户文档和/或帮助机制中充分描述并能满足用户使用这些功能所占的比例，该比例越大，则帮助系统和文档的完整性越好。这里帮助机制包括在线帮助、操作指导视频、操作指令系统等。

**2. 自动填充默认输入字段**

具有默认值的输入字段，系统能够自动填充默认值。这对于初学者快速地操作产品有很大帮助。对软件运行过程中可自动填充默认值的字段进行计数与要求具有默认值的输入字段数量进行比较。以此方法计算可以得出在具有默认值的输入字段中，可以自动填充默认值的输入字段比例，该比例越大，则系统具有自动填充默认输入字段的能力越好。

**3. 差错信息易理解性**

差错信息易理解性是指差错信息中能够给出差错发生的原因以及解决方法。软件在运行过程中发生错误时，应有提示信息指导用户改正差错。例如，因网络连接原因导致无法打开网页时，网页给出提示信息，说明了出现差错的原因为“未连接到网络”。解决的办法包括：检查网线、确认是否开启飞行模式、确认是否开启了无线交换机、是否连接到移动宽带、重启路由器等。

**4. 用户界面的自解释性**

用户界面的自解释性是指呈现给用户的信息要素和步骤能够帮助新用户在没有先行学习、训练或寻找外部帮助的情况下完成普通任务。验证系统或软件的用户界面是否包含一些操作教程或使用的提示等信息，若包含，则进一步验证这些信息是否容易理解。

表9-13给出了一个易学性测试案例。

**表9-13 易学性测试案例**

| 易学性测试案例 | | | | |
|---|---|---|---|---|
| 序号 | 测试项 | 测试说明 | 测试结果 | 结论 |
| 1 | 软件系统是否有帮助文档 | 检查软件系统核心功能模块是否有对应的帮助文档 | 软件系统提供帮助文档 | 通过 |
| 2 | 软件系统帮助文档的有效性 | 抽查阅读帮助文档后，是否可以正确操作相应的功能 | 软件系统提供帮助文档，并能够根据帮助文档的说明完成相应功能点的操作 | 通过 |
| 3 | 软件系统是否有完整的操作手册 | 检查软件系统是否有完整的操作手册 | 软件系统提供完整的操作手册 | 通过 |
| 4 | 差错信息易理解 | 添加客户名称为空时，出错信息中是否提供差错产生的原因 | 保存失败，提示“请输入客户名称！” | 通过 |
| 5 | 系统是否提供了必要的默认值 | 查看输入框中系统提供的默认值 | 系统提供了默认值 | 通过 |

### 9.3.3 易操作性

易操作性测试的目标是评估产品或系统具有易于操作和控制的属性的程度。因此易操作性测试即评估用户操作和控制软件的便利程度。可以通过以下方面进行测试。

**1. 操作一致性**

操作一致性是指消息或功能的提示信息与操作一致，对功能的操作能够完成预期的任务。软件中不应当存在与用户期望不一致的不可接受的消息或功能。在测试时可以验证软件中的操作或提示信息是否与用户文档集一致。

操作不一致容易给用户带来使用上的困惑，例如某智能停车管理平台中，在查看信息页面，搜索框内提示信息显示为输入“缴费用户”，实际列表中字段变成“用户名”，界面中用语不一致在一定程度上影响用户的使用满意度。

**2. 消息的明确性**

消息的明确性是指系统能给用户传达正确结果或指令消息。不明确的消息会增加用户操作的难度。例如某信息管理平台，上传文件时提示“文件大小超过限制，不能选择”，提示信息中未提供可上传文件大小的范围，增加了用户操作的难度。

**3. 功能的易定制性**

功能的易定制性是指为了使用方便，用户能够定制功能和操作规程的程度。当系统或软件提供定制功能时，应验证用户是否可以根据自己的需要实现功能定制。

表 9-14 给出了一个易操作性测试案例。

**表 9-14　易操作性测试案例**

| 易操作性测试案例 | | | | |
|---|---|---|---|---|
| 序号 | 测试项 | 测试说明 | 测试结果 | 结论 |
| 1 | 新增业务功能提示消息的明确性 | 输入符合条件的业务信息进行新增 | 提示：新增成功！ | 通过 |
| 2 | 重置业务数据信息功能中操作一致性 | 单击“重置”按钮 | 重置当前输入的业务数据信息 | 通过 |
| 3 | 软件操作便捷性 | 执行测试过程中，使用用户文档集中说明的鼠标、键盘、快捷键等方式操作软件 | 支持标准的鼠标、键盘和快捷键操作。单击报表，打开报表页面。双击要打开的对象，能成功打开。右键单击，选择打开报表，能打开报表页面。运用快捷键打开某页面，能打开页面 | 通过 |
| 4 | 功能、界面设计方便用户操作和控制 | 单击页面缩小、还原、关闭按钮，拖动页面 | 该页面可以被缩小、还原、关闭，页面可以被拖动 | 通过 |
| 5 | 提供辅助输入手段 | 查看输入框中系统提供的下拉框选项 | 系统提供了选择输入 | 通过 |
| 6 | 在界面、人机交互、输出中的用语应与业务术语一致 | 查看页面中的用语 | 页面中的用语与业务术语一致 | 通过 |

## 9.3.4　用户差错防御性

用户差错防御性测试的目标是评估系统预防用户犯错的程度。可以通过以下方面进行测试。

**1. 抵御误操作**

抵御误操作是指系统可以防止用户操作和输入导致系统故障的能力。抵御误操作包括在执行具有严重后果的功能时，该操作应该是可以撤销的，或者有明显的警告和提示确认信息。例如，删除、修改或中止一个过程的处理操作，导入数据覆盖原有的数据时，上述操作应该可以撤销；或者在执行操作前有提示信息，警告用户该操作可能造成的影响或后果，并请用户确认是否继续操作。

**2. 用户输入差错纠正**

用户输入差错纠正是指用户输入不符合条件的数据时，系统或软件是否能够进行判断，并进行提示或纠正。例如输入错误的数据类型或数据长度、输入错误的语法时，系统或软件会进行提示或纠正。

表 9-15 给出了一个用户差错防御性测试案例。

**表 9-15 用户差错防御性测试案例**

| 用户差错防御性测试案例 | | | | |
|---|---|---|---|---|
| 序号 | 测试项 | 测试说明 | 测试结果 | 结论 |
| 1 | 数据长度、类型、输入说明提示 | 软件系统是否有对数据长度、类型、输入说明等进行提示 | 输入 10 个字符以上，系统提示超出最长字符串；身份证输入超过 18 位系统提示身份证输入错误，超出正常长度范围 | 通过 |
| 2 | 输入时语法错误提示 | 软件系统是否能够在输入错误语法时进行提示 | 在“温度”一栏中输入中文或英文字母，系统提示输入错误，仅限输入数字 | 通过 |
| 3 | 删除确认提示 | 软件系统在进行删除操作时系统是否对删除操作进行提示 | 删除时系统进行确认提示，确认后删除成功 | 通过 |
| 4 | 具有严重后果的功能执行可逆，或者给出明显警告，执行前要求确认 | 选中记录后执行删除操作 | 删除前给出提示信息，被删除的用户被放置于回收站，可以恢复。 | 通过 |

### 9.3.5 用户界面舒适性

用户界面舒适性测试的目标是评估用户界面提供令人愉悦和满意的交互的程度。

用户界面舒适性评价常依赖于用户个体，令人产生感官愉悦的用户界面对软件产品来说尤为重要。用户界面不应出现乱码、不清晰的文字或图片等影响界面美观与用户感受的情况。好的颜色组合能够帮助用户快速阅读文本或识别图像，如灰色中的浅蓝色、橙色中的红色、蓝色中的绿色等。对于整体用户界面来说，可以选择不同的角度来增强用户界面的舒适性，例如：

- 界面中元素的文字、颜色等信息与功能一致；
- 前景与背景色搭配合理协调，没有过大反差；
- 界面中的元素大小和布局协调；
- 窗口比例适当，所有窗口按钮的位置和对齐方式要保持一致。

表 9-16 给出了一个用户界面舒适性测试案例。

表 9-16　用户界面舒适性测试案例

| 用户界面舒适性测试案例 | | | | |
|---|---|---|---|---|
| 序号 | 测试项 | 测试说明 | 测试结果 | 结论 |
| 1 | 界面是否简洁、美观、实用 | 测试执行中，验证系统各界面是否简洁、美观、实用 | 系统各功能界面简洁、美观和实用 | 通过 |
| 2 | 各功能界面风格是否一致 | 查看各报表的字体、数据格式、颜色、样式、导出格式等是否一致 | 各报表的字体、数据格式、颜色、样式、导出格式等一致 | 通过 |
| 3 | 验证统计图表数据输出是否规矩 | 进入系统统计分析页面，查看统计图表是否规矩 | 图表数据部分被遮挡 | 不通过 |
| 4 | 分辨率调整 | 是否能够对分辨率进行自由调整 | 能够自由调整分辨率 | 通过 |
| 5 | 多窗体、单窗体或资源管理器风格展示 | 系统是否通过多窗体、单窗体或资源管理器风格进行展示 | 系统通过多窗体（单窗体或资源管理器）进行展示 | 通过 |

## 9.3.6　易访问性

易访问性测试的目标在于评估在指定的使用周境中，为了达到指定的目标，产品或系统被具有最广泛的特征和能力的个体所使用的程度。可以通过以下方面进行测试。

**1. 特殊群体的易访问性**

特殊群体包括认知障碍、生理缺陷、听觉、语音障碍和视觉障碍的用户。能力范围包括与年龄相关的障碍，例如高龄人士听觉能力障碍。任何人都有可能成为认知、生理、特定情况或环境下的听觉或视觉能力受限的用户，例如在黑暗中、在高海拔的低气压中、在水中等。若系统或软件支持特殊群体使用时，应验证特殊用户是否能够成功地使用系统。

**2. 支持的语种的充分性**

当系统或软件的语言与用户自己的母语不同时，验证系统或软件是否支持多语言切换功能。当用户试图使用与其母语不同的语种的系统或软件时，经常会出现操作错误，并且有时会放弃实现预期目标。这是对描述和消息的误解导致的可访问性降低的一种情况。因此，有必要考虑和实施支持哪些语种以适应用户的多样性。

表 9-17 给出了一个易访问性测试案例。

表 9-17　易访问性测试案例

| 易访问性测试案例 | | | |
|---|---|---|---|
| 序号 | 测试项 | 测试点 | 结论 |
| 1 | 多语言支持 | 系统是否支持多语言信息 | 通过 |
| 2 | 语音提示 | 系统是否支持语音提示 | 通过 |
| 3 | 特殊人群辅助功能 | 系统是否支持对特殊人群进行辅助操作功能 | 通过 |

## 9.4 可靠性测试

可靠性测试用于评估系统、产品或组件在指定条件下、指定时间内执行指定功能的程度。对可靠性的测试可以从成熟性、可用性、容错性、易恢复性和可靠性的依从性五个子特性开展。

### 9.4.1 成熟性

成熟性测试的目标是评估系统、产品或组件在正常运行时满足可靠性要求的程度。

成熟性一般通过软件产品在满足其要求的软/硬件环境或其他特殊条件下（如一定的负载）使用时，为用户提供相应服务的能力来进行评估。可以把软件故障数、发生失效的比例、系统的完整性级别等作为评价指标，根据需求规格说明书或者产品说明中描述的产品或系统的运行环境，在一定时间内，测试功能列表中的每个功能点，依据测试结果，确定测试到的故障数、缺陷的严重程度、判断系统的完整性级别等。可以通过以下方面进行评价。

**1. 故障密度**

根据需求文档、设计文档、操作手册等用户文档集中的功能列表针对每个功能编写对应的测试用例，执行所有测试用例，收集和分析测试结果。依据测试结果，确定检测到的故障数。故障密度=检测到的故障数目/产品规模，其中检测到的故障数目指 Bug 的数量，产品规模即功能点。

**2. 故障修复率**

故障修复率=修复的可靠性相关故障数/检测到的可靠性相关的故障数。

**3. 平均失效间隔时间（MTBF）**

平均失效间隔时间=运行时间/该时间段内实际发生失效的次数。

当运行时间内发生的失效次数为0时，该值为无穷大，通常来说该结果值越大越好。

**4. 周期失效率**

周期失效率=在观察时间内检测到的失效数量/观察持续周期数。

其中周期指的是实际使用时间或测试时间。对于不同的测试和操作的目的，周期可能有所不同。

表9-18给出了一个成熟性测试案例。

表 9-18　成熟性测试案例

| 成熟性测试案例 | | | | |
|---|---|---|---|---|
| 序号 | 测试项 | 测试说明 | 测试结果 | 结论 |
| 1 | 输入正常数据时，系统的成熟性 | 系统测试过程中，输入正常数据，查验系统的情况 | 系统不崩溃、不异常、不退出也不丢失数据 | 通过 |
| 2 | 执行正常操作时，系统的成熟性 | 系统测试过程中，执行正常操作，查验系统的情况 | 系统不崩溃、不异常、不退出也不丢失数据 | 通过 |

## 9.4.2　可用性

可用性测试的目标是评估系统、产品或组件需要使用时能够进行操作和访问的程度。可以通过以下方面进行测试。

**1. 系统可用性**

系统可用性可定义为在计划的系统运行时间内，系统实际可用时间的比例。若用户文档集中涉及系统支持××小时的服务场景，执行测试用例，记录是否出现系统不支持××小时服务的情况。

**2. 平均宕机时间**

平均宕机时间可定义为失效发生时，系统不可用的时间。测试期间，当系统或软件出现失效时，记录下从宕机到软件可正常使用所花费的时间，以及总的宕机次数，计算出平均时间。验证系统或软件的宕机时间的长短。

表 9-19 给出了一个可用性测试案例。

表 9-19　可用性测试案例

| 可用性测试案例 | | | | |
|---|---|---|---|---|
| 序号 | 测试项 | 测试说明 | 测试结果 | 结论 |
| 1 | 根据系统需求，系统支持 72 小时服务 | 在测试过程中，系统支持 72 小时服务 | 在进行测试过程中，系统支持 72 小时服务 | 通过 |

## 9.4.3　容错性

容错性测试的目标是评估当存在硬件或者软件故障时，系统、产品或软件的运行符合预期的程度。容错性与发生运行故障或违反规定接口时产品或系统维持规定性能等级的能力有关。用户操作某一功能导致产品或系统出现错误或异常时，与差错处置相关的功能应与需求文档、操作手册等用户文档集或产品说明中一致。可以通过以下方面进行测试。

**1. 避免失效率**

避免失效率可以定义为系统或软件能控制多少种故障模式（以测试用例为单位）以避免关键或严重的失效。

系统运行时，若在用户文档集明示的限制范围内使用，不应发生数据丢失，即使当容量达到规定的极限或者用户试图利用超出规定极限的容量时，以及用户执行了产品说明或用户文档集明示的错误操作或不准确的输入时，也不应出现数据丢失的问题。

**2. 组件的冗余度**

组件的冗余度是指为避免系统失效而安装冗余组件的比例。

表9-20给出了一个容错性测试案例。

表9-20 容错性测试案例

| 容错性测试案例 | | | | |
|---|---|---|---|---|
| 序号 | 测试项 | 测试说明 | 测试结果 | 结论 |
| 1 | 输入错误数据时，系统不崩溃、不异常、不退出也不丢失数据 | 系统测试过程中，输入错误数据，查验系统的情况 | 系统不崩溃、不异常、不退出也不丢失数据 | 通过 |
| 2 | 执行错误操作时，系统不崩溃、不异常、不退出也不丢失数据 | 系统测试过程中，执行错误操作，查验系统的情况 | 系统不崩溃、不异常、不退出也不丢失数据 | 通过 |
| 3 | 功能操作错误是否有提示 | 系统测试过程中，执行错误操作，查验系统是否有提示 | 未设置查询条件，点击“查询”，系统提示“出错啦，请设置查询条件” | 通过 |
| 4 | 验证系统是否能够屏蔽错误操作 | 系统测试过程中，执行错误操作，查验系统的情况 | 输入界面中输入的字符串超出最大长度后，无法继续输入 | 通过 |

### 9.4.4 易恢复性

易恢复性测试的目标是评估发生中断或失效时，产品或系统能够恢复直接受影响的数据并重建期望的系统状态的程度。

在出现中断或者失效的情况下，系统应提供完整、易于理解的提示信息，用户能够按照指示的处理方法和操作步骤，重新恢复正常的运行，并恢复受影响的数据。通过数据备份，可以最大限度降低损失。通过需求规格说明书或产品说明中描述的数据备份和恢复方法，可以了解数据备份和恢复机制、具体的备份的数据信息。可以通过以下方面进行测试和评价。

**1. 平均恢复时间**

平均恢复时间可以定义为软件/系统从失效中恢复所需要的时间。用数学方法可以表示为：

$$X = \sum_{i=1}^{n} A_i / n$$

$A_i$ = 由于第 $i$ 次失效而重新启动，并恢复宕机的软件/系统所花费的总时间

$n$ = 发生失效的次数

**2. 数据备份完整性**

数据备份完整性测试系统的数据项是否能完整地定期进行备份。

**3. 数据恢复能力**

查看需求文档、设计文档、操作手册等用户文档集中陈述的数据恢复的方式，对用户文档集中陈述的数据恢复的方式进行验证。

表 9-21 给出了一个数据备份策略测试案例。

**表 9-21　数据备份策略测试案例**

| 数据备份策略测试案例 | | | | |
|---|---|---|---|---|
| 序号 | 测试项 | 测试说明 | 测试结果 | 结论 |
| 1 | 数据备份策略 | 数据备份的方式、备份软件 | 通过 Oracle 数据库自带数据备份 | 通过 |
| 2 | 软件异常退出，临时数据是否恢复 | 在文本框中输入数据时，浏览器意外退出，再次打开浏览器登录系统，临时数据恢复 | 恢复程度：100% | 通过 |

## 9.5　信息安全性测试

信息安全性测试用于评估系统或产品保护信息和数据的程度，以使用户、其他产品或系统具有与其授权等级一致的数据访问度。对信息安全性的测试可以从保密性、完整性、抗抵赖性、可核查性、真实性和信息安全性的依从性共六个子特性来开展。

### 9.5.1　保密性

保密性测试的目标是评估产品或系统确保数据只有在被授权时才能被访问的程度。系统应防止未得到授权的人或系统访问相关的信息或数据，保证得到授权的人或系统能正常访问相关的信息或数据。可通过以下方面进行测试。

**1. 访问控制性**

检查是否启用访问控制功能，依据安全策略和用户角色设置访问控制矩阵，控制用户对信息或数据的访问。应用系统用户权限应遵循“最小权限原则”，授予账户承担任务所需的最小权限，如管理员只需拥有系统管理权限，不应具备业务操作权限，同时要求不同账号之间形成相互制约关系，系统的审计人员不应具有系统管理权限，系统管理人员也不应具有审计权限，这样审计员和管理员之间就形成了相互制约关系。

**2. 数据加密正确性**

数据加密正确性是指按照需求规格说明书或者产品说明中的要求，实现数据项加/解密的正确程度。为了保证数据在传输过程中不被窃听，须对通信过程中的整个报文或会话过程进行加密，例如，在交易过程中，须保证银行账号、交易明细、身份证号、手机号码等敏感信息的安全性，可通过采用 3DES、AES 和 IDEA 等加密算法进行加密处理。此外，还应保证敏感信息存储的安全性。

### 9.5.2 完整性

完整性测试的目标是评估系统、产品或组件防止未授权访问、篡改计算机程序或数据的程度。系统应防止非授权访问导致数据破坏或被篡改，保证数据在存储和传输过程的完整性，保证事务的原子性，避免因为操作中断或回滚造成数据不一致，完整性被破坏。可以通过数据完整性进行测试。

数据完整性是指系统防止因未授权访问而造成的数据破坏或篡改的程度。为防止数据在传输和存储过程中被破坏或篡改，一般会采用增加校验位、循环冗余校验（CRC）的方式，或者采用各种散列运算和数字签名等方式实现通信过程中的数据完整性。

### 9.5.3 抗抵赖性

抗抵赖性测试的目标是评估活动或事件发生后可以被证实且不可被否认的程度。测试的内容可以包括：系统日志不能被任何人修改或删除，形成完整的证据链，并且能够使用数字签名处理事务等。

数字签名使用率可以作为评价抗抵赖性能力的指标，在测试时记录实际使用数字签名确保抗抵赖事务的数量，并与需要使用数字签名处理抗抵赖事务的数量进行比较，得到的结果就是数字签名使用率。

在实际操作中，可以通过启动安全审计功能，对活动或事件进行跟踪，由于审计日志不可被修改或删除，因此可以当作抗抵赖的证据。此外数字签名也是经常使用的手段，对事务进行数字签名，可为数据原发者或接受者提供数据原发和接收证据。

### 9.5.4 可核查性

可核查性测试的目标是评估实体的活动可以被唯一地追溯到该实体的程度。测试的内容可包括查看系统是否对所有用户的重要事件进行安全审计，安全审计日志记录的覆盖程度，审计记录避免受到未预期的删除、修改或覆盖等。可以通过以下方面进行测试。

**1. 用户审计跟踪的完整性**

评估对用户访问系统或数据的审计跟踪的完整程度。在测试时，统计系统日志中记录的访问量，确定审计记录能否覆盖到所有用户及其所有行为。

**2. 系统日志存储**

评估系统日志存储在稳定存储器中的时间占所需存储时间的比例。在测试时对系统日志实际存储在稳定存储器中的时间进行测量，并与要求系统日志存储在稳定存储器中的时间进行比较。稳定存储器能保证任何写操作的原子性，例如通过 RAID 技术在不同磁盘上镜像数据实现稳定的存储功能。

与抗抵赖性不同，可核查性考察的重点是追溯实体的程度。主要是启用安全审计功能后，覆盖用户的多少和安全事件的程度等。对于每个用户活动，其日志记录内容至少应包括事件日期、时间、发起者信息、类型、描述和结果等；审计跟踪设置是否定义了审计跟踪极限的阈值，当存储空间被耗尽时，能否采取必要的保护措施。例如，报警并导出、丢弃未记录的审计信息、暂停审计或覆盖之前的审计记录。

### 9.5.5　真实性

真实性测试的目标是评估对象或资源的身份标识能够被证实符合其声明的程度。测试内容可以包括系统是否提供专用的登录控制模块对登录用户进行身份标识和鉴别、身份鉴别信息不会轻易被冒用、应用系统中不存在重复用户身份标识等。可以通过以下方面进行测试和评价。

**1. 鉴别机制的充分性**

系统提供的鉴别机制的数量是否满足规定的鉴别技术数量。例如需求规格说明书中要求系统实现用户名+密码、Ukey 两种鉴别机制，则系统应实现上述两种认证机制。系统应具备登录控制功能，对登录用户的身份进行标识和鉴别；用户的身份鉴别信息不易被冒用，且不能存在重复的用户身份标识。

**2. 鉴别规则符合性**

系统的鉴别规则应与需求规格说明书或产品说明中规定的鉴别规则一致。若采用用户名和密码的方式鉴别用户身份，用户密码应具备一定的复杂度，例如，密码长度在 8 位以上时，应包含数字、大小写字母、特殊字符三种，并且强制定期更换密码。

## 9.6　维护性测试

维护性测试用于评估产品或系统能够被预期的维护人员修改的有效性和效率的程度。对维护性的测试可以从模块化、可重用性、易分析性、易修改性、易测试性和维护性的依从性六个子特性开展。

### 9.6.1　模块化

模块化测试的目标是评估由多个独立组件组成的系统或计算机程序，其中一个组件的变更对其他组件的影响大小的程度。所谓模块化就是把程序划分为若干个模块，每个模块完成一个子功能，这些模块集中起来就组成一个整体。模块化是好的软件设计的一个基本准则，在测试时可以通过组件间的耦合度来衡量系统模块化程度。

耦合性是对程序结构各个模块之间相互关系的一种度量，取决于各个模块之间接口的复杂程度、模块调用方式等。模块间的耦合性越低，模块的独立性越强，相互间的影响也较小，例如 ESB（企业服务总线）、Web Service 架构、微服务架构、SOA 等。ESB

是一种在松散耦合服务和应用之间的集成方式。微服务架构强调业务系统完全的组件化和服务化，系统分为多个独立的小组件进行设计、开发和运维，一个组件的变更对其他组件的影响非常小。

### 9.6.2 可重用性

可重用性测试的目标是评估资产能够被用于多个系统或其他资产建设的程度。在软件工程中，重用可以减少维护的时间并降低维护成本。可重用性可以通过资产的可重用性、编码规则符合性来测试。

**1. 资产的可重用性**

软件开发的全生存周期都有可以重用的价值，包括项目计划、架构设计、需求规格说明、源代码、用户文档、测试策略和测试用例等都是可以被重复利用的。

**2. 编码规则符合性**

系统或软件的源代码应符合所要求的编码规则。特定系统的编码规则可包含有助于可重用、可追踪和简洁性的规则。例如，为保证源代码具有较好的可读性和可重用性，要求每个函数的上限为 50 行源代码。

### 9.6.3 易分析性

易分析性测试的目标是评估预期的变更（变更产品或系统的一个或多个部分），对产品或系统的影响、诊断产品的缺陷或失效原因、识别待修改部分的有效性和效率的程度。包括为产品或系统提供机制，以分析自身故障以及在失效或其他事件发生前提供报告。测试内容可包括根据需求文档、设计文档、操作手册等用户文档集，从识别软件名称和版本号、软件运行过程中异常、失效时有明显的提示信息、对诊断功能的支持、状态监视的能力等方面进行验证。

**1. 日志完整性**

日志记录系统的运行状况。测试时对需求文档、设计文档、操作手册等用户文档集中陈述的软件具备的日志记录功能进行验证，查看记录的异常信息是否易读、易于定位故障。

**2. 诊断功能有效性**

运行过程中出现异常时，系统或软件应给出相应的提示信息，提示信息的内容应当易于理解。例如系统登录超时，页面应有超时提示，请重新登录。验证系统日志中是否记录系统故障的异常信息。

表 9-22 给出了一个易分析性测试案例。

表 9-22　易分析性测试案例

| 易分析性测试案例 | | | | |
|---|---|---|---|---|
| 序号 | 测试项 | 测试说明 | 测试结果 | 结论 |
| 1 | 登录系统超时 | 用户名：test<br>密码：123<br>断开网络，点击登录按钮 | 登录失败，提示登录超时，请连接网络。并在日志中记录信息 | 通过 |
| 2 | 中断数据库连接 | 断开数据库连接，点击查询按钮 | 提示无法连接到数据库。并在日志中记录信息 | 通过 |
| 3 | 操作日志 | 软件提供日志查询功能，可查询操作日志 | 软件提供操作日志查询 | 通过 |

### 9.6.4　易修改性

易修改性测试的目标是评价产品或系统可以被有效地、有效率地修改，且不会引入缺陷或降低现有产品质量的程度。这里的修改可以是对应用系统的参数进行配置，也可以是对用户权限和业务流程等进行定制化。可从扩充系统应用、软件版本更新方式、软件版本更新时的数据操作、系统参数配置、用户权限配置等方面进行验证。

**1. 扩充系统应用**

查看需求文档、设计文档、操作手册等用户文档集中是否陈述软件支持自定义模块功能。若文档中描述了自定义模块功能，则根据相关文档编写测试用例，执行测试用例，验证实际效果与预期效果是否相一致。

**2. 软件版本更新方式**

验证用户文档集中陈述的软件升级方式，记录软件版本更新方式，验证软件版本更新后是否可以正常运行。

**3. 软件版本更新时的数据操作**

查看需求文档、设计文档、操作手册等用户文档集中是否陈述软件版本更新时会涉及数据变动，若涉及应验证如何对数据进行更新，并记录数据的更新方式。

**4. 系统参数配置**

查看需求文档、设计文档、操作手册等用户文档集中是否陈述软件支持系统参数配置，若支持系统参数配置，则应编写并执行测试用例，查看实际结果是否与预期结果相一致。同时验证修改的系统参数是否生效。

**5. 用户权限配置**

若系统或软件支持用户权限配置，应对用户文档集中陈述的用户权限配置功能进行验证，配置完成用户权限之后应验证是否配置成功。

表 9-23 给出了一个易修改性测试案例。

表 9-23 易修改性测试案例

| 易修改性测试案例 | | | | |
|---|---|---|---|---|
| 序号 | 测试项 | 测试说明 | 测试结果 | 结论 |
| 1 | 扩充系统应用，增加新的功能模块 | 系统设置->自定义模块->新增查询模块 | 新增查询模块成功 | 通过 |
| 2 | 版本更新 | 软件的版本的升级方式 | 软件的版本可手动升级 | 通过 |
| 3 | 数据更新 | 软件版本更新时的数据操作 | 软件的版本更新时的相关数据可手动进行更新 | 通过 |
| 4 | 添加符合需求的角色 | 归属机构：北京总部<br>角色名称：A1<br>英文名称：Angle<br>角色授权：选择类型<br>点击“保存”按钮 | 角色添加成功 | 通过 |
| 5 | 添加必填项为空的角色 | 归属机构：北京总部<br>角色名称：A1<br>英文名称：输入为空<br>角色授权：选择类型<br>点击“保存”按钮 | 角色添加失败，提示必填项未填 | 通过 |
| 6 | 添加用户权限 | 用户名：test<br>添加权限：审计 | 添加权限成功 | 通过 |

### 9.6.5 易测试性

易测试性测试的目标是评估能够为系统、产品或组件建立测试准则，并通过测试执行来确定测试准则被满足的有效性和效率的程度。可以通过以下方式进行测试：查看需求文档、设计文档、操作手册等用户文档集中描述的功能项是否易于选择检测点编写测试用例；软件的功能或配置被修改后，验证是否可对修改之处进行测试。例如：《×××软件-需求规格说明》中包含角色配置管理功能，可以给不同角色分配功能。如初级审核员 A 具有初审功能，可通过修改角色配置给初级审核员角色分配复核功能，查看审核员界面是否包含复核功能来验证角色配置是否成功。

## 9.7 兼容性测试

兼容性测试用于评估在共享相同的硬件或软件环境的条件下，产品、系统或组件能够与其他产品、系统或组件交换信息或执行其所需的功能的程度。对兼容性的测试可以从共存性、互操作性和兼容性的依从性三个子特性开展。

### 9.7.1 共存性

共存性测试的目标是评估在与其他产品共享通用的环境和资源的条件下，产品能够有效执行其所需的功能并且不会对其他产品造成负面影响的程度。根据产品说明、需求文档、设计文档、操作手册等，针对安装和运行过程软件共存性约束进行测试。测试的内容可包括软件产品安装时与正在运行的软件之间的共存性约束、与产品说明中指定的已安装软件之间的共存性约束，具体如下：

- 安装测试软件，验证测试软件和已安装组件是否均能成功安装和正确运行。
- 对产品说明列举出的与软件兼容的软件和不兼容的软件等进行测试，确保在同一个操作环境下同时运行两个软件，对软件进行操作，查看 CPU、进程等系统资源的使用情况。分别单独运行一种软件，查看系统资源使用情况。比较两种情况的资源使用情况，是否存在异常。
- 两个软件在长时间共存的情况下是否运行正常，检查软件是否能够与其他软件正确协作，是否能够正确地进行交互和共享信息。
- 测试与其他常用软件（如杀毒软件、办公软件等其他应用软件）一起使用，是否会造成其他软件运行错误或本身不能正确实现功能。通常两种杀毒软件之间不能共存，会出现系统运行慢、无法开机等情况。

### 9.7.2 互操作性

互操作性测试的目标是评估两个或多个系统、产品或组件能够交换信息并使用已交换的信息的程度。测试内容包括产品说明和用户文档集中声明的数据格式是否可交换、数据传输的交换接口是否已实现等。

**1. 数据格式可交换性**

软件互操作性表现为软件之间共享并交换信息，以便能够互相协作共同完成一项功能的能力。测试时查看产品说明、用户文档集中声称支持的文件的导入导出格式，如.xls 格式、.doc 格式或者.jpg 格式等，针对指定格式的文件进行验证。

**2. 数据传输的交换接口**

在与其他软件进行通信时，对于规定的数据传输，交换接口的功能是否能正确实现。如：基于 Web Service 互操作性信息包括传输数据、SOAP 消息、UDDI 条目、WSDL 描述和 XML 模式等信息。SOAP 协议是一种简单的基于 XML 的协议，它使应用程序通过 HTTP 来交换信息，将所有服务用 WSDL 文件加以描述，提供一组标准的 API 来调用 Web 服务。

表 9-24 给出了一个互操作性测试案例。

表 9-24　互操作性测试案例

| 互操作性测试案例 | | | | |
|---|---|---|---|---|
| 序号 | 测试项 | 测试说明 | 测试结果 | 结论 |
| 1 | ×××功能模块中的上传图片，支持.JPG、.BMP 格式的文件上传 | 上传.JPG 格式图像<br>上传.BMP 格式图像 | 成功上传，图片无损 | 通过 |
| 2 | 系统、产品或软件支持与 LIS 系统实现数据交换 | 在医生工作站中查看患者在 LIS 系统中的检验数据以及检验报告 | 查看成功 | 通过 |

## 9.8　可移植性测试

可移植性测试用于评估系统、产品或组件能够从一种硬件、软件或者其他运行（或使用）环境迁移到另一种环境的有效性和效率的程度。对可移植性测试可以从适应性、易安装性、易替换性和可移植性的依从性四个子特性开展。

### 9.8.1　适应性

适应性测试的目标是评估产品或系统能够有效地、有效率地适应不同的或演变的硬件、软件或者其他运行（或使用）环境的程度。

**1. 硬件环境的适应性**

硬件环境的适应性测试包括对于产品说明中指定的每一种硬件环境，软件均能成功安装和正确运行，包括但不限于：

- 对系统中主要硬件部件进行测试，从 CPU、存储设备、辅助设备（如打印机、扫描仪等）、网络设备（如路由器、交换机等）等硬件设备进行验证。
- 软件运行的最低配置和推荐配置要求，如：指定 CPU、内存的最低配置要求。
- 针对辅助设备的适应性验证，例如对于不同厂商、不同型号的打印机分别进行测试。
- 针对板卡及配件的适应性验证，例如独立板卡、主板芯片组、驱动程序中的自由软件。

**2. 系统软件环境的适应性**

软件环境的适应性测试包括对于产品说明中指定的每一种软件环境均能成功安装和正确运行，包括但不限于：

- 操作环境的适应性：一般在需求说明书或者产品说明中指明的操作系统类型和版本必须进行适应性测试验证，如针对 PC 端（Microsoft Windows XP/Microsoft Windows 7/Microsoft Windows 10）、服务器端（Microsoft Windows Server 2008 R2）、移动客户端（Google Android 4.4.4）等；应对同一操作系统（Microsoft Windows 7）的 32 位和 64 位系统进行验证；验证操作系统的版本与补丁版本的一致性；如果产品说明中未指明的，针对当前主流的操作系统版本进行验证，在确保主流操作系统版本的前提下对非主流操作系统版本进行验证测试。

- 数据库的适应性：目前很多软件尤其是 ERP、CRM 等软件都需要数据库系统的支持，对于这一类软件需考虑对不同数据库平台的支持能力，还需要测试新旧数据转换过程的完整性与正确性。
- 浏览器的适应性：来自不同厂商的浏览器对 Java、JavaScript、ActiveX、plug-ins 或 HTML 规格都有不同的支持，即使是同一厂家的浏览器，不同的版本也存在不同的支持能力，因此需对不同浏览器的不同版本、同一浏览器的不同版本进行测试。当产品说明中指明软件可运行的浏览器时，应当对其声称的浏览器进行测试；当产品说明中未指定软件可运行的浏览器时，应当使用主流浏览器对应用系统进行验证，例如 Microsoft Internet Explorer、Firefox、Google Chrome 等。
- 支撑软件的适应性：对于产品说明中指定的支撑软件环境均能成功安装和正确运行，例如针对 WebLogic、Tomcat、JDK、IIS、.NET Framework 等进行验证。

表 9-25 给出了一个适应性测试案例。

**表 9-25　适应性测试案例**

| 适应性测试案例 | | | | |
|---|---|---|---|---|
| 序号 | 测试项 | 测试说明 | 测试结果 | 结论 |
| 1 | 测试产品说明中指定的硬件环境是否能成功安装和运行软件 | 验证 CPU、存储设备、网络设备、辅助设备<br>验证最低配置和推荐配置下是否能成功安装和运行软件<br>对于不同厂商、不同型号的辅助设备分别进行测试<br>对于独立板卡、主板芯片组、驱动程序中的自由软件分别进行测试 | 在指定硬件环境下，软件能成功安装和运行 | 通过 |
| 2 | 验证产品说明中指明的操作系统类型和版本下，软件是否可以成功安装和运行 | 针对产品说明中指明的 PC 端、服务器端、移动客户端的类型和版本进行测试，若产品说明中未指明，应就主流的类型和版本（Microsoft Windows、Mac OS、Linux 等 PC 端、Microsoft Windows Server 2008 R2 等服务器端、Google Android、iOS 等移动客户端）进行测试<br>应对同一操作系统的 32 位和 64 位系统进行验证 | 在指定的操作系统下，软件能成功安装和运行 | 通过 |
| 3 | 验证指明的数据库类型和版本下，软件是否可以成功安装和运行 | 如果软件需要数据库系统支持，需要测试产品说明中指明的数据库是否能支持软件正常运行，若产品说明中未指明，应就主流的类型和版本（Oracle、MySQL、SQL Server 等）进行测试 | 在指定的数据库环境下，软件能成功安装和运行 | 通过 |

续表

| 适应性测试案例 | | | | |
|---|---|---|---|---|
| 序号 | 测试项 | 测试说明 | 测试结果 | 结论 |
| 4 | 验证指明的浏览器环境下，软件是否可以正常运行 | 当产品说明中指明软件可运行的浏览器时，应当对其声称的浏览器进行测试；当产品说明中未指定软件可运行的浏览器类型和版本时，应当使用主流浏览器（例如 Microsoft Internet Explorer、Firefox、Google Chrome 等）对软件进行验证 | 在指定的浏览器环境下，软件能正常运行 | 通过 |
| 5 | 支撑软件的适应性测试 | 当产品说明中指明软件可运行的支撑软件时，应当对其声称的支撑软件进行测试，例如 WebLogic、Tomcat、JDK、IIS、.NET Framework 等 | 软件可以在产品说明中声明的支撑软件下正常运行 | 通过 |

### 9.8.2 易安装性

易安装性测试的目标是评价在指定环境中，产品或系统能够成功地安装和/或卸载的有效性和效率的程度。

**1. 软件安装**

检查产品说明、安装手册等，看是否陈述安装环境、安装过程的详细步骤，是否对需要注意的事项以及手动选择的配置和参数进行详细说明。按照安装文档中说明的每一种安装方式和安装选项要素进行软件安装测试，包括软件的安装方式（自定义安装、快速安装等）、路径、用户名、数据库等。若应用程序不需要安装，例如应用软件为B/S 架构，不涉及安装程序，该项不适用。

**2. 软件卸载**

检查产品说明中是否指明软件卸载方法，例如采用卸载向导进行自动卸载或从控制面板中的添加/删除中进行卸载或直接删除对应的文件夹。按照产品说明中的卸载方法进行软件卸载测试，验证软件卸载是否完全，不能完全卸载时是否具有提示信息。若应用程序不需要安装，例如应用软件为 B/S 架构，不涉及安装程序，该项不适用。

表 9-26 给出了一个易安装性测试案例。

**表 9-26 易安装性测试案例**

| 易安装性测试案例 | | | | |
|---|---|---|---|---|
| 序号 | 测试项 | 测试说明 | 测试结果 | 结论 |
| 1 | 软件安装 | 安装考虑以下情况：没安装过的 PC 中进行安装<br>缺省项安装功能验证<br>卸载后重新安装<br>删除文件后安装<br>安装目录下磁盘空间不足<br>存在金山、360 等杀毒软件<br>启动该安装多个安装进程<br>静默安装 | 安装完成 | 通过 |

续表

| 易安装性测试案例 | | | | |
|---|---|---|---|---|
| 序号 | 测试项 | 测试说明 | 测试结果 | 结论 |
| 2 | 软件卸载 | 控制面板中卸载<br>开始->程序，快捷方式中卸载<br>软件安装目录下 uninstall.exe 卸载<br>使用 360 等第三方软件进行卸载，是否卸载干净 | 卸载完成 | 通过 |

### 9.8.3 易替换性

易替换性测试的目标是评价在相同的环境中，产品能够替换另一个相同用途的指定软件产品的程度。测试内容包括但不限于测试安装文档中规定每一种重新安装是否能被覆盖，包括覆盖安装、升级安装、卸载后重新安装等，在所描述的情况下，应能够成功重新安装软件。

表 9-27 给出了一个易替换性测试案例。

表 9-27 易替换性测试案例

| 易替换性测试案例 | | | | |
|---|---|---|---|---|
| 序号 | 测试项 | 测试说明 | 测试结果 | 结论 |
| 1 | 验证覆盖安装 | 执行安装包，覆盖安装 | 安装未出现异常 | 通过 |
| 2 | 验证安装程序能否从“断点”继续安装 | 在安装应用程序时进行中断处理 | 重新安装应用程序时，从断点继续安装 | 通过 |
| 3 | 验证升级安装，修复软件 | 安装补丁包 | 软件成功升级，升级结果与预计一致，未安装多余插件，安装未出现异常 | 通过 |
| 4 | 验证卸载后重新安装 | 未完全卸载，重新安装能否成功 | 安装成功 | 通过 |

## 9.9 依从性测试

依从性测试用于评估产品或系统遵循与功能性、性能效率、易用性、可靠性、信息安全性、维护性、兼容性、可移植性等八个质量特性有关的标准、约定和法规以及类似规定的程度。

例如某软件产品的需求文档中写明软件的导航电子地图模块符合标准 GB/T 20267—2006《车载导航电子地图产品规范》中文字编码相关的要求，那么应设计相关的测试用例，见表 9-28。

表 9-28 导航电子地图模块依从性

| 产品声明遵循 GB/T 20267—2006《车载导航电子地图产品规范》 | | | |
| --- | --- | --- | --- |
| 序号 | 测试项 | 测试说明 | 测试结果 |
| 1 | 文字编码 | 查看地图上的注记文本是否采用 UCS-2 编码 | 采用 UCS-2 编码，与标准 GB/T 20267—2006 中的要求相符合 |

当软件产品需求文档中声明其满足易用性相关的标准时，可以通过以下方面进行测试和评价：

- 需方提出的系统或软件易用性指标，符合标准 GB/T 29836.1—2013《系统与软件易用性 第1部分：指标体系》。
- 评价方对系统与软件易用性进行评价时，符合标准 GB/T 29836.3—2013《系统与软件易用性 第3部分：测评方法》中给出的测试设计和实施要求。
- 评价方编制易用性测试报告时，可参考国家标准 GB/T 25000.62—2014《软件工程 软件产品质量要求与评价（SQuaRE）易用性测试报告行业通用格式（CIF）》中的要求和模板。

## 9.10 符合性测试

产品或系统需要发布符合性声明或者申请符合性证书或标志时，可以由第三方机构或者供方内部独立于软件开发的测试实验室依据标准的测试细则进行符合性测试，最终依据测试结果出具符合性测试报告，提供符合性证书或标志。标准符合性测试是测量产品的功能和性能指标，与相关国家标准或行业标准所规定的功能和性能等指标之间符合程度的测试活动。它区别于一般的测试，标准符合性测试的测试依据和测试规程一定是国家标准或行业标准，而不是实验室自定义的或其他的有关文件。

下文中以宣称符合国家标准 GB/T 25000.51—2016《系统与软件工程 系统与软件质量要求和评价（SQuaRE）第51部分：就绪可用软件产品（RUSP）的质量要求和测试细则》的软件产品为例，介绍标准符合性测试与评价。

### 9.10.1 先决条件

在标准符合性测试前需要获得以下资源：

- 待测试软件产品；
- 用户文档集中包含的所有文档；
- 产品说明中所标识出的所有需求文档；
- 软件产品宣称符合的标准。

### 9.10.2 评价活动内容

**1. 产品说明符合性评价**

确定已获取的被评价产品的说明与标准中对产品说明的各项要求的符合程度。

**2. 用户文档集符合性评价**

确定已获取的被评价产品的用户文档集与标准中对用户文档集的各项要求的符合程度。

**3. 软件产品符合性评价**

确定已获取的被评价产品的质量的功能性、性能效率、兼容性、易用性、可靠性、信息安全性、维护性、可移植性，以及对使用质量的有效性、效率、满意度、抗风险、周境覆盖要求进行测试，由此产生测试文档集。

### 9.10.3 评价过程

**1. 对软件产品及其产品说明和用户文档集实施符合性评价**

1）产品说明评价

对产品说明的内容从可用性、内容、标识和标示、映射、产品质量（包括功能性、性能效率、兼容性、易用性、可靠性、信息安全性、维护性、可移植性）和使用质量（有效性、效率、满意度、抗风险、周境覆盖）方面进行评价。

2）用户文档集评价

对用户文档集的内容从可用性、内容、标识和标示、完备性、正确性、一致性、易理解性、产品质量（包括功能性、性能效率、兼容性、易用性、可靠性、信息安全性、维护性、可移植性）和使用质量（有效性、效率、满意度、抗风险、周境覆盖）方面进行评价。

3）软件产品测试和评价

从产品质量（包括功能性、性能效率、兼容性、易用性、可靠性、信息安全性、维护性、可移植性）和使用质量（有效性、效率、满意度、抗风险、周境覆盖）方面对软件产品进行测试，生成测试文档集。这个过程中只记录软件异常情况，而不包括异常纠正和重新测试验证的过程。

**2. 记录评价报告**

将评价结果记录在符合性评价报告中，对报告的要求参见9.10.4节。

### 9.10.4 评价报告

实施符合性测试和评价后，符合性评价组织应该出具包含被评价产品符合性评价结果的符合性评价报告。符合性评价报告应包含以下内容：

- 符合性评价报告唯一标识；
- 软件产品标识；

- 实施符合性评价的组织标识；
- 符合性报告日期；
- 执行评价的人员姓名；
- 评价完成日期以及测试完成日期；
- 用于进行测试的计算机系统，包括 CPU 型号和主频、内存大小、硬盘大小、网络设备等可能影响测试结果的硬件配置，以及操作系统、数据库、中间件、浏览器、第三方软件等可能影响测试结果的软件配置；
- 使用的文档及其标识：评价过程中使用的文档名称和文档标识，包括作为判定依据的文档，例如用户需求文档、项目招标文件、政策法规文件等；
- 符合性评价活动汇总以及测试活动汇总；
- 符合性评价结果汇总以及测试结果汇总；
- 当评价过程中存在不符合项时，应在符合项清单中单独列出不符合要求的项；
- 效果声明：测试结果和评价只与被测试和被评价项有关；
- 复制声明：除非以完整报告的形式复制，否则未经评价实施组织书面批准不得部分复制符合性评价报告。

### 9.10.5 后续的符合性评价

在针对同一个软件产品进行再次符合性评价时，需要考虑之前的符合性评价，并在评价前检查本次被评价产品与前次被评价产品的差异，主要包括：

- 文档差异：产品说明、用户文档集等的差异；
- 软件产品差异：产品说明中说明的所有差异。

# 第三篇　测试技术应用篇

前两篇分别是软件测试的基础理论和测试技术，从本篇开始将在前两篇的理论基础上，结合实际软件测试实践来讨论对软件测试的基础理论和技术的综合运用。

在实际的软件产品测试中，首先要制订合理恰当的测试计划。本篇首先介绍基于风险的测试。通过给出基于风险的测试的通用指导方针，阐述将测试基础理论和测试技术综合运用在真实项目实践的思路和做法。

软件测试技术的具体应用与具体的软件系统密切相关，而软件系统千变万化，如何将具体的测试技术与软件产品测试实践结合对测试工程师和团队负责人是一个巨大的挑战。针对这一情况，本篇将以架构范式为主线，选取四种具有代表性的软件架构范式，分别是第 11 章的分层架构软件测试、第 12 章的事件驱动架构软件测试、第 13 章的微内核架构软件测试、第 14 章的分布式架构软件测试。每种架构测试将从架构概述、质量特性、测试策略、测试案例四个方面进行描述。

复杂的软件系统在设计的初期都需要确定软件架构。软件架构（Software Architecture），IEEE 的定义："架构是一个系统在其组件层面的基本组织结构表现，包括系统内部组件之间的关系、组件与外部的关系以及决定其设计和演进的原则"。软件架构是系统的草图，是构建计算机软件实践的基础，系统的各个重要组成部分及其关系构成了系统的架构。换一种理解方式：架构是一个高层次的规划和难以改变的决定，这种规划决定了未来事物发展的方向和蓝图。

架构范式是将软件工程实践中长期应用的软件架构的组织形式总结提炼后的一系列概念。对于现代软件构成，在软件架构设计中，很少脱离这些几乎固定的范式。真实的软件架构往往是由一种或多种架构范式组合后实例化而成。不同的架构范式在对应解决特定形式的问题有着自己的优势。分层架构范式有利于将复杂问题分解后处理。事件驱动架构范式有利于处理交互式的逻辑。微内核架构范式有利于构建灵活多变和易扩展的软件系统。分布式架构范式在解决大规模的并发处理和高扩展、高容错性要求上有其独有的优势。所以本篇以架构范式为主线阐述不同架构范式对应的软件系统的特点和相关的测试重点、技术和案例。

软件架构是架构范式的具体实例。对于某些软件架构范式，可以开发实现一些特定的软件模块来支撑整个架构的运转，这样的软件模块仅与特定的架构范式相对应，而与具体实现的业务功能无关，这样的软件模块称为架构组件。有些架构中架构组件的质量在一定程度上决定了软件系统的质量，所以在相应章节中将围绕架构组件来讨论其相关的测试策略、技术和方法。

# 第 10 章　基于风险的测试

软件测试活动不仅与技术和业务有关，还涉及产品、开发、运维等多方面的团队，并与产品的开发周期、发布时间、运营的需求等多种时间节点进行协同。涉及团队运作的复杂活动离不开事先计划、过程控制和事后总结，软件测试同样如此。本书的第 1 章、第 2 章阐述了软件测试的基础和基本原理，第 4 章阐述了软件测试管理的基本流程，包括制订测试计划、测试监测和控制、测试完成等过程，第 5～8 章给出了大量的测试技术。测试的基础知识、基本原理、测试过程、测试技术在项目里通过测试计划（测试策略）有机地结合在一起，本章将通过阐述测试计划的制订思想、过程和各项选择来展示基于风险的测试实践。

本章将系统性地阐述基于风险的测试（Risk Based Testing Approach）的具体实践。该实践将测试过程中每个步骤的工作具体化、明确化，并给出运用项目信息和测试知识进行决策的一般性指南。基于风险的测试是目前软件测试业界最主流的测试实践。此外在业界还有不少其他的实践，比如基于需求、基于上下文等等。这些方法在核心思想上或多或少地也运用了风险的概念，所以与基于风险的测试实践大同小异。测试实践是不断变化演进的，未来测试领域很可能有新的实践和理论产生。

最后需要读者注意的是，本章将阐述的是基于风险的测试的实践"指南"，即本章阐述的具体的做法并非唯一正确的做法。测试实践中的决策受到软件产品类型、生存周期阶段、团队和企业组成、业务规模、现金流情况、有无外包团队、测试工具成熟性等多种因素的影响。读者应将注意力集中在实践的核心思想上。

## 10.1　基于风险的测试概述

本章首先阐述基于风险的测试实践逐渐成为主流方法的原因，之后阐述具体测试计划的内容，制订测试计划的步骤和基于风险的测试的应用范围。

### 10.1.1　为何要基于风险

关于如何实施测试，业界有过长时间的讨论，并且该讨论可能一直会持续下去。通常人们制订计划来完成某个目标或明确的任务。在实际的项目中，软件测试活动的目标可能是非常多样的，不同的利益相关方对软件测试的期望都不尽相同，还可能互相矛盾。比如投资人可能期望产品尽早上市，成本越低越好；而开发团队则可能期望测试团队能尽早地发现系统中存在的缺陷，并发现尽量多的缺陷。开发团队期望测试团队早期投入，会导致成本增加，与投资人降低成本的期望会发生矛盾。而软件产品或服务，要取得成功，测试实施的最佳实践需要在互相矛盾的期望中取得最佳的平衡。所以，在项目实践中，制订测试计划阶段的首要任务是确定“要测试什么”“不要测试什么”，将测试的内容、目标以及要达到的质量要求尽量明确，并且让所有利益相关方都能理解并达成共识。

明确要测试什么以后，还要解决如何测试的问题。而如何测试又细分为如何设计测试和如何执行测试。设计测试需要明确测试目标，选取适合的测试设计技术设计测试用例以达到预期的测试覆盖。执行测试明确采用的测试工具，如何操作被测试对象来进行输入，获取和检查输出；确定测试执行的测试环境；确定测试轮次，每个轮次的测试内容，是否进行回归测试，是否进行增量测试等内容。

确定了要测试什么和如何测试之后，还需要安排测试实施所需要的各种资源，包括人力资源、设备和硬件资源、工具和费用资源等。在此阶段，需要说服项目的利益相关方为测试活动进行足够的投入。这时一份有着足够说服力，并能让项目关系人理解和认同的测试策略就是不可或缺的了。

在基于风险的项目实践中，测试计划制订阶段，依据不同的信息来源，可能会导致出现测试偏差。具体内容见图 10-1。

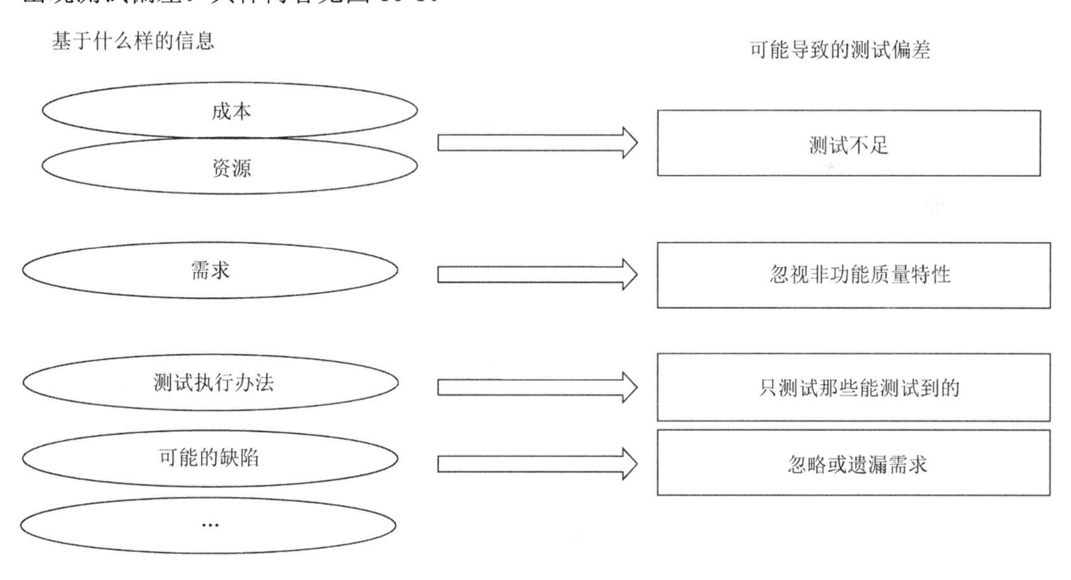


图 10-1　制订测试计划的依据与可能带来的偏差

软件开发和测试项目中，具有大量的信息可以作为软件测试计划的依据。如果仅考虑个别的信息来源，则可能造成测试的偏差。比如有些项目面临着巨大的成本或资源压力。在这样的压力下，缺乏经验的测试管理者，往往容易被压力蒙蔽，仅仅从成本出发，尽量压缩测试的范围，导致测试覆盖不够充分。有些测试投入充足的项目，因为无需考虑测试成本问题，可能导致过度测试的倾向。比如测试团队在多轮测试中，由于经费充足，可以尝试各种测试工具、方法和技术，并且能不断地挖掘出系统深处的缺陷，不断地报告缺陷并要求开发修复后才能发布，产品发布的时间被反复拖延、推迟，最终导致产品上市过晚，竞品已经占据市场的结果。

有些软件产品项目围绕功能需求安排测试计划，对各项功能进行逐一测试，但是忽略了对非功能特性的测试。比如对于互联网产品的测试，通常在产品起步阶段以功能需求为核心，然而当系统的用户规模不断扩大时，系统的性能表现就尤为重要，往往会出现网站瘫痪、无法访问的情况。很多著名互联网服务商的早期发展阶段都出现过类似的问题。

还有的测试团队在项目的成本和任务完成时间的压力下，只能依赖于当前团队的测试技术能力，完成与技术能力匹配的测试内容。导致的最常见的问题是对于技术能力要求较高的接口测试、集成测试、单元测试，以没有时间为理由放弃，测试内容的缺失，可能会造成系统投入使用后出现问题。

在项目团队中，常常存在对软件测试有偏见的人，有可能扮演着决策者的角色。最常见的对软件测试团队的期待谬误是以缺陷为绩效导向，认为“没有找到缺陷，软件测试就没有价值”。在这样的导向下，有些测试团队不得不将注意力集中在发现缺陷上，正如软件缺陷具有 2.2 节所述“相关性原则”的特性，在编制测试计划时以发现缺陷为导向，往往在测试范围、内容、测试目标、设计方法和执行方法上，重点关注已发现缺陷的模块或功能，尽量多地发现缺陷，从而导致忽略对正常功能的完整覆盖。

测试理论与实践的差异在于理论是具体实践的抽象，排除了实践中不可避免的各种压力、限制、认知偏见和信息不对称。由于实践中信息来源纷繁复杂，还有着各种压力和困难，所以很容易造成在项目中，难以对诸多要素进行综合的思考和平衡。所以，需要一个更能体现软件质量本质、更能综合各方面要素实质的概念来简化思考。

测试计划除了作为测试活动的安排和指导以外，还是一个重要的沟通载体。测试计划包含的信息应该能被其他利益相关方理解。而测试团队外部的利益相关方可能不像测试团队负责人那样对测试有着深刻的认识，并且他们也不关心测试活动的种种细节。所以，在测试计划中，测试计划和策略一定要以其他利益相关方能够理解的内容和概念出发。

在业界长期的测试实践中，测试专家和管理人员逐渐认识到，能体现测试本质并容易被其他利益相关方所理解的概念只有一个，即“风险”的概念。风险是当前未发生而未来有可能会发生并造成一定负面影响的事件。软件测试是通过各种测试活动来发现软件或服务中是否存在引起风险的缺陷，并反馈风险信息给开发团队，由开发团队修复缺陷从而降低风险的活动。并且，软件测试活动中未发现缺陷则在一定程度上证明风险发生的概率很低，从而给软件的发布上线提供决策信息。

功能和非功能（质量特性）的质量最终体现在产品或服务的风险上。比如，功能缺失或不可用，将导致产品质量风险的发生。产品容错程度不足、异常情况处理不足导致的产品失效、崩溃等情况，同样导致产品质量风险的发生。产品界面设计不够友好、用户体验不佳导致用户数量减少，也是产品的质量风险。

软件开发过程中的各种技术问题、资源问题、管理问题也体现在产品开发过程的风险上。比如，软件开发的过程管理问题造成的需求分析不足、开发返工，则可能导致开发费用过大的风险。架构设计考虑不够充分，存在扩展或移植的困难，则可能导致产品开发延期的风险。

风险相比软件测试和开发的专业知识更容易被各方理解和接受。发现和缓解风险，能更好地完成测试任务，同时满足各方面的期望。减少风险符合项目利益相关方的自身利益，所以从风险角度分析和阐述软件测试的各项决定和安排更容易得到项目利益相关方的理解和认同。为了规避风险所提出的测试团队的技能、环境、设备等建设和提高的要求，也能够得到最大程度上的支持。因此应该围绕发现风险、缓解风险的目标来建设测试团队的能力，而非反过来由测试团队的能力来决定要处理产品的哪些风险。图 10-2 概括了从风险出发进行分析能产生的效果。

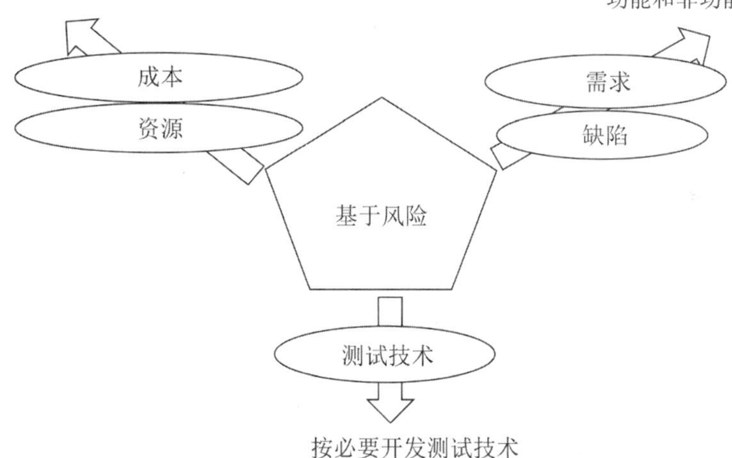


图 10-2　基于风险的测试计划制订

从产品的风险出发可以分解到各种质量相关的风险，从而将软件质量具体化，将缓解风险所需要的各项资源明确化、量化，最后根据风险和缓解措施所需要的测试能力来设计对应的测试方案，这样能够对各方面的要求达成最佳的平衡。

最后需要强调的一点是测试策略和测试计划的制订本质上与制订商业计划、做职业计划等工作一样，第一是面对不确定性，第二是面对有限资源，第三都是试图做出当前时间点上的最佳决策。测试计划和策略安排都应随实际情况的变化而不断地进行调整。即当通过测试发现原来预计大概率会发生的风险，由于开发团队的努力，变得不太可能发生了，这样的情况下，可以选择停止测试或者将测试资源投入到其他的风险上去。

### 10.1.2　测试计划内容

测试计划内容的核心是解决图 10-3 中所示的 4 个问题。

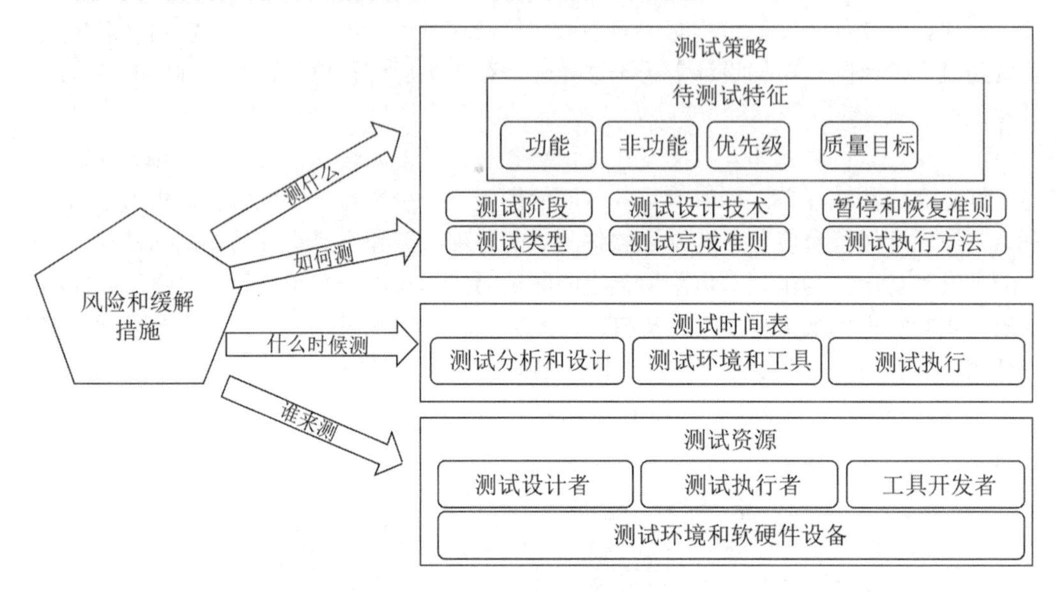


图 10-3　测试计划内容概要

- 测什么——从风险出发，需要明确地列举出要测试哪些具体的功能和非功能的质量特性，这些也被称为测试范围。哪些先测，哪些后测，哪些多测点，哪些少测点，这些体现为测试的优先级。要测到什么程度体现为质量目标。通常可以将要测试的功能列在一张表中，逐级分解（一般 3 层以上）为子功能，再分解到与风险对应的质量特性。这样就形成了一张功能和质量特性描述的测试范围列表。然后从风险分析可以得到风险的优先级和质量目标，将在 10.2 节中详述。
- 如何测——测试范围明确后，应运用前文阐述的测试基础知识、原则和设计技术，结合非功能质量特性的风险情况，设计和安排测试阶段，结合测试类型等内容形成测试策略。如何进行测试设计和一般性的指南将在 10.3 节中详述。
- 什么时候测——结合风险缓解措施和软件开发的生存周期安排测试活动。将测试范围内容、测试策略的内容进一步分解为具体的测试任务。然后通过甘特图等项目管理工具将详细的计划安排落实。
- 谁来测——根据不同的测试阶段、测试类型、技术特长等要素确定测试团队。对于较大规模的综合性产品，除了考虑内部资源，还应综合考虑外部近岸外包、离岸外包、众包等成本、效益的比较，从而不断优化资源，提高测试的质量和效率，并降低成本。

### 10.1.3　测试计划制订的步骤

制订测试计划分为三个基本步骤，如图 10-4 所示。

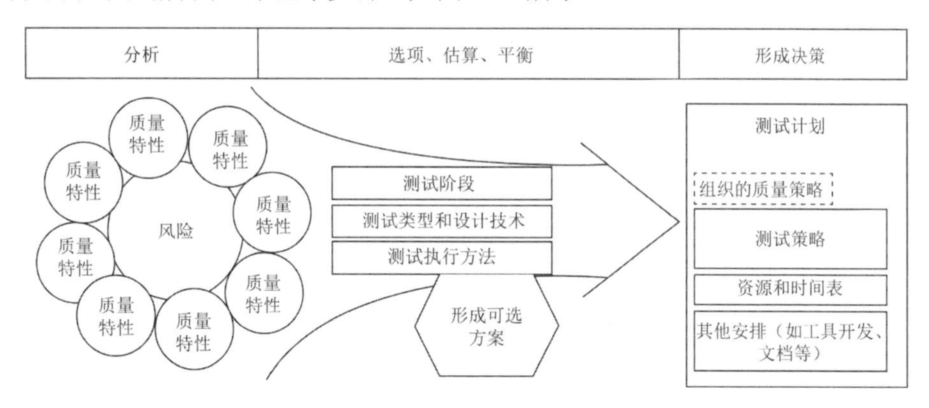


图 10-4　测试计划制订步骤

①分析——识别风险，将风险进一步分解，确定优先级，排序。然后通过质量特性为桥梁，将仅与业务相关的风险与软件的特性联系起来。通过质量特性的分解和联系，方便后续步骤中设计测试策略。

②选项、估算、平衡——此阶段实际上是一个循环改进的过程。对测试阶段进行合理安排，确定每个测试阶段对应的测试范围和测试类型、设计技术和测试执行方法。以上所有内容形成一个整体测试策略，需要结合团队的情况、资源情况和时间安排等内容，落实测试策略。根据测试策略确定整体预算、人员、设备和时间安排，形成策略选项。在测试计划阶段，通常需要设计多种策略选项进行讨论、谈判和决策。

③形成决策——此阶段通常是与各个利益相关方进行沟通，形成决策。从最重要的利益相关方开始沟通，比如能决定测试预算和人员的利益相关方。对各种策略选项的覆盖内容，可能的残留风险、成本、工期等进行综合评估和决策，形成最终的测试计划，同时获得利益相关方的认可。如果与各方不能达成一致意见，可能需要返回到第 2 步甚至第 1 步，再次进行分析和估算。

在具体的实践中，采用 4.3 节描述的测试策划过程，进行测试计划制订。风险分析的第一步就是理解项目的上下文（TP1）。这里上下文的含义非常宽泛。比如对于游戏软件，可以包括游戏的故事场景与游戏玩家的年龄段、个人喜好等。识别和分析风险（TP3）就是上述将风险细化分解落实到产品特性、开发周期等要素的过程。本章描述的从风险分析获取待测试特征的做法，是一种实践做法，还有其他多种方法来获取待测试特征的内容。确定风险缓解方法（TP4）和设计测试策略（TP5）就是解决如何测的问题。最后确定什么时候测和谁来测的问题就是确定人员配置和调度（TP6），编写测试计划（TP7）。关于获得一致性测试计划（TP8）和沟通并提供测试计划（TP9）的相关实践将在 10.4 节中详述。

### 10.1.4 基于风险的测试的应用领域

基于风险的测试目前通常用于商业产品、非安全攸关的产品或服务。随着对风险认识的成熟和业界共识的逐步形成，越来越多的安全攸关的产品或服务也开始采用此做法来避免测试不足和过度测试。

## 10.2 风险分析和缓解措施设计

本节将按风险分析的一般性步骤来阐述风险的识别，影响和发生概率的评估，从影响和发生概率得出风险的优先级，对每个风险运用软件测试的知识（原则、设计方法、执行方法、测试类型等）来设计最合理的缓解措施，最后将给出一般性的缓解措施设置的指南。

### 10.2.1 风险识别

风险识别是基于风险的测试的起始点，后续所有的分析和决策都依赖于此项工作的成果。如果在风险识别阶段遗漏了某项重大的风险，则必然会出现在后续的测试中得不到足够覆盖的情况，从而给产品上市、发布、上线后的表现带来巨大的隐患和不确定性。

风险的识别极大地依赖于人们对产品、业务、相关产业生态，乃至社会和文化等方面的理解和认识。目前并没有一个确定机械化的算法来保证找出所有的风险。通常的做法是通过专家访谈、头脑风暴和采用风险框架或检查表来尽量保证识别完整的风险和客观地评估其优先级。在项目实践中，测试经理或负责人将上述三种做法组合起来运用，结合组织特点选择合适的方式，达到获取尽量完整的风险列表并客观对风险作出评估的目的。比如专家访谈可以得出基础的风险列表或者对已有的风险列表进行补充；头脑风暴可以邀请主要的利益相关者参与，花费两个小时左右的时间列举出关键利益相关者关心的风险；风险框架或检查表能提供风险识别的历史经验和尽量完整、全局的视角。由于访谈技巧和头脑风暴技巧与软件测试关联较小，本节将给出一般性的、通用性强的风险框架和检查表。

一般对于商业产品（包括各种消费电子、互联网、嵌入式系统）可以采用图 10-5 的通用风险识别框架。

通用风险识别框架在整体上给出了三层结构的风险类别。即任何商业产品的风险都由社会风险、商业风险和系统/结构性风险构成，然后进一步分解的结构如图 10-6 所示。在实际项目中，可以再根据项目/产品本身，对第三层风险做进一步的分解。在第 13 章微内核架构的测试中，给出了一个从此框架进一步分解识别风险的案例。

如果从上述通用风险识别框架直接识别具体的风险仍然比较困难，则可以进一步借助质量特性来进行识别。即对图 10-5 第三层的每项内容，从质量特性的角度逐一进行思考。比如由系统复杂性出发，从功能的完备性、正确性等角度思考寻找相关的风险，然后再从性能效率的子特性上逐一思考寻找，一直到将所有的质量特性都思考一遍。加入质量特性的通用风险识别框架如图 10-6 所示。

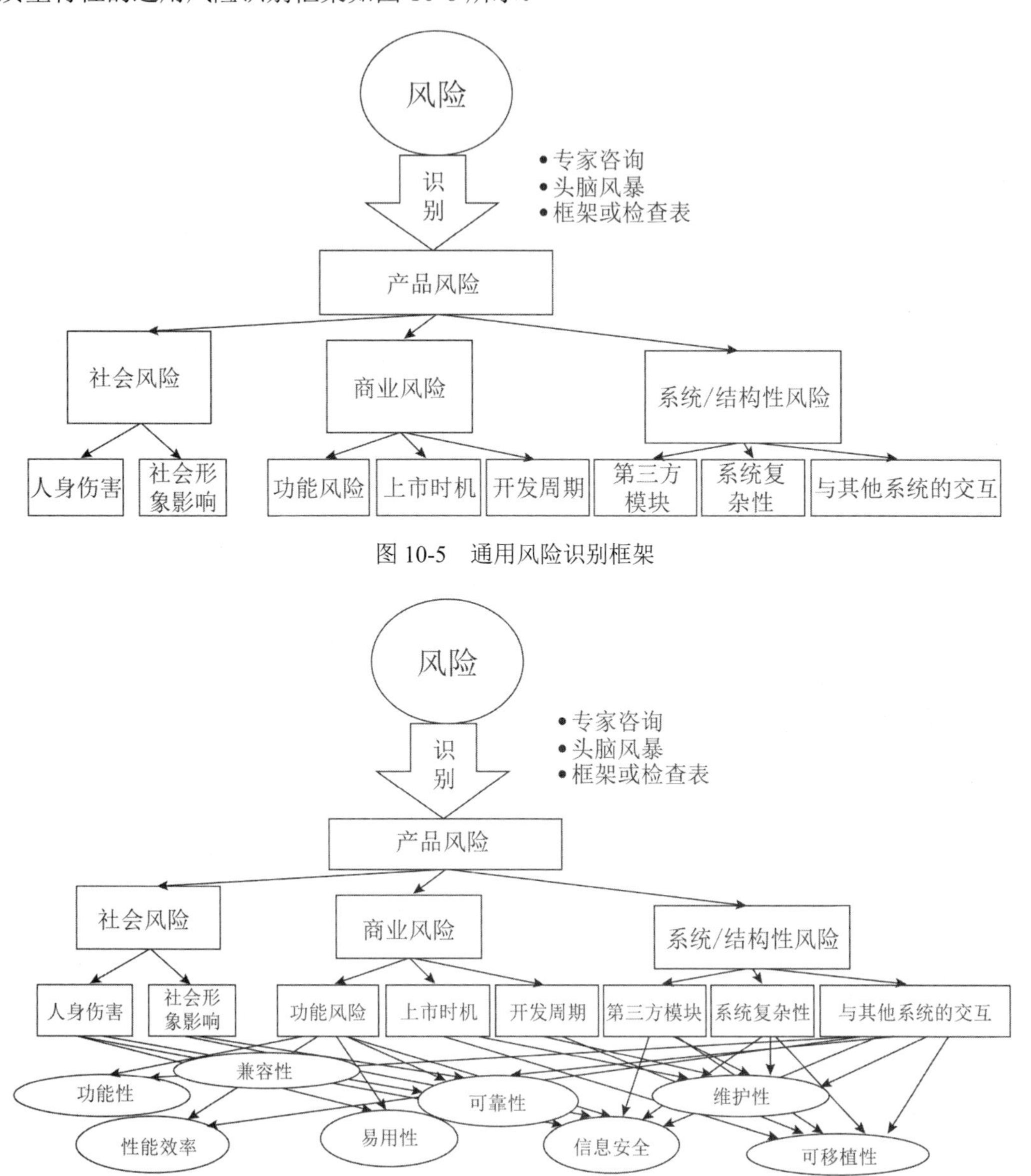


图 10-5　通用风险识别框架

图 10-6　质量特性拓展的通用风险识别框架

通用的风险识别检查表是在项目中可用并可扩展的检查表。一般测试组织可以从这个通用的检查表出发，基于实践的经验教训，不断地扩展和维护，从而形成能涵盖组织产品或服务的完整的风险识别检查表，如表 10-1 所示。

表 10-1 通用的风险识别检查表

| 质量风险类别 | 相关问题的描述 |
| --- | --- |
| 竞争劣势 | 质量上相比竞品低 |
| 数据处理质量 | 处理或存储或获取数据失败 |
| 日期和时间处理 | 在日期或时间相关的输入/输出、计算或事件处理上出现失效 |
| 灾难处置和恢复 | 当面临灾难时，不能进行服务/功能降级，或不能从这样的事件中恢复 |
| 文档相关 | 用户操作或系统管理员如何操作系统的说明写得不清楚 |
| 错误处理和恢复 | 由于出现异常情况而导致系统崩溃无法恢复 |
| 功能相关 | 某个功能不能工作 |
| 安装、配置、升级和合并 | 部署系统失败，数据合并失败，能否升级/降级，升级/降级后的副作用，意外安装不合适的软件或模块等 |
| 互操作 | 在主要模块、子系统、外部系统之间的交互发生失败 |
| 本地化 | 在某种特定的地区、语言、消息、税率（财务规范）、操作习惯和时区中出现失效 |
| 网络和分布式 | 不能处理网络或分布式请求，比如严重的延迟、丢包、资源被占用等导致的失败 |
| 操作和维护 | 备份/恢复操作影响到了运行中的系统 |
| 打包/发布 | 打包失败或发布渠道出现问题 |
| 性能 | 无法承担期望要求的负载量 |
| 移植、配置和兼容 | 在声称支持的某些版本的系统上失败不能工作<br>某些声称支持的系统配置下不能正常工作 |
| 可靠性 | 不能达到持续长时间稳定运行 |
| 信息安全和隐私 | 不能保护系统，不能避免非法的数据访问 |
| 标准一致性 | 与强制标准冲突 |
| 状态和迁移 | 不能对一系列的操作进行及时的、正确的响应 |
| 用户界面和可用性 | 忽视人的因素尤其是用户界面的操作 |

风险识别除了以上描述的方法以外，还可以从以下来源获取风险：

- 各种规格说明；
- 实现的细节；
- 销售、市场资料；
- 竞争对手的研究；
- 独立评估机构；
- 过去历史项目；
- 个人的历史经验。

通常测试经理需要综合运用上述的风险识别框架和检查表，力图尽量全面地识别风险。在此阶段多花些精力能大大减少后续返工，甚至是风险出现时造成的经济损失。需要特别注意的是，风险的识别同软件测试一样，也是不可穷尽的，应避免将测试活动阻塞在无穷尽的风险识别上。可通过固定工期的做法，固定安排风险识别的工作时间，来识别风险。在项目结束后的回顾活动中，应注意积累在测试计划阶段未能识别的一般性风险，并将其加入到检查表中。

对于风险识别，除了如何找出风险以外，常见的一个疑问是应该将风险分解到多细的粒度。实践经验上，没有绝对的风险粒度的规定。是否足够看个人是否能在当前的细节程度上理解风险和把握风险（能正确地估计其发生概率和影响）。如果足够理解和把握风险，则当前的细节程度是合适的，否则就需要进一步地分解细化或进行抽象。

### 10.2.2　风险的影响和发生概率评估

如前文所述，风险是可能发生的负面影响的事件。由其概念可见其包含两个更基本的要素：

- 风险发生的可能性（概率）；
- 风险一旦发生可能造成的影响（损失）。

理论而言，风险发生的精确概率是不可知的。上市的产品、发射的卫星，在风险变成事件前是不可能精确地知道其发生的概率的。但通过观察被测试对象发生失效的概率，可以推测产品在上市后可能出问题的概率，并且测试越充分，从测试中了解到的失效概率越接近产品风险发生的真实概率（大数定律）。因此，以软件测试作为度量软件产品质量的手段，简而言之是通过执行测试，获取相关数据，再经过计算得到软件产品正确运行的概率或发生失效的概率。由于测试团队不负责修复缺陷，其本质是识别风险的发生可能性，而真正在产品中降低风险的是开发团队对缺陷的修复。所以随着“开发、测试、修复缺陷”这样的循环，产品中风险发生的概率得到了降低。

风险的影响是产品或服务的固有特性，与软件测试活动没有关系，风险的影响并不会因软件测试活动的增加而发生变化。一个风险的影响大小完全取决于其应用的场景。比如同样的除零错误，在手机的计算器应用上，无非造成程序闪退，而一旦发生在汽车的 ECU 软件中就有可能导致车毁人亡的事故。虽然软件测试活动对风险可能造成的影响没有任何作用，但是风险影响的大小却决定了软件测试活动的内容、多少、时间。

在制订基于风险的测试计划时对识别的风险还应区分该风险是否与软件质量相关。与软件质量无关的则不应纳入测试计划的分析工作中。在实际项目中，要区分风险是否与软件质量相关是相当有挑战性的，通常依赖于对业务领域的了解来做出判断。有一种实践的方法是对某个特定的风险，思考其是否有除了软件开发/测试以外的其他的缓解措施。如果非软件手段的缓解措施能完全缓解风险（或决定完全由非软件手段的缓解措施来缓解风险），则这样的风险可以认为是“非软件质量相关的风险”。

理论上，对于确定的期望由软件测试活动来对应处理的风险列表，应该结合软件的细节功能逐个进行发生概率和影响的估算。然而在实践中，这样的分析成本相当高，并且估算的准确程度可能非常低，低到对测试计划的构建没有帮助。所以，通常实践中将风险归类或者在分解结构中取适中的粒度来把握风险的概率和影响。

以上是对风险分析的概括说明，而软件测试活动究竟在产品风险缓解上能起到什么作用，具体的分析见图10-7。

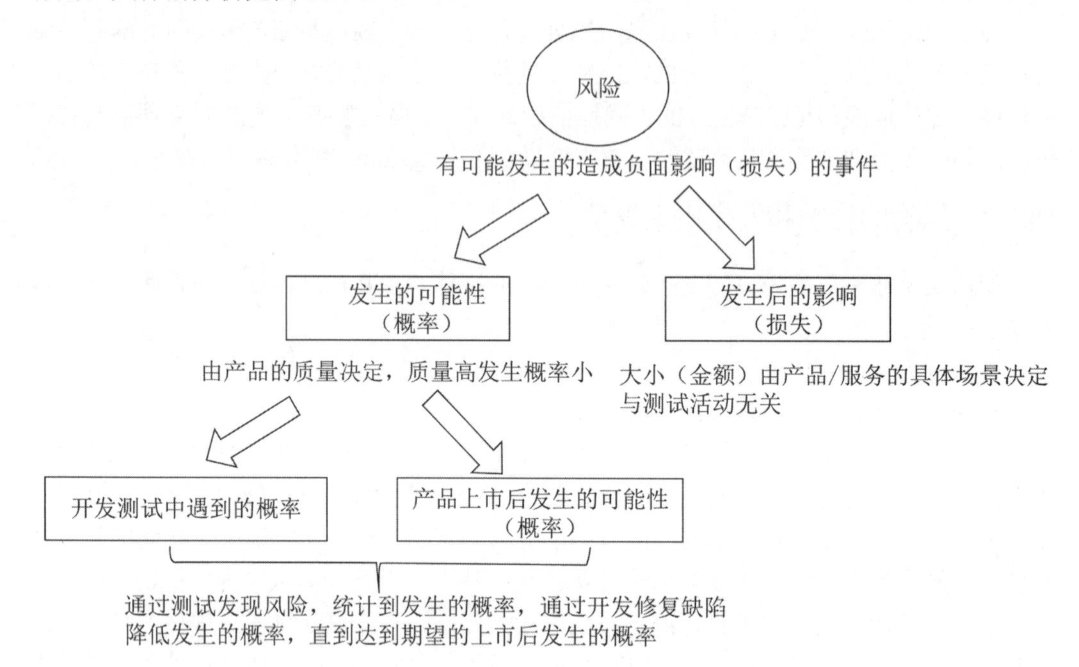


图10-7 风险发生概率和影响分析的基本框架

风险分解为发生的可能性和发生后的影响两部分。而对于测试活动而言，产品上市后风险发生的概率其实应该是“期望”产品上市后发生风险的可能性大小。即由测试活动识别风险，由开发活动修复缺陷降低风险后，在最终上市产品中残留的风险概率有多大，也就是期望达到的质量目标。即某类风险在最终产品中可能发生的概率有多大。既然测试活动的目的是经过测试/修复缺陷的活动将产品中残留的风险降低到可接受的程度，那么自然有一个当前时间点上产品内残留的风险的概率。这个概率可以用测试执行的结果来近似。即测试的成功率越高，风险就越低。实践中，对应某个功能的100个测试用例中如果有15个失败，则可以认为该功能在产品中残留的风险发生概率接近15%。即当前时间点上产品的该功能的质量为15%的失效概率。若从业务场景出发，该功能在最终产品中允许残留的风险概率为0.1%，则从当前的失效概率到达到上市质量要求，还有14.9%的距离。所以，图10-7进一步分析风险发生的可能性，可以得到软件测试活动要解决的实际上是当前风险大小到残留风险之间的差距。

由上面的分析，实际上基于风险的测试计划中的风险分析，需要：

- 区分能通过软件测试活动来缓解的风险。
- 从业务出发，估计风险的影响。
- 从业务出发，估计在最终产品中允许的残留风险发生的概率。

- 从产品开发测试出发，了解当前产品中风险发生的概率。

要区分哪些风险能通过软件测试活动来缓解，通常的做法是根据测试的技术、实践和原则，来考虑对某个风险可能的对应缓解措施。如果实在找不到可通过某种测试活动来缓解的，则可以排除到测试范围以外。通常这样的决定是需要经过讨论的，因为单个测试经理的知识或视野有局限。一般而言，如果某个风险体现为某种软件的质量特性（参考第 9 章）的缺陷，则应该能通过测试活动来发现风险从而得到缓解。事实上，从实践经验出发，对于一个软件产品、服务或包含软件的系统，除了产品定位、商业模式、商业现金流之类的“纯粹”的商业、管理或运营问题以外，绝大多数都能在软件测试活动中找到一定程度的缓解措施。最简单的例子是在产品中自动升级功能的质量直接影响了企业售后服务的运营成本。从业务出发来估计风险的影响的方法需要测试经理对业务的价值进行合理的估算。通常测试经理非常难自行完成相对精确的估算，而这样的信息往往可以从公司的总经理、财务官、项目经理、产品经理处获得。企业或业务的估值方法在这里可以得到应用。比如对于电商系统，可以获得当前（或期望的）用户数量、日活用户数、相应的营业额、平均日营业额、利润水平等信息。那么，对于稳定性风险，则出现导致停机一天的缺陷对应的直接损失是可以计算的。这样的风险对于商誉的损失，通常也有财务方法进行估算，停机风险的影响就可以得到一个大致的估算范围。再如，由于某个促销活动的逻辑设置错误导致用户能用极低的价格买到昂贵的商品的风险，也可以由前面提到的若干参数进行适当的放大后估计到。总而言之，风险的影响的估计方法多种多样，完全取决于业务的形态。通常测试经理可以从业务相关的利益相关方处获取风险的影响信息或估算的方法。特别需要注意的是，风险的影响估计的目的是后续对测试活动的分配形成指导，所以必须控制风险影响估算这个活动本身的复杂度和工作量。在实践中，粗略地将产品风险的影响分为十个级别，并对每个级别给出合适的定义，从而简化风险影响分析的活动，也是一种相当可行和普遍的做法。这里重点是“合适”的定义，即这些定义是经过讨论和大家认同的。

对上市后产品中允许的残留风险发生概率的估计，其实就是设置产品的质量目标。通常很多企业组织在组织的质量政策中会有相关的规定。对于没有相关规定的组织或项目，则可以采用以下两种做法：

- 与利益相关方沟通，参考竞品来获取对产品质量的总体期望（以允许的某些失效风险为例）。然后以此期望作为底线，对产品的关键功能，适当做一定程度的提高（即留出一定的缓冲）。对产品的次要功能，直接采用该期望。而对无关紧要的功能，适当降低。
- 对于全新的产品或无法从利益相关方处获取信息的，则可以由测试经理从自身的经验出发，或组织测试团队进行头脑风暴，或对产品的使用场景进行列举，并推算使用场景中出现失效的受容忍的程度。

最终，分解和确定到每个风险上的允许残留发生概率应与利益相关方沟通并获得认可。

对产品开发测试中遇到风险发生概率的估计是最容易处理的。可以遵循以下原则：

- 当功能还未开发时（或完成度很低时），其发生的概率是 100%。因为此时若产品上市，则必然出现失效。有些实践允许当功能开发中，需求评审通过，设计完成并评审通过，则有可能根据项目的历史质量情况酌情设置发生概率为 80%、60%。这样的设置有助于产品经理通过风险的变化来理解、掌握产品的开发和测试活动的进展情况。
- 当开始测试活动时，则测试结果的通过率可以近似地作为开发测试中遇到风险的概率。

项目实践中，往往需要就风险允许发生的概率和影响，反复与项目利益相关方进行协商。因为通过以上方法评估获得的风险影响往往偏大而上市后允许的残留风险往往偏小。这样造成的结果将是测试活动的预算大大超出利益相关方的预期。这时，需要与利益相关方进行良好的沟通，对估计进行修正，从而获得一致的认识。

以上是进行风险分析的一种实践，其核心思想是对复杂而难以把握的风险进行分解，将其分解到能理解和把握的程度，从而尽量客观地对风险的大小进行评估。而进行风险的影响和发生概率评估的核心目的是得到风险的优先级。因此，根据项目本身的重要程度、风险影响和发生概率的评估活动本身也适用基于风险的原则。如果项目重要度低，整体风险就不高，则不宜采用上述比较复杂和大工作量的方法。如果项目重要程度很高，整体风险高，则需要采用更为仔细和精确的做法。

### 10.2.3 风险的优先级

在充分识别列举了产品可能会存在的风险和其发生概率及影响以后，应该对风险进行合理的排序，对重要的风险多分配资源，多安排测试，早安排测试。基于风险的测试计划就是围绕风险来分配测试资源，通过向优先级高的风险倾斜资源，同时又确保对极低风险有着最基本的覆盖来获得测试活动的最佳费效比。

基于风险的测试的基本思想：简单来说，如果风险造成的负面影响是确定的，则发生概率越大，其造成损失的可能性也越大，那么自然应该得到更优先的处理。如果风险发生的概率确定，则风险造成的负面影响越大，一旦发生所造成的损失也越大，也应该优先处理。所以风险优先级（$R$）、发生概率（$P$）和影响（$I$）的关系，可以初步总结为以下公式：

$$R=P\times I$$

然而，通过 10.2.2 节的分析方法可知，测试活动解决的是当前的开发测试活动中遇到风险的概率（$C$）与期望产品上市后发生风险的可能性（$P$）之间的差距。所以对于软件测试计划，其要对应的风险的优先级，应该修正为如下公式：

$$R=(C-R)\times I$$

由以上公式计算出来的风险优先级的单位其实是影响（损失）的金额。在实践中，可以参考此金额设置一定的比例作为测试预算的划拨依据，通过这样的方式，能比较好地解决测试预算不足的问题。

将各项风险依次计算得到的数值进行排序，可以得到风险的相对优先级。将各风险的数值累积后可以获得风险的总额，参照各风险占总额的比例，能够确定在该风险上投入资源的比例。表 10-2 给出一个多媒体播放器的风险分析例子。

**表 10-2　风险优先级和比例的实例**

| 风险层一 | 风险层二 | 风险层三 | 影响（损失） | 当前发生概率 | 期望残留概率 | 差额 | 风险大小 | 资源比例 |
| --- | --- | --- | --- | --- | --- | --- | --- | --- |
| …… | …… | …… | …… | …… | …… | …… | …… | |
| 播放功能异常 | MP4 格式播放异常 | 初次播放异常 | 100 万元 | 10% | 0.01% | 0.0999 | 9.99 | 4% |
| | | 反复播放异常 | 50 万元 | 12% | 1% | 0.11 | 5.5 | 2% |
| …… | …… | …… | …… | …… | …… | …… | | |
| 总计 | | | 255 万元 | | | | | |

多媒体播放器对于 MP4 格式的初次播放异常将导致产品滞销或大量的维修。而对于反复播放的异常，则可能被用户忽略或少量维修即可。结合相似产品的历史，将开发完毕后可能出现异常的概率作为“当前发生概率”。结合市场情况，残留概率为 0.01%意味着 500 万台的销售量中最坏可能有 500 台需要售后。而反复播放的异常，由于一般用户很少会将视频文件反复播放，所以 1%的失效是可以接受的，不会引起售后。由此得到初次播放失效的风险优先级远远大于反复播放失效的优先级。对应风险的整体预算是 255 万元，经计算可知投入到初次播放失效相关的资源应为 4%，即 10 万元左右。对于计划的安排重点应关注资源比例而非风险大小的绝对数额，风险发生概率的变化与测试投入并非线性关系。

以上的分析和计算在测试计划阶段可用于进行测试计划，在测试活动的管理阶段还可以用于进行控制。比如，在实际的测试中，与初次播放异常相关的 100 个测试用例全部通过，得到当前发生概率为初次播放异常 0.00%，与反复播放异常相关的 50 个测试用例中有 1 个未通过，则当前发生概率为 2%。根据此结果，可以大大减少对初次播放异常相关测试用例的回归测试，而将资源投入到其他的测试活动中。

上述优先级计算的实践通过量化方法来计算风险投入和优先级，需要注意的是，这样的做法相对比较复杂和繁重。通常一个 40 个大功能的系统，进行这样的分析就需要一到两周的工作量，再加上评审、讨论的时间，可能需要一个月左右的周期来完成。风险分析的关键思想是通过测试识别现有风险到期望的水平之间的差距，并且与风险的影响结合来得到风险之间的相对优先级。另一个比较简略快速的做法是将发生概率和影响都分 10 个级别，对每个级别做出在组织内能达成认同的定义。然后进行划分和计算，得到风险的相对优先级。通常这种做法可以在半天到几天的工期内完成风险分析，实践效果比较好。缺点是组织内对于风险影响的分级很难达成一致。组织应根据管理要求和项目开发的生存周期选取合适的方法。

### 10.2.4 风险与缓解措施

如 10.2.2 节中讨论的，在制订基于风险的测试计划时应区分识别的风险是否与软件质量相关。与软件质量无关的则不应纳入测试计划的分析工作中。比如在权衡成本和效益比之后，某产品的性能风险发生的概率比较小，而一旦发生则可以通过降级服务水平和通过运维加入更多服务器的办法来解决，增加新服务器的运维成本小于测试和修复成本，这样的风险在测试计划阶段就可以排除在由测试来识别和缓解的风险之外。在确定应在软件测试活动中识别的风险以后，测试范围也就随之确定了。在测试计划中，确定测试范围非常重要，需要明确规定哪些内容要测试和哪些内容不需要测试，这样的规约能明确指导测试活动，避免将测试活动扩大到对业务贡献很小的风险上。

在明确了测试要识别的风险以后，可以运用软件测试理论、实践知识和方法设计合理的对风险的缓解措施。在 10.2.2 节风险的影响和评估中已经提到，在分析风险时可能已经需要考虑是否能通过测试活动来覆盖，在风险分析环节，主要关注分析识别风险，而在本环节中，已经有了清晰的风险列表、优先级等信息，需要集中注意力来“设计”缓解风险的一套策略（test strategy）。图 10-8 对这样的整套办法给出了完整的视图。

软件测试技术发展给出了如图 10-8“测试策略”框内所示的各种缓解风险的测试手段。这些测试手段的基本概念和做法已经在本书的前两篇中详述。对于已经识别的风险，可以通过对测试级别、测试类型、测试设计方法和测试执行方法的组合设计，来实现最优的测试方案。测试经理需要在熟练掌握前两篇内容的基础上，结合自身的经验和组织、产品的情况，综合考虑并设计出最合理的测试策略：

- 测试级别的划分，能对应解决软件开发的复杂性问题。将一个大规模复杂的系统分解，从小的模块开始（单元测试），逐步放大到整个系统级别。
- 测试类型的设计和安排，将测试类型安排在最适合对应的测试级别中来识别和缓解产品风险。
- 测试设计方法，在每个测试级别和类型中，都需要进行测试设计和执行的工作。所以在划分测试级别和测试类型后，对应安排合适的测试设计技术来分析和设计测试用例。
- 测试执行方法，对每个测试级别和测试类型都应具体地设计安排对应的测试执行手段。是手工测试，还是编写代码来测试，还是通过某些工具来实现测试，执行测试需要什么样的环境，这些问题都是设计测试执行方法时需要考虑和明确解决的。

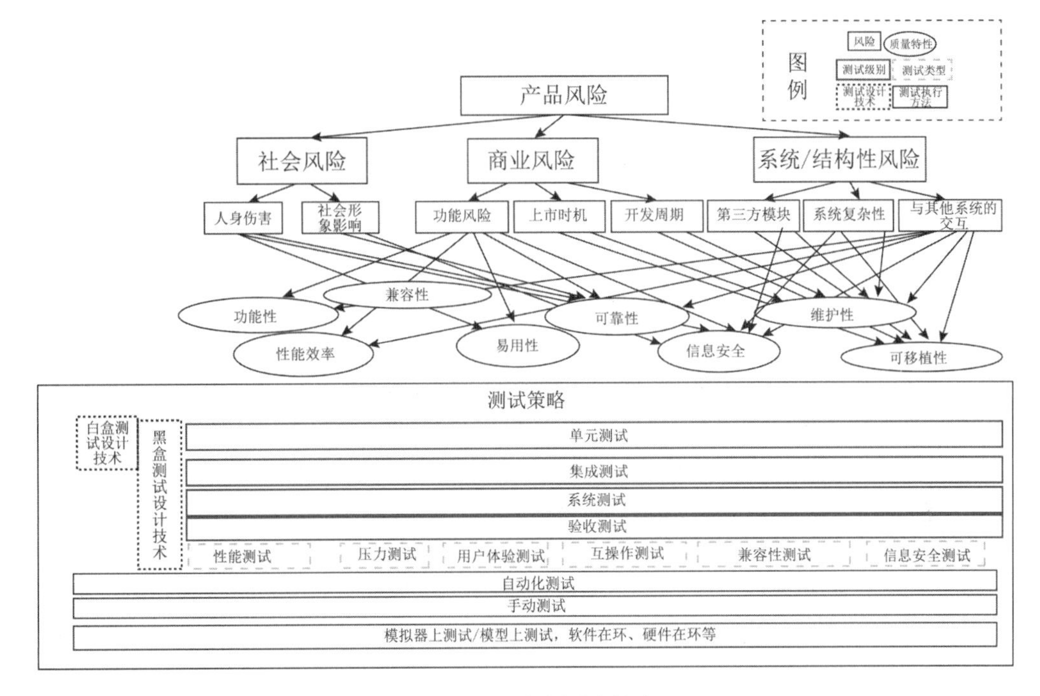


图 10-8　风险和测试策略

以上这些测试手段，需要测试经理根据组织和团队的能力情况和产品的风险和复杂度，划分测试级别，安排测试类型，安排测试设计方法和设计实现测试执行的方法，并且还必须通过优秀的沟通技巧等软技能来与关键的项目利益相关方达成一致的认识。下节将对如何安排和设计给出一般性的指导。在实际的项目中，则应活学活用，避免教条地完成风险缓解措施的设计。

## 10.2.5　一般性的缓解措施指南

通常对于一个完整产品的测试计划，由于整个系统的复杂性非常高，单个团队无法单独处理，需要多人、多个团队分工进行。对于这样的情况，推荐采用区分“主测试计划”（Master Test Plan）和“分级别的测试计划”（Layered Test Plan）的做法。在主测试计划中，一般对测试级别进行定义和划分，定义各个测试级别所应达成的质量目标。即在主测试计划中，主要应对系统的复杂性风险，因为此风险是大型软件系统中核心的风险之一。同时，可以在主测试计划中对各个级别的测试活动所应采取的测试类型、测试技术、工具和环境做出初步的指导性说明，并对测试活动所需要的预算进行一个框架性的定义。然后由负责各测试级别的团队指定测试负责人来分别制订各自测试级别的测试计划。

举例来说，某产品是一个历史产品线的沿袭，系统的整体架构、模块和功能基本与历史产品线相同。变化的是少量的非核心新功能和底层硬件的升级换代。这时可能的测试级别的划分是：

- 对于没有代码变更的已有软件模块，无需进行单元测试。对于新开发的模块或代码有修改的模块，需要安排单元测试。单元测试应包含回归测试、新功能测试和代码覆盖测试。单元测试随代码开发，逐渐增量，按两周一个迭代周期利用持续集成工具进行自动回归。单元测试的质量目标是对功能修改和新增代码的功能百分之百覆盖；代码行覆盖和分支覆盖达成百分之百；异常处理和数据异常百分之百覆盖。以上覆盖要求的测试用例通过率应达到 95%。由开发代码的工程师团队中的另一人来负责开发和执行单元测试用例。
- 根据单元测试最终的情况考虑是否安排一轮在模拟器环境中执行的预集成测试，包括新功能的所有集成测试和回归测试。当单元测试中的功能测试未能达到 80%的通过率，且超过编码阶段时间点，则停止单元测试，改由集成测试团队来实施本测试。本阶段不设质量目标，整体完成后进入集成测试阶段。
- 对新添加的功能进行集成测试。此外，由于底层硬件的变化，应在集成测试级别对所有功能进行基本功能的回归测试。在集成测试中，还应对硬件变化可能造成的异常数据和流程进行测试。集成测试随硬件发布的三个节点上各执行一轮。集成测试的质量目标是：应达到功能的百分之百覆盖；对硬件变化引起的模块交互变化达到百分之百覆盖。以上测试通过率应达到 95%以上。由集成测试团队负责本测试活动。集成测试团队由开发团队和测试团队分别抽调人员组成。
- 在系统测试级别，对所有功能进行完整的三轮回归测试。对新功能一并进行完整的测试。回归测试采用已有的自动化测试平台进行完整的回归。对于新功能，第一轮测试采用人工执行的方式，同时创建自动化测试脚本。在第二、第三轮的回归测试中，采用自动化测试的执行方法来解放测试团队人力，解放出来的人力用于探索性测试寻找缺陷的活动。系统测试的质量目标是：功能和质量特性的要求达到百分之百覆盖，测试通过率达到 99.5%以上。严重级别的缺陷全部修复。系统测试由专门的系统测试团队和第三方测试团队完成。

以上定义，实际上划分了测试阶段。对每个阶段要完成的任务和质量目标做了基本的规约，还对基本的测试设计范围和执行方法提出了基本的要求。各个级别的测试管理者根据主测试计划分别制订本级别的测试计划，测试计划应分别对应各级别对应的风险，并力图达到主测试计划要求的质量目标。

对于以上的例子，负责某新增单元模块测试的工程师可能根据主测试计划和本模块涉及的功能和对应的风险，安排模块级别的功能测试、非功能测试等，形成单元测试计划。

设计风险缓解措施分为以下基本步骤，如图 10-9 所示。

- 首先安排测试级别来对应软件系统的复杂度风险。
- 根据各个测试级别的特点和资源情况安排，通过特定的测试类型在本级别内对应特定的质量特性风险。
- 在安排测试类型后，考虑采用哪些测试设计方法设计测试用例。

- 根据与被测试对象的交互方式（如何进行输入，如何获取输出，如何进行结果比较）、可能的测试环境、测试工具的情况来设计测试执行的方法。

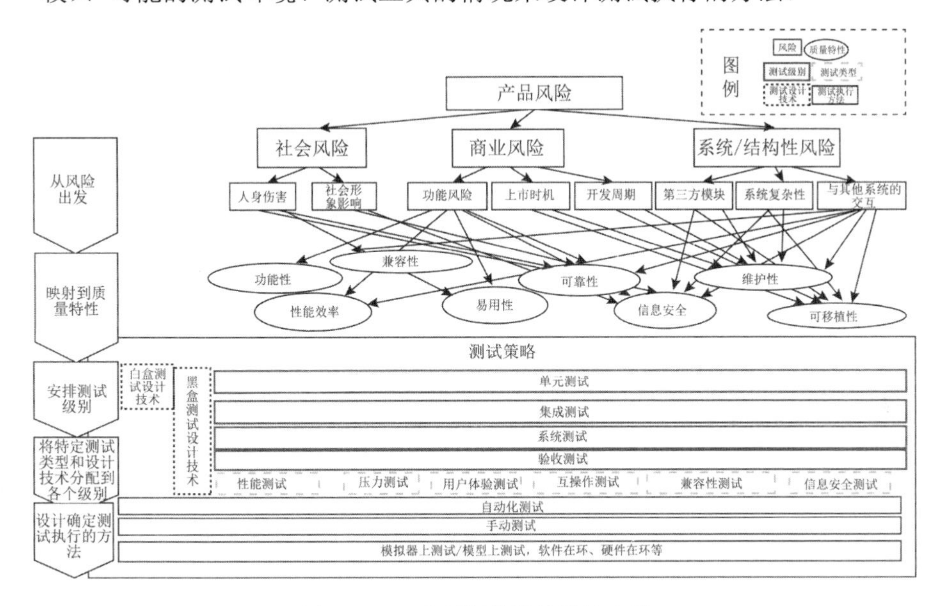


图 10-9 风险缓解措施的设计步骤

以上设计风险缓解措施的步骤顺序，符合基于风险的原则：

- 由风险导出相关质量特性，而非单纯考虑质量特性，避免扩大某些不必要的质量特性的测试，忽略应覆盖到的质量特性测试。
- 由质量特性得到测试类型，避免安排无意义的测试活动来进行某些特定目标的测试。保证安排的测试类型都是为了对应某项风险。
- 根据测试类型考虑测试设计方法，更有针对性。
- 根据测试类型和测试级别设计测试执行的方法，而非相反。避免只安排那些能测试的测试类型。应根据需要去设计开发测试环境和测试工具。但是，在很多项目实践中，测试负责人往往从既有的环境和工具去考虑测试范围和测试目标，导致风险应对不足。

测试级别、测试类型和设计技术、测试执行方法在基于风险的测试计划的设计中的决定关系如图 10-10 所示。

在制订主测试计划时，应根据每个测试级别所能缓解的风险，安排适合的测试级别并将风险处理分配到各个级别的测试。

- 单元测试：擅长发现代码级别的缺陷，擅长识别详细设计和编码错误造成的风险，不擅长识别功能设计和软件需求错误造成的风险。单元级别应该仅专注于当前的单元代码，单元测试时很少关心功能设计的内容和需求的内容。即单元测试的测试用例基于本单元的功能、详细设计和代码来开发，测试用例未包含对功能设计和软件整体需求的测试内容。应特别注意区分代码缺陷和其他设计或需求缺陷。通常，代码缺陷指笔误，或代码级别的逻辑错误，其逻辑仅限于单个模块或单个函数内部。比如变量名错误，布尔表达式错误，循环条件错误等。所有的缺陷修复都会落实到代码的修改。常见的误区之一是将所有的软件缺陷都归结为代码的缺陷，如果一个错误逻辑涉及了其他模块，则其不应被当成代码缺陷。

- 集成测试：擅长发现模块间交互的缺陷，而模块间交互往往是由软件的功能设计甚至是架构设计规定的。所以集成测试擅长识别功能设计或架构设计的错误造成的风险。这样的风险包括但不限于性能风险、容错性风险、信息安全风险、维护和移植性风险。在集成测试中，对模块进行黑盒测试，所以集成测试不擅长发现代码级别的错误。集成测试重点关注模块之间的交互，很少关注软件需求涉及的易用性等内容。由于集成测试通常成本比较高，对测试人员的要求也比较高，所以通常在集成测试中安排的各种专项测试也比较少。通常仅安排那些与架构等关键设计有关的风险在集成测试中进行。这样能在相对系统测试更早的开发阶段识别并缓解风险。
- 系统测试：擅长发现软件需求的缺陷，所以其擅长识别需求的风险，包括各种非功能的风险。不擅长识别代码级别和设计级别的缺陷，所以通常系统测试安排在完成其他级别的测试之后，对软件质量有了一定信心之后进行。
- 验收测试：擅长发现软件需求的缺陷，重点在于识别软件行为是否符合客户的使用场景，是否易用等质量特性。通常验收测试安排在系统测试完成，软件产品中残留的风险概率很小时进行。并且验收测试往往由产品的客户实施。

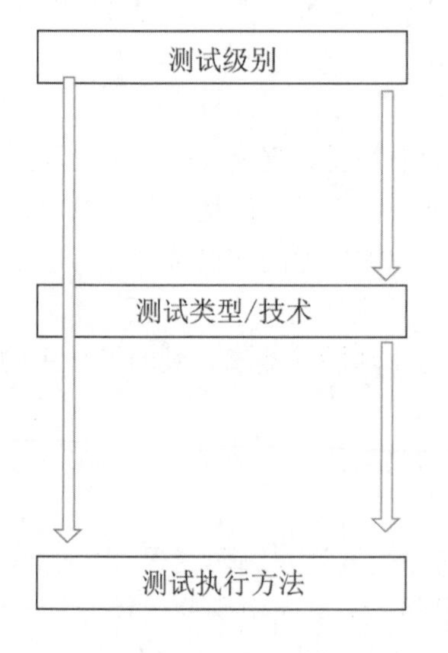


- 处理系统内部风险（项目，架构）
- 减小复杂性，避免问题堆积
- 提早测试，缩短开发周期

- 黑盒/白盒
- 压力测试，性能测试，信息安全测试等
- 各测试阶段，各功能/非功能，各特定测试类型对应安排测试设计技术

- 测试执行的环境选择
- 识别测试工具需求
- 决定手动还是自动化测试

图 10-10　测试基础原理的决定关系

需要注意的是测试级别的安排并非越多越好，更多的测试级别往往意味着更高的测试成本和更长的测试周期。

划分测试级别后，应在各个子测试级别中安排相应的测试类型。安排测试类型的基本原则非常简单，就是对应质量特性来安排测试类型。如针对性能容量相关的风险，安排性能测试；针对信息安全相关的风险安排信息安全测试。通常特定类型的测试与测试级别的安排原则是：

- 功能性测试，通常在各个级别中都应安排功能测试。单元级别中，单个模块或单个函数都有自己的功能。集成测试、系统测试和验收测试级别都应围绕系统提供的功能进行测试。
- 可靠性测试，通常也在各个级别中都安排。单元级别中可以根据代码的复杂度来进行安排。对于复杂度高的模块，应尽量安排可靠性测试；反之则可考虑略过可靠性测试。
- 性能测试通常安排在集成测试及之后的测试级别。当担心不合适的架构造成性能风险时，则应尽量提前安排性能测试，比如在集成测试中安排性能测试。当单个模块的算法对性能可能造成重大影响时，甚至应在该模块的单元测试中安排性能测试。在系统测试和验收测试中安排性能测试，也是目前常见的做法。
- 信息安全测试通常安排在系统测试级别。但不排除对信息安全攸关的模块安排单元级别的信息安全测试。对于模块或子系统之间跨网络或有信息安全风险时，则应在集成测试阶段安排信息安全测试。
- 易用性测试通常安排在系统测试级别和验收测试级别。基本上不会在单元和集成测试级别安排易用性测试。通过对需求和用户手册的评审来实施易用性测试也是目前常见的做法。
- 维护性测试通常安排在系统测试级别。通过对架构设计和功能设计的评审来实施维护性测试也是目前常见的做法。
- 兼容性测试通常安排在系统测试级别中。
- 可移植性测试通常安排在系统测试级别中。

关于在测试级别中安排测试类型，还有一个实践原则是在较早级别中实施的测试类型缓解的风险，应该在较后级别中也做安排。比如在单元测试级别做过性能测试，则应至少在系统测试级别中，对与模块相关的功能进行符合用户场景的性能测试。这样做的原因是，较早级别的测试往往侧重的是系统的局部。虽然在局部上识别并缓解了风险，但在系统层面上是否该风险真正得到了缓解还未可知，所以应在后续的级别中仍然考虑对应该风险。而在较早实施的测试级别中加入某些类型的测试的目的往往是希望尽早发现风险。风险发现得越晚，越接近软件发布的时间，则能用来缓解风险的时间就越少，对于项目团队而言越容易陷入被动。所以，根据产品各种风险的情况来安排测试类型是需要测试管理者综合平衡决策的结果。

## 10.3 测试级别与测试实施

风险的缓解措施包括测试级别安排、测试类型、测试设计技术和测试实施技术。前文对前两者的安排和应用给出了一般性的指南。本节将在一般缓解措施指南的基础上进一步详述测试设计和实施的详细安排。首先将对测试设计和实施给出一般性的安排原则，然后结合每个测试级别讨论特定测试级别的相关问题。

### 10.3.1 测试设计和实施的一般性指南

在第 5 章和第 6 章已经介绍了十多种测试设计技术，仔细分析每种测试设计技术以及测试设计和实现过程可以看到从 TD1 到 TD2 的过程实际上是将功能转化为软件测试的描述的过程。在实践中选择测试设计技术的通用规则是：选择使用测试条件描述形式最接近功能或质量特性的描述方式的测试设计技术。

各测试设计技术对应的测试条件描述形式如下：

- 等价类划分。该测试技术的测试条件描述形式是数据区间或集合。能以这样的形式来表达的功能描述适合采用等价类划分来测试。比如当功能描述中有对参数的取值范围定义时，这样的定义描述形式能方便地通过数据区间来描述。这样用等价类划分来对此参数进行测试分析是比较合适的。又如，对某个软件的兼容性测试要求其兼容各种 Windows 操作系统，那么某一系列类型的 Windows 操作系统可以看作是一个集合，这样的质量特性描述形式能方便地转化为集合形式描述，所以也适合用等价类划分法。
- 边界值。该测试技术的测试条件描述形式是基于等价类划分的，所以只要功能描述的内容是有顺序的或者有边界的，就可以采用此设计方法。
- 分类树。当功能描述中包含多种复杂的情况和参数取值，而这些情况或参数取值能被划分为多个互相独立，又没有缺漏的子集时，这样的功能描述可以用树的形式来描述。所以应当考虑这样的功能适合采用分类树的方法。
- 语法测试。该测试设计技术的测试条件描述形式是将需求规格描述转化为巴科斯（BNF）范式。所以如果产品的某段需求描述适合用巴科斯范式来描述，则其应当选择采用语法测试的测试设计技术。
- 组合测试。涉及多个参数取值和不同取值共同作用的需求规约描述适合采用组合测试。
- 判定表测试。当需求规约描述包含多个输入参数和不同取值，多个输出，并在输入参数取值和输出之间规定了从输入取值得到输出的逻辑规则，这样的需求规约适合用判定表来描述和整理，所以适合采用判定表测试设计技术。
- 因果图测试。因果图分析的语义本质上与判定表一致，只是采用不同的模型描述。

所以适合用判定表测试技术进行测试设计的功能也适合用因果图测试。区别在于不同的模型描述。

- 状态转移测试。该测试设计技术的测试条件描述形式是状态转移图。所以当需求规约描述的是某个软件的多个行为，并且这些行为能够被抽象为状态迁移模型，则适合采用本测试设计方法。
- 场景测试。该方法几乎适合任何功能。只要功能描述的信息是不同系统、模块之间的交互、互动行为的都可以采用此技术。
- 随机测试。该测试设计方法采用的是随机分布模型，所以如果需求描述中出现对输入的概率描述或分布描述，则可以考虑采用本测试设计方法。
- 各种基于规格说明的测试设计方法，如语句覆盖、分支覆盖等基于控制流来进行测试设计。所以当某个需求规约的描述形式可以自然方便地通过控制流图来描述，则其应该可以适合各种基于规格说明的测试设计技术。

在实践过程中，需要注意选取适合被测对象需求规约描述的测试技术，而测试设计技术的选择直接决定了测试工作量投入的大小。

由于软件需求规约描述主要来源于开发团队，使用上述方法选取的测试技术仅仅是从功能规约的正向去测试，很容易因为思维定式造成测试团队的思想与开发团队雷同。即开发做好的事情，测试能测试到；而相反，如果开发没有考虑到，则测试也考虑不到，很容易导致遗漏缺陷或者测试不够充分。

通常对于软件需求，往往一段需求描述涉及的内容部分可以用等价类划分去分析，而另外部分适合用判定表来分析。所以，必须综合运用测试设计技术，才能完全覆盖需求。综合运用测试设计技术的方式有两种，一种是用技术 A 和 B 分别设计测试用例，然后通过组合法进行组合；另一种是以技术 A 的输出作为技术 B 的输入。比如，通过等价类划分获取参数值的取值，然后与状态转移测试中的事件输入进行组合。或者分类树方法梳理组合的参数值作为判定表输入部分的取值。

除了根据需求描述来确定适合的测试设计技术以外，有时为了更深入地挖掘可能的问题，可以特意选取不同寻常的测试设计技术。即特意选取与需求描述形式完全不匹配的测试设计技术，然后用该测试设计技术根据描述的内容，重新描述该需求。比如对适合用状态转移测试来分析的需求，特意改用判定表来描述行为规则，或者反过来对适合用判定表分析的需求，用状态转移来进行建模。通过这些异于通常做法的思路，有时能高效地发现需求分析和开发设计中忽略的内容，从而发现软件中存在的缺陷。

运用测试设计技术设计的测试用例需要在测试环境中执行，才能真正地识别软件产品中可能存在的风险。所以，测试计划中还应包含对测试执行方法的设计和指导。对于测试执行方法，通常包括：

- 测试执行的环境设计。根据所属的测试级别、被测试软件或模块的输入输出途径和测试用例中要求的步骤操作，设计各测试级别的测试环境。尤其对于大型复杂的分布式软件，测试环境的设计和实现可能需要一个专门的团队来实现。

- 测试执行的方法定义。在测试环境基本确定后，测试执行的方法通常可以分为手工测试和自动化测试。有些手工测试仍然需要特定的工具才能进行。这样的测试工具有可能是采购的，也有可能是内部自行开发的。对于自行开发的工具，则应完全按软件开发的生存周期来管理。
- 测试执行的周期和回归策略。根据开发团队的能力情况，比如历史上缺陷的数量情况，新工程师的比例，对开发流程管理的贯彻情况等因素推测测试执行开始后需要多少轮次的完整测试才能识别和修复系统中绝大部分缺陷。通常情况下至少安排两轮完整的测试执行，确保在第一轮完整测试过程中发现的缺陷，能在第二轮开始之前全部修复，才能在第二轮完整回归测试通过后，对产品发布建立起足够的信心。大多数情况下，很少有团队能达到这样的缺陷发现效率和修复效率，在实际的项目中，普遍的测试轮次要多于两轮。在敏捷开发模式中，可采用配合开发进度的每天回归和新功能增量测试的方式来增加测试的频率。回归测试的策略可以是以缺陷修复的情况为主要回归内容，适当地对整体功能进行滚动式的轮测。

测试执行方法主要与测试级别相关，下文将在各个测试级别中详述常用的测试执行方法。

### 10.3.2 单元测试设计与实施

单元测试是整个测试活动中最贴近开发团队的活动。在很多实践中，单元测试的设计和实施由开发人员自行完成。测试团队可能负责提供测试环境、测试工具，指导测试设计方法和检查测试效果。

要在测试计划中安排好单元测试，首先要解决的问题是在项目组内，甚至是在整个开发组织内识别是否存在对“什么是单元”的统一认识。由于软件产品的多种多样，每个人对“什么是单元”的理解都可能存在差异。在测试计划中需要统一对“单元”进行定义。如果软件的规模小，但是对质量的要求高，比如嵌入式安全攸关的软件，可以将“单元”定义为一个函数或类的方法，通常这是单元划分的最小粒度。各项目根据识别出的风险，代码复杂度情况，还可以定义“单元”为一个类，或者是由接口加上实现合起来的两个类，或者是按某种设计模式组合起来的若干个类。当系统规模很大时，甚至可以将单元定义等同于模块，通常这是单元测试中“单元”的最大粒度。

在单元测试级别，设计测试用例的依据是单元（模块、组件、函数）的详细设计书或代码。一般安排测试设计方法的参考规则如下：

- 对单元的明确功能，采用10.3.1节中描述的办法来选择基于规格说明的测试设计技术。
- 对于单元输入的各项参数可以采用等价类划分、边界值、组合测试技术。

- 对于有着明确的状态和转移定义的模块，应该采用状态转移测试进行覆盖。
- 对于有着明确逻辑判定规格要求的，应采用判定表技术。
- 通过代码覆盖度量工具（比如 gcc 编译器对应的 gcov）可对执行以上测试用例时达到的白盒测试覆盖进行度量。对于未能达到覆盖目标的部分代码，通过基于结构的测试设计技术来补充测试用例进行覆盖。
- 一般对生命攸关系统（如汽车控制，航空航天软件）中关键模块、核心算法模块，有法规或行业标准要求必须达成某种代码覆盖。比如汽车行业对某些控制器，要求其在修正条件判定测试（MCDC）达到百分之百覆盖。这种情况下，应采用相应的测试设计技术（如 MCDC）来设计测试用例以确保覆盖达到要求。

对于单元测试，一般组织内应规定代码覆盖要求。比如达到 100%的代码覆盖或 100%的分支覆盖等。

单元测试的测试用例通常为代码形式，即用编程语言来描述测试用例。这样的测试用例也同时作为“程序驱动”来使用，执行单元测试还需要开发对应的“桩模块”，关于“程序驱动”和“桩模块”的内容，请参考 6.3 节。单元测试的主要工作量是“桩模块”的开发和维护，随着软件测试工具的发展，现在已经有不少商业或开源工具能自动地生成“桩模块”和“程序驱动”，但是这些软件工具往往局限于某些特定的系统和编程语言。

单元测试的测试环境通常与开发编程环境相同，由集成开发环境（IDE）、编译器、版本管理系统等组成。不同系统的单元测试环境可能存在很大的差别，通常由开发团队的架构师或高级测试工程师经过设计和讨论后建立。

在实践中发现，由于单元测试涉及非常细节的代码信息和知识，导致由测试人员完成单元测试的沟通成本过高，所以单元测试的执行通常由开发人员自行完成。单元测试执行的基本步骤是开发“程序驱动”和“桩模块”；编译被测试模块、“程序驱动”和“桩模块”；将这些代码编译后的结果链接在一起形成可执行程序；然后执行该程序，观察程序的输入、输出和执行日志来判断测试用例的通过情况。以上过程可以方便地通过脚本进行批处理化，所以单元测试执行的自动化率通常很高。在现代的软件开发和测试实践中，将单元测试用例加入到持续集成（CI）系统，由持续集成系统触发自动执行单元测试是非常普遍的方法。

### 10.3.3　集成测试设计与实施

集成测试通常的设计依据是软件的功能设计。功能设计描述功能如何通过系统中各个模块一起协同工作，所以集成测试的内容是测试各个模块之间的协同工作能否正确地实现期望的功能，功能正确实现还包括该功能的各项有风险的质量特性。由于单元测试无法涵盖模块间的交互设计，而系统测试无法涵盖系统内部设计中为增强稳定性等质量特性而做的各种设计，所以需要集成测试来弥补这个差距。

集成测试的测试设计方法为“灰盒”测试设计，其具体的做法是综合运用基于规格说明的测试设计技术（黑盒技术）和基于结构的测试设计技术（白盒技术）来设计测试用例。

常见的功能设计描述为模块交互的序列图、活动图、状态图和流程图。这些设计图描述了模块之间的通信和调用行为。这些通信和调用行为调用了模块之间的接口，使用了多个模块的功能。所以通常的测试设计技术的参考规则如下：

- 以场景测试为主要测试设计技术。常见的软件功能设计往往仅描述“基本”场景。而测试设计应在“基本”场景的基础上，在整个交互流程中，考虑变化的流程（“可选”场景），特别是各种异常、极端和压力的情况。
- 为了在场景中找出异常或极端的情况，可对通信消息的内容参数或调用的接口参数及返回值，应用等价类和边界值方法。
- 对于通过异步通信来进行的模块间交互协同，还应考虑异步通信带来的固有风险：消息丢失、重复、内容错误、超时、响应延迟与请求的重发、消息流程的交叉。消息流程的交叉的一个例子是当在拨打电话的同时有一个外部电话拨入，这里出现了呼出请求消息发出后其响应还未到来前，先到来了一个呼入请求。这样的场景是软件代码中较难正确处理的，所以风险发生的概率也就比较大。
- 对于有状态转移的模块间交互协同，可采用状态转移测试，测试多个状态机间同步的情况。

还可以应用基于结构的测试设计技术：

- 语句测试，设计测试用例覆盖序列图、活动图、流程图的每个交互和处理。
- 分支测试、判定测试等可用于设计测试用例来覆盖序列图、活动图、流程图里的条件判断。

集成测试通常以基于规格说明的测试设计方法为主，通过基于结构的测试设计技术补充前者的测试用例未能覆盖的部分。

集成测试的执行，由于需要对模块之间的通信和调用过程进行监视和控制，所以一般需要特定的测试工具。测试工具一般根据软件架构、采用的操作系统、通信机制和编程语言进行定制开发，很少有通用的集成测试工具。在某些架构和操作系统已经标准化的技术平台上有少量集成测试工具，比如汽车行业基于 AUTOSAR 架构有一些标准化的集成测试工具。无论使用何种集成测试工具，为了支持集成测试用例执行，集成测试工具应具备以下功能：

- 获取模块间调用的信息。通常的技术是采用“钩子”技术（hook），对通信机制或函数调用进行 hook。
- 根据测试要求匹配模块间调用（响应）。比如测试用例要求某个函数应该被调用，则集成测试工具应该能在后续的处理流程中匹配到这样的调用。如果匹配不到就判断该测试失败。
- 根据测试要求修改模块间调用（响应），包括修改调用的方法和参数内容。比如将某个返回值从成功改为失败来测试接受响应的模块遇到返回失败的场景的处理。

- 根据测试要求重复模块间调用（响应）。在一定的时间内重复调用或消息发送，模拟异步通信中的常见问题来测试接收模块的行为。
- 根据测试要求丢弃模块间调用（响应）。按要求丢弃调用或消息发送来测试软件设计中的重试行为和请求超时后的容错行为。这样的功能还可以用来测试当系统负载极高时，系统响应是否仍能符合性能要求等等。
- 根据测试要求延迟发送模块间调用（响应）。延迟发送模块间调用模拟系统负载高的情况，可测试系统中相应的设计是否正确。

通常集成测试的测试用例的输入、输出和检查是系统软件运行时内部的行为，这样的行为都是在非常短时间内完成的，所以测试基本无法手工完成，自动化测试是集成测试的主要执行方法。由持续集成（CI）工具来触发集成测试的执行也是一种良好的测试实践，按照固定周期由 CI 工具定时触发集成测试的测试集合执行，高频率地将系统中各个单元集成在一起，运行测试，能及时反馈缺陷，避免累积。例如：每天晚上、每两天或每周执行。

集成测试的设计和执行的测试人员需要既懂软件测试又懂软件开发，所以相对人员成本较高。在整体的测试计划中，安排两到三轮集成测试是比较普遍的，对于复杂度较低的系统，不安排集成测试也非常常见。

### 10.3.4　系统测试设计与实施

系统测试中主要应用基于规格说明的各种测试技术。其测试设计技术应用的参考规则同 10.3.1 节中的描述。

通常系统测试采用手工测试和自动化测试相结合的方式来实施，由测试人员根据测试用例和用户手册等资料，对系统进行输入，观察其输出等外部行为。目前，越来越多的系统测试引入了自动化测试。持续集成（CI）工具在系统测试引入自动化测试技术以后也能得到应用，能够定期触发自动化的系统测试。

### 10.3.5　验收测试设计与实施

验收测试的测试用例一般有两个来源。一个是从系统测试用例中随机抽取一些基本使用场景。这些测试用例的目的是确保软件产品在用户实际的使用环境中，能够正常使用功能，没有基本功能的异常。第二是从用户实际使用的场景出发，采用场景法来设计测试用例。验收测试的测试用例与其他测试级别的不同之处在于，验收测试更关注软件系统的功能在用户真实的使用场景中是否能提供用户所需要的价值，以及能否有更优化的用法或需求来更好地满足客户的需求。同时还关注用户的体验，通常易用性测试在此阶段实施。

验收测试的实施通常以手工测试为主。易用性测试还可能通过问卷调查、观察用户的使用行为等方式来寻找需求或业务逻辑中晦涩不明、不容易理解和操作不便的问题。可根据项目和产品的实际情况安排若干轮易用性测试。

## 10.4 测试估算与平衡决策

估算和平衡决策是一个非常有挑战性的工作，软件测试的技术和基础原则是这项工作的基础，但这项工作更多的是需要沟通、说服和科学决策。本节将简要介绍测试估算的基本内容和平衡决策的基本思想。具体的讨论、沟通和说服方法属于软技能，非本书的范围。

### 10.4.1 测试估算的方法指南

本小节将介绍三种测试估算的方法。

（1）宽带德尔斐（Delphi）法，又称为专家法。

宽带德尔斐法的基本方法是召集多位产品领域、开发领域和测试领域的专家，最好能包含产品的利益相关方，各自独立地对识别的风险和风险缓解措施进行头脑风暴式的估算。或通过访谈，收集专家和有经验的工程师的经验和看法。逐项列举每种测试措施和技术所需要的人力和工期。宽带德尔斐法有很多具体的实施方法，可参考项目管理方面的书籍来进一步掌握和实践。

（2）基于历史数据法。

基于历史数据法是在测试估算中非常常用的方法。即当软件产品在组织内有过类似的经验时，可参考过去项目的历史经验，比如一系列产品线中的某个特定产品的测试。采用这个方法的前提是组织内对软件项目有完整的度量数据收集方法。如果在面对新的产品或项目时，没有历史数据可以借鉴，则可以选取计划中若干典型的测试活动，从中划分很小的一部分测试内容作为工作任务，比如大致在一个人天内能够完成的工作量。然后，在测试团队内安排若干名平均水平的工程师来完成这项任务，在完成工作期间，收集工作效率、返工次数等度量数据，将收集到的数据作为基础来进行测试估算。

（3）根据测试级别、测试类型和测试技术进行测试估算。

此方法最为精确但也最为烦琐，在前文所属的测试计划制订过程中，已经分析得到了风险、对应的质量特性、测试阶段、测试类型、测试设计技术和测试执行方法。并且，风险的优先级中包含了各个风险对应的测试用例占整个测试集合的比例。可以从功能和风险对应的测试类型和测试设计技术出发，逐个地根据功能和测试设计技术来估算可能的测试用例数量。然后根据测试用例数量可以估计出测试设计和测试执行一轮的工时。如图10-11所示。

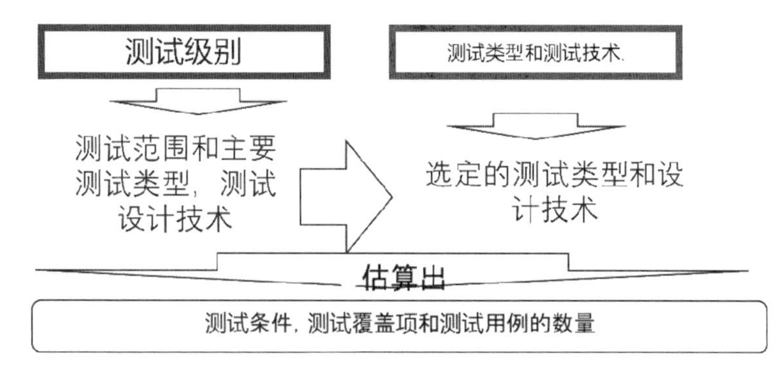


图 10-11　测试估算

通常可以开发以下表格进行估算，如表 10-3 所示。

**表 10-3　测试估算实例（部分）**

| 范围 | 测试类型/技术 | 测试条件 | 测试用例 |
|---|---|---|---|
| 需求 1：拨打电话 | 功能测试/场景、等价类、边界值、状态转移 | 50 | 50 |
| 需求 1：拨打电话稳定性 | 稳定性测试/等价类、错误猜测、场景 | 110 | 80 |
| 需求 2：短信 | 功能测试/场景法 | 20 | 20 |
| 总计 | | 180 | 150 |

由于功能描述是确定的，测试设计技术是确定的，而由功能描述分析而获得的测试分析模型也就是确定的，从分析模型中能获得多少测试覆盖项和测试用例也能够基本确定。采用这个方法对功能和风险逐一分析，可以获得覆盖每个功能、风险或质量特性所需要的测试用例数量。然后以此为核心，按图 10-12 的公式来进行计算。

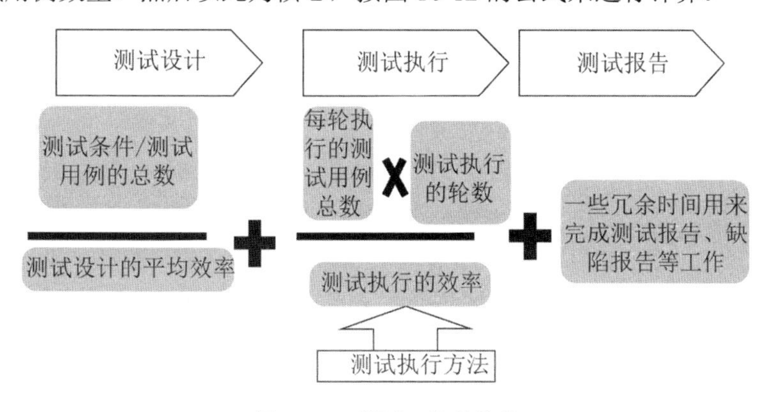


图 10-12　测试工作量估算

完整的测试估算应包括测试设计、执行和报告三个环节。测试团队完成某项工作的平均工作效率可以通过历史数据或试做的办法获得，以测试用例/人天或测试用例/人时为单位进行计算，计算得到的是整个测试工作的工时。

在计算出总工时和每项具体活动的工时后，运用项目管理方法分配资源、安排工期，则可以得到完整的测试计划。

第三种方法相对烦琐，但是其将复杂问题细分，利用风险缓解措施和安排的测试设计方法，得出的测试估算结果相对精确。

通过以上估算得到的工时数据并不是真正的软件测试的成本，可以算是直接人工成本的一个基础因子。一般可以通过工时乘以单位工时的单价来得到直接人工成本。一个软件测试实施方案的完整成本，在直接人工成本之外还有其他的组成部分。具体参考第 3、第 4 章了解软件测试成本估算的标准化方法。

### 10.4.2 测试策略的综合和平衡

前文详述了从风险识别、分析到缓解措施和各种测试原理和技术如何安排到测试计划和策略的过程。在实践项目中，有时仅仅考虑一组选项是不够的。如 10.1.3 节所述，测试经理往往需要对产品风险设置若干种残留风险的水平，然后设计对应的缓解措施。设立多个不同的质量目标，降低风险到不同的水平，采用不同的测试技术，不同的执行环境和方法，形成多个候选选项。测试负责人与利益相关方（主要是出资人或预算负责人）进行沟通、谈判，最终确定要实施的测试和相应的预算。

总之，由于测试是不可穷尽的，在软件测试计划期间，对所有的风险、开发团队的质量情况、测试组织的效率情况等各项因素都是预先估计，会与实际实施的结果存在偏差。但是，如果没有预先做好测试计划，则测试活动将缺乏组织和重点。能否选择适合的测试策略，制订测试计划，本质上依赖于测试管理人员的经验和对产品系统的深刻认识，也与测试管理人员承担风险的意识和责任相关。

# 第 11 章　分层架构软件测试

本章主要讲述基于分层架构软件如何进行测试。主要以分层架构软件的表示层、服务层、业务逻辑层、数据层的四层为例，介绍各层次测试特点，并通过实际案例讲解，使读者了解并掌握分层架构软件的测试方法。

## 11.1　分层架构介绍

### 11.1.1　分层架构概述

#### 1. 分层架构概念

分层架构（Layered Architecture）是应用系统中最常见的一种软件架构范式，也是标准架构之一，这种架构将软件分成若干层，每层有各自清晰的职责分工，层与层之间通过接口交互和传递信息，本层不需要知道其他层的细节，上层通过对下层的接口依赖和调用组成一个完整的系统。图 11-1 给出软件分层架构示例。

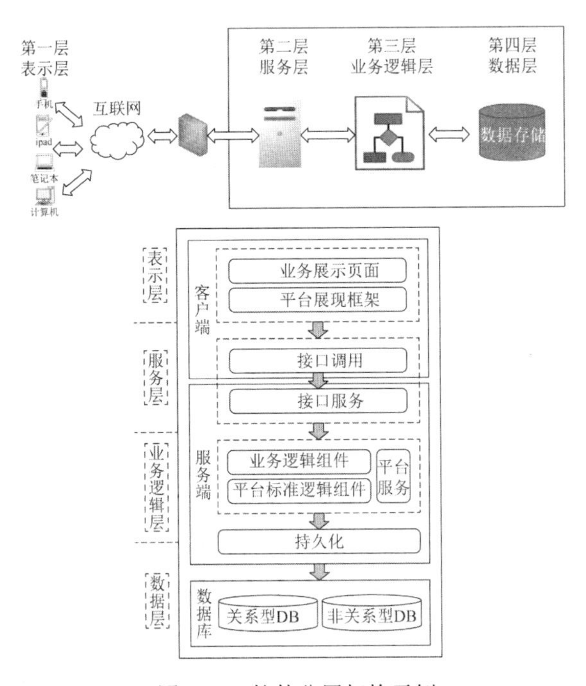


图 11-1　软件分层架构示例

分层架构要合理规划层次边界，在实践中，层次可以结合项目实际情况进行合并或进一步分层。不管是几层架构，它们之间的最终目的是解耦，达到“高内聚，低耦合”。

主流分层架构各层的定义及作用见表 11-1 所示。

**表 11-1　分层结构介绍**

| 分层架构层级 | 定义和作用 |
| --- | --- |
| 表示层 | 也称用户界面层，负责具体业务和视图展开，如网页、App 客户端等 UI 展示 |
| 服务层 | 也称应用层，为表示层提供各种服务支持，如用户、登录、订单等服务接口管理 |
| 业务逻辑层 | 也称领域层，提供业务规则、业务流程的具体逻辑方法实现 |
| 数据层 | 提供数据访问和数据管理服务，如数据库、缓存、文件、搜索引擎等 |

**2. 分层架构优缺点**

1）优点

- 复用性强：按层进行拆解，可以用新的实现来替换原有层次的实现，利于二次开发。
- 利于合作开发：开发人员可以只关注整个结构中的其中某一层，便于分工合作开发。
- 分层独立：各层之间互不影响，可以独立演化发展，有利于标准化。
- 维护方便：分层架构应用可以进行分离部署，方便维护和扩展。

2）缺点

- 性能下降：由于分层设计要求，数据需层层传递，势必会造成一定的性能下降。
- 成本增加：分层架构层次过多会增加开发成本。

基于分层架构应用测试可以根据每一层的特点，进行单独测试，更容易发现缺陷和错误。同时，也可以将分层架构软件看成一个有机整体，以黑盒方式进行确认测试、系统测试、验收测试。

### 11.1.2　表示层介绍

表示层也称用户界面层、UI 层，负责直接与用户进行交互。表示层测试主要目的是发现应用程序的用户界面问题，对于建立一个友好的、易操作的、健壮的应用至关重要，业务功能的正确性可不作为本层测试的重点。

表示层根据展示端技术特点，可分为以下三种类型。

**1. 基于 Web 端的表示层**

基于 Web 端的表示层是基于浏览器才可以访问的应用，如现在常见的电商平台，淘宝、天猫、京东等等，我们常说的 Web 端应用属于此类应用。

**2. 基于 PC 端的表示层**

基于 PC 端的表示层是指通过客户端程序访问的应用。客户端程序一般是指 C/S

（Client/Server）结构。客户端需要安装专用的、可执行（exe）程序软件。

**3. 基于移动端的表示层**

基于移动端的表示层是指移动平台的软件应用。比如手机、iPAD、车载设备、穿戴设备等。相对传统的 Web 端、PC 客户端产品的测试，移动端测试因屏幕大小、内存、CPU、网络特性、操作系统、用户使用习惯的差异，有其自身的特点。

开展基于移动端的表示层测试时，需要先了解移动端应用开发技术路线，目前主要的 App 开发方式有三种：原生、H5、混合。

- 原生 App，又称 Native App，使用原生程序编写运行的第三方移动应用程序。
- H5 App，通常指 WebApp，主要通过 HTML5 构建页面，然后发布到服务器，用户通过手机网络访问这些页面，例如微信公众号等，其优点是项目独立，维护更容易，兼容多平台，开发周期短，学习成本低，更新发版更容易，与 PC 端可以复用。缺点是体验较差，对设备和网络要求高，无法调用系统硬件。
- 混合 App，应用原生 App 和 HTML5 开发技术，是原生和 HTML5 技术的混合应用，继承了原生与 H5 的优点。

### 11.1.3　服务层介绍

随着互联网、移动应用的普及和应用复杂度的增加，为解决业务逻辑层和表示层的解耦，以实现对多种用户界面技术的支持（如 iOS、安卓等移动端，也可以应用在常规的 Web 业务系统、Winform 业务系统、微信公众号、微信小程序等方面），越来越多技术采用接口服务层作为统一的接口管理层，也称为服务层，慢慢形成 WebAPI 标准测试方法和工具，目前最常见的是 SOA 架构和微服务架构。

服务层测试就是独立于用户界面外对应用程序服务进行的测试，需要使用避开用户界面的测试方法，对应用服务进行输入并验证其响应的测试。与表示层执行同样的测试用例相比，更加有效且不烦琐。

### 11.1.4　业务逻辑层介绍

业务逻辑层（Business Logic Layer）是实现系统业务功能的核心层，测试的依据主要是需求规格说明，测试目的是验证需求中的功能点是否都实现，且功能实现与需求描述相符合。

业务逻辑是业务实际处理的流程，系统根据业务需求，将复杂的业务处理过程变成一个完整的系统流程，实现业务逻辑的程序化、系统化。因此，业务逻辑测试可以理解为系统流程测试，是将所有的业务功能组合在一起的测试。特别是当系统的流程繁多且复杂时，如果系统中的某一个流程有错误，极有可能造成严重的经济损失，因此做好业务逻辑测试极其重要。

### 11.1.5 数据层介绍

随着互联网应用的普及和复杂程度的增加，以及数据库、联机分析处理、数据仓库和数据挖掘等技术不断出现，需要更强大和安全系数更高的数据处理系统才可满足业务需求。为了满足高频率的应用程序事务处理要求（如金融或政务应用），数据管理系统的性能与安全成为重中之重。数据信息的丢失，会使单位遭受严重的损失，致使相关业务陷入困境。因此，必须设计一套测试方法来验证和保护数据存储系统。

数据层测试主要是指对数据管理系统的测试。数据通常是一个组织最有价值的资产，应用程序可以重写，但是更换应用程序时不会丢弃满载数据的数据库，而是对数据库进行迁移。数据错误和丢失会使单位付出高昂的代价，这就是为什么要谨慎对待数据层测试的原因。

数据层测试的最大挑战之一，是数据存储系统的测试环境要求：必须使用相同的硬件平台和软件版本以及参数配置来进行有效的测试；尽量做到实际运行的环境与测试环境保持一致。针对大数据软件以及性能要求高的数据库系统，可以先进行原型验证，待原型验证通过后，再结合业务数据库，验证数据库的性能是否达标。

在一个项目中数据层是否需要单独进行测试，在项目前期需要结合数据存储管理软件的要求以及对业务影响程度综合判定。

## 11.2 质量特性

结合分层架构应用的特点，下面分别从表示层、服务层、业务逻辑层、数据层的角度，介绍每层需重点关注的质量特性，质量特性的描述依据为GB/T 25000.10—2016《系统与软件工程　系统与软件质量要求和评价（SQuaRE）第10部分：系统与软件质量模型》，具体参见第9章。

### 11.2.1 表示层质量特性

表示层测试常规测试项如表11-2所示。

**表11-2　表示层测试常规测试内容示例**

| | |
|---|---|
| 内容显示和必输项检查 | （1）名称是否显示正确<br>（2）是否是必输项<br>（3）初始值及状态检查<br>（4）元素关联性检查<br>（5）信息内容正确性检查<br>（6）控件类型是否显示正确<br>输入：指需要输入的字段<br>输出：指由系统返回的字段<br>可视：编辑框，可显示，不可编辑，灰化 |

续表

| | |
|---|---|
| 按钮/链接正确性检查 | （1）按钮/链接点击后在没有得到返回前按钮需不可用<br>（2）点击按钮/链接后可正常跳转到相应界面或窗口或执行 |
| 通用检查 | （1）风格一致：与同类界面视觉风格、字体、图标一致<br>（2）标题显示：界面标题和任务栏显示的标题正确<br>（3）元素位置：元素水平、垂直对齐<br>（4）元素尺寸：元素尺寸合理，行列间距一致<br>（5）窗口特性：切换、移动、变大小、刷新时界面正常<br>（6）表格功能：表格排序、分布功能正常<br>（7）键盘快捷键：TAB 键跳转顺序正确，回车键提交正常 |

除了常规测试内容，不同类型的展示端还有特定的测试内容，详情如下。

**1. 基于 Web 端的表示层测试**

基于 Web 端的表示层测试除了常规测试关注的内容，还包括浏览器可移植性测试和页面性能测试。

1）浏览器可移植性

针对 Web 应用，在上线之前，需要做浏览器可移植性测试。不仅要测试不同的浏览器，由于同一浏览器版本之间特定功能存在不兼容问题，还要测试同一个浏览器的不同版本。

目前常用的浏览器为微软的 IE、谷歌的 Chrome、奇虎的 360、Mozilla 的火狐和苹果的 Safari 等。针对需求明确规定需支持的浏览器必须进行可移植性测试。

使用浏览器的用户大致可以分为面向公众用户和内部用户（特定团体）两类，针对面向公众用户，由于不能约定浏览器类型，对于此类项目，应针对当前的主流浏览器（含版本）进行可移植性测试，在确保主流浏览器可移植性测试通过的前提下，再对非主流浏览器（含版本）进行测试，尽量保证项目浏览器可移植性测试的完整性。

针对面向内部用户，建议在项目需求收集阶段，尽早确定应用系统需支持的一款或几款浏览器的需求，这样可以减轻测试的工作量。

测试浏览器可移植性的一个方法是创建可移植性矩阵，在这个矩阵中，测试不同类型、不同版本以及不同分辨率的浏览器适应性，如表 11-3 所示。

**表 11-3　浏览器矩阵示例**

| 浏览器类型 | 版本 | 测试说明 |
|---|---|---|
| Internet Explorer | 8 | 可以正常显示网页内容、排版布局、字体格式 |
| | 9 | |
| | 10 | |
| | 11 | |
| Microsoft Edge | 41.16299.15.0 | |
| Google Chrome | 63.0 | |
| | 44.0 | |

续表

| 浏览器类型 | 版本 | 测试说明 |
| --- | --- | --- |
| Firefox | 57.0 | |
| | 42.0 | |
| QQ 浏览器 | 9.6.5 | |
| | 7.7.3 | |
| 360 安全浏览器 | 9.1.0 | |
| 搜狗高速浏览器 | 7.1.5 | |
| 2345 加速浏览器 | 9.0.0 | |
| 猎豹安全浏览器 | V6.5 | |
| Opera 欧朋浏览器 | 49.0 | |
| 世界之窗浏览器 | 7.0.0 | |
| UC 浏览器 | 6.2 | |
| 测试不同分辨率下的页面自适应情况 | 1366×768 | |
| | 1920×1080 | |

在上面浏览器矩阵中，不是所有浏览器都需要测试，而是根据项目的用户特点和项目需求综合决定。

2）网页性能效率

关于性能测试，通常我们最关心的是后端服务器的处理能力，但随着性能测试的深入开展，性能测试也越发精细，在服务器、数据库、中间件、网络、源代码等方面进行性能调优，后端性能得到提升后，现在越来越多的公司已经关注产品前端的性能表现。

网页性能测试是针对于网页性能优化而开展的一种性能测试。随着 Web 2.0 普遍使用，越来越多表示层的实现被转移到浏览器端。对应用本身，这样不仅可以减轻服务器的负担，而且能提供丰富的用户体验。但从应用的性能角度来看，势必加重了页面浏览器执行的显示时间，而且较差的页面设计会导致显示延时，从而严重影响用户的体验。由此可见前端网页可能成为 Web 应用系统的性能瓶颈，需引起开发人员、测试人员和系统维护人员的注意。

前端的性能通常被大家忽视，例如，在某项目中，服务层接口响应时间都在 1 秒以内，但用户浏览一个网页却要等待较长时间，其问题可能就出在前端页面的加载和渲染展示上，给用户造成系统响应很慢的体验。

不同的浏览器产品在标签启动时间、页面加载时间、硬件加速测试、内存占用情况等方面都各有差异。Web 前端在产品实现的过程中，各个厂家因编码、实现方法和关注的重点不同，最终产品的表现也不尽相同。本节抛开浏览器产品本身性能差异，仅考虑前端性能问题和改善。

用户对一般事务的响应时间通常有可接受的范围（参见表 11-4）。若超过该范围，建议测试团队进行关注。

表 11-4　响应时间的可接受度示例

| 响应时间的可接受度 | | | |
|---|---|---|---|
| 编号 | 说明 | 时间范围 | 备注 |
| 1 | 用户打开网页时间 | 3 秒以内 | 满意 |
| 2 | 用户打开网页时间 | 4～8 秒 | 可忍受 |
| 3 | 用户打开网页时间 | 8 秒以上 | 不可忍受 |

注：用户体验时间=服务器响应时间+页面加载和渲染时间。

**2. 基于 PC 端的表示层测试**

客户端测试涉及的分类有很多，除了常规测试项（内容、控件），还包括如表 11-5 所示的测试内容。

表 11-5　客户端测试内容示例

| 类别 | 描述 |
|---|---|
| 安装/卸载测试 | 确保用户可以正确安装应用程序<br>确保用户可以完全卸载应用程序 |
| 在线升级测试 | 在线升级测试 |
| 网络切换测试 | 网络切换测试 |
| 可移植性测试 | 适应不同版本操作系统 |

**3. 基于移动端的表示层测试**

除表示层常规测试项以外，移动端还会关注如表 11-6 所示测试内容。

表 11-6　原生 App 测试内容示例

| 类别 | 描述 |
|---|---|
| 安装/卸载测试 | 确保用户可以正确安装应用程序<br>确保用户可以完全卸载应用程序 |
| 切换测试 | 网络切换测试 |
| | 前后台切换测试 |
| 在线升级测试 | 在线升级测试 |
| 安全测试 | 软件权限 |
| | 应用安全 |
| 性能测试 | 启动耗时 |
| | CPU、内存、耗电量 |
| | 流量、功耗、流畅度 |
| 可移植性测试 | 基于云的 App 适配测试 |

因此，表示层涉及的质量特性有易用性、可移植性、功能性、性能效率等，根据质量模型，结合表示层应用的特点，按表示层的展示端分类方法，分别说明每种展示端涉及的质量特性，如表 11-7 所示。

表 11-7　表示层质量特性

| 质量特性 | Web 端 | App 端 | | | PC 端 |
|---|---|---|---|---|---|
| | | 原生 | HTML5 | 混合 | |
| 功能性 | ○ | ⊙ | ○ | ⊙ | ⊙ |
| 性能效率 | ⊙ | ⊙ | ○ | ○ | ⊙ |
| 可移植性 | ● | ● | ● | ● | ● |
| 易用性 | ● | ● | ● | ● | ● |
| 可靠性 | ○ | ○ | ○ | ○ | ○ |
| 信息安全性 | ○ | ● | ○ | ○ | ○ |
| 维护性 | ○ | ○ | ○ | ○ | ○ |
| 兼容性 | ○ | ○ | ○ | ○ | ○ |

图注：●涉及　⊙部分涉及　○不涉及

从上表可知，表示层的质量特性主要是易用性、可移植性、功能性，其次是性能效率和安全性，其他质量特性在表示层的测试体现并不明显。

1）Web 端涉及的质量特性

可移植性：体现为不同浏览器以及同一浏览器不同版本和分辨率的适应情况。

易用性：体现为软件产品被理解、学习、使用和吸引用户的能力。

性能效率：针对网页渲染进行性能测试。

2）PC 端涉及的质量特性

可移植性：体现为不同的操作系统、分辨率的适应情况。

易用性：体现为软件产品被理解、学习、使用和吸引用户的能力。

功能性：这种表示层的功能质量特性较隐性，与可移植性、稳定性相关。

3）移动端涉及的质量特性

可移植性：体现为不同的设备机型、分辨率的适应情况。

易用性：体现为软件产品被理解、学习、使用和吸引用户的能力。

性能效率：针对原生，体现为 CPU、内存、耗电量、流量、流畅度等性能参数。

功能性：针对原生，体现为控件操作、安装、卸载、升级、切换网络等功能情况。

安全性：针对原生，体现为 App 源文件、本地存储、权限控制、配置等安全。

### 11.2.2　服务层质量特性

服务层的测试主要是接口测试，涉及的质量特性包括功能性、安全性、性能效率。服务层接口的测试种类可以参考表 11-8。

表 11-8　服务层质量特性

| 类别 | 描述 |
| --- | --- |
| 功能性测试 | 业务功能测试，包括正常场景、异常场景 |
| | 边界测试，基于输入输出的边界测试 |
| | 单接口的不同参数组合测试 |
| | 多接口的不同业务组合（业务流）测试 |
| 信息安全性 | 敏感信息是否加密 |
| | 身份认证 |
| | 注入 |
| | 信息泄漏等等 |
| 性能测试 | 响应时间 |
| | 吞吐量 |
| | 并发数 |
| | 服务器资源（CPU、IO、内存、网络） |

**1. 功能性**

接口功能性可以分成输入、处理、输出三个部分。输入的测试主要是针对参数的数据类型和长度的检查。如数值类型，通过输入反向用例负数、0、小数等进行测试，验证前端是否过滤了此类输入，尤其是针对重要数据，在服务层有必要进行校验。测试设计通常采用等价类、边界值、判定表、因果图等方法。对于输出的测试，则是要覆盖各种响应码的返回结果，如正常的、异常的、失败的情况等。对于处理的测试，详见业务层的介绍。

**2. 信息安全性**

由于系统越来越复杂，系统间一般都采用 API 交互，通常涉及浏览器和移动端应用程序连接到某 API（SOAP/XML、REST/JSON、RPC 等）。API 的广泛性和复杂性使得难以进行有效的安全测试，这可能导致虚假的安全感，而且这些 API 通常是不受保护的，任何人都可以访问，存在未经授权操作他人数据、窃取数据、毁坏数据的隐患。

常见的漏洞有：SQL 注入、信息泄漏、身份认证、访问控制、明文传输等，既存在传统应用程序中，也存在于 API 接口交互中。

**3. 性能效率**

服务层的性能效率主要体现为接口性能效率，主要关注接口服务的响应时间、并发、服务端资源的使用情况等方面。不同层次性能测试的关注点不同，例如 Web 网页前端性能关注的是页面加载和页面渲染时间，而 App 端的性能主要关注与手机相关的特性，如手机 CPU、内存、流量、启动等性能指标。

### 11.2.3　业务逻辑层质量特性

业务逻辑层主要涉及的质量特性是功能性和信息安全性。

**1. 功能性**

对业务逻辑层的功能性质量要求，主要体现在功能点测试和业务流程测试，通常采用黑盒测试方法。

针对功能点的主要测试内容有：

- 对功能模块中所有存在输入条件的功能进行测试。
- 对功能模块中所有存在输出结果的功能进行验证测试。
- 对功能模块中所有存在业务规则的功能进行测试。
- 对功能模块中存在异常情况或错误数据处理的功能进行测试。
- 验证是否满足需求要求的所有功能，强调业务功能的完整性。
- 验证功能实现是否满足用户需求和系统设计的隐藏需求，强调业务功能的适合性。

针对业务流程测试，主要测试内容有：

- 对流程中调用的对外接口进行测试。
- 对流程中的入口条件进行测试，验证其处理逻辑、错误控制等。
- 对主要的流程进行逻辑正确性验证，再覆盖多个流程分支的全流程测试。

除了测试内部的业务流程，还必须测试和验证外部服务，例如气象服务、地址服务、第三方支付服务等，确保能够与外部服务机构通信，并接收到正确的返回数据。

**2. 信息安全性**

业务逻辑层代码可能存在安全编码的问题，可以通过源代码审计的测试方法进行检测。代码审计（Code Audit）是一种以发现程序错误、安全漏洞和违反程序规范为目标的源代码分析。软件代码审计是对编程项目中源代码的全面分析，旨在发现错误、安全漏洞或违反编程约定，是防御性编程范例的一个组成部分。软件代码审计试图在软件发布之前减少错误、代码审计无需运行被测代码，其对象可以在 Windows 或 Linux 系统环境下对 Java、C、C#、ASP、PHP、JSP、.NET 等语言进行审核。

常见的代码问题如下：

- 编码错误：空指针、硬编码、资源泄漏、SQL 注入、有歧义嵌套语句、错误递归等。
- 编码规范：编码是否满足相关的编码规范。
- 重复：重复方法。
- 复杂度：方法嵌套的深度，与维护难度相关。
- 注释解释：代码的解释说明，与维护相关。

代码审计分为整体代码审计和功能点人工代码审计。

整体代码审计是指代码审计人员对被审计系统的所有源代码进行整体的安全审计，代码覆盖率为 100%。整体代码审计采用源代码扫描和人工确认相结合的方式进行分析，以发现源代码存在的安全漏洞。整体代码审计属于白盒静态分析，仅能发现代码编写存在的安全漏洞，无法发现业务功能存在的缺陷。

人工代码审计需要收集系统的设计文档、系统开发说明书等技术资料，以便代码审计人员更好地了解系统业务功能。由于人工代码审计工作量极大，所以需要分析并选择重要的功能点，对其进行有针对性的人工代码审计，以发现功能点存在的代码安全问题。

### 11.2.4　数据层质量特性

数据层涉及的质量特性有：可靠性、性能效率、安全性、数据完整性、系统功能性、数据可移植性。

基于目前数据库管理系统发展的现状，我国部分数据库专家将数据库技术发展的特点概括为“四高”，即数据库管理系统具有高可靠性、高性能、高可伸缩性和高安全性。数据库是企业信息系统的核心和基础，其可靠性和性能是企业决策层尤为关注的问题。随着信息化进程的深化，计算机系统越来越成为企业运营不可缺少的部分，其数据库系统的稳定和高效是必要的条件。在互联网环境下不仅要考虑支持几千或上万个用户同时存取数据，以及 7×24 小时不间断运行的要求，还要提供联机数据备份、容错、容灾以及信息安全等措施。

数据层测试应在特定的方面查找错误，重点关注如下质量特性：

- 数据库可靠性。

作为支撑企业应用的后台核心和基础，数据库系统的稳定可靠性是应用企业最关心的问题，它与整个企业的经营活动密切相关。比如银行和证券等性质的系统，一旦出现宕机或者数据丢失，不仅导致企业的经济利益遭受重大损失，还会引起一些法律纠纷，对企业造成的损失无法估量。此外，意外事件造成数据库服务停止时，如何尽快地恢复服务也是必须考虑的问题。因此，需要对数据库系统 7×24 小时不间断运行、数据备份、容错、容灾等能力进行测试。

- 数据库性能效率。

数据层的响应时间测试不包括表示层和业务逻辑层的响应时间，仅验证数据存储软件是否满足性能指标的要求。在测试数据层的响应时间时，要确保单个的数据写入或读取能够快速完成，不至于影响其他操作。

在测量数据操作之前，应理解什么是数据操作。数据操作包括写入、删除、修改以及读取数据。测量响应时间是确定完成每一项操作所需的时间，并不是测量完整事务的响应时间，原因是事务的响应时间受到很多因素的影响，例如用户查询其个人资料时系统耗时过长，其瓶颈可能是 SQL 语句、Web 服务器或者防火墙，单独地测试数据操作可以更加准确地定位问题。就本例而言，如果 SQL 语句编写得较差，执行 SQL 语句的耗时较长，那么将影响其响应时间。在测试业务层时，需要测量事务的处理速度。

对数据层响应时间的测试充斥着挑战。测试环境应尽可能与实际运行环境相一致，否则测试结果不能准确反映系统运行情况。另外，还要了解数据存储系统，确保其安装正确、操作有效。

总的来说，数据层的响应时间测试通常采用黑盒测试方法，也可通过工具辅助测试。例如，SysBench是一个模块化、跨平台、多线程的数据库基准测试工具，支持MySQL、PgSQL、Oracle等数据库，主要用于评估测试不同系统参数下的数据库负载情况。

- 数据库安全性。

数据库的安全性主要是指用户认证方式和权限管理，以及当数据库遭受非法用户访问时，系统的跟踪与审计功能等。

- 数据正确性与完整性。

数据正确性测试，即在数据库表中发现不准确数据的过程。这项测试与数据确认有所不同，后者是在测试业务层时进行，数据确认测试试图发现数据收集中的错误，而数据完整性测试则是尽力在数据存储的方式中发现问题。

- 数据库功能性。

数据库的功能性测试以数据库管理系统功能为主要测试对象，因为能否正确地提供数据存储及管理的功能、能否有效和正确地对存储在数据库中的模式对象和非模式对象进行管理，是数据库提供数据管理服务的基础，也是数据库管理系统能够投入使用的前提。同时考虑到数据库系统的可管理性，这些系统功能可通过图形化管理工具来测试。

- 数据可移植性。

随着技术的发展，原有的系统不断被功能更强大的新系统所取代。在新旧系统的切换过程中，必然要面临数据迁移的问题。旧系统在其使用期间往往积累了大量的历史数据，对企业是珍贵的资源，例如，公司的客户信息、银行的存款记录、税务部门的纳税资料等。这些历史数据是新系统顺利启用所必需的基础数据，是决策分析的重要依据。数据迁移就是将这些历史数据进行清理、转换，并装载到新系统中的过程。

数据迁移对系统切换乃至新系统的运行有着十分重要的意义，成功的数据迁移可以有效地保障新系统的稳定运行。如果数据迁移失败，新系统无法正常启用；如果数据迁移的质量较差，没能屏蔽全部的垃圾数据，对新系统将会造成很大的隐患，一旦访问这些垃圾数据，可能会产生新的错误数据，严重时还会导致系统异常。

因此，对数据迁移进行充分的测试非常必要。

## 11.3 测试策略

如本章前面所述，分层架构每层都有各自的特点。应用系统的结构允许按层次或特定对象来进行测试，即“分而测之”。下面阐述各层如何制定相适宜的测试策略。

### 11.3.1 表示层测试策略

在表示层测试中，需要特别关注软件易用性，易用性是人机交互中最直接、最有效、最实用、最适宜的体现。因此，无论需求规格说明文档中是否明确易用性的要求，作为负责任的测试人员或团队来说，表示层测试都是必不可少的。

表示层测试设计和实施的一般原则如下：

- 在软件需求分析和用户界面设计阶段，测试人员职责是参与同行评审，了解软件需求和用户界面要求，以及使用场景和用户特点，根据经验，从测试角度提出建议。
- 测试人员在用户界面设计阶段结束后，可以提出对易用性问题的主观看法。
- 在测试设计阶段，测试人员职责是根据软件需求规格说明书、用户界面设计以及软件人机交互友好性、易用性的测试准则设计测试用例。
- 在测试实施阶段，测试人员职责是执行测试用例。
- 由于版本的更新，需求的更动，可能会涉及用户界面的回归测试。注意控制测试阶段中用户界面测试的时机和次数。测试不及时会贻误修改时机，加大修复工作量，影响项目进度；测试次数过多会加大测试工作量，降低测试效率。
- 在上线之前，用户界面测试与功能测试同步确认一次，保证与最终版本的一致性。
- 一般情况下表示层测试不作为专项测试内容，可以与其他质量特性的测试混合进行。

### 11.3.2 服务层测试策略

目前互联网应用服务层接口调用主要是基于 HTTP 协议的接口。完整的接口测试不仅要校验接口能否调通，还要校验各种组合场景、输入参数合法性检查、接口安全、接口性能等。大部分的接口测试普遍存在两个问题，一是场景考虑不足，造成测试范围缩小；另一个是缺少返回数据检查，对测试结果校验不完全。

测试接口时主要是通过工具或代码模拟发送与接收 HTTP 请求。测试的工具有很多，比如 Postman、Jmeter、SoupUI、Java+Httpclient、RobotFramework+Httplibrary 等。

服务接口层测试设计和实施的一般原则如下：

- 越早越好，越早发现 Bug，修复成本就越低。
- 检查接口的功能、性能。
- 对于前后端架构分离的系统，从安全层面来说，只依赖前端进行限制已经完全不能满足系统的安全要求，需要后端从接口层进行验证；前后端传输数据等信息是否加密传输也需要验证，特别涉及用户隐私信息，如身份证、银行卡等敏感信息。
- 接口测试比较容易实现自动化测试，测试人员甚至不用操作应用，通过接口就可以测试不同场景，并测试全部流程。相对用户界面自动化也较稳定，可以减少人工回归测试的人力和时间成本，缩短测试周期，支持后端快速发版需求。

接口测试质量评估准则如下：

- 业务功能覆盖是否完整。
- 业务规则覆盖是否完整。
- 参数验证是否达到要求（边界、业务规则）。
- 接口异常场景覆盖是否完整。

- 性能指标是否满足要求。
- 安全指标是否满足要求。

### 11.3.3 业务逻辑层测试策略

业务逻辑层的测试策略主要是业务功能和代码审计测试策略。

**1. 业务功能测试策略**

1）测试需求分析

测试需求分析主要采用以下三种技术：

- 基于需求的测试分析：根据业务需求和系统设计明确测试目标、测试条件以及功能点。
- 基于流程的测试分析：根据用户连续操作行为，实现业务流程或跨系统处理流程的验证，区别于单个功能点的验证。
- 基于经验的测试分析：根据测试人员的技能和经验来推测系统最可能出现错误、失效的功能模块，一方面可对系统容易出错的功能点进行补充测试，另一方面可分析各类异常场景，从而提升测试覆盖率。

2）测试用例设计

测试用例设计是根据测试需求分析结果编写测试用例，用例设计方法主要采用等价类划分法、边界值分析法、场景法等。

业务逻辑测试用例设计遵循如下原则：

- 正反比原则。需对正常业务功能和异常业务功能分别设计正反用例，并且正用例和反用例一般要有比例要求，例如在测试方案的策略中约定测试用例的正反比最少保持1:1，还可以进一步提高反用例的占比。
- 检测当输入或输出为最大、最小、临界值时交易能否正确处理。对不合法的输入、错误数据、错误操作是否进行有效性检查和非法性判断。其中对于合法或非法输入的定义，应以业务需求和详细设计文档中的规定为依据；若两者未定义，则应根据测试团队的指导意见进行测试。
- 用例质量要求。需要注意输入输出的唯一性、步骤和检查结果错误提示的描述是否容易进行错误定位。
- 用例粒度要求。用例设计的粒度根据项目实际情况决定，由测试负责人制定用例设计粒度要求，协调测试成本与测试质量的关系。在测试资源有限情况下，尽可能地设计高质量的用例，同时避免用例凑数、低质量用例的现象。
- 测试用例分级。根据用例对应的业务重要程度，可将测试用例划分为高、中、低三个等级，以方便后期执行。

业务流程测试用例设计遵循如下原则：

- 检测系统正常的业务处理、流程是否能够正确执行。

- 检测关联系统在正常情况下的协调运作情况。
- 检测系统异常的业务处理、容错处理是否能够正确执行。
- 检测关联系统存在异常时，本系统是否能够正确判断。

3）用例评审

测试用例设计不仅来源于需求文档中描述的功能，也来源于测试人员的经验和用户的使用场景，因此测试用例是详细、全面的验证集合，作为执行阶段的首要依据。对于需求文档中描述不详尽的，或是各方理解不一致的，首先以评审通过的测试用例进行测试，待需求文档中更新细化和明确后，再同步更新测试用例。

4）测试实施执行

业务逻辑层测试主要是在功能点测试的基础上，测试系统完成某项业务的能力。

测试执行的原则如下：

- 先测功能后测流程：业务流程测试是建立在功能点测试基础上的。首先要保证流程测试涉及的功能点实现正确，所以，流程测试安排在功能测试的后面进行。
- 先测主流程后测分支流程：主流程是指按照正常情况实现的业务流程，分支流程指出现特殊情况后的业务流程。
- 先测系统内的流程，后测系统间的流程。
- 按优先级执行测试，并保存执行记录。

**2. 代码审计测试策略**

源代码审计服务主要分为四个阶段，包括代码审计前期准备阶段、代码审计实施阶段、复测实施阶段以及成果汇报阶段。

1）代码审计前期准备阶段

本阶段技术人员和客户对代码审计服务相关的技术细节进行详细沟通，由此确认代码审计的方案。方案内容主要包括确认的代码审计范围、最终对象、审计方式、审计要求和时间等。

2）代码审计实施阶段

在源代码审计实施过程中，技术人员首先使用代码审计的扫描工具对源代码进行扫描，完成初步的信息收集。

根据收集的各类信息对客户要求的重要功能点进行人工代码审计，对源代码扫描结果进行人工的分析和确认。

结合自动化源代码扫描和人工代码审计的结果，代码审计人员整理代码审计服务的输出结果并编制代码审计报告，最终提交客户，针对报告内容进行沟通。

3）复测实施阶段

代码审计报告提交和沟通后，开发人员针对代码审计发现的问题进行整改或加固。经整改或加固后，代码审计人员进行回归检查。检查结束后提交复查报告。

4）成果汇报阶段

根据代码审计结果和复查结果，整理代码审计输出成果，最后汇总形成《代码审计报告》。

### 11.3.4 数据层测试策略

数据层测试主要涉及的质量特性有：

- 数据库安全性（特别是账号、密码、个人信息、卡号和金额等敏感信息）。
- 性能效率。
- 可靠性。
- 数据正确性与完整性。
- 数据库功能性。
- 数据可移植性。

针对每一个质量特性，制定相应的测试策略。

**1. 数据库安全性策略**

数据库安全性一般采用黑盒测试方法，以人工功能检查为主要形式，检查内容如下：

（1）用户及口令管理：包括用户定义与管理、角色定义与管理、口令管理等。

（2）授权和审计管理：包括数据库审计、授权管理（表权限/列权限）、支持操作系统用户验证方式等。

（3）数据加密：造成业务数据泄漏的因素除了来自外部的攻击，还可能是团队内部，因此有必要对重要数据进行加密存储，例如账号、密码、卡号和金额等敏感信息。

**2. 性能效率策略**

本节主要推荐TPC（Transaction Processing Performance Council）组织提出的性能测试标准和规范。TPC是一个非营利性机构，其目的是针对特定的领域，制定相应的性能测试规范，为用户在选择相应解决方案的平台时提供参考标准。

TPC组织制定的数据库评测规范主要包括TPC-A、TPC-B、TPC-C、TPC-D/TPC-H/TPC-DS、TPC-E、TPC-W等，目前常用的性能测试规范主要有以下3种：

- 针对OLTP系统（联机事务处理）的性能测试规范TPC-C。
- 针对电子商务应用的性能测试规范TPC-W。
- 针对大数据基准测试（OLAP）的性能测试规范TPC-DS。

**3. 数据库可靠性策略**

利用了TPC-C测试程序联机事务处理的特点，在运行TPC-C测试程序的同时，完成联机备份、故障恢复等测试工作。由于TPC-C测试程序可以加载不同的数据量，借助该工具可以完成对数据库完全备份、增量备份的测试。TPC-C测试程序的最大特点就是频繁的联机事务处理，因此它对后台数据库的稳定运行也有较高的要求，可以借助TPC-C测试程序产生各种工作负载并进行可靠性验证。

**4. 数据正确性与完整性策略**

采用黑盒测试方法，通过图形化管理工具、交互式 SQL 工具等对数据库管理系统的功能特性进行测试，要求被测数据库提交图形化管理工具。由于该部分测试为功能验证性测试，因此以手工测试为主，包含以下测试内容：

- 数据库存储数据的方式。
- 数据类型和长度。
- 数据日期和时间字段。
- 国际化。
- 字符集编码。

**5. 数据库功能性策略**

数据库功能的测试点为安装与配置、数据库存储管理、模式对象管理、非模式对象管理、交互式查询工具、性能监测与调优、数据迁移及作业管理等 8 个方面。各个部分又分成若干个具体的测试项目，具体测试点概括如下：

- 安装与配置：主要测试数据库管理系统是否具有完整的图形化安装程序；是否提供集中式多服务器管理及网络配置；是否在安装界面中显示数据文件、日志文件、控制文件等参数文件的默认路径及其命名规则；是否提供运行参数查看与设置功能；是否能够正确地进行数据库的创建和删除等。
- 数据库存储管理：主要测试表空间（文件组）管理、数据文件管理、日志文件管理以及归档文件管理等功能。
- 模式对象管理：主要测试表管理、索引管理、视图管理、约束管理、存储过程管理和触发器管理等。模式对象是数据库管理系统最基本的数据管理服务功能特性，是数据库所有功能的基础。
- 非模式对象管理：主要测试模式管理、用户管理、角色管理、权限管理、审计选项设置。模式管理包括模式的创建、删除、查看、用户指派等；用户管理包括用户的创建、删除、修改、授权、口令策略管理；角色管理包括角色的创建、删除、修改、查看、用户指派；权限管理包括数据库对象权限的查看与指派、用户对象权限的查看与指派；审计选项设置包括语句审计、对象审计、权限审计、审计开关等。
- 交互式查询工具：主要测试易用性、稳定性等。
- 性能监测与调优：主要测试以图形方式提供 SQL 语句执行计划、数据库运行图形监控、可配置的性能数据跟踪与统计、死锁监测与解锁功能等。
- 数据迁移工具：主要测试是否支持 TXT 文件的数据迁移；是否支持 EXCEL 文件的数据迁移；是否支持 XML 数据导出；是否支持从 SQL Server 的表、约束及数据迁移；是否支持从 Oracle 的表、约束及数据迁移；是否支持从 DB2 的表、约束及数据迁移以及从 Oracle 进行数据迁移的性能等。

- 作业管理：主要测试作业调度、通知（操作员）管理、维护计划管理等。

**6. 数据迁移策略**

数据迁移的一般过程为前期调研、转换设计、数据整理、数据转换、系统切换、运行监控6个阶段。本小节的策略是指数据迁移测试的策略，不是指数据迁移本身策略。

数据迁移测试中应遵守的工作原则如下：

- 完整性原则：数据一条都不能少。
- 正确性原则：数据绝对正确。
- 适用性原则：老系统的原始数据需要按新系统规则制定相应的转换。
- 有效性原则：老系统不规范的数据需要进行清洗和数据补录规范内容。
- 安全性原则：敏感数据的安全性与保密性。

数据迁移涉及的主要用例如下：

- 老到新的记录条数对比。
- 老到新的表字段的映射关系确认，包括：一对一映射、字段拆分、字段汇总。
- 老到新的字段计算方法对比，如：最大值、最小值验证是否一致，表中如果是number类型的，则sum，验证两边是否相等；对于字符则统计字段两边数据库的字符数是否相等。
- 老到新的字段长度与精度是否一致。
- 老到新的字符串转移容易产生脏数据。
- 老到新的空值与Null处理。
- 老到新的日期格式变化。
- 老到新的废弃字段。
- 老到新的新增字段默认值问题。
- 老到新的清洗与规范处理，where条件。
- 老到新的系统中，雷同字段的差异。
- 数据对比，包括：全量对比、部分对比、随机对比。
- 从业务上来判断，在应用程序中做一个流程，验证数据是否正常。

数据迁移的测试方法如下。

1）技术核验

由迁移开发人员开发迁移核验程序，通过核验程序进行验证。

2）静态对比

由迁移测试人员根据业务需求对关键业务数据开展源系统与目标系统的直接比对。对比方法包括：汇总对比和明细对比。

3）动态对比

将源数据迁移至测试环境，迁移测试组选取关键业务功能在新老系统中同时使用进行操作，验证新老系统的计算结果是否一致。与静态对比的区别是动态验证结果是通过计算后得到，而静态对比是数据库中已经存在数据。

4）业务连续性验证测试

将源数据迁移至测试环境，使用存量数据进行业务测试，业务范围应覆盖所有业务种类。以验证迁移过来的数据能够在新系统上开展业务。

## 11.4　测试案例

### 11.4.1　案例概述

前面介绍了分层架构的测试特点，针对不同层次进行了测试说明、质量特性、测试策略的描述，这些方法在实际项目中如何应用呢？为了便于读者掌握上述方法的使用，本节将以某气象应用平台为案例进行分层架构的测试实践介绍，力争使读者对分层测试的实施过程有一个全面认识。

某气象应用平台分层架构明显、涉及技术多、集成性较高，形成松耦合的分层架构，如图 11-2 所示。

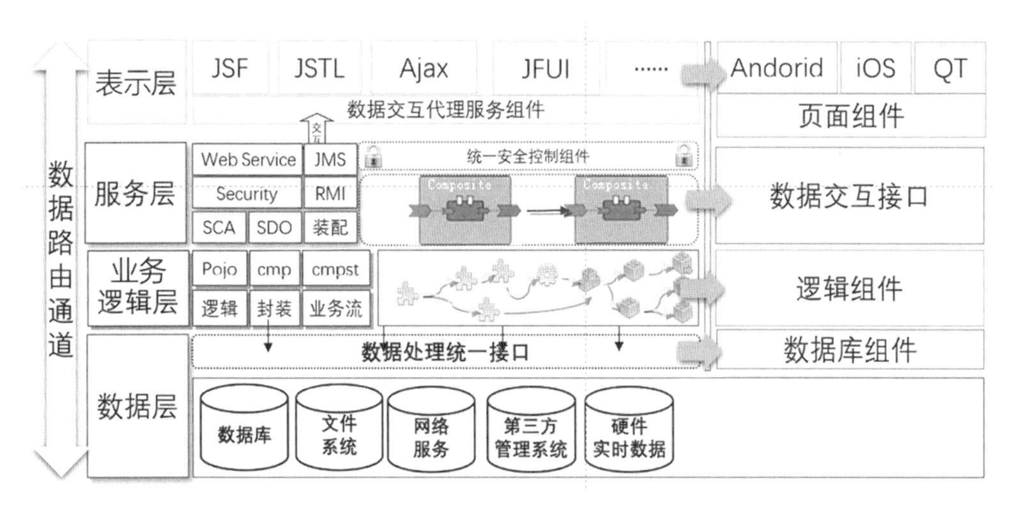


图 11-2　某气象应用平台的总体架构图

本应用采用基于 SOA 的开发平台实现气象数据管理，结合本案例特点，测试的重点将放在不同的层次上。在项目测试实施过程中要求测试工程师协同工作，这里提出以分层测试为驱动的测试方法，设计不同的层次的用例。

- 表示层：支持移动端和 Web 端多种展示，以满足用户的人机交互需求。
- 服务层：主要以产品接口为主导，利用基于 SOA 的开发平台，通过数据加工子系统对数据文件进行格式解析，并入库到系统数据层中为后续服务调用提供数据支撑。

- 业务逻辑层：涉及对气象业务处理、数据采集、数据算法分析等业务。
- 数据层：系统主要以 MySQL 数据库、Greenplum 分布式数据库、FastDFS 分布式文件系统、系统文件获取数据和储存数据。

### 11.4.2 案例测试内容

本案例涉及的测试对象如图 11-3 所示。

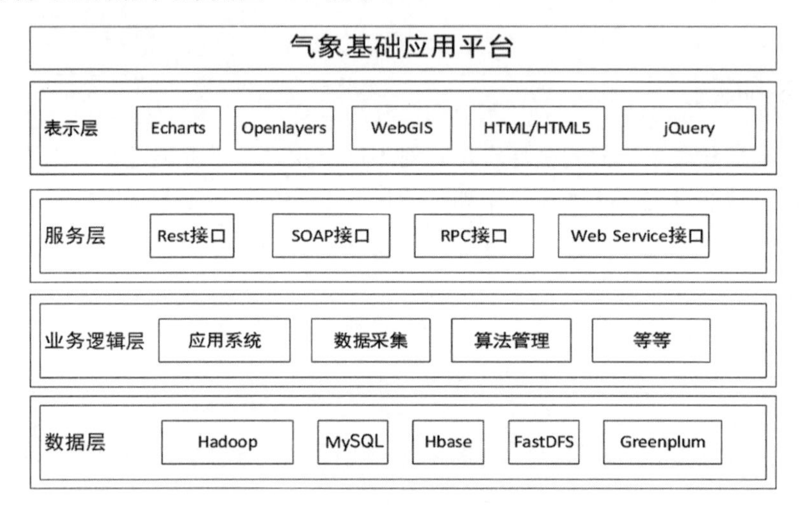


图 11-3 某气象应用平台的测试对象

结合某气象应用平台分层特点和测试对象，明确以下测试内容，如表 11-9 所示。

**表 11-9 某气象应用平台的测试内容和方法示例**

| 层次 | 测试对象 | 质量特性 | 测试内容 |
|---|---|---|---|
| 表示层 | 移动端 | 可移植性 | 手机机型可移植性测试 |
| | | 信息安全性 | App 安装包安全测试 |
| | | 易用性 | 界面测试 |
| | Web 端 | 性能效率 | 网页性能测试 |
| | | 可移植性 | 浏览器可移植性 |
| | | 易用性 | 界面测试 |
| 服务层 | 接口 | 功能性 | 接口功能测试 |
| | | 性能效率 | 接口性能测试 |
| | | 信息安全性 | 接口安全测试 |
| 业务逻辑层 | 功能逻辑 | 功能性 | 系统功能测试 |
| | | 信息安全性 | 代码审计 |
| 数据层 | 数据库 | 性能效率 | TPC 基准测试 |
| | | 信息安全性 | 手工安全检查 |
| | | 可靠性 | TPC 基准测试 |

分析：从表 11-9 中可以看出本案例中涉及的测试内容较多，由于篇幅有限，在每层中选取具有代表性的测试内容作为子案例进行描述，具体选择如下：

（1）表示层，介绍界面测试以及网页性能测试；

（2）服务层，介绍接口性能测试；

（3）业务逻辑层，介绍系统功能测试；

（4）数据层，介绍数据库 TPC 基准测试。

## 11.4.3　表示层测试

表示层的测试主要从界面测试和网页性能测试两个用例进行阐述。

**1. 界面测试用例**

表 11-10 给出了某气象应用平台的界面测试设计用例。

**表 11-10　界面测试用例**

| 用例要素 | 测试用例 1 | 测试用例 2 |
|---|---|---|
| 系统名称 | 某气象应用平台 | 某气象应用平台 |
| 功能模块 | Web 端-所有模块 | Web 端-所有模块 |
| 功能点 | 所有页面 | 所有页面 |
| 测试需求编号 | PAGE-001 | PAGE-002 |
| 测试需求名称 | 界面展示 | 浏览器兼容 |
| 测试需求描述 | 检查界面的排列、布局符合用户使用习惯，及显示内容正确 | 检查页面不同的主流浏览器的适应性 |
| 用例编号 | JMCASE-001 | JMCASE-002 |
| 测试用例名称 | 页面元素检查 | EI01-页面元素检查 |
| 用例描述 | 1. 对内容显示和必输项检查<br>2. 对按钮/连接正确性检查<br>3. 界面通用检查 | 测试不同的浏览器，由于同一浏览器版本之间特定功能存在可移植性问题，还要测试同一个浏览器的不同版本 |
| 测试步骤 | 1. 登录系统<br>2. 打开系统每一个页面<br>3. 检查页面上的各字段元素 | 1. 准备多款主流浏览器<br>2. 用每款浏览器登录系统，打开常用页面<br>3. 检查页面是否可以正常显示 |
| 用例性质 | 正用例 | 正用例 |
| 预期结果 | 界面显示正确 | 界面显示正确 |
| 测试数据 | 无 | 无 |

**2. 网页性能测试用例**

网页渲染测试是针对于页面性能优化而开展的一种性能测试，目的是对前端 Web 页面进行测试以确认页面是否会影响系统性能，并为页面优化提供依据与建议，最终提升系统的整体性能表现，提高用户体验满意度。

1）测试方法

①选取具有代表性的网页。

②通过首次访问和二次访问评估其呈现时间、加载时间、页面大小、请求数。

2）测试工具

基于浏览器分析工具：HttpWatch 工具或者 F12。

3）测试结果

某气象应用平台的主页测试结果如表 11-11 所示。

**表 11-11 网页性能测试结果**

| 指标/维度 | 首次访问 | 二次访问（启用缓存） |
|---|---|---|
| 页面呈现时间（感观） | 5 秒 | 4 秒 |
| 页面完全加载时间 | 8.81 秒 | 7.57 秒 |
| 页面大小（MB） | 传输 2.7MB | 传输 535KB，缓存占比 97.87% |
| 请求数 | 297 个请求 | 73 个请求 |

具体操作过程：

①首次访问，首次访问时清空浏览器缓存。

②二次访问，首次访问后再一次刷新页面即可，在二次访问时将启用缓存。

③页面呈现时间，从加载到渲染展示 HTML 元素的时间，即白屏到非白屏时间。

④页面完全加载时间（包括加载时间|请求数|下载总计），从页面开始加载 Onload 事件到所有组件完全加载的时间。

通过浏览器的开发者（F12）工具或第三方工具分析页面加载过程，发现问题并优化界面。下面以 Chrome 开发者工具为例进行说明，Chrome 开发者工具最常用的四个功能模块：

- Elements：查找网页源代码 HTML 中的任一元素，手动修改任一元素的属性和样式且能实时在浏览器里面得到反馈。
- Console：记录开发者开发过程中的日志信息，且可以作为与 JS 进行交互的命令行 Shell。
- Sources：断点调试 JS。
- Network：从发起网页页面请求 Request 后分析 HTTP 请求后得到的各个请求资源信息（包括状态、资源类型、大小、所用时间等）。

其中 Network 模块分析关注重点：Network 面板记录页面上每个网络操作的相关信息，包括详细的耗时数据、HTTP 请求与响应标头和 Cookie 等等。它有如下作用：

- 使用 Network 面板记录和分析网络活动。
- 整体或单独查看资源的加载信息。
- 过滤和排序资源的显示方式。
- 保存、复制和清除网络记录。
- 根据需求自定义 Network 面板。

Network 面板由 5 个窗格组成（如图 11-4 所示）。

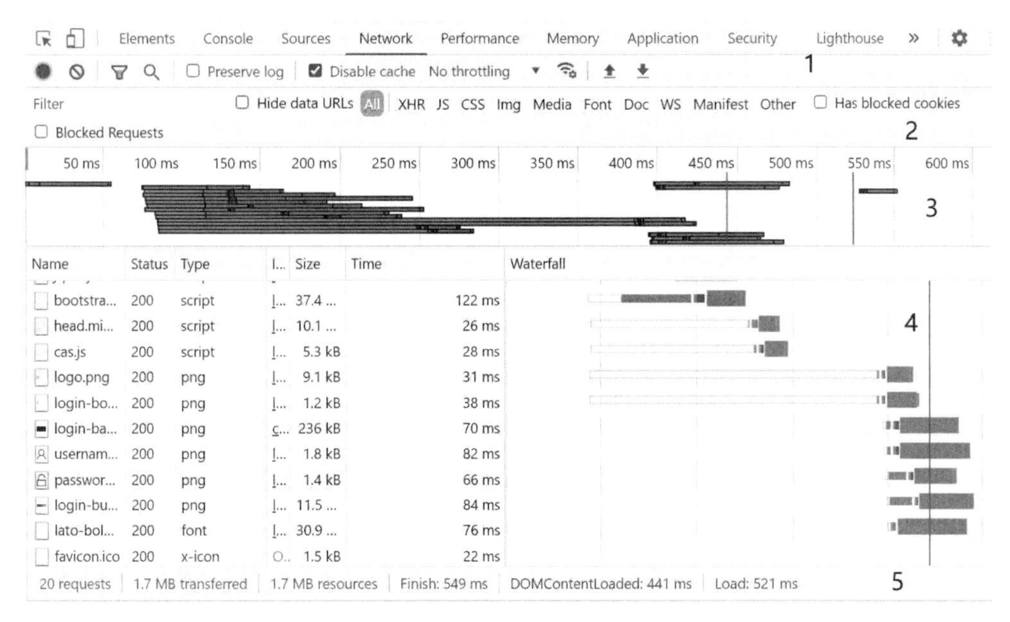


图 11-4　Network 面板界面

- Controls。使用这些选项可以控制 Network 面板的外观和功能。
- Filters。使用这些选项可以控制在 Requests Table 中显示的资源。提示：按住 Cmd（Mac）或 Ctrl（Windows/Linux）并点击过滤器可以同时选择多个过滤器。
- Overview。此图表显示了资源检索时间的时间线。如果看到多条竖线堆叠在一起，则说明这些资源被同时检索。
- Requests Table。此表格列出了检索的每一个资源。默认情况下，此表格按时间顺序排序，最早的资源在顶部。点击资源的名称可以显示更多信息。提示：右键点击 Timeline 以外的任何一个表格标题可以添加或移除信息列。
- Summary。此窗格列出了请求总数、传输的数据量和加载时间。

4）性能改进

当发现了页面性能问题，下一步就是分析优化，影响页面呈现的因素包括响应时间、页面尺寸、网络带宽、网络延迟、HTTP 请求数、并发度、页面渲染等，提供如下优化项建议：

① 减少 HTTP 请求次数：

- 启用浏览器缓存。
- 合并 CSS 和 JS 文件。
- 图片地图。
- CSS Sprite。

② 避免重复请求。

③ 延迟加载 JS，防止白屏，样式表放在头部。

④ 提前加载 CSS，防止白屏，脚本置低。

⑤ 精简代码空行、注释。

⑥ 压缩资源，开启 gzip 和压缩 JS。

⑦ 使用外部 JS 或 CSS 文件便于缓存。

⑧ 后台静态缓存，加快响应。

⑨ 减少 DNS 查询次数。

⑩ 避免重定向。

⑪ 采用异步加载方式。

⑫ 减少 DOM 元素数量。

⑬ 减少 iframe 数量。

⑭ 开启 keep alive 长连接。

### 11.4.4 服务层测试

服务层的测试案例主要以前面提到的某气象应用平台的典型接口性能测试进行阐述。

**1. 测试方案制定**

1）明确测试目的

性能测试目的一般有能力验证、发现问题、性能调优和规划能力，其中，能力验证又包括：处理能力验证、稳定性能力验证、并发能力验证、收缩与扩展能力验证。

本案例的接口测试目的有：

- 接口服务最大处理能力，要求不小于 200TPS。
- 常规接口响应时间小于 3 秒，复杂运算的接口响应不得超过 10 秒。
- 系统持续运行 24 小时，验证稳定性是否满足要求。
- 测试过程中，发现性能瓶颈，协助开发进行性能调优。

2）制定测试策略

性能测试在软件质量保证中起着重要的作用，同一个系统，不同的测试设计及测试过程会导致不同的结果，合理的测试规划与设计是至关重要的。本小节将重点介绍根据系统特点制定有效的性能测试策略。

（1）测试计划策略。

在项目的不同阶段都可以进行性能测试，所以应该为此制定相应的策略。这里提供了 5 点计划安排，它们能确保系统性能满足需求。

①需求分析阶段关注负载压力性能。

在需求分析阶段，主要焦点是对系统中共享的和有限的资源进行需求分析。为了突出性能需求分析，宜为性能需求分析分配大约 10%的时间，不同的设计选择对于负载性能的影响是不同的。测试工程师需要掌握负载性能目标设计方法，同时应该具备性能需求相关的软件体系结构知识。

②设计阶段分析性能指标。

设计者应当清楚地了解不同设计对性能的影响，在设计的各个方面应该充分考虑各方意见，给出性能的预期指标。如果设计中系统应用了第三方产品，例如，中间件或者数据库产品，则应要求第三方产品提供商能够对其产品进行性能验证和设计，识别与其产品有关的负载压力性能问题。

为了突出负载压力性能的重要性，在预算方面也应当留出专门的资金，如为负载压力性能方面分配 10%的资金预算是相对安全的选择。

设计中还应该考虑应用规模和数据量的可扩展性。应用分布的规模可能依赖于分布组件的需求级别、事务处理机制和模式等，数据量的升级将要求设计中包含处理大数据集的内容。

③测试阶段注重性能环境和结果调优。

开发阶段开始时建立负载性能测试环境，需要进行以下工作：

- 确保合理精确的测试环境，并且可重用。
- 如果测试环境是共享的，性能测试不能与其他活动同时进行，应制定性能测试时间表。
- 选择一个性能测试工具。
- 通过性能测试发现性能缺陷，并不断优化。

④验收阶段验证是否满足设计指标。

尽量在生产测试环境下测试，确定资源是否满足性能指标。运行维护阶段持续监控系统负载压力性能。监控系统在正常运行状态下的负载压力性能，识别系统性能的倾向，确定何种条件下负载压力性能超过可接受范围等。

（2）工具策略。

性能测试可以采取手工测试和自动化工具测试两种测试策略。大多数工程师掌握手工测试技巧，例如手工模拟负载压力，方法是利用若干台电脑和同样数目的操作人员，在同一时刻进行操作，使用秒表记录下响应时间，此方法可大致反映系统所能承受的负载压力情况。但是，需要大量的人员和机器设备，而且难以解决如何保持测试人员同步的问题，更无法捕捉程序内部的变化情况。利用自动化性能测试工具进行测试可以很好地解决上述问题，可以在一台或几台 PC 上，模拟成百上千的虚拟用户同时执行业务的情景，通过可重复的、真实的测试能够准确地度量应用系统的性能，确定问题所在。

可见，性能测试的发展趋势是利用自动化的测试工具进行测试，当然在没有工具的情况下，也可以通过手工测试对系统承受负载压力情况做一个近似的评估。下面重点介绍利用自动化测试工具进行性能测试的策略，分为利用商业化测试工具、开放资源测试工具和自主开发工具进行测试。

①商业化测试工具。

利用商业化自动化测试工具是进行性能测试的主要手段，知名的商业化的测试工具有 LoadRunner、QALoad 等，适用范围广，测试效果得到业界的普遍认可，结果具有一定的可比性，并且厂商一般能提供技术支持，其版本的升级也会得到保证，但是其价格通常较高。

②开放资源测试工具。

开放资源被定义为用户不侵犯任何专利权和著作权，以及无需通过专利使用权转让，就可以获取、检测、更改的软件源代码，这意味着任何人都有权访问、修改、改进或重新分配源代码。开放资源的理念是，当人们在已存在的工具上共同开发时，最终产品会更加先进。简而言之，很多企业和个体都会从中获益。开放资源的最大优点是测试工具是免费的。

常见的开放资源性能测试工具是开放系统测试体系 OpenSTA 和 JMeter。这些工具中的每个都能提供完成性能测试所需的功能，现存的多种开放资源测试工具都是可获得的，下面列举几个例子。

- Apache JMeter。

Apache JMeter 是一种纯粹的 Java 应用软件，用于功能和性能效率测试。JMeter 最初是基于 Apache Tomcat 设计的，用于测试 Web 应用软件的性能，但是目前，开放资源发展联盟将此产品的应用进行扩展，Apache JMeter 同时用于功能测试和性能测试，可以测试 Java 对象、JDBC、数据库、Perl 脚本、Web 服务器和应用服务器等。

和商品化测试工具一样，Apache JMeter 的代理记录可以记录浏览器和 Web 服务器之间的通信。并且，由于 JMeter 是 100%Java 的，所以它不受平台约束。

- OpenSTA。

OpenSTA 是 Windows 平台、分布式的软件测试体系，基于 CORBA（Common Object Request Broker Architecture）。OpenSTA 能产生数百或数千个虚拟用户，最初用于测试基于 Web 的应用软件。此工具还为用户响应时间和平台应用软件（包括应用服务器、数据库服务器、Web 服务器）的资源占用信息监控提供了图形化标准。

OpenSTA 具有一种简单的脚本语言，即脚本控制语言（SCL）。SCL 与商业性能测试工具一样，用户能够创建测试脚本，能将输入数据参数化，从外部文件读入参数数据。

- Linux 上测试工具。

  ➢ab 工具。

ab 是 Apache 自带的压力测试工具。ab 的原理是 ab 命令会创建多个并发访问线程，模拟多个访问者同时对某个 URL 地址进行访问。它的测试目标是基于 URL，因此，它既可以用来测试 Apache 的负载压力，也可以测试 Nginx、LightHttp、Tomcat、IIS 等其他 Web 服务器的压力。ab 命令对发出负载的计算机要求很低，它不会占用很高 CPU 和内存，但却给目标服务器造成巨大的负载，其原理类似 CC 攻击。测试时需要注意，否则负载太多，可能造成目标服务器资源耗尽，严重时甚至导致死机。

➢Siege 工具。

Siege（中文意思是围攻）是一个压力评测工具，用于评估 Web 开发应用的压力承受能力，可以根据配置对 Web 站点进行多用户的并发访问，记录每个用户所有请求过程的响应时间，并在一定并发访问量下重复进行。Siege 支持基本的认证，cookies、HTTP 和 HTTPS 协议。Siege 可以从预置列表中请求随机的 URL。所以 Siege 可用于仿真用户请求负载，而 ab 则不能。但不建议使用 Siege 来执行最高性能基准调校测试，这方面 ab 就准确很多。

③自主开发工具测试。

自主开发测试工具即开发自己的性能测试程序或者工具。

例如，构建一个简单的 Web 应用测试工具，首先编写对每个模拟客户机运行一个线程的程序，每个线程需要与服务器通信，可能使用 Java、Net、URL 类，这种方法能够达到基本的 HTTP 客户机模拟，它可以执行 GET 和 PUT；其次每个线程需要发送 HTTP 请求，收集回复，这一组行动可以写到单独的配置文件中；最后需要增加配置选项以确定运行多少个线程（模拟的客户机），以及设置开始模式，增加负载方式。

（3）执行策略。

对性能测试场景按照测试优先级别进行分类，首先保证高优先级场景执行，所有高优先级场景执行完成后，根据时间安排执行中优先级和低优先级场景。

测试按照从点、线、面的策略逐步开展，测试执行顺序如下：单交易基准测试→单交易并发测试→单交易性能测试→混合场景测试→稳定性测试→其他场景测试。

（4）监控策略。

在性能测试之前，对硬件、操作系统、支撑应用等都需要做好监控，随着监控对象增多，需要制定监控策略，不可为了监控而监控，建议监控策略考虑如下内容：

①先粗后细：前期只需要监控目标对象的主要指标，随着分析不断深入和问题的发现，再逐渐加入细粒度的指标。

例如，针对常规监控对象在前期可以只监控操作系统指标（监控 CPU、内存、I/O、网络）即可，当发现性能问题后，再监控中间件、数据库等支撑应用，应用服务建议监控线程池、连接池、JVM 等，数据库监控连接数、死锁数量、慢查询 SQL 语句等，最后再深入到代码层面。

②监控要轻：监控本身也会消耗一定的系统资源，尽量采用轻量级监控工具。

③批量监控：众多的监控对象需要依靠批量自动化监控工具来保证快速和准确性。

（5）调优策略。

性能调优是一个比较复杂的过程，在性能测试过程中，需要调优组（开发架构师、DBA、中间件工程师、开发人员）、环境组、性能测试组进行密切的配合，当发现有性能问题之后，调优组需要对发现的性能问题进行性能优化，优化完成之后，性能测试组再对其优化后的场景进行复测，以验证最终的优化效果。一般的调优顺序如图 11-5 所示。

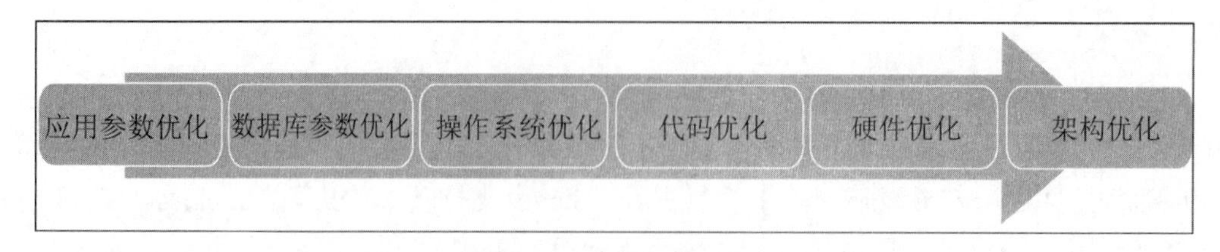


图 11-5 调优顺序图

（6）指标策略。

在性能测试中，最重要的指标包括并发用户数量、响应时间、TPS 等。下面介绍一些重点性能指标设计方法：

①并发用户数量。

设计并发用户数量，首先需要区分如下几个概念：

- 系统用户数：可能使用应用系统的全部用户数量，一般是指在系统中注册后的用户数量。系统用户数与应用系统的性能没有太大关系，只与用户数据库的存储能力有关。
- 在线用户数：在线用户是指登录进入应用系统且没有退出的用户，在线用户数是指某一时刻同时在线的用户数量。某些应用系统具备“在线统计”功能，能获得当前时刻同时在线用户数。
- 并发用户数：并发主要是针对服务器而言，并发用户数是指在同一时刻与服务器进行交互的在线用户数量。

下面介绍根据系统用户数或者在线用户数来评估并发用户数的方法：

a）极限法。

对于系统已经投产或者目标用户群体不确定的门户网站，可以通过分析日志，也可以使用系统已经注册的用户数量作为系统最大用户数，然后按照经验公式来估算最大并发用户数。

b）用户趋势分析。

对软件生存周期内的用户未来走势进行分析，预测系统可能达到的最大用户数，从而估计系统的最大并发用户数，这种方法多用于系统用户数目逐渐增加的情况。

c）经验评估法。

并发用户数量的统计方法目前还没有准确的公式，因为不同的应用系统会有不同的并发特点。如对企业内部使用的 OA 系统，实际环境中的并发用户数量的经验公式为：

$$平均并发用户数=在线用户数\times(5\%\sim10\%)$$

$$最大并发用户数=在线用户数\times(20\%\sim30\%)$$

另外，最大并发用户数可作为应用系统最大处理能力的指标（超过最大并发用户数后，应用系统性能严重下降的临界点），可通过性能测试工具在测试中获得。

②事务平均响应时间。

响应时间就是用户感受软件系统提供服务所消耗的时间，这与计算机性能、业务复杂性和带宽等因素相关。事务平均响应时间指标也是性能测试用例设计的重要内容，目前可参考以下两种设计方式：

- 对于在需求分析和设计阶段已经明确提出响应时间性能指标要求的系统，如要求“系统响应时间不得超过 20 秒”，对一些金融类业务系统，对其后台交易处理时间一般要求为“查询类交易 ART（平均交易响应时间）≤200ms、账务类交易 ART ≤500ms”，平均响应时间确定时应以需求为准。
- 对于没有明确性能需求的系统，事务平均响应时间应以用户使用感受或者需求方指定为准。对 Web 类应用系统，一个普遍接受的响应时间标准为 3/5/10 秒，即：在 3 秒之内给客户响应被认为是“非常有吸引力的”，在 5 秒之内响应客户被认为是“比较不错的”，而 10 秒是客户能接受的响应时间的上限。需求分析人员和业务人员可根据 Web 应用系统的重要程度以及客户体验确定 ART。当然响应时间的长短还和业务复杂度紧密相关，可根据业务实际情况而定。

③每秒通过事务数（TPS）。

TPS 体现了应用系统的处理能力，其换算公式如下：

- 平均 TPS=交易总数/交易时间。
- 根据二八原则，高峰日 TPS=高峰日交易量×80%/(营业小时×60×60×20%)。

例如，业务系统生产环境高峰日交易总量为 400 万笔，为满足未来 3 年内核心业务系统处理能力达到高峰日交易总量 1000 万笔的需求，对 TPS 的指标需求应为：

TPS≥10000000×80%/(24×3600×20%)≈ 463 笔/秒。

---

注：上述指标需求是根据二八原则进行计算的，并且假设核心业务系统的工作时间为 24 小时；对某些 OA 系统，工作时间可定为 8 小时。

---

④交易成功率。

交易成功率指标描述系统在一定的负载压力下，用户对交易错误率的容忍程度。一般来说，应用系统的交易成功率指标可定为：交易成功率≥95%。对一些重要程度很高、对交易出错比较敏感的应用系统，交易成功率指标可定为：交易成功率≥99%，或者更高。

⑤资源使用率。

- CPU 占用率。

服务器主机的 CPU 占用率是一种重要的资源利用率性能指标，CPU 资源比较容易出现性能瓶颈。根据一般的使用经验，CPU 占用率在 50%以下时，服务器主机处于一个比较健康的状况；在应用系统设计处理能力的平均负载下，要求 CPU 占用率不能超过 80%；而在峰值负载出现时，CPU 占用率最好不要超过 90%。

- MEM 使用率。

服务器主机的 MEM 使用率也是一种比较重要的资源利用率性能指标，内存资源不足会导致频繁的内存页交换，从而降低主机效率。根据一般的使用经验，MEM 使用率在 50%以下时，服务器主机处于一个比较健康的状况；在应用系统设计处理能力的平均负载下，要求 MEM 使用率不能超过 80%；而在峰值负载出现时或经过长时间运行后，MEM 使用率不要超过 85%。

- 网络带宽。

描述系统对于网络设备或链路传输能力的需求，单位为 bps（bit per second）。可根据系统架构图对不同的传输段提出各自的带宽需求。如对某业务系统：指令控制类服务的带宽≥64Kbps，Web 前端到前端服务器的带宽≥4Mbps，机构间的带宽≥50Mbps。

⑥平均无故障运行时间

一种软件稳定性指标，在性能测试实施时需明确稳定性测试场景的持续时间。一般来说，对应用系统的稳定运行时间要求为：12 小时、24 小时、48 小时或 72 小时。对于正常工作日（8 小时）运行的系统，至少应能保证系统无故障稳定运行 12 小时以上；对于 7×24 运行的系统，至少应能保证系统稳定运行 48 小时以上。

性能测试中，随并发用户数增加而变化的性能趋势图如图 11-6 所示。

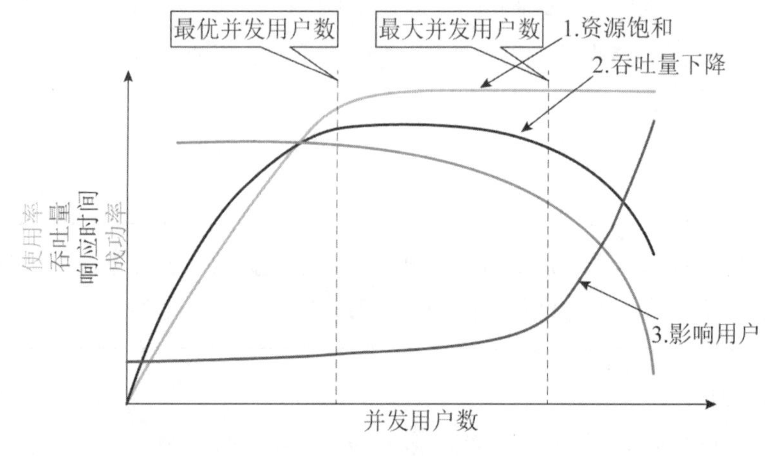


图 11-6 性能趋势图

性能趋势线把用户负载、服务请求的响应时间和资源利用率关联了起来。当用户负载增加，响应时间也缓慢地增加，而资源利用率几乎是线形增长。这是因为应用做更多的工作，需要更多的资源。一旦资源利用率接近百分之百时，系统响应会以指数曲线的方式下降（响应时间变长），这个点就是饱和点。饱和点是指所有性能指标都不满足，随后应用发生急剧衰减。评估系统容量的时候就是定位出饱和点的位置，并且在应用系统的实际使用中应该避免出现这种情况。在这种负载发生前，应及时优化系统或适当地增加额外的硬件。

**2. 测试需求分析**

1）被测系统范围

明确被测对象以及它与上下游系统关系，如果存在上下游系统，则需要采用挡板程序或代码阻断方式来规避因上下游系统的性能影响本系统的性能，如图 11-7 所示。

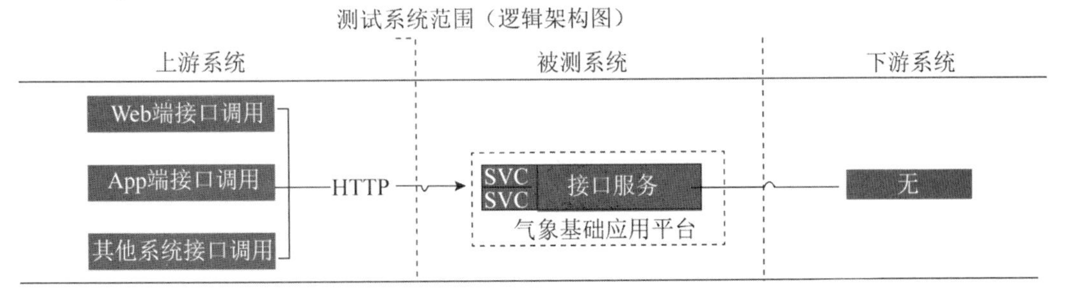


图 11-7　被测系统范围

2）业务交易场景

其一，首先进行功能交易选型，为了对被测系统进行更充分的性能测试，尽可能多地发现性能问题，需要在众多功能中选取具有代表性的，一般在选取时采用如下原则：

- 按功能使用频率，从历史访问统计中，TOP5、TOP10、TOP20 等。
- 重点核心的功能，从业务角度选择重要功能。
- 低频高耗的功能，从技术角度选择高消耗的功能。
- 研发关注的功能，从开发人员可预见可能出错的功能选择。

其二，有了典型功能还不足够，还需要了解用户操作行为，用户操作行为反映了用户对系统的使用模式和应用场景，系统实际应用场景一般较复杂，可以通过设置典型场景来模拟，业务典型场景主要体现为功能的组合，它代表了应用系统的实际业务形态。典型业务场景一般包括：

- 高峰时段场景。
- 高集中的并发场景。
- 高耗时、高资源、排队、定时场景。
- 高可用性、负载均衡等异常场景。
- 项目团队可以预见的特殊场景。

其三，为了更真实地体现业务形态，业务功能还需要进行配比。

结合以上三点，本案例中典型业务场景如表 11-12 所示。

3）测试环境

应尽量保证性能测试与真实生产环境的一致性，具体要做到以下四个方面：

①计算环境。

服务器的型号、硬件配置以及是否和其他应用程序共享此服务器，如图 11-8 所示。

表 11-12　典型业务场景

| 正常业务场景，无其他场景 | | | |
|---|---|---|---|
| 编号 | 发起端 | 业务名称 | 业务配比 |
| 1 | Web 端 | 地面气象产品接口 | 20% |
| 2 | Web 端 | 单一预警接口 | 20% |
| 3 | Web 端 | 闪电初始数据接口 | 20% |
| 4 | App 端 | 最新闪电数据接口 | 20% |
| 5 | App 端 | 闪电产品图数据接口 | 20% |

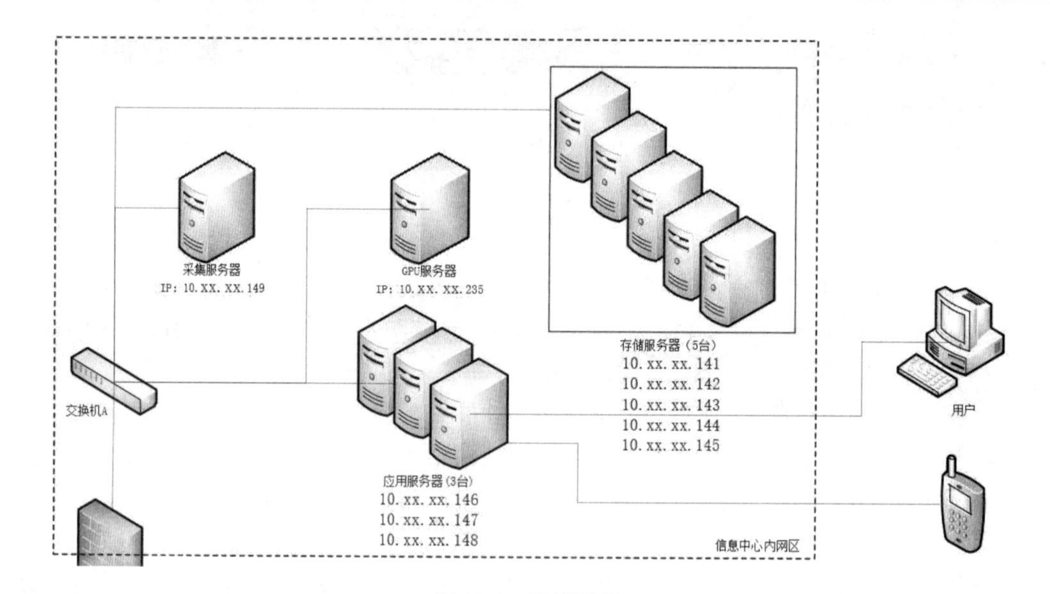


图 11-8　计算环境

②网络环境。

网络环境是局域网还是互联网，网络带宽是多少，是否在集群环境下，是否进行负载均衡，客户使用的硬件配置情况。

③软件环境。

软件版本一致性，包括操作系统、数据库、中间件的版本，被测系统的软件版本。配置一致性，系统（操作系统/数据库/中间件/被测试系统）参数的配置一致，这些系统参数的配置有可能对系统造成巨大的影响。所以，除了保证测试环境与真实环境所使用的软件版本一致，也要关注其参数的配置是否一致，如表 11-13 所示。

表 11-13　软件环境

| 类型 | CPU | MEM | HDD | 数量 | 操作系统 | 应用软件 |
|---|---|---|---|---|---|---|
| 应用服务器 | 4 | 24GB | 200GB | 3 | Linux CentOS 7 | Jboss 4.2 |
| 数据服务器 | 4 | 24GB | 500GB | 4 | Linux CentOS 7 | MySQL 5.7 |

④数据环境。

基于数据管理的应用系统，数据容量对整个系统的性能有着明显的影响，一般在性能测试之前，需要准备测试数据。数据准备时需要注意四点：其一，可以不用准备整库的数据，只准备所取交易涉及的库表数据。其二，数据量以未来 3 至 5 年业务发展的数据量为参考。其三，交易涉及的关联性数据，则准备数据时保留其关联性，保证交易的正确性。其四，准备数据方式常见的有存储过程、数据翻倍、数据生成软件。

4）测试差异分析

大多数性能测试环境和生产环境存在着较大差异，这种差异性包括硬件、网络、软件、架构、数据等方面，对测试环境与生产环境进行差异常分析，做到心中有数，形成总体差异结论，为出具“能力推算”“扩容推算”等相关的结论时提供依据。例如：测试环境下进行性能测试最多支撑 500TPS，那么推算生产环境能支持多少 TPS 时，就要先分析资源差异。

5）性能团队

性能测试不仅是性能测试工程师的事情。在测试过程中，涉及与业务人员、开发人员、DBA、架构工程师、运维人员以及项目管理人员进行沟通，共同配合才能把性能测试工作做好。首先，需要明确性能团队组织结构，如图 11-9 所示。

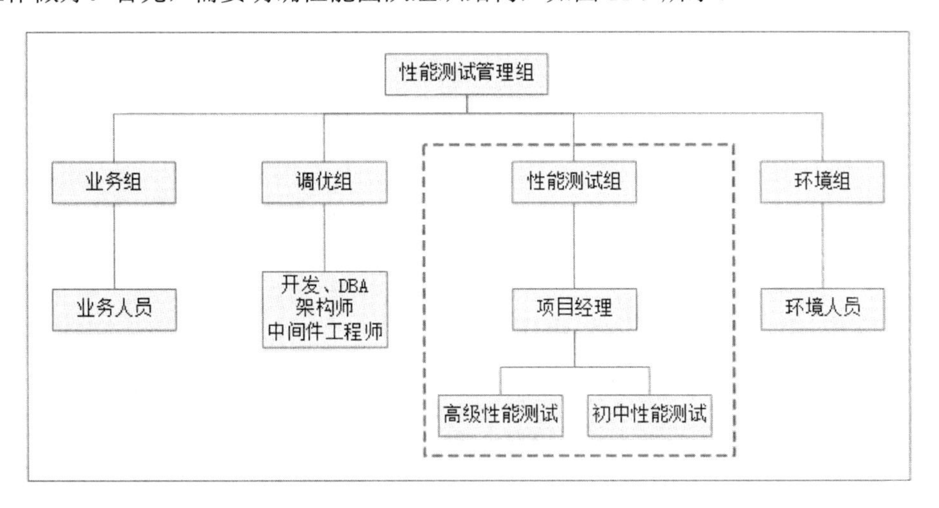


图 11-9　性能团队组织结构

其次，明确其团队工作职责，如表 11-14 所示。

**表 11-14　成员和工作职责**

| 团队名称 | 团队职责 |
| --- | --- |
| 测试管理组 | ①对测试中重大问题提供决策和指导，总体把控项目进度、质量和风险<br>②审核测试方案、测试范围、测试规范、测试计划等<br>③仲裁实施过程中发生的争议 |

续表

| 团队名称 | 团队职责 |
| --- | --- |
| 环境管理组 | ①性能测试环境的搭建、基础软件的安装、参数的配置、网络配置连通<br>②被测系统应用版本的统一规划、管理、发布<br>③测试使用数据的导入、维护<br>④执行过程中测试环境的统一规划、调度、管理<br>⑤测试环境差异化的分析和解决<br>⑥测试涉及工具、基础环境、网络、数据等问题的协调与解决 |
| 开发组 | ①提供交易、参数化的数据等<br>②协助测试人员进行脚本的调试<br>③交易所涉及外系统挡板的开发<br>④测试过程中发现问题的分析、决策、解决、升级<br>⑤记录测试中发现的问题与结论，并反馈测试人员<br>⑥推动升级问题的尽快解决 |
| 测试执行组 | ①性能测试工具、监控工具的安装调试<br>②测试脚本开发、调试、测试场景执行、结果收集<br>③负责问题记录及解决方案 |
| 业务组 | ①提供业务知识支持<br>②协助业务指标解释<br>③提供交易量统计以及占比的数据 |
| 技术支持组 | ①性能测试过程中开发组升级问题的排查与解决<br>②性能调优 |

6）性能指标

该系统采用 SOA 架构，在服务层提供了大量的交易接口，同时，在需求规格说明书中对接口服务的性能有明确要求。经过梳理，性能指标如表 11-15 所示。

**表 11-15 性能指标**

| 分类 | 编号 | 指标描述 | 指标数据 | 来源 |
| --- | --- | --- | --- | --- |
| 系统处理能力 | 1 | 服务处理能力 | 不小于 200 笔/秒 | 需求 |
| | 2 | 一般接口响应时间 | ≤3 秒 | |
| | 3 | 复杂接口响应时间 | ≤10 秒 | |
| | 4 | 并发用户数 | 10、50、100 | |
| | 5 | 交易成功率 | ≥99.9% | |
| 主机资源使用率 | 6 | CPU 使用率 | ≤80% | |
| | 7 | 内存使用率 | ≤80% | 行业参考 |
| | 8 | 磁盘读写（I/O） | 由读写等综合考量并分析 | |
| | 9 | 网络吞吐率 | 小于带宽 | |
| 稳定性 | 10 | 稳定性运行时间 | 48 小时 | 需求 |

### 3. 场景设计

场景测试与功能测试有很大的区别，场景主要体现为单交易以及交易组合情况，它代表了应用系统的实际业务形态。往往系统的实际应用非常复杂，一般通过设置典型场景进行模拟，典型场景示例如下：

（1）是否存在高集中并发场景。

（2）是否存在高峰时段场景。

（3）是否存在高耗时场景、高资源场景、排队场景、定时场景。

（4）是否存在异常情况：高可用性、负载均衡场景。

（5）是否存在团队可以预见的性能问题。

在设计性能场景时，需要结合性能测试目的来选择相应的测试场景，常见的典型场景如表 11-16 所示。

**表 11-16　典型场景设计**

| 场景名 | 说明 | 备注 |
| --- | --- | --- |
| 基准场景 | 指单交易基准测试 | 初步检查交易响应时间的量级，为后续测试提供对比基础 |
| 并发场景 | 有集合点的瞬时并发测试 | 当存在操作高集中现象时才使用，一般情况下不使用 |
| | 无集合点的并发用户数测试 | 一般考查特定并发用户数下的系统响应时间和资源消耗 |
| 负载场景 | 指单交易负载测试 | 关注此交易的最大处理能力，找到性能拐点 |
| 混合场景 | 指多交易按占比的混合场景 | 混合场景下的系统最大处理能力，更加真实模拟系统压力 |
| 稳定性场景 | 指混合基础上的长时间运行 | 关注系统长时间运行的系统稳定性 |
| 压力场景 | 在资源饱和情况下测试 | 关注资源使用率极限情况下的系统反应，如 CPU 使用率 100% |
| 其他场景 | 其他特性测试 | 如参数配置、数据容量、结构变化、特定业务场景等 |

结合本案例实际情况，选取了 5 种典型场景分别描述。

1）单交易基准测试

在系统无压力时，分别对每个脚本用 1 个用户执行 5 分钟或循环 100 次操作，获得交易响应时间。通过此测试初步检查交易响应时间的量级，为后续测试提供对比基础。单交易基准测试描述如表 11-17 所示。

**表 11-17　单交易基准测试**

| 用例名称 | 单交易基准测试 | 案例编号 | PT-CASE-001 |
| --- | --- | --- | --- |
| 用例目的 | 通过单交易基准测试，一是为了确认测试脚本的可用性，二是获取系统理论最快响应时间，为并发测试提供参考依据 | | |

续表

| | |
|---|---|
| 场景设置 | 并发数：1Vu<br>集合点：无<br>Thinktime：无<br>Log：无<br>Pacing：无<br>初始化用户：每个用户运行前进行初始化<br>场景执行时间：5 分钟<br>停止用户：立即<br>其他设置：默认 |
| 测试目标 | 1.响应时间<br>2.成功率 |

**测试场景**

| 编号 | 交易名称 | 并发用户数 | 执行时间 | 操作说明 |
|---|---|---|---|---|
| 01 | 地面气象产品接口 | 1 | 5 分钟 | 分别对每个脚本用 1 个用户执行 5 分钟操作，获得交易响应时间 |
| 02 | 单一预警接口 | 1 | 5 分钟 | |
| 03 | 闪电初始数据接口 | 1 | 5 分钟 | |
| 04 | 最新闪电数据接口 | 1 | 5 分钟 | |
| 05 | 闪电产品图数据接口 | 1 | 5 分钟 | |

| | |
|---|---|
| 输出 | 记录性能指标：响应时间、成功率（%） |
| 前提和约束 | 系统功能测试通过，测试环境符合要求，初始数据准备完成 |
| 过程终止条件 | 达到预期效果/系统中某一环节导致测试无法进行 |

2）单交易并发测试

系统在特定业务下做并发请求测试，通过设置集合点并发，测试交易在不同的并发用户数据下的响应时间和资源占用情况。单交易并发测试用例描述如表 11-18 所示。

**表 11-18　单交易并发测试**

| 用例名称 | 单交易并发测试 | 案例编号 | PT-CASE-002 |
|---|---|---|---|
| 用例目的 | 通过单交易并发测试，设置集合点并发，测试交易在不同的并发用户数据下的响应时间和错误情况 | | |
| 场景设置 | 并发数：10Vu　50Vu　100Vu<br>集合点：有<br>Thinktime：无<br>Log：无<br>Pacing：无<br>初始化用户：每个用户运行前进行初始化<br>场景执行时间：5 分钟<br>停止用户：立即<br>其他设置：默认 | | |

续表

<table>
<tr><td>测试目标</td><td colspan="4">1.响应时间<br>2.成功率</td></tr>
<tr><td colspan="5">测试场景</td></tr>
<tr><td>编号</td><td>交易名称</td><td>并发用户数</td><td>迭代次数</td><td>操作说明</td></tr>
<tr><td>01</td><td>地面气象产品接口</td><td>10、50、100</td><td>3 次</td><td rowspan="2">不同的并发数，迭代 3 次</td></tr>
<tr><td>02</td><td>单一预警接口</td><td>10、50、100</td><td>3 次</td></tr>
<tr><td>输出</td><td colspan="4">记录性能指标：响应时间、错误率（%）</td></tr>
<tr><td>前提和约束</td><td colspan="4">系统功能测试通过，测试环境符合要求，初始数据准备完成</td></tr>
<tr><td>过程终止条件</td><td colspan="4">达到预期效果/系统中某一环节导致测试无法进行</td></tr>
</table>

3）单交易负载测试

系统单个业务在一定负载压力下，通过多用户（如：10Vu、20Vu、30Vu 等）梯度加压，在最大并发用户数时，持续执行 10 分钟，同时分别监控各交易的响应时间，获取资源使用率和最大 TPS 值，为混合场景配置提供参考。单交易负载测试用例如表 11-19 所示。

**表 11-19　单交易负载测试**

<table>
<tr><td>用例名称</td><td>单交易负载测试</td><td>案例编号</td><td>PT-CASE-003</td></tr>
<tr><td>用例目的</td><td colspan="3">通过单交易负载测试，验证单个交易是否存在并发性问题</td></tr>
<tr><td>场景设置</td><td colspan="3">并发数：10Vu、20Vu、30Vu……（最大或最优的并发用户数待测试结果而定）<br>集合点：无<br>Thinktime：无<br>Log：无<br>Pacing：无<br>初始化用户：每个用户运行前进行初始化<br>场景执行时间：直到运行完成<br>停止用户：立即<br>其他设置：默认</td></tr>
<tr><td>测试目标</td><td colspan="3">1.并发用户数<br>2.响应时间<br>3.TPS<br>4.成功率>=99.9%<br>5.CPU（Linux）<=80%<br>6.MEM（Linux）<=80%</td></tr>
<tr><td colspan="4">测试场景</td></tr>
<tr><td>编号</td><td>交易名称</td><td>压力时长/分钟</td><td>操作说明</td></tr>
<tr><td>01</td><td>地面气象产品接口</td><td>10</td><td rowspan="4">LR 模拟所有选取的渠道交易发起压力</td></tr>
<tr><td>02</td><td>单一预警接口</td><td>10</td></tr>
<tr><td>03</td><td>闪电初始数据接口</td><td>10</td></tr>
<tr><td>04</td><td>最新闪电数据接口</td><td>10</td></tr>
</table>

续表

| 05 | 闪电产品图数据接口 | 10 | |
|---|---|---|---|
| 输出说明 | 记录各项性能指标：交易名称、并发数、TPS、响应时间、资源消耗 | | |
| 前提和约束 | 系统功能测试通过，测试环境符合要求，初始数据准备完成 | | |
| 过程终止条件 | 达到预期效果/系统中某一环节导致测试无法进行 | | |

4）混合场景测试

按照上面提供的典型业务场景模型中的各交易占比，采用梯度加压（如：20TPS、40TPS、60TPS……）的方式，每组梯度运行10分钟，针对系统施加压力，获取系统的最大处理能力，同时获取最大并发用户数、响应时间、TPS、资源占用等情况，分别为性能拐点前1个梯度、性能拐点1个梯度、性能拐点后1个梯度，共3个梯度。混合场景测试用例如表11-20所示。

**表11-20　混合场景测试**

| 用例名称 | 混合场景测试 | 案例编号 | PT-CASE-004 |
|---|---|---|---|
| 用例目的 | 通过混合场景容量测试，考察核心系统的最大处理能力 | | |
| 场景设置 | TPS：20TPS、40TPS、60TPS……（最大TPS待测试结果而定）<br>集合点：无<br>Thinktime：无<br>Log：无<br>Pacing：无<br>初始化用户：每个用户运行前进行初始化<br>开始用户：1Vu/30秒<br>场景执行时间：10分钟<br>停止用户：立即<br>其他设置：默认 | | |
| 测试目标 | 1.响应时间<br>2.TPS<br>3.成功率>=99.9%<br>4.CPU（Linux）<=80%<br>5.MEM（Linux）<=80% | | |
| 测试场景 | | | |
| 编号 | 交易名称 | 交易配比 | 操作说明 |
| 01 | 地面气象产品接口 | 20% | LR模拟混合业务发起压力，压测时长10分钟，梯度增加TPS直到出现瓶颈终止测试 |
| 02 | 单一预警接口 | 20% | |
| 03 | 闪电初始数据接口 | 20% | |
| 04 | 最新闪电数据接口 | 20% | |
| 05 | 闪电产品图数据接口 | 20% | |
| 输出说明 | 记录各项性能指标：交易名称、并发数、TPS、响应时间、资源消耗 | | |
| 前提和约束 | 系统功能测试通过，测试环境符合要求，初始数据准备完成 | | |
| 过程终止条件 | 达到预期效果/系统中某一环节导致测试无法进行 | | |

5）稳定性场景测试

稳定性测试按照混合场景测试的最大容量的 70%至 80%压力（TPS×70%），进行 48 小时的持续测试，同时获取响应时间、TPS、成功或失败事务数、各服务器的资源占用情况，并同时考察系统是否出现宕机、服务挂起、内存泄漏等异常现象。稳定性场景测试用例如表 11-21 所示。

**表 11-21　稳定性场景测试**

<table>
<tr><td>用例名称</td><td colspan="2">稳定性场景测试</td><td>案例编号</td><td>PT-CASE-005</td></tr>
<tr><td>用例目的</td><td colspan="4">通过稳定性场景测试，考核系统进行长时间的稳定性测试，获取系统在持续大压力下的性能表现数据，考察系统是否会出现宕机、服务挂起、内存泄漏等异常现象</td></tr>
<tr><td>场景设置</td><td colspan="4">TPS：混合场景测试最大 TPS×70%<br>集合点：无<br>Thinktime：无<br>Log：无<br>Pacing：无<br>挡板延迟：无<br>初始化用户：每个用户运行前进行初始化<br>开始用户：2Vu/秒<br>场景执行时间：48 小时<br>停止用户：立即<br>其他设置：默认</td></tr>
<tr><td>测试目标</td><td colspan="4">1.响应时间<br>2.TPS<br>3.成功率>=99.9%<br>4.CPU（Linux）<=80%<br>5.MEM（Linux）<=80%</td></tr>
<tr><td colspan="5">测试场景</td></tr>
<tr><td>编号</td><td>交易名称</td><td>交易配比</td><td colspan="2">操作说明</td></tr>
<tr><td>01</td><td>地面气象产品接口</td><td>20%</td><td colspan="2" rowspan="5">系统容量测试最优 TPS×70%，持续运行 48 小时</td></tr>
<tr><td>02</td><td>单一预警接口</td><td>20%</td></tr>
<tr><td>03</td><td>闪电初始数据接口</td><td>20%</td></tr>
<tr><td>04</td><td>最新闪电数据接口</td><td>20%</td></tr>
<tr><td>05</td><td>闪电产品图数据接口</td><td>20%</td></tr>
<tr><td>输出说明</td><td colspan="4">记录各项性能指标：交易名称、并发数、TPS、响应时间、资源消耗</td></tr>
<tr><td>前提和约束</td><td colspan="4">系统功能测试通过，测试环境符合要求，初始数据准备完成</td></tr>
<tr><td>过程终止条件</td><td colspan="4">达到预期效果/系统中某一环节导致测试无法进行</td></tr>
</table>

**4. 测试脚本准备**

本案例中脚本包括 5 个方面，如表 11-22 所示。

表 11-22　测试脚本准备

| 地面气象产品接口脚本 |
| --- |
| 单一预警接口脚本 |
| 闪电初始数据接口脚本 |
| 最新闪电数据接口脚本 |
| 闪电产品图数据接口脚本 |

下面给出一个手工编写的接口脚本的代码示例。

```
/*
*描述信息：脚本解释
*项目名称：某气象应用平台
*脚本功能：实现“地面气象产品接口”请求
*检查点：通过返回报文判断是否成功，000 代表成功
*版本号：V1.0
*编码语言：C
*开发协议：http/Web
*作者：李**
*时间：20190123
*/
Action()
{
lr_start_transaction("地面气象产品接口");//增加事务
	Web_reg_find("Fail=NotFound",//设置检查点
		"Search=Body",
		"SaveCount=myCount",
		"Text=RespCode\":\"000",
		LAST);
	Web_custom_request("getDetailInfo",
		"URL=http://ip:port/projectname/register/getDetailInfo",
		"Method=POST",
		"Resource=0",
		"RecContentType=application/json",
		"Mode=HTML",
		"EncType=application/json;charset=UTF-8",
//设置参数化，动态地发送数据
	"Body={\"cid\":\"07144177\",\"areaid\":\"{MYAREA}\"}",
		LAST);
//设置逻辑判断，根据返回内容，判定交易是否成功
if(atoi(lr_eval_string("{myCount}"))>0){
	lr_end_transaction("地面气象产品接口",LR_PASS);
```

```
        }else{
        lr_end_transaction("地面气象产品接口",LR_FAIL);
    lr_error_message("产品接口查询失败");
    }
    return0;
    }
```

脚本编写按照以下步骤进行：

①协定协议；

②了解协议相关的函数方法；

③脚本录制或手工编写；

④设置请求检查点；

⑤查找动态数据设置关联；

⑥数据参数处理；

⑦单脚本调试回放；

⑧脚本加压。

**5. 测试执行**

测试执行按照以下步骤进行：

- 环境验证，将脚本在测试环境中进行验证。
- 准备监控工具，获取监控数据。
- 按单交易基准场景、单交易并发场景、单交易负载场景、混合场景、稳定性场景的顺序执行测试。
- 记录测试过程中的原始数据。
- 分析系统报错和关键性能标准。
- 技术处理并复测，直到通过为止，记录问题和解决过程。

1）单交易基准测试结果

单脚本 1 用户持续迭代 5 分钟，检查业务本身是否存在性能缺陷，并获取系统在无压力的情况下各个交易的处理时间，作为基准依据，测试结果如表 11-23 所示。

**表 11-23　单交易基准测试结果**

| 交易名称 | 用户数 | 持续时间/分钟 | 成功率 | 响应时间/秒 |
| --- | --- | --- | --- | --- |
| 地面气象产品接口 | 1 | 5 | 100% | 0.020 |
| 单一预警接口 | 1 | 5 | 100% | 0.020 |
| 闪电初始数据接口 | 1 | 5 | 100% | 0.018 |
| 最新闪电数据接口 | 1 | 5 | 100% | 0.014 |
| 闪电产品图数据接口 | 1 | 5 | 100% | 0.014 |

各个单交易的平均响应时间正常，交易成功率均为 100%，满足性能测试指标。

2）单交易并发测试结果

单脚本分别为10、50、100用户执行集合点并发测试，测试结果如表11-24所示。

**表11-24 单交易并发测试结果**

| 交易名称 | 用户数 | 平均响应时间/秒 | 最大响应时间/秒 | 错误率% |
|---|---|---|---|---|
| 地面气象产品接口 | 10 | 0.068 | 1.560 | 0% |
| | 50 | 1.525 | 3.474 | 0% |
| | 100 | 2.181 | 4.975 | 0% |
| 单一预警接口 | 10 | 0.057 | 1.122 | 0% |
| | 50 | 2.135 | 3.272 | 0% |
| | 100 | 5.24 | 6.508 | 0% |

单交易并发测试的平均响应时间正常，交易成功率均为100%，满足性能测试指标。

3）单交易负载测试结果

系统单个业务在不断增加负载压力下，持续执行10分钟，在不超过指标限制的情况下，获取单交易的最大处理能力，同时监控交易的响应时间、交易TPS值、系统资源占用等情况，测试结果如表11-25所示。

**表11-25 单交易负载测试结果**

| 交易名称 | 用户数 | 持续时间/分钟 | TPS/笔/秒 | 响应时间/秒 | 成功率 |
|---|---|---|---|---|---|
| 地面气象产品接口 | 14 | 10 | 280 | 0.050 | 100% |
| 单一预警接口 | 17 | 10 | 256 | 0.066 | 100% |
| 闪电初始数据接口 | 21 | 10 | 232 | 0.091 | 100% |
| 最新闪电数据接口 | 15 | 10 | 194 | 0.077 | 100% |
| 闪电产品图数据接口 | 16 | 10 | 214 | 0.076 | 100% |

注：仅记录每支交易的最大处理能力数据（拐点数据）。

系统资源使用情况，测试结果如表11-26所示。

**表11-26 系统资源使用情况**

| 交易名称 | 应用服务器CPU | 数据库服务器CPU |
|---|---|---|
| 地面气象产品接口 | 80% | 3% |
| 单一预警接口 | 80% | 2% |
| 闪电初始数据接口 | 80% | 5% |
| 最新闪电数据接口 | 80% | 2% |
| 闪电产品图数据接口 | 80% | 7% |

4）混合场景测试结果

按照混合场景模型中的各交易占比，采用梯度加压的方式，每组梯度运行10分钟，获取系统的最大处理能力，同时获取最大并发用户数、响应时间、TPS、资源占用等情况，分别记录为性能拐点前 1 个梯度、性能拐点 1 个梯度、性能拐点后 1 个梯度，共 3 个梯度，测试结果如表 11-27 所示。

**表 11-27　混合场景测试结果**

| 交易名称 | 25Vu/笔/秒 | 30Vu/笔/秒 | 35Vu/笔/秒 |
|---|---|---|---|
| 地面气象产品接口 | 46 | 51 | 52 |
| 单一预警接口 | 39 | 45 | 46 |
| 闪电初始数据接口 | 39 | 48 | 45 |
| 最新闪电数据接口 | 42 | 46 | 50 |
| 闪电产品图数据接口 | 40 | 39 | 39 |
| 合计： | 206 | 229 | 232 |
| 成功率： | 100% | | |

系统处理能力趋势如图 11-10 所示。

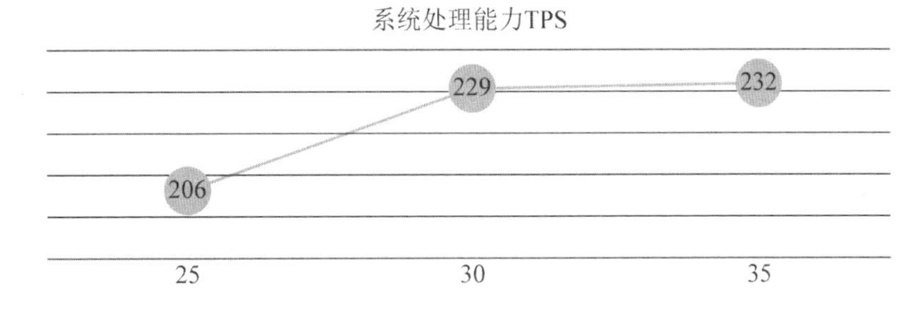


图 11-10　系统处理能力趋势图

响应时间趋势如图 11-11 所示。

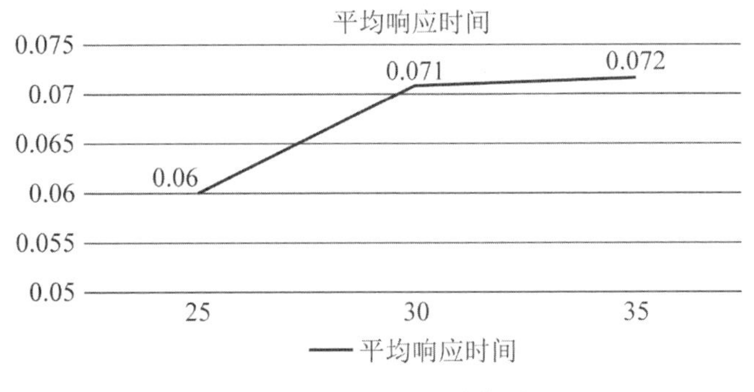


图 11-11　响应时间趋势图

资源使用率如图 11-12 所示。

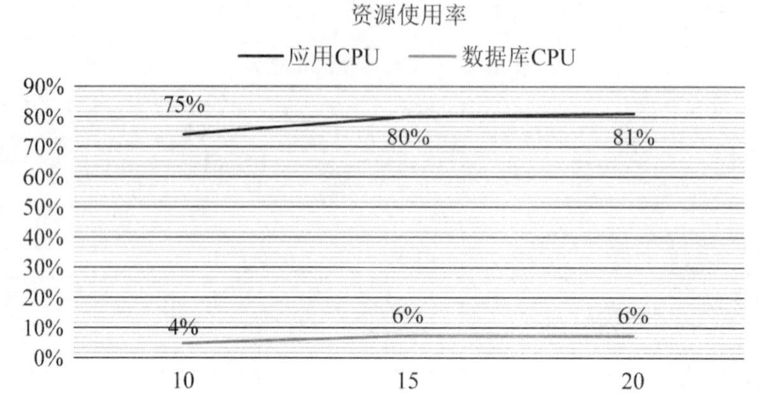


图 11-12　资源使用率

混合场景结果分析：

在混合测试环境下，系统在 30Vu 左右时，达到最优系统处理能力：

①系统最大处理能力：229 笔/秒。

②平均响应时间：0.071 秒。

③交易成功率：100%。

随着并发虚拟用户数的增加，应用服务器 CPU 使用率达到使用上限（95%），成为当前环境下主要瓶颈。

5）稳定性场景测试结果

稳定性场景测试按照混合场景测试的最大处理能力的 70%（229 笔/秒×70%），即 20Vu，160TPS 进行 24 小时的持续测试，同时获取响应时间、TPS、成功或失败事务数、各服务器的资源占用情况，并同时考察系统是否会出现宕机、服务挂起、内存泄漏等异常现象，测试结果如表 11-28 所示。

**表 11-28　稳定性场景测试结果**

| 交易名称 | 用户数 | 持续时间 | TPS | 响应时间/秒 | 成功率 |
|---|---|---|---|---|---|
| 地面气象产品接口 | 20Vu | 24 小时 | 35 | 0.045 | 100% |
| 单一预警接口 | | | 32 | 0.072 | 100% |
| 闪电初始数据接口 | | | 33 | 0.085 | 100% |
| 最新闪电数据接口 | | | 31 | 0.067 | 100% |
| 闪电产品图数据接口 | | | 29 | 0.099 | 100% |
| 合计： | 20Vu | 24 小时 | 160 | 0.074 | 100% |

稳定性场景测试结果分析：

在当前测试环境下，运行 24 小时，系统在 160 笔/秒压力下，共完成 13 548 898 笔交易，失败 6 笔，成功率为 99.99%。服务器资源处于 70%～80%的合理区间，系统运行稳定。

**6. 测试总结**

- 最低要求 TPS 目标为 100TPS，当前测试环境的系统最大处理能力 229 笔/秒；平均响应时间 0.071 秒，交易成功率 100%。
- 应用服务器的硬件资源是主要瓶颈，CPU 达到 80%使用上限。
- 系统运行稳定，在 24 小时运行过程中，完成 13 548 898 笔交易，失败 6 笔，成功率达到 99.99%。

### 11.4.5　业务逻辑层测试

业务逻辑层测试案例主要测试系统功能性，通过采用黑盒测试方法。前面介绍了多种黑盒测试设计的方法，比如等价类划分法、因果图法、错误推测法、场景法等，在此不再赘述，本案例主要从系统功能全流程测试进行阐述。

在整个分层架构中，业务逻辑层测试不仅是重中之重，也是最普遍、最烦琐、工作量最大的测试内容，因此需要科学的组织管理，主要按照以下 6 个步骤展开。

**1. 测试信息收集**

测试组织：测试负责人接收测试任务后，成立测试小组。当测试资源不足或资源冲突时，测试负责人与项目经理、部门负责人协商。

需求调研：测试负责人在制订测试计划之前，需要根据项目情况与开发团队深入沟通，了解详细的项目质量需求，调研的内容大致包括：

（1）测试内容；

（2）测试时间；

（3）测试范围；

（4）质量要求；

（5）项目整体计划；

（6）项目相关文档；

（7）测试环境提供时间等内容。

**2. 测试计划制订**

测试负责人制订测试计划，明确测试人力资源、时间安排、测试方法、测试范围、测试深度、测试环境（例如网络、服务器、数据）、组织结构、测试策略（轮次、方法）、沟通方式等内容。完成测试计划后提交评审待评审通过后，测试负责人按计划实施并跟踪计划执行情况，定时反馈给项目团队，保证项目测试任务顺利进行。

如遇需求变更、资源不足或其他不可控原因等因素，可能影响测试进度时，测试负责人在评估影响的基础上，在日例会或周例会上加以说明。然后修订测试计划，测试团队便可以按变更后计划开展测试工作。

**3. 测试需求分析**

测试需求分析是将软件需求转换成测试需求的过程，如图 11-13 所示。软件需求与功能点、功能点与测试需求、测试需求与测试用例都是一对多的关系。软件需求是基础，功能点是软件需求的分解产物，测试需求是对功能点进行剖析后形成的测试基础，测试用例则是对测试需求的操作细化。

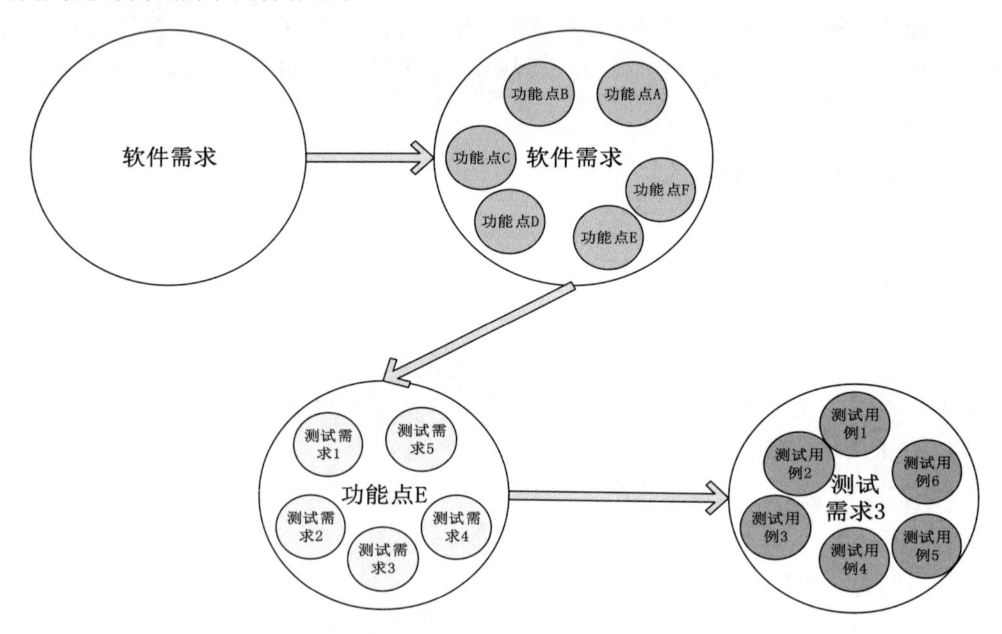


图 11-13 软件需求、功能点、测试需求、测试用例关系图

测试需求分析过程是对功能点列表中列出的每一条功能需求细化和分解的过程，以形成可测试的、分层描述的测试要点的过程。对功能需求进行细化和分解的分析过程包括：

（1）通过分析每条功能需求描述中的输入、输出、处理、限制与约束等，给出相应的验证内容。

（2）通过分析各个功能模块之间的业务顺序、传递的信息和数据交互等，给出相应的验证内容。

（3）经过分解获得的测试需求必须能够充分覆盖软件需求的各种特征，且每个需求都可以进行单独测试，以保证测试需求的完整性。

（4）每个测试需求能够使用数量相当的测试用例来实现，即尽量保证测试用例粒度均匀。

经过测试分析之后，整理项目的功能表，形成测试分析结果表，从而保证测试需求的完整性、符合性、正确性，功能表见表 11-29、业务规则见表 11-30。

表 11-29　功能表示例

| 序号 | *所属系统 | *功能模块 | *功能点 | *业务场景 | 设计者 |
|---|---|---|---|---|---|
| 1 | 某气象应用平台 | 分类管理 | 新增分类 | | |
| 2 | | | 修改分类 | | |
| 3 | | | 删除分类 | | |
| 4 | | 元数据管理 | 新增元数据 | | |
| 5 | | | 删除元数据 | | |
| 6 | | | 修改元数据 | | |
| 7 | | | 发布元数据 | | |
| 8 | | | 退回元数据 | | |
| 9 | | | 查询元数据 | | |
| 10 | | 资料集管理 | 新增资源集 | | |
| 11 | | …… | …… | | |

表 11-30　业务规则表示例

| 序号 | 所属系统 | 所属模块 | 所属功能 | 业务要素编号 | *业务要素规则 | 业务规则编号 | *业务规则 |
|---|---|---|---|---|---|---|---|
| 1 | 某气象应用平台 | 元数据管理 | 新增元数据 | I_001 | 输入类型检查 | R_001 | 条件约束验证 |
| 2 | | | | I_002 | 输入长度边界检查 | R_002 | 数据约束验证 |
| 3 | | | | I_003 | 输入必填项检查 | R_003 | 业务规则 1 验证 |
| 4 | | | | I_004 | 输入关联项检查 | R_… | 业务规则…验证 |
| 5 | | | | I_005 | 输入其他特殊要求 | R_00N | 业务规则 N 验证 |
| 6 | | | | I_006 | 输出结果检查 | | |
| 7 | | | …… | | …… | | …… |

注：业务要素是指参与业务的输入输出要求。

#### 4. 测试用例设计

设计业务逻辑层的测试用例，主要以业务数据输入测试、输出确认测试、条件及数据约束测试、业务规则测试以及业务流程测试等作为设计依据。设计时需要满足以下两点要求：

要求 1：测试用例需覆盖测试分析阶段的业务规则表的规则项。

要求 2：满足测试用例要素的要求，如表 11-31 所示。

表 11-31　测试用例模板

| 编号 | 路径 | 需求编号 | 性质 | 测试用例名 | 步骤名称 | 步骤描述 | 测试数据 | 预期结果 |
|---|---|---|---|---|---|---|---|---|
| 001 | 系统/模块/功能 | I001/R001 | 正用例/反用例 | 验证某某规则 | 前置条件 | | | |
| | | | | | 1 | | | |
| | | | | | 2 | | | |
| | | | | | 3 | | | |

以某气象应用平台的气象预警业务流程测试为例进行阐述。

气象预警流程提供以下功能：预警生成、值班员生成任务单、任务单审核、下发给相关业务单位、确认接收，气象预警下发流程图如图11-14所示。

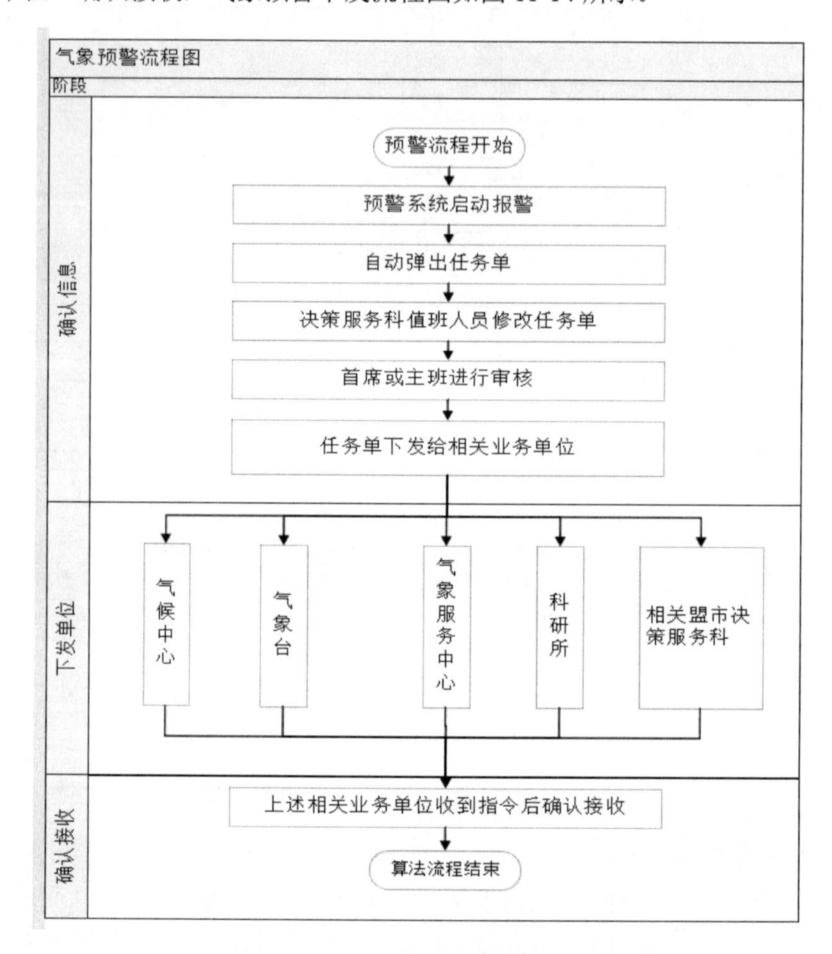


图11-14 气象预警下发流程图

根据该流程的特点，采取以下两种方式设计测试用例：

（1）各功能模块测试用例：对每个模块进行详细测试，需要把流程分割成报警生成、值班员确认修改任务单、主班审核、下发业务单位，把每个业务功能当作一个“黑盒”，考虑所有输入输出情况。

（2）全流程测试用例：将各业务模块连接起来，做一个完整业务流程的测试。例如，在预警生成后制作任务单，任务完成后进行审核，然后再下发并确认，按照流程进行测试。

**5. 测试执行**

测试执行前，需通过冒烟测试，以确认测试环境、应用系统的可测性，保证测试执行连续性。需要满足执行准入条件。

在测试执行阶段，测试人员需要根据前期的测试计划、测试策略来执行测试用例，并可使用测试管理工具记录、提交、跟踪测试中发现的缺陷，并配合、督促开发人员复现、定位、修复缺陷，然后验证和关闭缺陷。

进入执行阶段后，需要定期沟通，包括测试组内沟通和项目组沟通。具体沟通方式在测试计划中进行约定。

测试执行时，如果需要多轮测试，每轮都制定相应的策略，必要时按轮次进行阶段性测试总结。

测试过程中需要对缺陷进行跟踪，包括以下内容：

- 测试人员提交缺陷。
- 提交开发组定位以及修改缺陷，并记录修改内容及产生原因。
- 测试人员跟踪缺陷状态，及时进行回归测试。
- 测试人员与开发人员对缺陷存在争议时，由仲裁人员决定。
- 有效缺陷开发人员在项目测试结束之前尽可能全部处理。

**6. 测试总结**

在测试结束后，或者项目的全部测试工作结束后需要提交测试报告，测试报告又分为阶段性测试报告和最终项目总结性测试报告。报告需要对测试的情况进行统计、汇总、分析，以供整个项目组了解软件开发质量、开发进度及软件修复的情况，测试质量也需要进行总结说明。对项目经理决定上线与否、上线时间、项目是否会延期等相关决策提供参考依据。

## 11.4.6　数据层 TPC-C 基准测试

数据层 TPC-C 测试主要从数据库基准测试进行阐述。

**1. 规范概要**

TPC-C 规范是针对联机交易处理系统（OLTP 系统），一般情况下也把这类系统称为业务处理系统，这类系统具有比较鲜明的特点，主要表现如下：

- 多种事务处理并发执行，充分体现了事务处理的复杂性；
- 在线与离线的事务执行模式；
- 多个在线会话终端；
- 适中的系统运行时间和应用程序运行时间；
- 大量的磁盘 I/O 数据流；
- 强调事务的完整性要求（ACID）；
- 对于非一致的数据分布，使用主键和从键进行访问；
- 数据库由许多大小不一、属性多样，而又相互关联的数据表组成；
- 存在较多数据访问和更新之间的资源争夺。

为此，TPC-C 测试规范中模拟了一个比较复杂，并具有代表意义的 OLTP 应用环境，来对数据库管理系统的联机事务处理性能进行测试。

**2. 测试模型**

TPC-C 测试模型以一个大型的商品批发销售公司作为案例，它拥有若干个分布在不同区域的商品仓库。当业务扩展的时候，公司将添加新的仓库。每个仓库负责为 10 个销售点供货，每个销售点为 3000 个客户提供服务，每个客户提交的订单中，平均每个订单有 10 项产品，所有订单中约 1%的产品在其直接所属的仓库中没有存货，必须由其他区域的仓库来供货。同时，每个仓库都要维护公司销售的 100 000 种商品的库存记录，测试模型如图 11-15 所示。

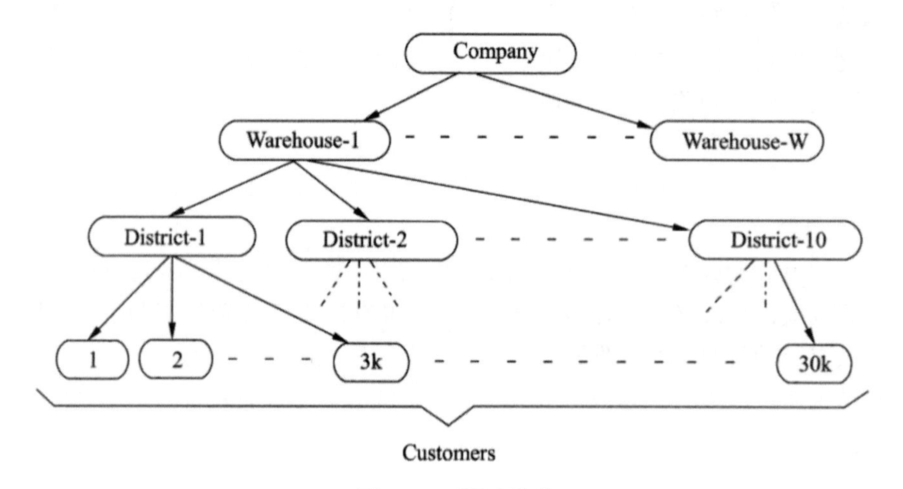


图 11-15 测试模型

TPC-C 测试系统数据库由 9 张表组成，它们之间的关系如图 11-16 所示。

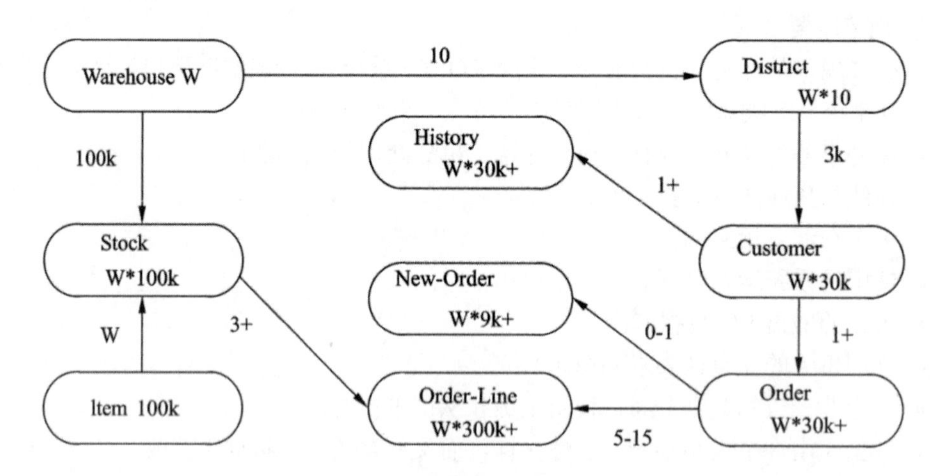


图 11-16 数据库中表的关系图

其中，图中框里的数字表示该表将要存放多少条记录，仓库数 W 的调整在测试中能够体现数据库所能够支持的数据规模的能力；表间的数字表示表数据的父子关系之间儿子的个数，比如一个 Warehouse 要对应 10 个 District 等，另外，“+”表示这种对应关系可能会更多。

**3. 事务说明**

（1）该系统需要处理的交易事务主要为以下几种：

- 新订单：客户输入一笔新的订货交易；
- 支付操作：更新客户账户余额以反映其支付状况；
- 发货：发货（模拟批处理交易）；
- 订单状态查询：查询客户最近交易的状态；
- 库存状态查询：查询仓库库存状况，以便能够及时补货。

（2）有关事务的具体描述如下：

- 新订单：其主要事务内容为对于任意一个客户端，从固定的仓库中随机选取 5～15 件商品，创建新订单。其中 1%的订单，要由于假想的用户操作失败而回滚；该事务的主要特点为读写、频繁、要求响应快，是系统中最典型的操作，也是系统处理中的主要工作量，最终是以数据库系统每分钟能够处理的新订单数来对数据库系统的性能进行评价。
- 支付操作：其主要事务内容为对于任意一个客户端，从固定仓库随机选取一个辖区及其内的用户，采用随机的金额支付一笔订单，并同时将该订单记录为相应历史订单。该事务的主要特点为 10 个批量、读写、较少、较宽松的响应时间。
- 订单状态查询：其主要事务内容为对于任意一个客户端，从固定仓库随机选取一个辖区及其内用户，读取该用户的最后一条订单，显示订单内每件商品的状态。该事务的主要特点为只读、较少、要求响应快。
- 发货：其主要事务内容为对于任意一个客户端，随机选取一个发货包，更新被处理订单的用户账户余额，并把修改后的订单从新订单中删除。该事务的主要特点为读写、频繁、响应快。
- 库存状态查询：其主要事务内容为对于任意一个客户端，从固定的仓库和辖区选取最后的 20 条订单，检查订单中所有货物的库存。计算并显示所有库存低于随机生成阈值的商品数量。该事务的主要特点为只读、较少、较为宽松的响应时间。

对于以上这 5 种类型的事务交易，前 4 种类型的交易要求响应时间在 5 秒钟以内；对于库存状况查询交易，要求响应时间在 20 秒以内。同时，这 5 种交易最终的比例还必须满足一定的要求，即支付操作的比例不得少于 43%，订单状态查询、发货和库存状态查询的比例均不得少于 4%。具体而言，5 种事务要满足的时间、比例及隔离级别要求如表 11-32 所示。

表 11-32 事务满足条件

| 事务类型 | 事务最小百分比 | 最小键盘输入时间/秒 | 90%事务响应时间要求/秒 | 最小平均思考时间分布/秒 |
|---|---|---|---|---|
| 新订单 | n/a | 18 | 5 | 12 |
| 支付操作 | 43.0 | 3 | 5 | 12 |
| 订单状态查询 | 4.0 | 2 | 5 | 10 |
| 发货 | 4.0 | 2 | 5 | 5 |
| 库存状态查询 | 4.0 | 2 | 20 | 5 |

**4. 测试指标**

TPC-C 测试规范经过两年的研制，于 1992 年 7 月发布。几乎所有在 OLTP 市场提供软硬件平台的国外主流厂商都发布了相应的 TPC-C 测试结果，随着计算机技术的不断发展，这些测试结果也在不断刷新。

TPC-C 测试的结果主要有两个指标，即流量指标（Throughput，简称 tpmC）和性价比（Price/Performance，简称 Price/tpmC）。

- 流量指标：按照 TPC 组织的定义，流量指标描述了系统在执行支付操作、订单状态查询、发货和库存状态查询这 4 种交易的同时，每分钟可以处理多少个新订单交易。所有交易的响应时间必须满足 TPC-C 测试规范的要求，且各种交易数量所占的比例也应该满足 TPC-C 测试规范的要求。在这种情况下，流量指标值越大说明系统的联机事务处理能力越高。
- 性价比：即测试系统的整体价格与流量指标的比值，在获得相同的 tpmC 值的情况下，价格越低越好。

**5. 测试工具**

按照 TPC-C 测试规范要求，测试工具和模型可以由厂商自行实现。在本次测试中，按照 TPC-C 标准规范自行开发了相应的测试工具。该工具采用 SEDA 型架构，可适用于高并发度的服务器程序，采用此架构能够提高客户端的并发能力，满足 TPC-C 测试要求的服务器负荷要求。

**6. 测试流程**

tpmC 的最终值是在满足 TPC-C 标准规范要求的响应延迟下，系统可能达到的最大处理速度。所以，测试流程事实上是一个反复逼近的过程，即不断地寻找系统可能达到的最大值的过程。一般而言，可以先预估一个大概的数据装载量，然后在此条件下进行 TPC-C 测试，如果系统新订单及其他事务的响应时间均很好地满足要求，则可以加大数据量再进行测试，直到系统响应时间不能满足要求为止，在满足要求的情况下的 tpmC 值就是需要的最大 tpmC 值，具体流程如图 11-17 所示。

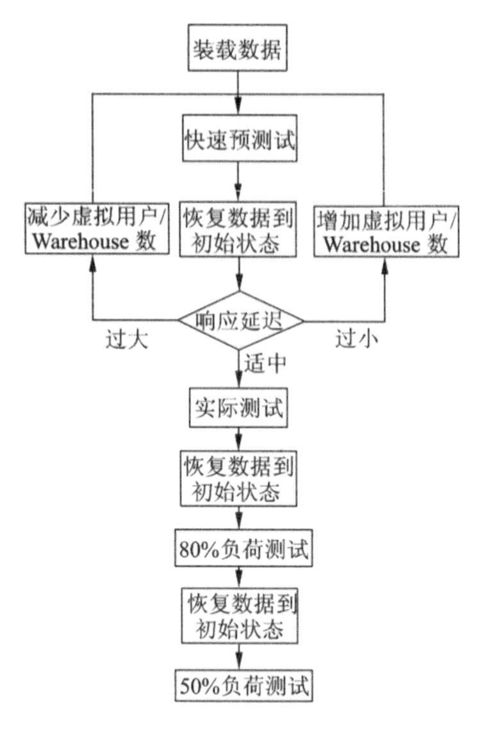


图 11-17　测试流程图

**7. 测试结果**

根据 TPC 组织的规定，各厂商的 TPC-C 测试结果都按两种形式发布：测试结果概要（Executive Summary）和详细测试报告（Full Disclosure Report）。测试结果概要中描述了主要的测试指标、测试环境示意图以及完整的系统配置与报价，而详细测试报告中除了包含上述内容外，还详细说明了整个测试环境的设置与测试过程。测试报告基本按以上要求实现，但忽略了价格因素（由于目的不一样，测试环境是统一的）。在测试报告中，包括的主要内容有：确认的 tpmC 峰值及其度量参数（包括 5 种事务的响应时间、事务所占的比例、测试时间等）、新订单响应时间分布曲线、每分钟新订单事务个数统计图以及详细的测试过程及配置说明等。

## 11.4.7　数据层 TPC-DS 基准测试

数据层 TPC-DS 测试主要从数据库基准测试进行阐述。

**1. 规范概要**

TPC-DS 规范是针对联机分析处理系统（OLAP），是一个面向决策支持系统的包含多维度常规应用模型的决策支持基准，包括查询与数据维护。此基准对被测系统在决策支持系统层面上的表现进行的评估。下面以 TPC-DS 为代表，让读者了解基于大数据的数据库基准测试。

此基准体现决策支持系统以下特性：

- 测试大规模数据；
- 对实际商业问题进行解答；
- 执行需求多样或复杂的查询（如临时查询、报告、迭代 OLAP、数据挖掘）；
- 以高 CPU 和 I/O 负载为特征；
- 通过数据库维护对 OLTP 数据库资源进行周期同步；
- 解决大数据问题，如基于分布式关系型数据库或基于 Hadoop/Spark/HBase 的系统；
- 基准结果用来测量，较为复杂的多用户决策中，单一用户模型下的查询响应时间，多用户模型下的查询吞吐量，以及数据维护表现。

**2. 测试模型**

TPC-DS 采用星型、雪花型等多维数据模式。它包含 7 张事实表，17 张维度表，平均每张表含有 18 列。工作负载包含 99 个 SQL 查询，覆盖 SQL99 以及 OLAP。这个测试集包含对大数据集的统计、报表生成、联机查询、数据挖掘等复杂应用，测试用的数据和值与真实数据一致。可以说 TPC-DS 是与真实场景非常接近的一个测试集，也是难度较大的一个测试集。TPC-DS 基准提供了两种重要的业务模型，即用户查询和数据维护。查询是把操作性的事实转化为商业情报，而数据维护操作是将数据仓库数据与操作数据库进行同步。

**3. 测试流程**

TPC-DS 测试流程如下：

①基准提供了被测试数据库测试数据生成程序生成测试数据文本文件，测试人员通过使用 ETL 工具将其装载到被测 DBMS；

②基准提供 99 个查询模板及查询语句生成程序，这些查询模板模拟迭代的 OLAP 查询、数据挖掘工具的抽取查询、即席查询以及大量定制的常见的报表查询；

③基准提供了 5 种方法模拟现实应用的 ETL 过程，包括不需保留历史记录的维度数据维护，需保留历史记录的维度数据维护，事实表数据插入和数据删除维护以及库存表数据删除维护。

TPC-DS 的执行模式分为测试数据加载、查询顺序执行和并行执行测试。测试数据加载主要包括被测系统准备、数据文件生成、测试数据库创建、基础表创建、数据加载、约束验证、辅助数据结构（如索引）创建、表和辅助数据统计分析等。顺序查询测试是用于评测数据库对单个查询流的处理能力。并发执行测试是用于测试 DBMS 对多个查询流并发查询和操作的处理能力，分为数据查询和数据维护各两个子步骤。

数据查询是 TPC-DS 基准测试的核心。在顺序查询测试中，99 个数据查询形成的查询流只执行一次，用于评测数据库对单个查询流的处理能力。在并发执行查询测试中，数据查询执行两次，每次执行至少 20 个以上的并行查询流，模拟多个用户同时对数据库的查询操作。为了适应多查询流，数据库优化组件必须依据数据规模进行规划，每个用户也要有足够的临时空间来保存大量的中间结果集。这样 DBMS 能找出并行用户的最佳执行计划。

**4. 测试环境**

测试环境如图 11-18 和表 11-33 所示，本次测试的数据库为 Greenplum5.10.2。

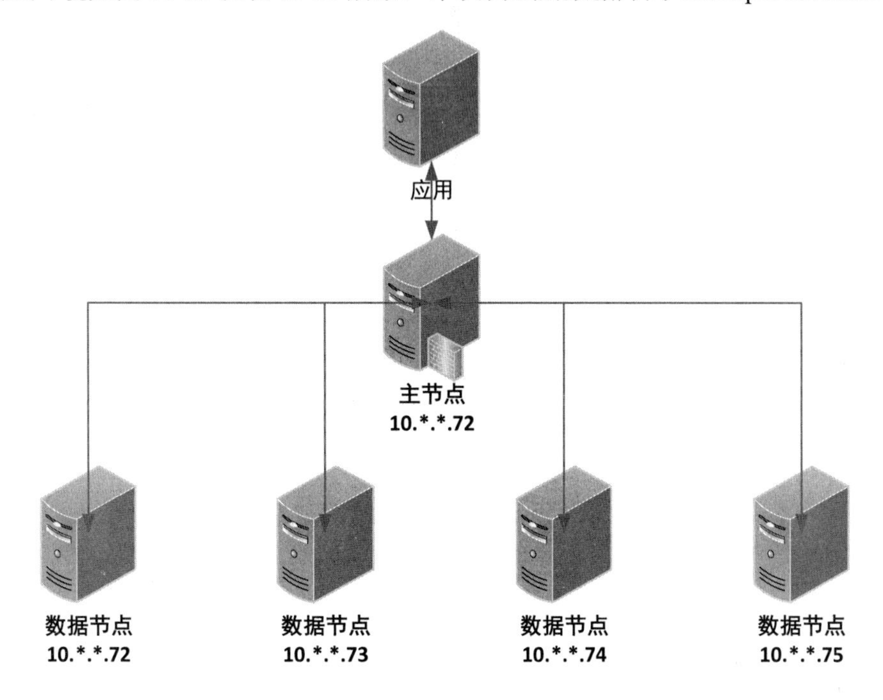


图 11-18　测试环境

**表 11-33　测试环境**

| 类型 | 服务器 | 数量 | IP | 型号 | 配置 | 备注 |
|---|---|---|---|---|---|---|
| 服务器 | 数据库服务器 | 5 | 10.*.*.72-75 | 物理机 | 48C/128G/11T | Linux RHEL7.5 x64 |

测试数据：使用工具 TPC-DS 2.9.0 生成相关 5TB 数据。

**5. 测试指标**

在本案例中，Greenplum 数据库性能非常重要，结合分布式数据库的特点，基于 Greenplum 的 TPC-DS 的测试指标如下：

- 数据库稳定性需求，支持 7×24 小时不间断运行。
- 数据装载与卸载不低于 300MB/s。
- 数据库 SQL 基准测试。
- 数据库 SQL 处理能力测试（TPS）。
- 数据库负载均衡资源消耗偏差小于 30%。

**6. 测试方法**

1）数据加载测试

数据加载性能验证数据加载入库能力。由 TPC 工具生成测试数据。顺序执行数据加载脚本，直至数据加载完成，记录资源使用情况以及加载完成时间。通过数据文件大小/加载时间得出加载处理能力，以验证加载能力。具体如下：

①由 TPC-DS 工具生成测试数据；基准提供了被测试数据库测试数据生成程序生成测试数据文本文件。

②顺序执行数据加载脚本，直至数据加载完成，记录资源使用情况以及各表加载完成时间。

③通过数据文件大小/加载时间得出加载处理能力，以验证加载能力是否不低于 300MB/s。

2）数据卸载测试

数据卸载测试是验证数据卸载出库能力。选取几张最大的测试表作为源表进行测试，执行相关 SQL，记录资源使用情况以及数据卸载时间。通过卸载数据文件大小/卸载时间得出卸载处理能力。具体如下：

①选取测试一个数据量为 50GB 左右的表作为源表进行测试，执行相关 SQL，记录资源使用情况以及数据卸载时间。

②通过卸载数据文件大小/卸载时间得出卸载处理能力，以验证卸载能力是否不低于 300MB/s。

3）SQL 基准测试

SQL 基准测试，验证数据表的 CURD 执行时间。

①选择一张数据量约 50GB 的表作为测试表，在系统无背景压力下，单用户顺序执行插入、更改、删除、查询，验证数据库处理能力是否满足指标。

②单用户执行 TPC-DS 生成的 SQL，以获取每个 SQL 执行时间。

4）SQL 处理能力测试

SQL 处理能力测试，验证 OLTP、OLAP 的处理能力。不断增加用户数对数据库进行梯度加压，发起相同 SQL 查询，记录各梯度下的系统资源情况及案例执行情况，直到出现性能瓶颈为止，获取各项性能指标数据，得到系统最大的处理能力 TPS，由于复杂 SQL 与简单 SQL 对系统的资源消耗区别较大，可以分开进行评估。

5）稳定性测试

数据库稳定性检查数据库系统在长时间施压下，是否存在性能问题。例如：以 20 用户（保证同时有 20 个不同 SQL 在进行操作）执行 TPC-DS 生成的测试 SQL，循环执行脚本，连续运行 48 小时，检查系统的各项性能指标、交易成功率、系统资源使用情况。

6）负载均衡测试

在稳定性测试过程中，各数据节点服务资源使用率和连接数来验证负载均衡的有效性，即各节点资源消耗偏差小于 30%。

7）测试策略

①测试发起策略：通过 LR/JMETER 模拟应用直接操作（CRUD）GP 数据库；

②测试工具策略：LR/JMETER 以及 TPC-DS；

③测试监控策略：使用 NMON 对系统资源进行监控。

**7. 测试结果**

（1）数据加载测试结果如表 11-34 所示。

**表 11-34　数据加载测试结果**

| DB | 表名 | 入库时长/毫秒 | 文件大小/MB | 数据条数 | 装载速/MB/S |
|---|---|---|---|---|---|
| tpcds | time_dim | 127.221 | 4.9 | 86 400 | 38.52 |
| tpcds | ship_mode | 22.563 | 0.001 074 2 | 20 | 0.05 |
| tpcds | reason | 16.336 | 0.001 367 1 | 35 | 0.08 |
| tpcds | income_band | 16.862 | 0.000 312 8 | 20 | 0.02 |
| tpcds | item | 91.872 | 8.1 | 30 000 | 88.17 |
| tpcds | date_dim | 69.969 | 9.9 | 73049 | 141.49 |
| tpcds | customer_demographics | 439.757 | 79 | 1 920 800 | 179.64 |
| tpcds | customer_address | 1107.845 | 573 | 5 350 000 | 517.22 |
| tpcds | warehouse | 25.429 | 0.000 053 1 | 5 | 0.00 |
| tpcds | promotion | 18.129 | 0.042 968 | 360 | 2.37 |
| tpcds | household_demographics | 26.322 | 0.145 507 8 | 7200 | 5.53 |
| tpcds | customer | 2054.931 | 1390 | 10 700 000 | 676.42 |
| tpcds | Web_page | 25.906 | 0.017 578 1 | 180 | 0.68 |
| tpcds | Web_site | 14.306 | 0.008 886 7 | 32 | 0.62 |
| tpcds | catalog_page | 37.544 | 1.6 | 11 718 | 42.62 |
| tpcds | call_center | 47.269 | 0.001 953 1 | 6 | 0.04 |
| tpcds | store | 25.776 | 0.014 648 4 | 56 | 0.57 |
| tpcds | inventory | 1 122.012 | 382 | 19 575 000 | 340.46 |
| tpcds | Web_sales | 827 205.08 | 763 904 | 3 686 363 941 | 923.48 |
| tpcds | Web_returns | 62 053.753 | 53 248 | 3 68 651 916 | 858.09 |
| tpcds | catalog_sales | 1 639 964.978 | 1 528 832 | 3 686 363 941 | 932.23 |
| tpcds | catalog_returns | 140 332.109 | 113 664 | 737 299 670 | 809.96 |
| tpcds | store_sales | 3 434 411.756 | 2 015 232 | 14 745 444 557 | 586.78 |
| tpcds | store_returns | 249 995.951 | 173 056 | 1 474 557 063 | 692.24 |
| 合计： | | 6 359 253.676 | 4 650 384.7 | 6 304 418 390 | 731.28 |

通过测试结果可知，完成 4.4T（4 650 384MB）的数据加载共用时 6359 秒（6 359 254 毫秒），加载处理能力达到 731MB/s，满足需求 300MB/s。

（2）数据卸载测试结果如表 11-35、图 11-19 所示。

**表 11-35　数据卸载测试结果**

| 源表 | 外部表 | 数据文件 | 大小 | 耗时/毫秒 | 处理能力/MB/s |
|---|---|---|---|---|---|
| Web_returns | out_Web_returns | Web_returns1.out | 27GB | 65 656 | 837.82 |

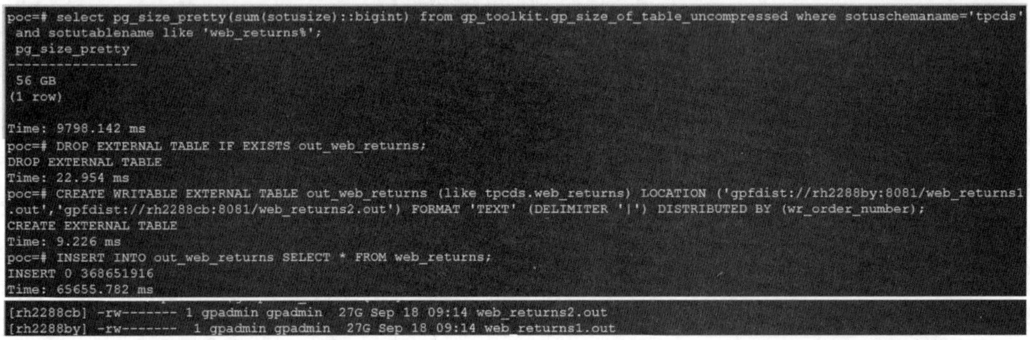

```
poc=# select pg_size_pretty(sum(sotusize)::bigint) from gp_toolkit.gp_size_of_table_uncompressed where sotuschemaname='tpcds'
 and sotutablename like 'web_returns%';
 pg_size_pretty
----------------
 56 GB
(1 row)

Time: 9798.142 ms
poc=# DROP EXTERNAL TABLE IF EXISTS out_web_returns;
DROP EXTERNAL TABLE
Time: 22.954 ms
poc=# CREATE WRITABLE EXTERNAL TABLE out_web_returns (like tpcds.web_returns) LOCATION ('gpfdist://rh2288by:8081/web_returns1
.out','gpfdist://rh2288cb:8081/web_returns2.out') FORMAT 'TEXT' (DELIMITER '|') DISTRIBUTED BY (wr_order_number);
CREATE EXTERNAL TABLE
Time: 9.226 ms
poc=# INSERT INTO out_web_returns SELECT * FROM web_returns;
INSERT 0 368651916
Time: 65655.782 ms
[rh2288cb] -rw------- 1 gpadmin gpadmin  27G Sep 18 09:14 web_returns2.out
[rh2288by] -rw-------  1 gpadmin gpadmin  27G Sep 18 09:14 web_returns1.out
```

图 11-19　数据卸载测试

（3）SQL 基准测试。基于大表的增、删、改、查处理结果如表 11-36 所示。

**表 11-36　SQL 基准测试结果**

| SQL 基准测试 | SQL | 处理时间/秒 | 处理能力 |
|---|---|---|---|
| 表复制 | INSERT INTO tpcds.Web_returns_tmp SELECT * FROM tpcds.Web_returns; | 81 | 316MB/s |
| 更改 | UPDATE tpcds.Web_returns_tmp set wr_order_number= 0; | 133 | 2 771 818 行/秒 |
| 删除处理 | DELETE FROM tpcds.Web_returns_tmp; | 35 | 10 532 911 行/秒 |
| 查询 | select * from tpcds.Web_returns where wr_order_number=153600002; | 12 | 2133MB/s |

TPC-DS 的 99 条 SQL 执行结果，如表 11-37 所示。

**表 11-37　SQL 执行结果**

| 事务名 | 平均响应时间/秒 | 事务名 | 平均响应时间/秒 | 事务名 | 平均响应时间/秒 |
|---|---|---|---|---|---|
| sql10 | 3 865.68 | sql1 | 141.859 | sql7 | 9.67 |
| sql9 | 3 827.83 | sql4 | 135.154 | sql8 | 9.311 |
| sql41 | 3 260.86 | sql24 | 132.988 | sql57 | 8.97 |
| sql68 | 2 817.65 | sql47 | 128.83 | sql63 | 7.894 |
| sql23 | 149.774 | sql86 | 115.971 | sql83 | 7.316 |
| sql43 | 1 902.74 | sql17 | 109.616 | sql18 | 5.991 |

续表

| 事务名 | 平均响应时间/秒 | 事务名 | 平均响应时间/秒 | 事务名 | 平均响应时间/秒 |
|---|---|---|---|---|---|
| sql60 | 1 796.36 | sql15 | 99.421 | sql61 | 5.522 |
| sql20 | 1 772.68 | sql67 | 95.441 | sql59 | 5.444 |
| sql87 | 1 677.24 | sql21 | 88.642 | sql28 | 5.227 |
| sql93 | 1 660.25 | sql46 | 86.784 | sql82 | 5.21 |
| sql6 | 1 492.32 | sql70 | 86.346 | sql44 | 5.179 |
| sql38 | 1 292.98 | sql91 | 84.786 | sql32 | 4.14 |
| sql52 | 1 122.93 | sql50 | 78.773 | sql96 | 3.276 |
| sql98 | 987.903 | sql73 | 76.565 | sql65 | 2.839 |
| sql3 | 913.89 | sql74 | 75.255 | sql19 | 2.332 |
| sql51 | 906.353 | sql95 | 61.776 | sql64 | 2.028 |
| sql35 | 883.6 | sql39 | 56.306 | sql13 | 1.701 |
| sql76 | 596.405 | sql12 | 46.032 | sql5 | 1.18 |
| sql49 | 589.264 | sql2 | 44.168 | sql90 | 228.01 |
| sql30 | 587.757 | sql16 | 43.21 | sql14 | 0.814 |
| sql53 | 511.577 | sql26 | 42.581 | sql55 | 0.702 |
| sql66 | 487.938 | sql79 | 39.936 | sql31 | 0.324 |
| sql84 | 450.373 | sql56 | 39.25 | sql62 | 0.016 |
| sql69 | 389.033 | sql37 | 37.787 | sql88 | 26.91 |
| sql81 | 11.575 | sql40 | 36.602 | sql97 | 23.743 |
| sql77 | 338.302 | sql29 | 36.365 | sql85 | 23.525 |
| sql54 | 332.203 | sql48 | 33.423 | sql22 | 20.534 |
| sql36 | 330.284 | sql27 | 32.329 | sql72 | 18.158 |
| sql92 | 292.064 | sql11 | 31.926 | sql75 | 17.503 |
| sql89 | 197.465 | sql45 | 29.561 | sql58 | 16.676 |
| sql25 | 281.457 | sql34 | 181.819 | sql78 | 13.416 |
| sql94 | 260.474 | sql42 | 181.583 | sql80 | 12.043 |
| sql71 | 233.922 | sql33 | 181.226 | sql99 | 149.401 |

（4）稳定性测试。资源使用情况如表 11-38 所示。

**表 11-38　稳定性测试结果**

| 并发用户 | IP | USER% | SYS% | WAIT% | TOTAL% | MEM% | MAX_DISKBUSY% |
|---|---|---|---|---|---|---|---|
| 20 | 10.*.*.72 | 65.94 | 2.46 | 0.39 | 68.79 | 98.7 | 16.93 |
| | 10.*.*.73 | 65.8 | 2.42 | 0.35 | 68.57 | 98.69 | 17.04 |
| | 10.*.*.74 | 67.56 | 4.19 | 0.33 | 72.08 | 98.7 | 17.08 |
| | 10.*.*.75 | 65.57 | 2.41 | 0.33 | 68.31 | 98.67 | 16.85 |

（5）负载均衡测试。通过48小时稳定性测试结果可知，各数据节点的资源消耗偏差在5%以内，满足各节点资源消耗偏差小于30%的需求要求。

（6）处理能力测试。处理能力测试基于简单 SQL 语句和复杂 SQL 语句两种方式评估，如表11-39所示。

**表11-39 处理能力测试结果**

| 并发用户 | IP | USER% | SYS% | TOTAL% | MEM% | DISKBUSY% | 备注 |
|---|---|---|---|---|---|---|---|
| 25 | 10.*.*.72 | 90.85 | 2.13 | 97.01 | 74.5 | 10.22 | 针对复杂 SQL：GP 活动会话数20个（即同时执行的 SQL 为20个），此时 TPS:20 |
| | 10.*.*.73 | 88.5 | 1.93 | 90.53 | 95.94 | 6.57 | |
| | 10.*.*.74 | 88.14 | 1.91 | 90.09 | 66.27 | 6.72 | |
| | 10.*.*.75 | 88.34 | 1.88 | 90.27 | 66.67 | 5.4 | |
| 300 | 10.*.*.72 | 95.62 | 1.38 | 100 | 50.5 | 2.12 | 针对简单 SQL：GP 活动会话数300个（即同时执行的 SQL 为300个），此时 TPS:300 |
| | 10.*.*.73 | 95.76 | 1.24 | 95 | 79.17 | 5.22 | |
| | 10.*.*.74 | 95.78 | 1.22 | 95 | 50.99 | 6.84 | |
| | 10.*.*.75 | 95.76 | 1.24 | 95 | 51.11 | 3.72 | |

简单 SQL 语句：

```
select * from tpcds.Web_returns where wr_order_number=11100002;
```

复杂 SQL 语句：

```
select i_item_id ,i_item_desc ,s_store_id ,s_store_name ,min(ss_net_profit) as store_sales_profit , min(sr_net_loss) as store_returns_loss ,min(cs_net_profit) as catalog_sales_profit from tpcds.store_sales,tpcds.store_returns,tpcds.catalog_sales,tpcds.date_dim d1,tpcds.date_dim d2,tpcds.date_dim d3,tpcds.store,tpcds.item where d1. d_moy = 4 and d1.d_year = 2002 and d1.d_date_sk = ss_sold_date_sk and i_item_sk = ss_item_sk and s_store_sk = ss_store_sk and ss_customer_sk = sr_customer_sk and ss_item_sk = sr_item_sk and ss_ticket_number = sr_ticket_number and sr_returned_date_sk = d2.d_date_sk and d2.d_moy between 4 and 10 and d2.d_year = 2002 and sr_customer_sk = cs_bill_customer_sk and sr_item_sk = cs_item_sk and cs_sold_date_sk = d3.d_date_sk and d3.d_moy between 4 and 10 and d3.d_year = 2002 group by i_item_id ,i_item_desc ,s_store_id ,s_store_name order by i_item_id ,i_item_desc ,s_store_id ,s_store_name limit 10;
```

具体结果如下：

①25用户并发对 Master 节点施压（复杂 SQL）时，在 GP 设置活动会话数为20时，各节点服务器 CPU 使用达到95%以上。针对复杂 SQL，TPS 可以达到20TPS。

②300用户并发对 Master 节点施压（简单 SQL）时，在 GP 设置活动会话数为300时，各节点服务器 CPU 使用达到100%。针对简单 SQL，TPS 可以达到300TPS。

③Master 节点成为瓶颈，原因为 Master 是计算节点，同时也是分发数据节点。

# 第 12 章　事件驱动架构软件测试

事件驱动架构是通过事件进行通信的软件架构。本章主要结合实例对事件驱动架构的测试技术进行描述。

## 12.1　架构概述

### 12.1.1　基本概念

事件驱动架构的英文为 Event-Driven Architecture，缩写为 EDA。事件驱动架构是常用的架构范式中的一种，其关注事件的产生、识别、处理（“消费”）、响应。

事件驱动架构在嵌入式系统、桌面系统、互联网系统中均有广泛的应用。对于事件驱动架构系统的测试应特别注意其业务逻辑处理上的异步特性导致的缺陷和事件队列处理中可能存在的全局性缺陷。其中，业务逻辑的异步特性是指事件的发生和处理是异步的。事件产生以后，事件的产生者继续自行运转，而事件何时得到处理在很多系统中是不可控的。可能立即得到处理，也可能由于资源竞争而延迟处理。事件处理能限制在一个确切时间范围内进行的称为实时系统。实时系统在本书内不做讨论。在事件驱动架构中，事件队列的处理通常需要一些固定的软件模块来实现。这些模块提供了事件驱动架构系统开发的框架和运转的基础。在自行开发实现的事件驱动架构软件模块中，最常见的问题有内存分配问题、泄漏问题、事件丢失问题、消息队列溢出问题和事件处理延迟或失败问题。本书中将着重讨论这些模块的质量特性和测试要点。

事件驱动，顾名思义，由事件来驱动整个系统的运转。而这些事件可以是外部的，也可以是系统内部的（比如时钟）。在架构中将事件的产生、识别、存储、处理、响应逻辑分开，通过架构设计使这些逻辑互相解耦合。这样由事件来驱动运转的系统能更好地对交互和交互的处理进行建模，从而更清晰、方便地建立和构造整个软件系统。

对于事件驱动架构，首先要定义什么是“事件”。在维基百科中定义如下：

“An event can be defined as a significant change in state.”。

也就是说，事件可以被定义为“状态”的显著变化。这个定义比较抽象。例如，当某人购买了一辆汽车，这辆汽车的状态就可以从“销售中”变为“已售出”。 这样的状态变化就产生了一个“事件”：汽车售出。这样的“事件”可以被通知到架构中的其他部分。需要注意的是，这里“事件”仍然是抽象概念。 将该“事件”通知到架构其他部分的其实是一种特殊的消息（message），这样的消息被称为“事件通知”（event notification）。

根据这个逻辑概念可以得出，事件本身是由状态变化而引起的，其只是“发生”而不会“通知”或者“发送”。由于事件发生了，从而产生了事件通知，其被发送给架构的其他部分。然而在实际的沟通或应用场景中，为了简化，通常将“事件通知”的消息称为“事件”。所以，在实际应用中，应该注意这两者的区别，避免出现误解。

事件的来源可以是内部的或者外部的，也可能来自软件层面或硬件层面。比如，对于电子购物系统，用户是其外部的。当用户从浏览商品到决定购买某个商品时，其状态由“浏览”转变为了“决定购买”，而这个状态的转变生成了“购买”这个事件。该事件被（自然）转化为用户在界面上的一系列操作，比如结算、支付等。这些操作就是所谓的“事件通知”。电子购物系统接收到“事件通知”后，受这些“事件”驱动进行处理和响应。类似地，一个嵌入式系统比如手机可能被其内部的事件所驱动。例如，当手机的电池接近耗尽，电池组硬件模块的状态从“正常”变为“低电能”，这样的状态变化产生了一个“电池耗尽”的事件。这个事件一般通过硬件中断和操作系统中断处理等过程形成“事件通知”并发送到电源管理模块（软件），由此引发一系列的处理，如保存重要数据并关机等。

上文阐述了事件驱动架构的基本概念，下面将展开详细地介绍，如图12-1所示。

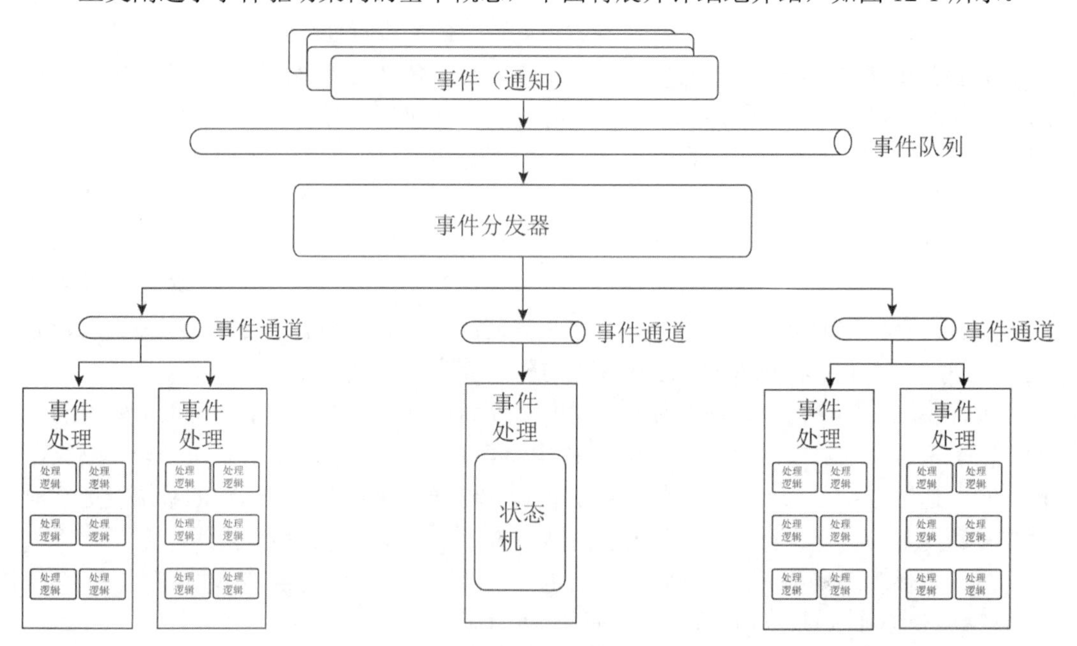


图12-1 事件驱动架构一般范式

事件驱动的架构一般包含以下部分（架构组件）：

- 事件（通知）。如上文所详述的，由于内/外事件引发/触发/产生的特殊的“消息”。
- 事件队列。一组数据结构和对应的处理逻辑，用于接收缓存接收到的事件（通知）。此环节引入了“异步”处理的特性，并且将事件与事件的处理解耦。同时事件队列也带来了处理顺序、优先级、缓存溢出等复杂的处理。

- 事件分发器。对事件进行预处理，分门别类地将事件转发到对其有“兴趣”的处理逻辑中。需要注意的是，对事件分发器逻辑的不同实现方式对应了事件驱动架构的若干种变种。有“事件流”式处理和“注册/发布”式处理两种不同的实现方式。
- 事件通道。分发器将事件通知通过事件通道分发到事件处理逻辑。一般某一大类的事件处理逻辑可以对应一个事件通道。其可以看作是一个小型的“事件队列”（即一个数据结构，例如数组或队列），其中的内容不会被进一步转发，而是被事件处理逻辑依次直接处理。当系统规模较小时可简化去掉事件通道。
- 事件处理逻辑。在这部分模块中实现具体业务逻辑的模块。它是架构中最复杂和最贴近业务需求的部分。有时可将这部分进一步通过状态机模型来实现。

上文提到事件分发器的不同实现方式有“事件流”式处理和“注册/发布”式处理。这里详述如下：

（1）“事件流”式处理。所有的事件像水流一样进入事件队列并能被所有的事件处理逻辑所读取。事件处理逻辑根据需要读取事件队列中的任意事件，也可以根据需要在队列中删除处理过的事件。“事件流”式处理还有几种变体：

①数据流。所有的数据注入一个通过数据流平台实现的事件队列中，例如 Apache Kafka，其摘取、处理或变换事件流。这样的处理可以用来在输入事件流中识别事件的某种有意义的模式（pattern）。

②简单事件处理。事件到来后立即触发对事件的处理。这个模式用于事件处理相对简单的情况。其优点是将事件与事件处理解耦合。

③复杂事件处理。要求事件处理机制能处理和缓存多个事件来识别其模式（pattern）。

---

注意：根据上文描述的处理逻辑，“事件流”式处理的应用场景可以为识别输入数据的模式或某类事件的模式等。

---

（2）“注册/发布”式处理。事件处理逻辑应向事件分发器“订阅”（Subscribe）某类/个事件通知（来表明其对该类/个事件感兴趣）。当事件分发器从消息队列中读取到事件通知时，会检查其对应的订阅列表，将该事件通知发送到所有“订阅”该类/个事件通知的处理逻辑（或其对应的事件通道）。这个发送动作称为“发布”（Publish）。需要注意的是，有些文献中将“把事件放入消息队列”也称为“发布”，阅读时应注意区分。

以上是事件驱动架构的基本范式。在软件工程实践中受系统本身复杂度和开发成本的影响，有时会将该范式简化，比如将事件队列、事件分发和事件通道合为一体，如图 12-2 所示。

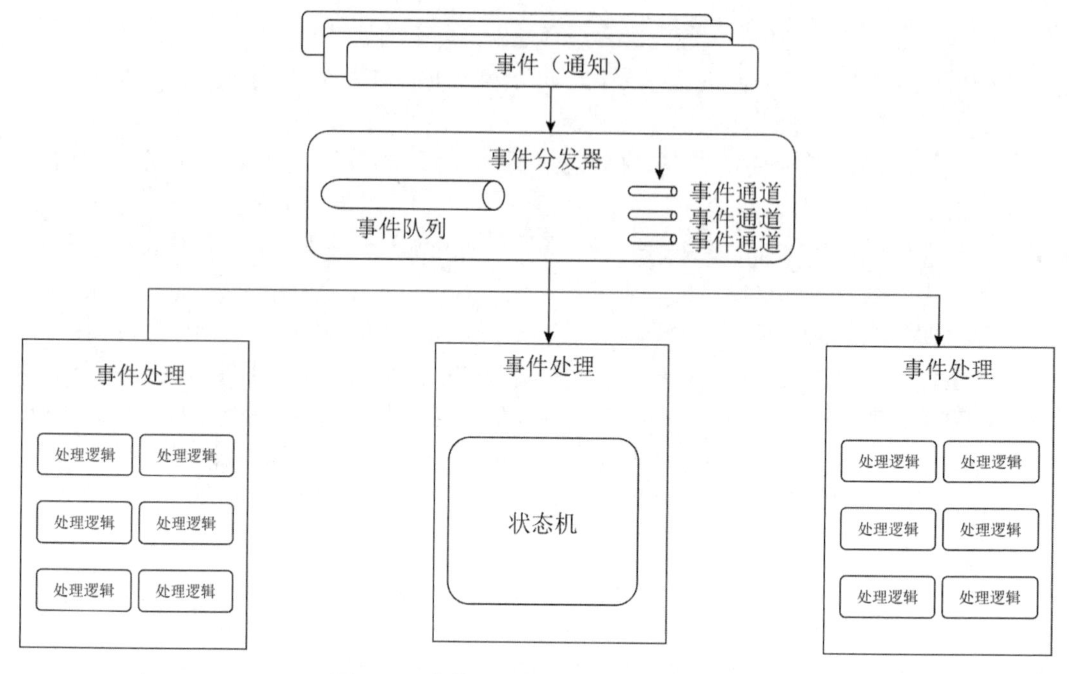


图 12-2 事件驱动架构的简化形式之一

事件驱动架构的优势在于其范式天然为事件的发生和处理建立了模型。故此该架构范式擅长解决工程领域中以交互为主的问题。其优点还有：

- 事件与事件处理逻辑、事件处理逻辑之间都得到了充分的解耦，从而使得软件易于扩展新的功能，还改善了软件的可维护性和可移植性，并且使得事件的分布式处理变得可能。
- 交互时的响应性能较好。由于事件进入队列后被事件处理逻辑异步处理。故此事件的产生者不必等待消息的处理完毕，而是将消息发送后可直接返回处理其他事务。

任何架构范式在具备一定优势的同时也不可避免地存在一些短板。同样在应用事件驱动架构范式时需要注意：

- 事件驱动架构的实现是异步编程。所谓“异步”即事件的收发与事件的处理分开。事件的发送者不需要等待事件被真正处理完毕。这样的范式下，必须要考虑异步通信中的常见问题，如事件通知丢失、事件队列溢出、事件失去响应、事件通知重复、事件未被订阅等情况，因此开发相对复杂，与事件处理相关的缺陷也非常常见，同时在实践中，此类缺陷导致的失效往往比较难以复现和定位。

### 12.1.2 应用实例

事件驱动架构的应用十分广泛，在嵌入式、桌面以及大型专业服务器系统中都能看到其实现。例如安卓操作系统支持多种事件驱动架构的实现，其中最基础的是“广播接收器”（Broadcast Receiver），这是安卓应用开发框架内置的基本功能之一，其作用是监听/接收应用发出的广播消息并作出响应。典型的应用场景是安卓不同组件之间的通信可以是应用内也可以是不同的应用之间。

安卓的广播接收器基于消息的发布/订阅事件模型（即事件驱动架构的一种），具体如图 12-3 所示。该模型中有 3 个角色：

- 消息的订阅者（事件的接收者）。
- 消息的发布者（事件通知的来源）。
- 消息中心，由安卓应用开发框架的 AMS（Activity Manager Service，活动管理服务）实现。负责处理事件的订阅、事件通知的广播和转发。

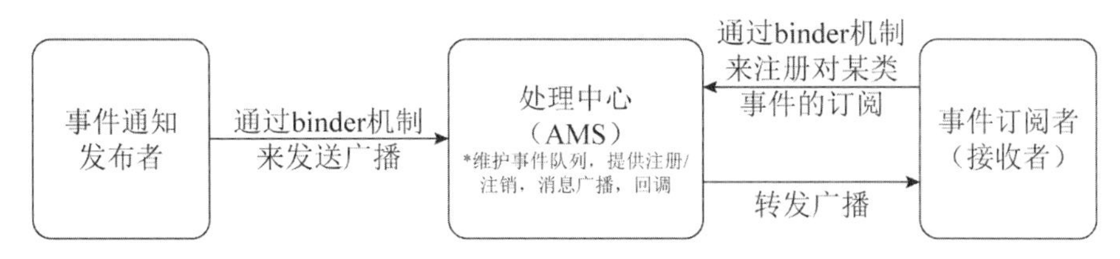


图 12-3　事件驱动架构在安卓系统内的实现-广播接收器

消息的订阅者通过从 Broadcast Receiver 基类继承而来。其必须重载 onReceive()方法。当广播接收器接收到订阅的事件时，该 onReceive()方法将被自动调用（回调函数）。

对于广播接收器相关事件的注册，安卓提供了两种方法：一是静态注册，在 AndroidManifest.xml 里通过<receiver>标签来声明；二是动态注册，在代码中根据需要调用 Context.registerReceiver()方法。

需要特别注意的是注册和注销必须成对出现，并保证应用在各种退出的情况下，注销都会被调用，否则将造成资源泄漏。

广播的发送通过“intent”（意图）来执行。在代码中创建 intent 对象后，调用 sendBroadcast(intent)来发送广播事件。若广播接收者在注册时提供的 interFilter 里的 action 与广播 intent 中的 action 匹配，则该广播接收者的 onReceive()方法会被调用来接收此事件。

除了基础的广播接收器以外，安卓系统还实现了 EventBus 这样的事件驱动架构。其提供了简洁的事件注册广播机制便于线程间的通信，可在一定程度上替代广播接收者。

安卓系统虽然也是嵌入式系统，但其规模相对较大，应用场景贴近日常生活和消费。在处理能力十分有限的以微控制器为主控处理器的嵌入式系统中，同样有着多种事件驱动架构的实现。例如开源系统 Arduino，Arduino 是一款便捷灵活、方便上手的开源电子原型平台。它包含硬件（各种型号的 Arduino 板）和软件（Arduino IDE），是由一个欧洲开发团队于 2005 年冬季开发。它构建于开放源码的简单 I/O 接口板，并且具有使用类似 Java、C 语言的开发环境。其主要包含两个部分：硬件部分是可以用来做电路连接的 Arduino 电路板；另外一个则是 Arduino IDE。Arduino IDE 是在桌面计算机中运行的程序开发环境。在 Arduino IDE 中编写程序代码，可在 Arduino IDE 中编译，通过 Arduino IDE 将程序上传到 Arduino 电路板。程序将驱动 Arduino 电路板去完成预设的任务。其硬件设计和软件都是开源的，以这些设计为基础可以快速地搭建嵌入式系统。其支持如 STM32 这样的微处理器，并且具备扩展大量常见模块（如 GSM 通信模块，USB 模块，wifi，电机控制等）的能力。其软件系统有多个发布版本，不同的版本可能包含不同的模块并具有不同的用途。其中有些版本包含了多种事件驱动架构的实现。以下软件库或模块为 Arduino 系统提供了事件驱动的基础框架：COSA、QL（Quantum Leaps）等。

在真实的软件系统架构应用场景中，通常综合运用多种架构，组合嵌套使用，而不会单独地使用事件驱动架构来构建整个软件系统。最常见的形式可能是在软件整体上分层，然后在某层内，甚至某模块内采用事件驱动架构。还有一种常见形式是以事件驱动架构为整体架构的范式，在各个业务处理模块中分层次或者采用其他的架构范式来构建。

## 12.2 质量特性

如 12.1 节中所述，事件驱动架构有其特长和弱点，所以采用事件驱动架构范式实现的软件系统的质量属性保障有需要特别注意的要点。下面根据 GB/T 25000.10—2016《系统与软件工程 系统与软件质量要求和评价（SQuaRE）第 10 部分：系统与软件质量模型》详述事件驱动架构范式的质量特性。

质量模型对于任何软件产品和软件架构都是通用的。对于事件驱动架构，有些质量特性由架构范式本身即可保证，有些则需要特别关注。

事件驱动架构作为一种架构范式，其在支持特定软件系统功能需求的实现以外，还必须支持架构运转所必需的功能。这些功能为：

（1）事件通知的编码解码（可选）；

（2）事件通知的发送与接收；

（3）事件队列的管理与维护；

（4）事件的注册/注销 ；

（5）事件的优先级（可选）；

（6）事件与注册记录的匹配和过滤；

（7）事件的广播/转发；

（8）事件通道的创建、管理与维护（可选）；

（9）事件处理机制的调用方法；

（10）事件处理后的返回和/或后续处理（可选）。

以上列表中“可选”的功能为简化实现的事件驱动架构中可能省略的部分功能。

由事件驱动架构所实现的软件系统的质量特性尤其是非功能特性的优劣在架构层面上由这些功能的质量所决定。图 12-4 展示了事件驱动架构所特有的软件功能在架构上的实现关系，下文将围绕这些功能所关联的质量属性进行深入的讨论。

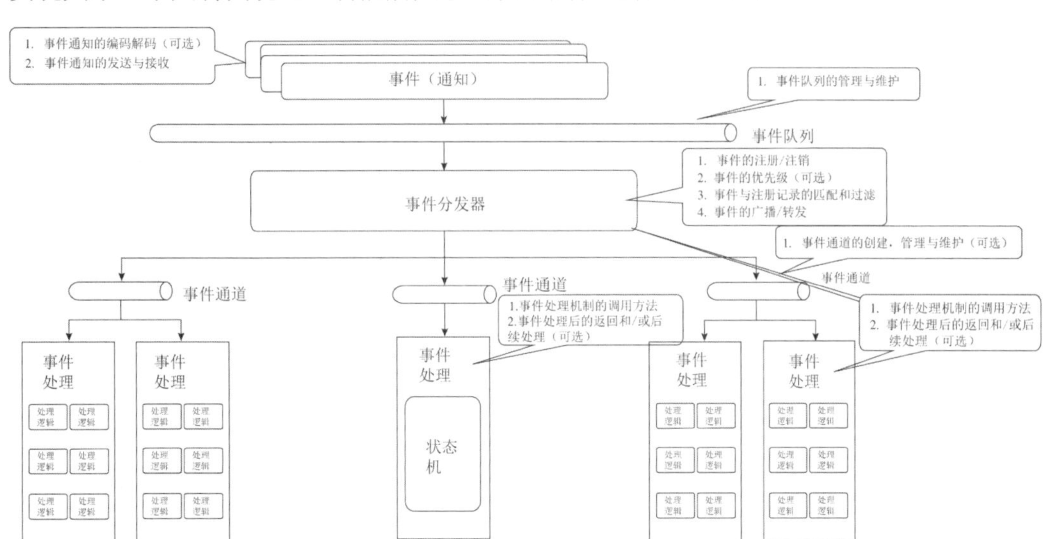


图 12-4　事件驱动架构的基本软件功能

事件驱动架构各个组件的质量是整个软件系统质量的基础。表 12-1 中，我们详细列举了架构组件在哪些质量特性及其子特性中比较容易出现问题。

表 12-1　事件驱动架构组件与质量特性

| 质量特性 | | 软件架构组件 | | | | | | | | | |
|---|---|---|---|---|---|---|---|---|---|---|---|
| | | 事件 | | 事件队列 | | 事件分发器和事件处理机制 | | | | 事件通道 | |
| | | 事件通知的编码解码 | 事件通知的发送与接收 | 事件队列的管理与维护 | 事件的注册/注销 | 事件的优先级（可选） | 事件与注册记录的匹配和过滤 | 事件的广播/转发 | 事件处理机制的调用方法 | 事件处理后的返回和/或后续处理（可选） | 事件通道的创建、管理与维护（可选） |
| 可靠性 | 成熟性 | √ | √ | √ | √ | √ | √ | √ | √ | √ | √ |
| | 可用性 | √ | √ | √ | √ | √ | √ | √ | √ | √ | √ |
| | 容错性 | ⊙ | ⊙ | ⊙ | ⊙ | ⊙ | ⊙ | √ | √ | ⊙ | √ |
| | 易恢复性 | ⊙ | ⊙ | ⊙ | ⊙ | ⊙ | √ | ⊙ | √ | ⊙ | √ |
| 性能效率 | 时间特性 | ⊙ | ⊙ | ⊙ | √ | ⊙ | ⊙ | ⊙ | ⊙ | ⊙ | √ |
| | 资源利用性 | ⊙ | ⊙ | ⊙ | ⊙ | √ | √ | ⊙ | √ | ⊙ | ⊙ |
| | 容量 | ⊙ | ⊙ | ⊙ | √ | ⊙ | √ | ⊙ | √ | √ | ⊙ |

续表

| 质量特性 | | 软件架构组件 | | | | | | | | | |
|---|---|---|---|---|---|---|---|---|---|---|---|
| | | 事件 | | 事件队列 | | | 事件分发器和事件处理机制 | | | 事件通道 | |
| | | 事件通知的编码解码 | 事件通知的发送与接收 | 事件队列的管理与维护 | 事件的注册/注销 | 事件的优先级（可选） | 事件与注册记录的匹配和过滤 | 事件的广播/转发 | 事件处理机制的调用方法 | 事件处理后的返回和/或后续处理（可选） | 事件通道的创建、管理与维护（可选） |
| 易用性 | 可辨识性 | × | × | × | × | × | × | × | × | × | × |
| | 易学性 | √ | √ | × | √ | √ | × | × | √ | √ | × |
| | 易操作性 | √ | √ | × | √ | √ | × | × | √ | √ | × |
| | 用户差错防御性 | ⊙ | ⊙ | × | ⊙ | √ | × | × | × | × | × |
| | 用户界面舒适性 | × | × | × | × | × | × | × | × | × | × |
| | 易访问性 | × | × | × | × | × | × | × | × | × | × |
| 信息安全性 | 保密性 | √ | ⊙ | × | × | × | × | × | × | √ | × |
| | 完整性 | √ | ⊙ | × | × | × | × | × | × | √ | × |
| | 抗抵赖性 | × | ⊙ | × | × | × | × | × | × | √ | × |
| | 可核查性 | × | ⊙ | × | × | × | × | × | × | × | × |
| | 真实性 | × | ⊙ | × | × | × | × | × | × | √ | × |
| 兼容性 | 共存性 | × | × | × | × | × | × | ⊙ | × | × | × |
| | 互操作性 | ⊙ | ⊙ | × | ⊙ | ⊙ | × | ⊙ | × | × | × |
| 维护性 | 模块化 | √ | √ | √ | √ | √ | √ | √ | √ | √ | √ |
| | 可重用性 | √ | √ | √ | √ | √ | √ | √ | √ | √ | √ |
| | 易分析性 | √ | √ | √ | √ | √ | √ | √ | √ | √ | √ |
| | 易修改性 | √ | √ | √ | √ | √ | √ | √ | √ | √ | √ |
| | 易测试性 | √ | √ | √ | √ | √ | √ | √ | √ | √ | √ |
| 可移植性 | 适应性 | √ | √ | √ | √ | √ | √ | √ | √ | √ | √ |
| | 易安装性 | × | × | × | × | × | × | × | × | × | × |
| | 易替换性 | √ | √ | √ | √ | √ | √ | √ | √ | √ | √ |

| 图例 | | |
|---|---|---|
| | √ | 相关 |
| | ⊙ | 易出问题 |
| | × | 基本无关 |

### 12.2.1　功能性

功能性与特定的业务领域密切相关，与架构实现关系比较小。故此，软件架构与功能性的互相依赖关系比较弱。事件驱动的架构适合那些功能上涉及交互比较多甚至交互为主要内容的业务领域。例如微电脑控制的家用洗衣机可以看作是一个通过按钮进行交互控制的软硬件系统。用户按动洗涤程序设置按钮来设置洗涤程序的过程就是与系统进行交互的过程。通过交互，系统实现了根据设置的程序进行洗涤的业务功能。而这样的交互，可以通过不同的软件架构来实现。可以是简单的循环，也可以是事件驱动架构。即使是设定洗涤程序然后开始洗涤、甩干、烘干这样的简单功能，其交互的场景仍然可能比较复杂。如设定到一半要修改已经完成的设定，或者洗涤过程中断电等等多种外部事件需要考虑。所以，实现这样的功能，通过事件驱动的架构将最为方便和自然。

- 功能完备性——基本与架构无关。但事件驱动架构能帮助简化复杂交互响应的实现。
- 功能正确性——基本与架构无关。由具体的业务逻辑实现决定。
- 功能适合性——与架构无关。由功能的交互设计和使用场景决定。

事件驱动架构是从软件实现方式角度考虑的设计范式。对于功能质量属性我们应集中考虑是否功能都落实到了架构中（即在架构中有对应实现或处理）；是否功能的交互要求在架构中得到了合理的体现（完全取决于功能本身的含义，没有机械性的方法来保证）。对于架构更多的是非功能属性的考量。

此外在事件驱动架构中还有以下虽然可以归结到某个质量特性，但如果完全与功能分开考虑，则容易遗漏这些在功能或系统整体上容易出现缺陷的情况：

- 功能逻辑的上下文（前后依赖）。往往需要结合功能的含义、使用的场景、用户和/或外部系统的角度来寻找功能需求上未考虑到的特殊情况。
- 非法/意外事件。虽然在可靠性质量特性中有容错性的要求，但基于功能本身来考虑可能的非法或意外事件是必要的。
- 实时性要求。在性能效率质量特性中有时间行为的特性，但这样的质量特性必须基于功能本身要求的行为。例如，应围绕功能要求中可能的实时性要求，并在交互场景考虑处理时间超出预期时的异常的处理。

### 12.2.2　可靠性

事件驱动架构与可靠性及其子质量特性密切相关。在大多数情况下，正确实现的事件驱动架构虽然与成熟性、可用性这两个子特性相关，但相对而言更容易出现问题的是容错性和易恢复性。

事件驱动架构在可靠性质量特性中的容错性和易恢复性中容易出现缺陷的组件包括：

- 事件通知的编码解码。当外部事件通知包含的信息比较多时，或按标准化的接口

（比如移动通信里的 3GPP 标准）规范要求，可能事件通知需要进行编解码。负责实现编解码的库可能出现的缺陷有缓存溢出，数据编码错误，数据的解码错误，解码缓存溢出。编码解码库应能正确地处理可能的输入数据错误，并在后续的编解码操作中不受之前错误输入的影响。在软件测试中，应考虑采用边界值等价类对事件通知的消息内容参数取值进行分析。进一步用决策表和语法分析方法找出消息内容中有意义或容易出错的参数取值组合。

- 事件通知的发送与接收。此环节/组件上容易出现的缺陷是消息的丢失或重复。对于能预见到事件通知的通信渠道不稳定的系统，应能识别消息的丢失或重复的问题。进一步，如果系统有容错和恢复要求的话，则系统应考虑实现消息的丢失通知（重发请求）、去重复等机制。通过考虑消息出现丢失或重复时，软件系统将采取什么样的行为来确定系统是否在此环节/组件上存在缺陷。常用的测试用例设计技术为场景法。
- 事件队列的管理与维护。特别常见的缺陷为事件队列溢出。尤其是嵌入式系统或支持大容量并发用户的服务器系统中，事件队列的溢出是特别容易遇到的系统失效的原因之一。事件驱动架构中相关的容错和恢复处理机制应能识别队列溢出的出现，并采取合理的策略（与具体业务有关）来恢复事件队列的正常处理。应通过边界值法来设计事件队列可能的溢出情况，并结合软件设计来考察系统实现是否对事件队列溢出进行了合理的处理。一般而言，最基础的处理是将事件队列溢出的情况记录在系统日志中，以便后续分析定位问题。
- 事件的注册与注销。常见的缺陷有遗漏对事件的注册，或对未注册的事件进行注销，或重复注册。对于容错和恢复性要求，应能识别重复的注册或忽略重复的注册；应能识别非法的注销请求并返回合适的错误码。对于此类缺陷，一般在代码评审或单元测试层面进行静态或动态的检查会更有效。
- 事件的优先级（可选）。大多数事件驱动的架构并不设置事件的优先级。但对于某些嵌入式应用，出于实时性设计的目的可能设置事件的优先级。对于此类系统，需要特别注意可能发生的优先级倒挂问题。对于具备优先级的事件队列，事件分发器往往会在事件队列里取当前队列中优先级最高的事件进行分发和处理。可能的优先级倒挂问题是在事件处理逻辑处理高优先级的事件时其逻辑依赖某些低优先级的事件的结果或者共用的资源（比如特定硬件，内存区域，I/O 端口）。这样的情况将导致高优先级的事件处理逻辑被反复触发，而低优先级的事件得不到处理，使得被触发的高优先级事件处理逻辑出现死锁，最后导致整个系统死锁或资源耗尽。此类问题往往在一些特定的触发顺序时才会出现。事件驱动架构本身一般无法识别此类与业务上下文相关的出错情况，并且也很难采取合适的行为来从死锁中自动恢复。所以一般通过场景法分析业务功能，枚举可能的事件序列来分析事件处理逻辑是否存在对低优先级事件的依赖，静态测试的分析方法将比较有效。

- 事件与注册记录的匹配和过滤。此功能/组件是事件驱动架构的核心之一。常见的缺陷是对合法事件的识别有误，即将合法事件识别为未知事件然后丢弃。此外，注册列表上注册模块的事件转发逻辑也容易出现错误。在单元测试中，通过基于结构的测试设计方法来设计覆盖逻辑判断的测试用例能比较有效地发现此类问题。对事件通知匹配相关参数的等价类和决策表则是常用的黑盒分析方法。
- 事件的广播和转发。对于有易恢复性要求的系统，常见的缺陷是当事件广播和转发出现异常后所有未出现异常的处理逻辑都被锁定。根据业务逻辑需要，对于事件广播和转发出错的情况，系统可能会强制清空所有的事件通道来恢复正常。一般通过静态分析系统的设计逻辑是否合理地覆盖此类要求能比较有效地发现和预防此类问题。
- 事件处理后的返回和/或后续处理（可选）。常见的缺陷有未定义事件处理逻辑的错误返回码，对事件处理逻辑返回的错误码的处理不符合功能逻辑要求。有些事件驱动架构系统支持链式事件处理，即按注册顺序同一事件依次被多个事件处理逻辑处理。此时常见的缺陷可能为多个事件处理逻辑之间存在依赖关系导致的失效。对于前者，静态测试或代码评审能有效地发现此类问题。对于链式处理可能引起的问题，此类缺陷相对比较复杂，需要通过找出注册链上的事件处理逻辑中可能的依赖内容（基于设计和代码），然后通过场景分析来找出这些依赖内容可能出现不可预见或非期望的变化的场景。

### 12.2.3　性能效率

事件驱动架构同样与性能和效率及其子质量特性密切相关。性能和效率的 3 个子质量特性都受到事件驱动架构各个环节的影响。

事件驱动架构在性能效率质量特性中的各个子属性中容易出现缺陷的组件包括：

- 事件通知的编码解码。当事件通知需要进行编解码时，负责实现编解码的库可能出现的缺陷有编码解码耗时过长。由于事件驱动架构严重依赖消息的收发，故此编解码的函数可能会被非常频繁地调用，有可能成为系统的瓶颈。故此很多事件驱动架构的实现尽量简化甚至不采用编解码。在软件测试中，可通过度量编解码函数的 CPU 占用时间和估计调用频率来设计测试用例。这里同样可以采用等价类、边界值的技术来考虑编解码的内容和不同调用频率的场景。资源利用子特性在事件通知的编解码中应考虑的是 CPU 占用和编解码占用的内存或者缓存的大小以及边界上的极端情况。容量子特性与资源利用子特性类似，除了考虑缓存处于容量的边界时数据的编解码以外，还应考虑数据为空的情况。
- 事件通知的发送与接收。此环节/组件上容易出现的缺陷是消息的延迟。由于一般事件驱动架构内的各个模块在同一处理器上运行（以线程或进程的方式），故此，事件驱动架构的各个模块在 CPU 的占用上存在互相竞争。对于有实时性要求的系统，事件收发机制往往需要采用较高优先级的线程/进程来实现。即若架构实现上未采用按照事件的优先级设置收发逻辑时，应考虑设计处理器事件被长期占用的场景来发现可能的缺陷。资源占用方面的常见缺陷是收发逻辑采用比较慢的内存拷贝方式来接收消息，导致消息的收发过慢。通常采用内存引用或指针的方式更加高效（但可能会有内存泄漏的副作用）。容量方面的缺陷常见的有无法处理数据量大的事件和可能超出系统处理容量的大量事件。对于消息延迟的风险，常用的测试用例设计技术为场景法和边界值法。对于资源占用和容量，常用的测试用例设计技术为边界值法，利用该方法找出资源占用的极端情况和容量的边界，设计测试用例覆盖之。

- 事件队列的管理与维护。特别常见的缺陷为事件队列中高优先级事件长时间得不到处理。可通过场景法分析出现高优先级事件被堵塞的场景来找出此类缺陷。资源利用和容量子属性上容易出现的问题是系统处于正常运转时，事件队列内排队事件过多。通常通过事件驱动架构实现的系统正常运转时对事件队列容量的占据不超过 50%，超过容量上限时可能导致事件队列溢出。若系统频繁出现事件队列溢出，将导致过多重复收发事件的开销，从而恶化系统性能甚至导致死锁。应通过等价类、边界值方法对事件队列的资源利用的场景进行列举，对容量的边界进行测试。
- 事件的注册与注销。常见的缺陷有事件注销后遗漏对注册数据的删除从而造成资源的占用。可通过设计注册/注销的场景结合业务场景来识别资源占用的风险。
- 事件的优先级（可选）。优先级的设置在很大程度上影响事件驱动架构的时间特性和容量特性。常见的缺陷有优先级设置错误或优先级处理代码逻辑的错误导致事件得不到及时响应甚至出现溢出（即超出既定容量）。通常的测试设计方法还是场景法，针对事件优先级结合业务场景和极端场景设计测试用例。
- 事件与注册记录的匹配和过滤。此功能/组件是事件驱动架构的核心之一。其对时间特性影响巨大。由于此功能一般被频繁调用，故此容易出现时间上达不到实时性要求的问题。
- 事件的广播和转发。常见的缺陷有事件转发/广播过慢，事件广播资源占用过多以及事件广播超过系统缓存容量。一般采用场景法设计测试用例来涵盖这里的性能风险。
- 事件处理机制的调用方法。常见的缺陷为当系统比较复杂时，事件驱动架构可能会跨越物理主机的边界，由多台主机交互实现。这时事件处理机制可能涉及远程过程调用等方法。这样的实现可能导致事件处理的调用过于缓慢从而不能满足时间特性要求。一般使用基本的等价类或边界值技术设计测试用例能较好地涵盖此类风险。
- 事件处理后的返回和/或后续处理（可选）。常见的缺陷有事件后续处理过慢或堵塞，导致不能满足时间特性要求。对代码或设计的静态分析能比较有效地识别此类问题。同样，事件后续处理逻辑对内存、外设、处理器资源也可能出现意料之外的占用。静态分析或评审代码能比较经济高效地识别此类问题。基于规格说明的测试技术能够识别此类问题，但往往需要设计大量的测试用例才能达到比较好的覆盖。

- 事件通道的创建、管理与维护（可选）。通常事件通道创建在系统启动或初始化的时候，故此对系统性能影响比较小。由于事件通道创建后一般容量固定，故此需要留意资源占用和容量的平衡。在桌面系统中，基于操作系统的强大内存管理和充沛的物理内存，此类问题并不突出。但嵌入式系统中，尤其是单片机之类的小系统，应综合考虑容量不足和资源利用率低下的问题，基于实际业务和系统限制进行分析，通过业务场景（场景法）来测试事件通道的容量和资源利用情况。

### 12.2.4　易用性

事件驱动架构是一种架构范式，其并不直接与系统的用户打交道。一般用户是不会感知到其使用/操作的软件系统是采用何种架构构成的，故此易用性质量特性与一般的系统使用的用户基本无关。但软件产品的用户除了最终用户以外，程序员自身需要理解系统其他部分以及他编程中使用到的模块和功能，所以程序员也可以作为软件系统的一种用户。这时架构的易用性有一定的体现。对于开发人员而言，系统的易用性往往体现在开发用的编程接口（API）是否容易理解、掌握，以及编程接口（API）的行为是否在预期之内。编程接口很大程度上与软件系统的架构范式相关。事件驱动架构本身的范式是当需要时发送事件和当有情况发生时接收到事件，这样的模式与日常人们处理和应对事务的做法和习惯相符，故此比较容易理解和掌握，即事件驱动架构本身就提供了不错的编程易用性。

对于编程接口（API）的预期行为是否有着良好的易用性，则取决于系统的实现细节。最常见导致易用性差的问题往往出现在忽略用户差错防御性。即实现事件驱动的各功能模块对程序员设计实现其期望的功能是否有足够的差错防御能力。

事件驱动架构在易用性质量特性中的各个子属性中容易出现缺陷的组件包括：

- 事件通知的编码解码。最常见的缺陷是对输入的事件数据进行编解码前未能检查其合法性以及在编解码出错的情况下未能给出合适的错误返回码。相对少见但更为致命的缺陷是当编解码出错时，后续的编解码也出现异常。由于缺乏出错信息来进行诊断和分析，导致开发人员对系统的预期行为产生不确定的感觉，即这个系统很不好“用”。这样的缺陷通常的测试设计技术发现的代价比较大，结合静态分析的方法能更加有效。
- 事件通知的发送与接收。常见缺陷是对异常的数据发送未做保护。即当事件驱动系统处于某种业务状态下不能接收外部消息时，外部系统或模块向事件驱动系统发送事件被处理并导致系统崩溃、挂起或异常的处理操作。同样当系统出现异常的行为而不提供合适的出错信息时，将使得使用系统的开发人员产生系统不好用的感受。场景法对于这样的缺陷是比较适合进行测试用例设计的技术。学习理解系统可能处于何种不能接收外部事件的状态也将帮助更有效地设计测试用例。

- 事件的注册/注销。常见缺陷是当事件驱动系统收到重复的注册或者出现未注册却收到注销请求时出现死机、崩溃、异常的数据处理或异常的后续事件通知（该通知的未通知，不该通知的通知了）等意料之外的结果。当系统出现异常的行为而不提供合适的出错信息时，将使得使用系统的开发人员产生系统不好用的感受。此类缺陷可以通过设计相应的场景比较容易地发现。

### 12.2.5 信息安全性

事件驱动架构应用范围非常广泛，应特别重视其信息安全。常见的与信息安全性质量特性相关的缺陷集中在接口的处理上。

事件驱动架构实现的系统的信息安全问题主要集中在系统对外接口即事件通知的发送与接收环节，并且需要特别注意的是并非所有的系统都有相同的信息安全要求。根据业务需要考虑信息安全的要求是必须的。即一个系统可能有加密和完整性的要求，但不一定有抗抵赖和可核查性的要求。以下列举的常见问题，仅当相应信息安全要求为业务所需要时才成为缺陷。

事件通知的发送与接收。对于有信息安全要求的事件驱动系统，在接口上可能出现的缺陷可能存在在各子属性上。事件通知可被第三方解密、篡改是保密性和完整性上常见的缺陷。事件通知和内容可以被否认（即无法证明事件通知的确是由某个特定的实体发送的）是抗抵赖性上的常见缺陷。无法或错误地统计和审核事件通知的发送来源、内容、时间是可核查性上的常见缺陷。任意或非法的事件源发送的事件能被系统接受和处理是常见的真实性缺陷。造成这些缺陷的主要原因是接口上未考虑这些保护机制，机制强度不足和/或机制本身的实现有缺陷。对于未考虑和机制强度不足，通常接口上的信息安全要求是一体的，即加密、完整性保护、抗抵赖、提供核查方法和确认真实性都通过事件的编码和必要的协议来实现。选择当前技术条件下计算复杂度足够强和不易破解的算法是软件设计的决策之一。这样的问题通常通过设计评审能比较高效地发现。对于机制本身的实现缺陷，则需要通过系统性的设计各种测试用例来测试其功能才能保障。

事件驱动架构内部的各个环节/模块出于处理效率的需要，信息安全的要求较少。只有当事件驱动架构实现的系统由多个跨越不同地域、不同网络区段的子系统组成时，才需要进一步考虑各组件直接的信息安全问题。比如，分布在不同地域的子系统向中央系统注册事件、收发事件时，需要考虑注册事件和通知等接口消息的信息安全要求。

### 12.2.6　兼容性

兼容性相关的质量要求主要与具体的业务和运行环境相关。对于事件驱动架构而言，与外部系统发生联系的组件更容易在兼容性上存在缺陷。

事件驱动架构在兼容性质量特性中的各个子属性中容易出现缺陷的组件包括：

- 事件通知的编码解码。常见的缺陷主要体现在互操作性子特性上。事件通知的编解码模块如果有比较复杂的编解码逻辑，则容易出现不同的系统对编解码逻辑或规范的理解不一致的情况，从而引起事件通知被接收方误读或解码错误。系统升级时这样的情况比较多见。一般通过标准化的回归测试集合（通常为自动化的）能比较好地确保事件编解码的兼容性（互操作性）。
- 事件通知的发送与接收。常见的缺陷同样主要体现在互操作性上。特别是当事件通知在业务语义上有前后关联时，容易出现语义不一致的缺陷。比如某系统要求按一定的顺序接收“初始化事件”和“打开事件”，而其他系统对事件业务的理解是仅发送“打开事件”。这样将可能造成“打开事件”被系统拒绝处理，从而阻碍业务的进行。同样，标准化的回归测试集合将有助于高效率地发现此类问题。
- 事件的注册/注销。当事件驱动架构的系统包含多个子系统时，此组件对注册和注销请求的顺序和内容要求可能引发兼容性问题（互操作性）。即事件的注册/注销由其他系统发起时，常见缺陷为注册/注销的时机有误，请求的内容格式不一致（或变更以后未能同步更新）。标准化的回归测试集合有助于高效率地发现此类问题。
- 事件的优先级（可选）。事件驱动系统对事件的优先级定义一般与业务场景密切相关。在兼容性（互操作性）上，常见缺陷为外部系统对事件的优先级定义与事件驱动系统构建的软件系统对优先级的定义不同。此类缺陷可能导致高优先级的事件得不到及时处理。此类问题采用设计评审的方式能比较高效地发现。在测试设计中，对于系统集成测试，采用场景法，结合业务场景设计动态测试用例也能比较有效地覆盖此类缺陷。
- 事件的广播/转发。当事件驱动系统将收到的事件向其他系统进行广播和转发时可能出现的兼容性缺陷有：转发事件的内容格式的兼容性缺陷（类似于编解码缺陷）；在不必要的范围进行广播。曾经有某影音软件升级后，由于事件广播的缺陷，导致每个运行该软件的网络节点层层广播，造成网络上广播消息拥塞，最终导致大范围的网络瘫痪。一般场景法在覆盖此类缺陷上比较有效。

### 12.2.7　维护性

事件驱动架构本身在支持可维护性上提供了很好的模块化范式。事件的收发和处理被事件驱动架构的事件队列和分发器隔离，本身提供了非常好的逻辑隔离。使其在模块化、可重用性、易分析性、易修改性上有着非常好的表现。故此只要很好地遵循了事件驱动架构的架构范式要求，在事件驱动框架（甚至引擎）下编程，一般很少出现维护性问题。

对于可测试性，通常在事件驱动架构的各个架构组件中应引入可测试性。在事件的收发机制中，可植入对事件的监控、修改、比对等测试功能。在事件队列和分发器组件中，应提供足够的 log 信息供调试和诊断使用。在事件的注册/注销中，可提供隐含的测试模块的注册能力以便将所有事件都转发到测试模块。对于事件的处理机制的调用，可提供钩子方法供测试模块监控事件处理和返回，甚至修改事件处理的逻辑和返回。

### 12.2.8 可移植性

事件驱动架构也通过架构范式提供了很好的可移植性。模块化的事件收发、事件队列、事件分发器和事件处理机制支持的架构本身可以方便替换和移植。业务相关的事件和事件处理逻辑，则由于被架构隔离，自然形成了独立的模块，可分别方便地替换和移植。故此，只要很好地遵循了事件驱动架构的架构范式要求，一般很少出现可移植性问题。

## 12.3 测试策略

事件驱动架构范式的核心思想是将业务功能的处理抽象为事件和事件的响应处理。故此在事件驱动架构的各个组件中，大部分组件与具体业务无关，可以看作是一个独立的具备固有功能的软件系统，业务逻辑仅存在于少量组件中，并且互相解耦。与具体业务相关的组件有：事件通知的编码解码。而业务逻辑则在被事件驱动架构调用的事件处理机制中实现。其他的组件都可以通用化，独立于某个业务而存在。即可以把事件驱动架构的实现看作是一种“引擎”，其运转的基本模式是等待事件，然后调用合适的事件处理机制，在事件处理机制执行完毕后，继续等待下一个事件的到来。故此基于事件驱动架构开发的软件系统，通常最基本的测试策略就是将事件驱动架构的实现逻辑（事件驱动架构组件）与业务逻辑（事件的处理）分开测试。当充分测试了事件驱动架构的实现逻辑（或可称为“事件驱动引擎”）的各个质量属性后，可将其作为通用模块而相信其质量，从而对于使用相同事件驱动架构实现（事件驱动引擎）的不同业务系统，可不必反复测试事件驱动架构系统的组件和组件的整体联动，而将测试的注意力集中于业务逻辑。

关于事件驱动架构系统的测试策略，可以分别考虑事件驱动架构本身的测试策略和建立在其之上的业务系统的测试策略。

一般性而言，事件驱动架构的软件实现也适用通用的分层测试策略。实施单元测试时，对各个组件分别安排各自的单元测试。特别地，对于事件的收发模块/函数、编解码模块/函数、事件队列的管理模块/函数应尤其给予重视。对每个模块的单元测试应分别通过功能和代码进行覆盖。功能覆盖即根据每个模块或函数的功能，通过基于规格说明的测试技术来设计测试用例进行覆盖。代码覆盖即通过基于结构的测试技术来设计测试用例进行覆盖。通常要求百分百的功能覆盖和判定覆盖或分支条件覆盖。

在单元测试通过的基础上，应对事件驱动架构的实现进行集成测试。事件驱动架构的基本功能是允许外部用户/系统向事件驱动架构发送事件，然后由事件驱动架构的事件队列和管理模块对事件进行依次处理（或根据优先级处理）调用事件处理机制。所以事件驱动架构的实现的集成测试应围绕核心功能来设计测试用例。集成测试的执行应将所有组件集成在一起，开发测试用的测试装置（test harness）和测试用的事件处理逻辑。测试装具和测试用事件处理逻辑应根据测试用例来实现。测试执行即通过执行测试装具来向事件驱动系统发送事件，检查测试用的事件处理逻辑是否被合理正确地调用，事件处理逻辑的返回是否被事件驱动架构正确地处理等方面来完成。由于事件驱动架构的实现本身并不具备系统的业务性功能，故此一般不为事件驱动架构的实现安排系统测试。

在单元测试和集成测试中均应根据业务风险，考虑对应的质量特性的测试设计和执行。若事件驱动架构的组件有通用性要求，需要跨产品、产品线，或者跨系统等场景下应用，则应涵盖所有在 12.2 节提到的质量特性要求和测试要求。

对于通过事件驱动架构实现的业务系统的业务逻辑，其一般性测试策略通常也应分为单元测试、集成测试和系统测试。业务相关逻辑的单元测试主要可以集中在事件处理逻辑中，因为通过事件驱动架构实现的业务功能几乎都体现在事件处理逻辑上。对于与优先级相关的业务逻辑，应在集成测试中覆盖。因为业务规定的是优先级，而事件驱动系统组件提供的是优先级机制。业务需求中的优先级需要通过多个模块的联合运转才能体现，故此属于集成测试范畴。当然也可以在系统测试中涵盖这些内容。业务逻辑的单元测试一般也应采用基于规格说明的测试技术和基于结构的测试技术，从而实现对业务逻辑足够的覆盖。测试执行则通过测试用例中对事件处理模块的调用来完成。通常基于事件驱动架构规范开发的业务逻辑在完成单元测试后可跳过集成测试阶段，原因是事件驱动的架构组件本身质量能保证模块间能结合起来顺畅运转。当然，若业务逻辑依赖的事件驱动架构组件未经测试，则必须完成集成测试后才能进入系统测试级别。业务系统的系统测试则往往采用基于规格说明的测试技术来设计测试用例，通过用户界面或系统接口来实现测试执行。

事件驱动架构是一个架构范式，参照其实现的软件系统在规模上有着非常大的区别。有些小的嵌入式系统，事件驱动架构的代码可能仅仅是操作系统的一小部分；而有些大型的事件驱动架构实现，则可能由若干个分立的计算机组成。每个计算机负责运行一个或者多个事件架构驱动的组件。比如事件的编码和收发可能由用户或其他外部系统触发，事件队列的管理和维护可能处于另一台主机上，而优先级排列、事件注册、管理和分发都可能在若干台主机上运行。此类系统的测试策略可能会包含更多的测试层次。

## 12.4 测试案例

### 12.4.1 案例介绍——安卓广播接收器

为帮助读者理解事件驱动架构的测试相关的技术要点，下面以安卓系统中的“广播接收器”作为例子来说明事件驱动架构的具体实现的测试要点。关于“广播接收器”的概要，可参见 12.1.2 节。“广播接收器”是事件驱动架构的一个实现，图 12-5 展示了“广播接收器”实现与事件驱动架构组件的映射关系。

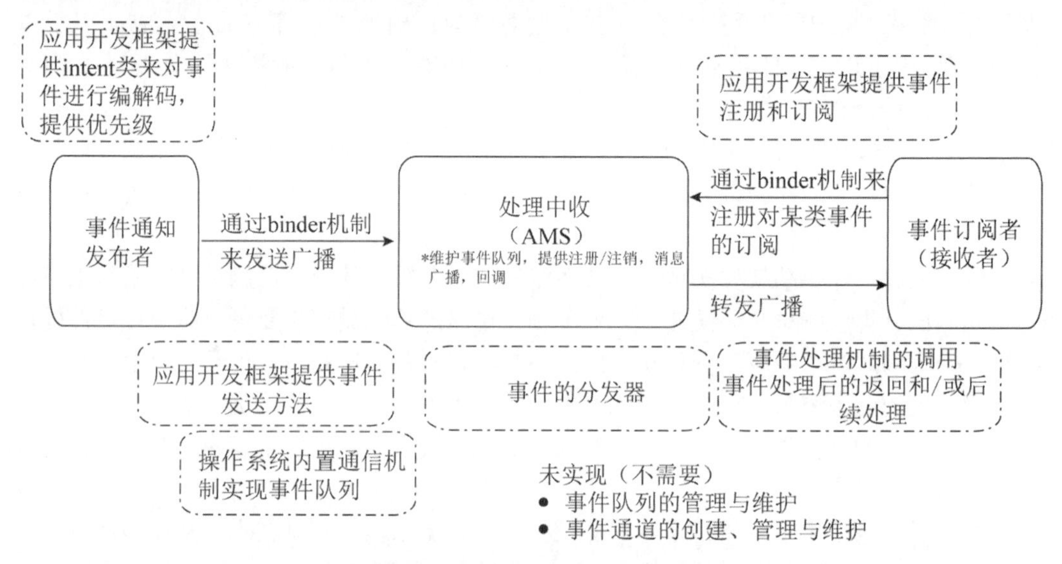


图 12-5 安卓系统的广播接收器与事件驱动架构组件的对应

这里，基本的映射是：

- 事件的编解码——由安卓编程框架提供的 intent 类提供。
- 事件发送方法——由安卓系统的编程框架提供。在安卓系统中，发送事件可通过创建 intent 实例，然后调用开发框架（sdk）的 sendBroadcast 方法来将 intent 发送出去。
- 事件接收——由安卓系统的编程框架（sdk）提供 BroadcastReceiver 类继承扩展而来。安卓的事件驱动实现，在接收到感兴趣的事件后将调用 BroadcastReceiver 的 onReceive 方法（回调函数）。而事件的处理则可以在 onReceive 方法中实现。

---

注：类继承、扩展、重载为面向对象编程的术语和技术。可参考 Java 的面向对象编程来理解这些内容。此处不再赘述。

---

- 事件队列——在安卓系统中由底层的操作系统提供的 binder 机制来实现。
- 事件分发器和处理机制——由 AMS（Activity Management Service）和编程框架（sdk）来实现。其中：
  - 事件的注册/注销——实际的注册和注销管理由 AMS 完成，而编程框架（sdk）则提供了函数供应用调用来完成注册/注销操作。实现方式是利用安卓应用的 AndroidManifest.xml 里通过<receive>标签声明（静态注册）或在代码中调用 Context.registerReceiver ()方法（动态注册）。
  - 事件与注册记录的匹配和过滤——完全由 AMS 实现。实现方式是根据静态注册和动态注册的 intent 过滤字符串来匹配到对相应 intent 感兴趣的 BroadcastReceiver。
  - 事件的广播和转发——完全由 AMS 实现。AMS 将匹配到的 intent 通过操作系统底层的进程间通信，发送到各个应用对应的进程。
  - 事件处理机制的调用方法——由 AMS 和编程框架共同实现。实现方式是当匹配到对某 intent 感兴趣的 BroadcastReceiver，则通过底层机制来调用该 BroadcastReciver 的 onReceive 方法。
  - 事件处理后的返回和/或后续处理——安卓广播接收器对于事件的处理，通过特殊的事件“有序广播”，来逐个地将事件按优先级顺序，由注册的 BroadcastReceiver 依次处理。当然也提供了中断处理链条等灵活的操作。

由于“广播接收器”为安卓系统内，应用层开发的框架部分，故此其省略了部分架构组件：

- 事件队列的管理与维护——由于安卓系统对应用层进程间通信采用了 binder 机制，由操作系统层面实现。故此不再需要安卓系统应用层自行实现事件队列的管理和维护。需要注意的，很多小规模的嵌入式系统，由于没有操作系统或采用非常简单的实时操作系统，则此类系统中实现的事件驱动架构需要自行管理和维护事件队列。
- 事件通道的创建、管理与维护——由于安卓 AMS 内部机制实现了广播的转发（同样也是通过 binder），故此不再需要特别的处理。当然必要的 binder 的创建和删除还是有的。

## 12.4.2 测试策略与质量特性

### 1. 广播接收器的测试策略

如 12.3 节所述，安卓系统中的这个“广播接收器”的测试策略由实现本身的单元测试和集成测试组成。而业务相关的测试就是利用“广播接收器”提供的各项功能来完成应用功能的应用测试。

广播接收器的单元测试的实现可以在安卓系统的源代码体系中找到。其测试范围包括 intent 类、应用开发框架、AMS 和 BroadcastReceiver 的单元测试。安卓系统为开源系统，故此单元测试并不强调代码的覆盖，而更多地偏重这些模块每个函数的功能测试。由于是开源系统，单元测试的功能测试部分由开发人员根据自己的时间和需要开展。设计测试用例时，可采用边界值、等价类等测试设计技术，重点在于验证复杂调用序列中类和方法的正确性、稳定性。

广播接收器的集成测试在开源的代码中没有明确的体现。其测试内容由事件的广播和处理相关的功能测试组成。如系统广播事件中网络变化、飞行模式、电量变化等事件的创建、订阅、事件处理类的创建和处理。

以上讨论了安卓内的事件驱动架构的实现之一——广播接收器的测试策略。针对宏观的测试层次划分，每个层次安排何种测试设计，每个层次如何执行测试进行了阐述。接下来，将从细节的测试设计角度来进一步讨论事件驱动架构系统各组件的测试用例设计和实施技术。

**2. 广播接收器的测试设计**

测试用例设计可以基于质量属性的观点，即从质量属性要求出发来设计测试用例，覆盖相应的质量属性中可能的具体要求。在事件驱动架构的具体实现中，对于安卓系统的广播接收器，从稳定性角度考虑，应具体设计以下方面的测试用例：

- 对 intent 类（对应到架构上的事件编解码组件）的单元测试，除了一般性功能覆盖以外，应设计：
  - ➢ 超长内容的 intent。这样的测试用例实际上能涵盖稳定性和性能相关的质量属性。
  - ➢ 有特殊编码内容的 intent，如汉字、日文等。
- 对应用开发框架的事件发送函数/方法（对应到架构上的事件发送组件），除了一般性功能的覆盖以外，应设计：
  - ➢ 超大 intent 内容。
  - ➢ 多线程同时调用事件发送。
  - ➢ 在事件消息拥塞时发送事件。如开发短时间大量发送事件的测试代码，测试事件发送失败的概率以及事件发送成功但未能被事件处理逻辑接收到的概率。这样的测试用例实际上能涵盖稳定性和性能相关的质量属性。
- 对于 binder 机制，在单元测试中进行容量和压力测试。压力测试也是集中发送大量、大数据内容的事件。由于 binder 本身是 Linux 操作系统层面的进程间通信的开源实现，通常认为其稳定性和性能足够好，不在事件驱动架构的范围内进行测试。
- 对 AMS（对应到事件的注册/注销管理，事件的优先级处理，以及事件的转发广播组件的具体实现）进行单元测试和集成测试，除了基本的功能覆盖以外，应进一步考虑：
  - ➢ 各种可能的注册/注销场景。事实上安卓的 AMS 实现对事件的注册/注销未做保护。即若出现未匹配的注册/注销情况，AMS 也不能识别这样的情况，并将导致资源泄漏。由于是开源系统中的应用层，故此在商业上，这样的问题是可接受的，即要求应用程序自行保证不出现注册事件后不注销的情况。安卓广播接收器的做法是在编程手册中写明必须按 Activity 的生存周期中，在 onResume()时进行注册、onPause()时进行注销。这是因为 onPause()在 App 进程退出或被杀死前一定会被执行，从而保证广播在 App 死亡前一定会被注销，从而防止内存泄漏。由此可见，随着风险的不同，类似的问题在不同风险的系统中不一定被作为系统的缺陷。AMS 这样的设计简化了其本身的逻辑，但在一定程度上增加了易用性实现难度。

➢ intent 的优先级设置对处理顺序的影响。在安卓的编程手册中对事件的优先级和其作用有明确的说明。在广播接收器相关的集成测试中有少量的测试用例覆盖了这部分内容。
➢ 在集成测试中对有序广播（Ordered Broadcast）进行功能的完备性测试，包括有序广播的依次处理机制隐含的缺陷。例如安卓软件系统一个著名的安全性漏洞：安卓的短信接收事件为有序广播，意味着对此事件有兴趣的模块将按注册的优先级顺序依次被通知。但安卓的有序广播调用的事件处理逻辑提供了完成处理后不继续调用下一个事件处理逻辑的返回值。这样恶意代码能将自己注册为最高优先级的短信事件处理者，在第一时间拦截到短信的接收事件，然后将后续的短信处理无效化。由于网银等应用经常使用短信作为安全认证的一部分，从而恶意代码能利用此漏洞在不为用户感知的前提下拦截安全认证短信窃取用户账号。

**3. 基于广播接收器的应用的测试**

基于事件驱动架构的应用软件，在架构组件的质量保障的基础上，对于业务逻辑的测试可以仅考虑业务逻辑的覆盖。但基于不同的实现逻辑，和对架构组件质量要求的支持程度，不同的实现有其特有的缺陷和短板。以安卓广播接收器为例，基于此框架开发的应用，除了业务逻辑的测试以外，还应该：

- 在单元和集成测试中设计场景来确保事件的注册/注销无泄漏。
- 通过静态评审、代码走读等方式来检查事件处理逻辑是否包含长时间的操作或复杂的计算逻辑。这是因为安卓广播接收器的整体逻辑都在界面线程中执行，包括对事件处理逻辑的调用。长时间的操作或耗时的计算将导致界面死锁（安卓系统将给出 ANR 错误提示）。

以上两点就是因为安卓的广播接收器在实现上做了一定的妥协，从而使得开发应用时需要注意保证技术要求。基于成本和对应的商业风险，任何事件驱动架构的具体实现都有自己的优势和短板。所以最后对于基于事件驱动架构开发的特定应用，还应安排系统测试，在系统层面上保证功能性和非功能性要求符合预期。

# 第 13 章　微内核架构软件测试

微内核架构（Microkernel Architecture）又称为“插件架构”（Plug-in Architecture），指的是软件的内核相对较小，主要功能和业务逻辑都通过插件实现。内核通常只包含系统运行的最小功能。插件相互独立，插件间尽量不通信，避免出现互相依赖的问题。本章主要是结合实例介绍微内核架构的软件测试技术。

## 13.1　微内核架构概述

### 13.1.1　微内核架构说明

微内核架构主要考虑两个方面：核心系统（Core System）和插件模块（Plug-in Modules）。应用逻辑被划分为独立的插件模块和核心系统，这样就提供良好的可扩展性、灵活性，应用的新特性和自定义处理逻辑也会被隔离。架构模式如图 13-1 所示。

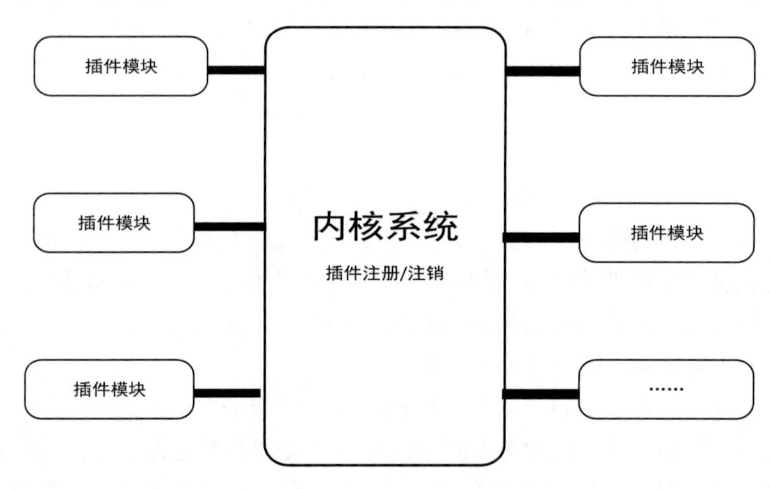


图 13-1　微内核架构

微内核架构的核心系统一般情况下只包含一个能够使系统运作起来的最小化模块。很多操作系统的实现就是使用微内核架构，这也是该架构名字的由来。从商业应用的角度看，核心系统通常是为特定的使用场景、规则或者复杂条件处理定义了通用的业务逻辑，而插件模块根据这些规则实现了具体的业务逻辑。

插件模块是一个包含专业处理、额外特性的独立组件，自定义代码意味着增加或者扩展核心系统以达到产生附加的业务逻辑的能力。插件模块可以通过多种方式连接到核心系统，包含 OSGi（开放服务网关协议）、消息机制、Web 服务或者直接点对点的绑定（比如对象实例化，即依赖注入）。选用的连接方式取决于设计的应用程序类型和特定需求。架构本身不指定任何一种实现方式，唯一的规定就是插件之间不要产生依赖。

微内核需要知道哪些插件模块是可用的以及如何获取到它们。一个通用的实现方法是通过插件注册表。这个插件注册表包含每个插件模块的基本信息，包括名称、数据规约和远程访问协议。

### 13.1.2　微内核架构特点

微内核架构的特点是模块高度独立，可移植。它把拓展功能从框架中剥离出来，降低了框架的复杂度，扩展功能与框架以一种松耦合的方式结合，两者在保持接口不变的情况下，可以独立部署和变更。

微内核模式的核心是：

- 基本服务封装到微内核。
- 插件模块负责整合某个特定领域的抽象，微内核负责通用的功能抽象。
- 应用程序、服务器通过基于“事件”的微内核通信，用来沟通各个不同的模块。

微内核架构设计有以下三个关键点：插件管理、插件连接和插件通信。

**1. 插件管理**

插件管理需要知道当前系统中共有多少个插件，哪些插件处于可用状态，何时加载一个插件，以及如何加载一个插件。

实现上述功能的一个常用机制是插件注册表：核心系统提供一个服务来响应插件的注册请求，最终将当前系统的所有插件信息（插件标识，类别，启动方式等）保存起来。存储方式可以选择配置文件存储或数据表存储等。

**2. 插件连接**

插件连接制定了一个插件与核心系统的通信方式，也就是连接规范，故任何一个可用插件都务必遵从核心系统中该类别插件所制定的连接规范。

**3. 插件通信**

插件模块的设计要实现低耦合，但一个业务请求往往需要几个插件模块共同协作来实现，这就需要插件之间实现相互通信。插件之间的通信需要通过核心系统作为桥梁，故核心系统除去注册表机制外，还需要提供类似操作系统总线之类的通信机制。

在一个系统中，如果架构目标需要着重考虑扩展性的话，微内核架构可以达到此要求。如果需要系统运行起来后，动态地加载和运行不同的模块，微内核将是最合适的架构。在许多需要运行时扩展的系统中，比如某些即时通信软件想要额外增加好友关系的功能，或者是希望同样的代码能够在不同的“平台”“环境”“操作系统”下运行，都会采用这种架构。微内核架构实现运行时耦合，就是把代码的直接耦合，变成运行时的动态调用，因此会使用事件机制、消息队列等手段，把代码的调用和具体的“数据”关联起来，从而避免了代码固化。

### 13.1.3 微内核架构优缺点

每种软件架构都有适用的范围，微内核架构同样也有优点和缺点。

微内核架构的优点：

- 整体灵活性高，能够快速响应不断变化的环境。通过插件模块的松散耦合实现，可以隔离变更，并且快速满足需求。通常，微内核架构的核心系统很快趋于稳定，这样系统就变得很健壮，随着时间的推移它也不会发生多大改变。
- 易于部署，因为功能之间是隔离的，插件可以独立的加载和卸载。根据微内核架构的实现方式，插件模块可以在运行时被动态添加到核心系统中（比如热部署），最大限度地减少部署期间的停机时间。
- 可定制性高，适应不同的开发需求。且可以采取渐进式的开发，逐步增加功能。
- 可测试性高，插件模块可以单独测试，能够非常简单地被核心系统模拟出来进行演示，或者在对核心系统很小影响甚至没有影响的情况下对一个特定的特性进行原型展示。
- 性能高。只加载需要的功能模块，移除那些消耗资源但没有使用的功能特性，比如远程访问，消息传递，消耗内存、CPU 的缓存，以及线程，从而减小应用服务器的资源消耗。

微内核架构的缺点：

- 通信效率低，插件通过内核实现间接通信，需要更多开销。
- 开发难度较高，微内核架构需要设计，因此实现起来比较复杂。
- 通信规约，丰富的插件通信连接方式。
- 版本控制复杂。

## 13.2 质量特性

### 13.2.1 功能性

以内核和插件的系统功能为主要测试对象，因为能否装载插件、插件能否成功运行是微内核架构软件或系统能够真正投入使用的前提。

功能性部分的测试点为微内核软件或系统安装与卸载插件、插件的具体功能使用测试。各个部分又分成若干个具体的测试项目，具体测试点概括如下：

- 加载与移除插件：主要测试微内核软件或系统是否可以成功安装和卸载插件；是否有打印有效的日志信息等。

- 插件的使用测试：内核成功加载插件，测试插件是否包含所需功能点，且功能是否都正常可用。

测试方法：采用黑盒测试方法，主要通过微内核软件或系统和插件提供的图形化界面对功能特性进行测试。要求被测微内核软件或系统具备插件管理功能，可以快捷安装和卸载插件。由于该部分测试为功能验证性测试，因此以手工测试为主。

### 13.2.2　信息安全性

首先对插件的安全性进行评估，查看是否含有病毒、上传用户数据、窃取用户隐私等。其次对其漏洞进行扫描分析，查看是否存在安全漏洞可被黑客调用。

### 13.2.3　可靠性

对集成插件后的应用进行测试，查看插件和整体应用的稳定性，是否会出现集成后崩溃、闪退、兼容性降低、效率变低等问题。应用要具有高稳定性，内核稳定性决定整个系统稳定性。

### 13.2.4　易用性

体现为易操作、易理解，有友好的向导，方便用户对已加载的插件进行管理或配置插件。

## 13.3　测试策略

在确定微内核架构的测试范围时，由需求文档确认本次需求的目标。

首先，进行单元测试，主要是对各个插件模块进行测试，保证插件功能可以正常使用。

其次，进行集成测试，在单元测试的基础上，将内核与插件模块按照设计要求组装成为子系统或系统进行测试，主要是测试内核与插件、插件与插件之间是否存在问题。

最后，进行系统测试，将经过集成测试的软件系统，作为计算机系统的一部分，与系统中其他部分结合起来，在实际运行环境下对软件系统进行一系列严格有效的测试，以求发现软件潜在的问题，保证系统的正常运行。当功能测试完成后，再考虑兼容性测试、性能测试。

## 13.4　测试案例一

### 13.4.1　案例介绍

目前很多应用软件都采用了“微内核+插件”的实现方式，例如常见的测试工具

BurpSuite、SonarQube、Jmeter、Google 浏览器等都支持插件方式。

微内核最好的示例就是 Eclipse IDE，Eclipse 的核心是“Platform Runtime”，是一个微内核，实现了启动平台以及动态发现和运行插件的运行时引擎。其他所有功能如 Workspace、Workbench 等都是以插件形式提供的。Workspace 负责工作区的资源管理，Workbench 负责界面的外观展示等。Platform Runtime 核心启动时会搜索查找被安装在磁盘上以插件形式存在的工具，匹配这些功能插件上的扩展点，构造全局的插件注册表，并缓存下次将用到的已注册的插件。所以，Eclipse 只提供了一个基于插件的协同开发环境，一旦开始添加插件，它就变成一个高度可定制化和非常有用的产品，除了内核外，其他每样东西都是作为插件来实现的，如图 13-2 所示。

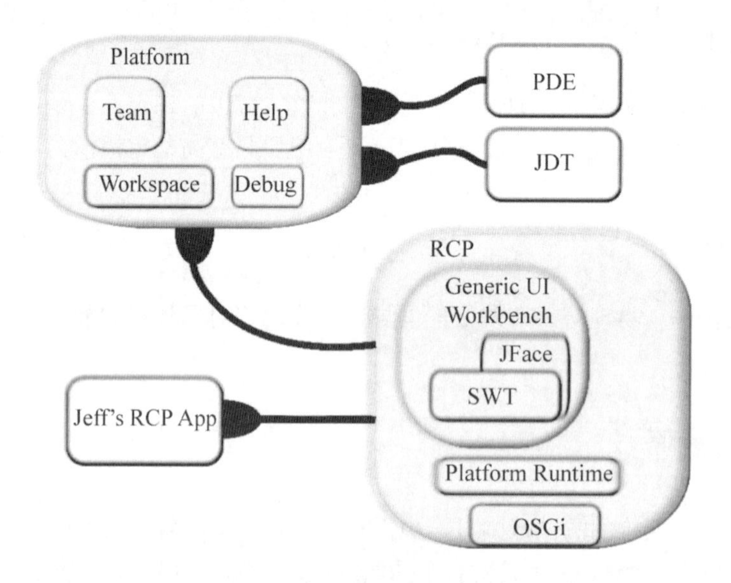


图 13-2　Eclipse 体系结构图

Eclipse 平台本身（Platform）只提供了基本的功能，如 Workspace（工作空间）、Debug（调试）等，其他的如 RCP（富客户端平台）、PDE（插件开发环境）和 JDT（Java 开发工具）是通过插件的方式进行提供。RCP 提供了一套插件体系规范，其中的 Platform Runtime 负责提供模型和扩展的注册，它启动时会搜索和查找安装的插件；OSGi（Open Service Gateway Initiative）是一套开放的标准规范，负责管理插件与插件之间的依赖关系；Generic UI Workbench 提供了两个 GUI 库，SWT 是一组独立于操作系统的低级工具箱，支持平台集成和可移植 API，为 Eclipse 提供界面开发支撑，JFace 构建在 SWT 之上，提供了一些 MVC 的类，使得开发图形应用程序更为简单。基于这个体系结构，除了能够扩展 Eclipse 丰富 IDE 功能，还能够基于 RCP 应用框架来构建更通用的应用。

此次通过一个简单的 Eclipse 插件（Favorites 插件）来测试 Eclipse 是如何进行插件的安装和卸载的。

### 13.4.2　测试过程

**1. 测试准备**

在测试之前，首先准备测试插件（favorites.jar），插件的开发过程在此处不做过多描述，可以自行了解“Eclipse 插件开发”相关内容。首先，插件有两个清单文件——META-INF/MANIFEST.MF 和 plugin.xml。META-INF/MANIFEST.MF 文件定义了插件的运行时相关内容，主要定义了插件名称（Bundle-Name）、版本（Bundle-Version）、标识符（Bundle-SymbolicName）、classpath 和所依赖的插件；plugin.xml 文件定义了插件的扩展内容（如：favorites 插件中使用的 org.eclipse.ui.view），主要定义插件扩展项（extension）。这两个文件定义了插件与平台、插件与插件之间的关系，是 Eclipse 加载插件过程中需要使用到的文件，也是在上述微内核架构概述小节中提到的插件规约，如图 13-3、图 13-4 所示。

```
Favorites
Manifest-Version: 1.0
Bundle-ManifestVersion: 2
Bundle-Name: Favorites
Bundle-SymbolicName: Favorites;singleton:=true
Bundle-Version: 1.0.0.qualifier
Bundle-Activator: favorites.Activator
Require-Bundle: org.eclipse.ui,
 org.eclipse.core.runtime
Bundle-RequiredExecutionEnvironment: JavaSE-1.8
Bundle-ActivationPolicy: lazy
```

图 13-3　META-INF/MANIFEST.MF 文件

```
Favorites
<?xml version="1.0" encoding="UTF-8"?>
<?eclipse version="3.4"?>
<plugin>

   <extension
         point="org.eclipse.ui.views">
      <category
            name="样本类别"
            id="Favorites">
      </category>
      <view
            name="样本视图"
            icon="icons/sample.gif"
            category="Favorites"
            class="favorites.views.SampleView"
            id="favorites.views.SampleView">
      </view>
   </extension>
   <extension
         point="org.eclipse.ui.perspectiveExtensions">
      <perspectiveExtension
            targetID="org.eclipse.jdt.ui.JavaPerspective">
         <view
               ratio="0.5"
               relative="org.eclipse.ui.views.ProblemView"
               relationship="right"
               id="favorites.views.SampleView">
         </view>
      </perspectiveExtension>
   </extension>
   <extension
         point="org.eclipse.help.contexts">
      <contexts
            file="contexts.xml">
      </contexts>
   </extension>

</plugin>
```

图 13-4　plugin.xml 文件

**2. 安装并运行插件产品**

为了安装 Favorites 插件，需执行以下步骤：

- 关闭 Eclipse。
- 将 favorites.jar 文件放在 Eclipse 安装目录的 plugins 目录中（如 D:/eclipse/plugins/favorites.jar）。
- 重新启动 Eclipse。

当 Eclipse 启动时，平台运行库（Platform Runtime）会扫描所有安装插件（plugins 和 features 目录中的插件）的 MANIFEST.MF 文件信息并在内存中构件插件注册器，最终生成的注册器可以通过 Eclipse 平台提供的 API 进行访问。插件中使用的扩展点（如：favorites 插件使用的 org.eclipse.ui.views）与其对应的扩展通过名字进行匹配。注册器信息缓存在硬盘上，Eclipse 在重新启动时会重新加载这些信息。虽然所有的插件在启动的时候被注入到注册器中，但是在实际代码使用前不会被激活，这种方式叫作懒激活。只有在需要的时候才加载插件关联的类将其调入内存，不需要时选择适当的时机清除出内存，这样能够使得添加额外组件带来的性能影响得到降低（例如：该插件的提供视图 org.eclipse.ui.views 扩展点的插件在选择新视图前不会被激活）。

Eclipse 启动后，从 Window（窗口）菜单选择 Show View （显示视图）→Other...（其他...），如图 13-5 所示。在打开的对话框中，展开 QualityEclipse 类别，然后选择 Favorites 视图，点击确定按钮。一旦用户选择了新的视图（Favorites 视图），实现这个扩展点的插件将会查询扩展注册器，如图 13-6 所示。提供扩展的插件会初始化功能提供者并加载插件。当在工作台进行了选择且工作台操作代理（Workbench action delegate）已被创建完成，实际的操作就会执行，视图就会出现在 Eclipse 平台编辑器中，如果视图成功出现，代表 Favorites 插件无问题且加载成功，如图 13-7 所示。

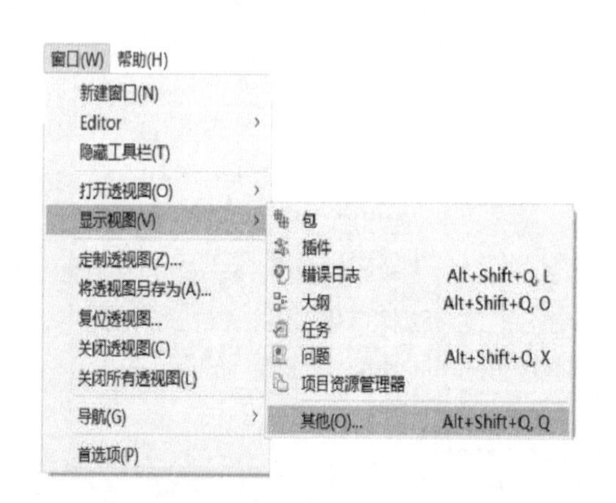

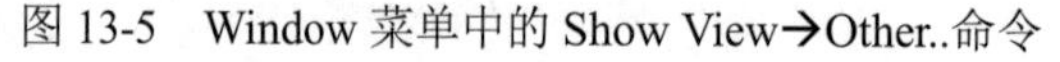
图 13-5 Window 菜单中的 Show View→Other..命令

图 13-6 显示视图对话框

图 13-7 收藏夹视图的最初样式

**3. 卸载插件**

可以通过以下步骤来从 Eclipse 删除 Favorites 插件：

- 关闭 Favorites 视图。
- 关闭 Eclipse。
- 在 Eclipse 安装目录的 plugins 目录中删除 favorites.jar 文件。
- 重启 Eclipse，再打开选择视图目录后 Favorites 视图消失。

**4. 测试点汇总**

前面讲解了以 Eclipse 内核+Favorites 插件的集成、使用、卸载的流程，在这个过程中，我们可以整出如下测试内容，如表 13-1 所示。

**表 13-1　测试内容**

| | |
|---|---|
| 功能正确性 | 1. 插件编码正确、插件配置参数正确，插件能否正常使用<br>2. 插件编码错误，对内核的影响<br>3. 插件配置参数错误，对内核的影响<br>4. 插件功能性验证<br>5. 插件卸载测试<br>6. 插件二次安装测试 |
| 信息安全性 | 1. 代码安全性审计<br>2. 查看是否含有病毒，上传用户数据，窃取用户隐私等 |
| 可靠性 | 对集成插件后的应用进行测试，查看插件和整体应用的稳定性，是否会出现集成后崩溃、闪退、兼容性降低、效率变低等问题 |
| 易用性 | 体现为有易操作、易理解的 UI 界面，有友好的向导，方便用户对已加载的插件进行管理或配置插件 |

# 13.5　测试案例二

## 13.5.1　案例介绍

微内核架构范式的应用十分普遍，本节中，将选择一个开源软件系统为例来系统性地说明应用微内核架构的软件系统通常的测试策略、设计和执行要点。选择开源软件可以方便读者获取源代码和相关的资料。对于测试策略，将结合案例中实际的系统进行简要的风险分析和风险对应措施的设计。对于测试设计，将基于案例的功能、设计和代码，围绕各项可能的质量特性要求来举例代表性的测试策略。对应于测试执行，将结合软件系统的实际运行环境，设计测试执行的方案。

本案例选择 Linux 系统中蓝牙子系统的一个实现 BlueZ 为例。选择该子系统的原因是首先其在蓝牙 Profile 部分采用了插件架构（即微内核架构）；其次是其应用广泛，在 Linux 的各种发行版本中都有应用，并且在不断的扩展和演化中。目前最新版本的 BlueZ

是版本 5。本案例说明中引用的代码为 5.54 版。限于篇幅，在案例中，将避免直接提供大量的源码，读者可自行搜索下载相关源码来获取更充分的背景知识。另外，读者应适当了解一下蓝牙协议和应用场景来帮助理解本实例所述的软件测试的相应实践。

BlueZ 由主机控制接口（Host Controller Interface，HCI）层、蓝牙协议核心、逻辑链路控制和适配协议（Logical Link Control and Adaptation Protocol，L2CAP）、SCO 音频层、其他蓝牙服务、用户空间后台进程以及配置工具组成，如图 13-8 所示。

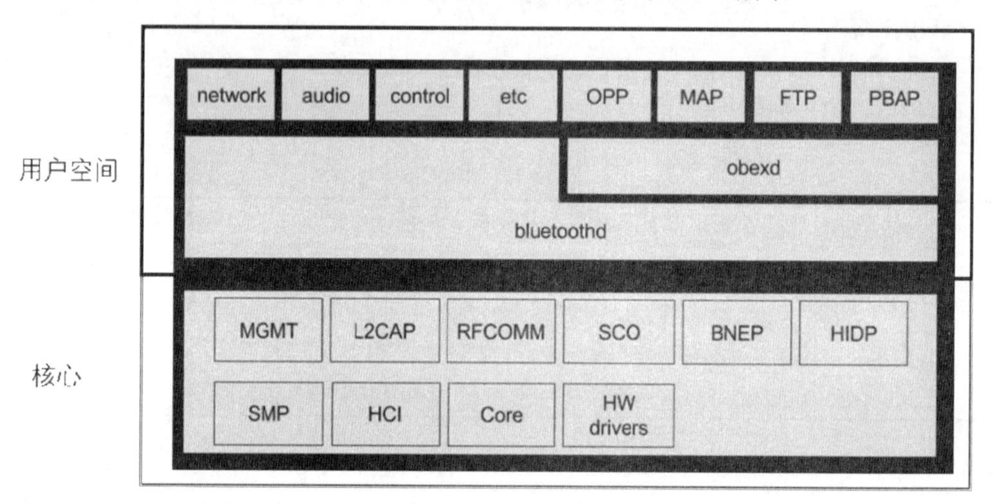


图 13-8　BlueZ 基本架构

BlueZ 的主要模块组成：①蓝牙内核核心子系统；②L2CAP 和 SCO 音频内核层；③RFCOMM，BNEP，CMTP 和 HIDP 的内核实现；④HCI UART，USB，PCMCIA 以及虚拟设备的驱动程序；⑤通用的蓝牙和 SDP 库以及守护进程；⑥配置和测试程序；⑦协议解码和分析工具。其中用户层的各项协议作为蓝牙的 Profile 在 BlueZ 子系统中作为插件来实现。

BlueZ 支持的蓝牙协议有：①底层主机协议栈；②上层协议，包括 A2DP 1.3，AVRCP 1.5，DI 1.3，HDP 1.0，HID 1.0，PAN 1.0，SPP 1.1，PXP 1.0，HTP 1.0，HoG 1.0，TIP 1.0，CSCP 1.0，FTP 1.1，OPP 1.1，PBAP 1.1，MAP 1.0，HFP 1.6（AG&HF）。

BlueZ 还支持多种处理器：①英特尔和 AMD x86；②AMD64 和 EM64T（x86-64）；③SUN SPARC 32 / 64bit；④PowerPC 32 / 64bit；⑤英特尔 StrongARM 和 XScale；⑥日立/瑞萨 SH 处理器；⑦摩托罗拉 DragonBall。

BlueZ 可以在许多 Linux 发行版中找到：①Debian GNU / Linux；②Ubuntu Linux；③Fedora Core / Red Hat Linux；④OpenSuSE / SuSE Linux；⑤Mandrake Linux；⑥Gentoo Linux；⑦Chrome 操作系统。甚至在嵌入式系统如安卓、Arduino 中都能找到该子系统的移植版本。

## 13.5.2　案例测试策略

根据前文介绍的 BlueZ 的功能、架构以及各项兼容性、移植性要求，考虑在一个嵌入式系统中采用 BlueZ 模块后的产品级测试策略。 需要特别强调的是，测试策略的制定逻辑思路是风险分析到采用各种测试技术和手段来设计风险缓解策略，然后估计各项风险缓解策略的成本、工期等要素，综合平衡后得到一系列的决策形成测试策略。整个过程中涉及的要素、变量千变万化，在不同的组织，不同的产品，不同的阶段都有变化。案例中为方便理解和简化说明，采用了数值估计的方法。在真实的项目中，可参考采用类似的方法，也可采用其他的方法来进行估计、预测和计划。需要牢记的是，测试策略制定的关键在于前述的基本思路，而形成决策需要进行充分的思考、沟通和权衡。这也是测试策略最难的地方，其难度类似 MBA 课程中的各项战略决策过程。

测试策略的制定依赖于产品的风险情况，案例中将结合风险分析逐步说明产品的风险情况，如图 13-9 所示。

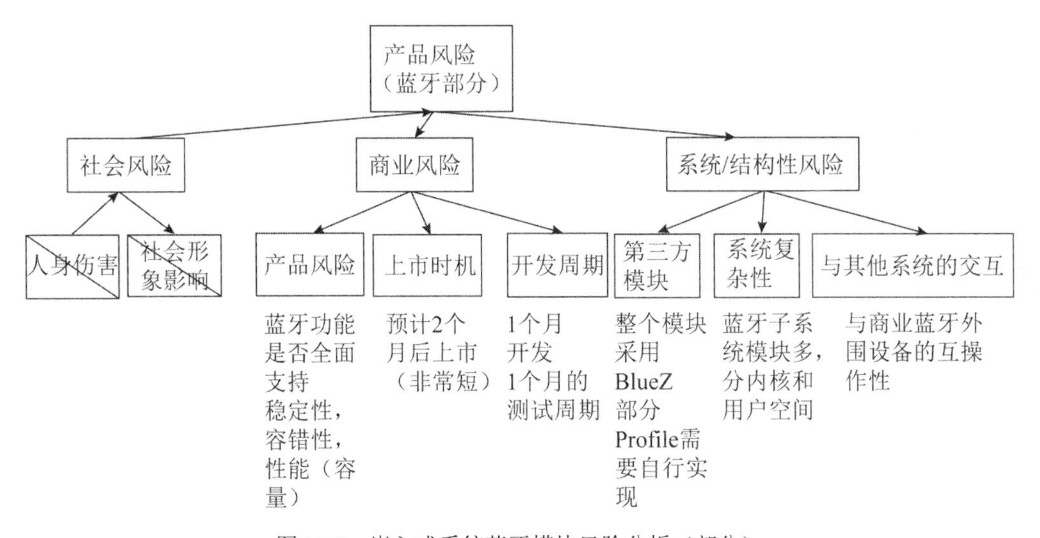


图 13-9　嵌入式系统蓝牙模块风险分析（部分）

为简化案例说明，这里将风险分析分为风险的内容、发生的可能性和发生后造成的影响 3 个要素。用公式描述为：风险大小=风险发生的概率×风险发生的影响。其中风险发生的影响可以用经济价值来衡量。

社会风险分析：由于是消费电子类产品，故此造成人身伤害等方面的风险可能性极低，即发生的可能性接近为零，故此在测试策略中不考虑。同样，由于是新产品中的一个次要功能，对品牌形象不会有影响，即造成的影响（损失）接近为零。

商业风险分析：蓝牙的功能与产品规约和说明书如果不一致有大量退货的风险，其发生的可能性在开发前按 10%来估计，测试执行后根据测试通过率来估计；其造成的商业损失大约是 800 元人民币每台，预计出货量在 10 万台，故可能的商业损失为 8 千万元（这里已经适当简化）。同样，稳定性、容错性也有造成退货的风险，其发生可能性与功能风险相当。由于采用成熟的蓝牙芯片故此性能（容量）方面出现问题的可能性较低，可以预估为 5%，其造成的影响可能是 1%的退货，即 1000 台，折合价值为 80 万元。产品上市时机如果晚 1 周的话可能造成 10%的产品积压，即商业损失为 8 百万。开发周期延长的概率在历史上为 30%，额外成本为 10 万元，故此风险的大小为 3 万元。

系统结构性风险分析：采用第三方模块 BlueZ，并且部分 Profile 模块自行开发。其模块的复杂性非常高，带来产品开发延迟的风险。与第三方外围设备交互带来的完全不兼容的风险可能性大约为 0.1%，兼容性不佳出现不稳定、掉线等情况的可能性为 1%。同样兼容性问题可能导致的退货概率为 1%，所以兼容性不佳带来的商业风险为：800 元×100 000×0.1%×1%+800 元×100 000×1%×1%=8800 元。

对以上描述进行汇总整理，可以得到以下风险分析表，如表 13-2 所示。

**表 13-2　BlueZ 产品测试风险优先级分析表**

| 风险 | | | 发生概率 | 影响（万人民币） | 风险大小（优先级）（万人民币） |
|---|---|---|---|---|---|
| 社会风险 | 人身伤害 | | 0 | n/a | 0 |
| | 品牌影响 | | n/a | ～0 | 0 |
| 商业风险 | 功能 | 完备，正确 | 10% | 8000 | 800 |
| | 稳定性/容错性 | | 20% | 8000 | 1600 |
| | 性能（容量） | | 1% | 8000 | 80 |
| | 信息安全 | | 50% | 100 | 50 |
| | 上市晚一周以上 | | 50% | 800 | 400 |
| | 开发周期延长一个月 | | 30% | 10 | 3 |
| 结构性风险 | 第三方模块和复杂度 | | 50% | 800 | 400 |
| | 兼容性风险 | | 0.1%<br>1% | 8000<br>8000 | 0.88 |

---

注意：以上风险概率、影响（损失）金额均为假设。不影响对测试策略逻辑的说明。

---

由此风险分析，可以得到在应对各项风险时应投入的资源百分比，如表 13-3 所示。此分析逻辑仅作参考，不同项目不一定能按此方式直接进行计算。

表 13-3　BlueZ 产品测试风险与资源投入分析表

| 风险 | | | 风险大小（优先级）（万人民币） | 测试资源投入比例 |
| --- | --- | --- | --- | --- |
| 社会风险 | 人身伤害 | | 0 | 比例为 0，折合投入为 0 |
| | 品牌影响 | | 0 | 比例为 0，折合投入为 0 |
| 商业风险 | 功能 | 800 | 8000 | 比例为 24%，折合投入为 24% |
| | 稳定性/容错性 | | 1600 | 比例为 48%，折合投入为 48% |
| | 性能（容量） | | 80 | 比例为 2.4%，折合投入为 2.4% |
| | 信息安全 | | 50 | 比例为 1.5%，折合投入为 1.5% |
| | 上市晚一周以上 | | 400 | 比例为 12%，折合投入为 12% |
| | 开发周期延长一个月 | | 3 | 太小了忽略不计 |
| 结构性风险 | 第三方模块和复杂度 | | 400 | 比例为 12%，折合投入为 12% |
| | 兼容性风险 | | 0.88 | 太小了忽略不计 |

通过以上分析，初步得出了大致的资源投入的参考比例。特别需要注意的是，由于是计划阶段，各项因素都有不确定性，故此这里投入的比例仅作为决策的参考，不推荐拘泥于计算的绝对值。

在上述分析中，风险的缓解措施在软件测试体系中通常有多个维度的解决办法，测试策略是综合考虑产品的风险、团队的能力、采用的工具、测试环境等多种因素在各个维度内选择合适的方案组合形成。

案例中风险缓解措施首先考虑的是测试级别。对于上述分析中的结构性风险和产品上市延期的风险，从软件测试理论出发，可以选择安排单元测试、集成测试和系统测试这 3 个测试层面来分别测试被测试对象不同粒度的模块。并且单元测试和集成测试可以提前在开发过程中进行，故此能将测试开始的时机提前，从而缓解产品上市延迟的风险。

同时这样的安排也符合微内核架构软件的特点，对于核心部分和插件部分分别安排单元测试。同时由于核心部分为开源模块，久经考验风险较小。自行开发的插件部分风险较大，故此着重对插件部分安排单元测试能在成本和收益之间取得较佳的平衡。又由于微内核架构的特点，插件与内核之间需要交互来完成实际的功能，故此围绕功能性、稳定性、性能等质量特性的集成测试也应该适当多安排一些来确保插件与核心或其他模块的交互设计是正确的。最后，在单元测试和集成测试的基础上，应在系统级别对整个蓝牙子系统进行完整的系统测试来确保功能、性能、稳定性等全面达到期望的质量目标。

对于本产品应用 BlueZ 模块的测试级别划分，定义如下：

- 单元测试，对有过代码修改和新开发的模块进行。单元的粒度为架构图中的模块内的方法、过程或函数。单元测试由开发人员负责设计和执行。单元测试应达到对有修改的代码行和分支百分之百的覆盖；对模块的功能达到百分百的覆盖；单元测试用例与代码比例至少为 2.3 个/百行代码。
- 集成测试，对自行实现的 Profile 进行。测试包含蓝牙硬件和整个软件栈，应覆盖所有新功能，应对蓝牙基本功能有覆盖，应着重覆盖功能性、稳定性和容错性，可少量对典型功能流程安排性能和容量测试用例。由集成测试组根据新开发的 Profile 的软件设计开发测试用例。依据软件设计描述中 Profile 模块与 BlueZ 原有核心的交互过程设计开发测试用例；依据 BlueZ 对插件模块的加载、调用和通信过程设计开发测试用例。集成测试应百分百覆盖基础功能和自行开发的 Profile。其中对原有功能，测试用例对功能点可以为一比一；对新功能，则应依据功能的复杂度安排测试用例。测试执行通过调试工具和蓝牙诊断工具进行。

- 系统测试，对涉及自行实现的 Profile 功能进行系统测试。测试依据蓝牙协议和用户场景设计测试用例。系统测试还将覆盖兼容性测试和功能稳定性测试。

经过平衡考虑，各项风险与测试阶段之间的对应安排如表 13-4 所示。

**表 13-4　BlueZ 产品测试风险与测试阶段安排表**

| 风险 | | | 测试级别 | | |
|---|---|---|---|---|---|
| | | | 单元测试 | 集成测试 | 系统测试 |
| 社会风险 | 人身伤害 | | | | |
| | 品牌影响 | | | | |
| 商业风险 | 功能 | 完备，正确 | ○ | ○ | ○ |
| | 稳定性/容错性 | | ○ | ○ | ○ |
| | 性能（容量） | | ○ | ○ | |
| | 信息安全 | | | ○ | ○ |
| | 上市晚一周以上 | | ○ | ○ | |
| | 开发周期延长一个月 | | ○ | ○ | |
| 结构性风险 | 第三方模块和复杂度 | | ○ | | |
| | 兼容性风险 | | | | ○ |

上表中的○符号，表示该风险应在相应的列对应的测试级别中进行涵盖。这样的安排背后依赖额外的技术信息：

- 单元测试，前文已经分析过，应覆盖功能。而代码行和分支的覆盖则是稳定性和容错性的基础。对于性能，通常应在单元代码级别对关键处理过程的处理时间和资源消耗进行测试覆盖。而对于延期风险，则尽早安排单元测试的开展来应对。对于第三方模块和复杂度，通过覆盖修改过的代码进行覆盖。由于信息安全和兼容性风险在蓝牙技术领域均主要为系统级别的场景处理，而单元测试不擅长发现此类问题，故此不做安排。
- 集成测试，除了前述分析中要求以外，还安排了信息安全相关的对应，是因为其能在最早期覆盖功能级别的场景，符合尽早测试的要求来缓解产品上市的延期风险。
- 系统测试，同样对应前述的风险安排对应的测试。

再次提醒注意的是，这里的决策安排基于该产品特点、企业特点、开发团队特点和测试团队的特点来制定，不应将这里的各项决策教条化处理。

在划分测试级别之后，通过安排合适的测试设计技术来设计测试用例从而缓解风险。（限于篇幅，这里仅列出部分测试技术。）

- 单元测试：对模块/函数提供的功能，可根据功能的特点采用等价类、边界值、状态转移、判定表、分类树的方法设计测试用例来覆盖各项风险和质量特性要求。由于参数数量多，不推荐采用组合方法。在测试执行时应对测试用例覆盖的代码和分支进行度量（采用 gcov 工具）。根据度量报告，对于未达到百分百覆盖的代码行和分支，采用行覆盖和分支覆盖的方法设计测试用例来补足覆盖。
- 集成测试：根据插件设计的接口和其与核心模块、其他插件的交互逻辑，采用等价类、边界值、场景测试的方法来设计测试用例。应特别注意设计测试用例来涵盖新建插件的搜索、加载、删除、升级的场景。每个新增功能点和交互，测试用例数量应不小于 15 个，不多于 80 个。修改和影响功能点和交互，测试用例数量应不少于 5 个，不多于 50 个。
- 系统测试：根据 Profile 对应功能，采用等价类、边界值、场景测试、判定表、分类树和组合测试的方法来设计测试用例。每个新 Profile 和功能点，测试用例数量不少于 30 个，不多于 100 个；受代码变更影响的功能点，测试用例数量不少于 10 个，不多于 30 个；未受代码变更影响的功能点，应重用已有测试用例，在已有测试用例中选取 3～5 个覆盖基本功能、性能和稳定性。

最后根据代码和开发测试团队的技术水平决定测试执行的技术、方法、工具：

- 单元测试：测试驱动基于 google test 框架开发，测试桩基于 gmock 工具开发，测试覆盖通过 gcov 和 gcc 编译来实现。在技术许可和不改变测试目的和调节的情况下允许采用 gdb 来改变参数值和代码执行分支来提高效率，但应保留 gdb 脚本供回归使用。单元测试在早期阶段在模拟器中进行。开发后期当开发板就位后，应在开发板上进行至少一轮完整的回归测试。
- 集成测试：采用 google test 编写对蓝牙子系统接口调用代码的方式来实现测试驱动。所有模块均编译和动态加载。在真实的开发板上执行。采购蓝牙键盘、鼠标、耳机等对应 Profile 的外围设备来完成测试场景。
- 系统测试：测试代码可采用 google test 框架编写。当测试调节可从界面操作上触发时，应采用界面操作的方式进行。外部连接的设备，采用真实的外设进行操作执行测试。
- 自动化测试方案：单元测试本身已经是全自动化的。对于集成测试和系统测试，可采用组织内已经开发的蓝牙模拟设备（硬件），通过 Python 脚本集成到测试用例中。

### 13.5.3 案例测试设计和执行

限于篇幅，案例说明中截取了部分代码和测试用例，如图 13-10、图 13-11、图 13-12 所示。单元测试的测试用例，以下面函数为例。

```
static struct btd_profile deviceinfo_profile = {
    .name          = "deviceinfo",
    .remote_uuid     = DEVICE_INFORMATION_UUID,
    .external    = true,
    .device_probe    = deviceinfo_probe,
    .device_remove   = deviceinfo_remove,
    .accept       = deviceinfo_accept,
    .disconnect = deviceinfo_disconnect,
};

static int deviceinfo_init(void)
{
    return btd_profile_register(&deviceinfo_profile);
}
```

图 13-10 device info 模块初始化数据和函数

```
static int deviceinfo_accept(struct btd_service *service)
{
    struct btd_device *device = btd_service_get_device(service);
    struct gatt_db *db = btd_device_get_gatt_db(device);
    char addr[18];
    bt_uuid_t deviceinfo_uuid;

    ba2str(device_get_address(device), addr);
    DBG("deviceinfo profile accept (%s)", addr);

    /* Handle the device info service */
    bt_string_to_uuid(&deviceinfo_uuid, DEVICE_INFORMATION_UUID);
    gatt_db_foreach_service(db, &deviceinfo_uuid,
                    foreach_deviceinfo_service, device);

    btd_service_connecting_complete(service, 0);

    return 0;
}
```

图 13-11 device info 模块 accept 函数

```
static int deviceinfo_disconnect(struct btd_service *service)
{
    btd_service_disconnecting_complete(service, 0);

    return 0;
}
```

图 13-12 device info 模块 disconnect 函数

可在蓝牙子模块的代码中找到代码，bluez-5.54\profiles\deviceinfo\deviceinfo.c。该插件模块获取外部连接设备的信息。关键函数为 deviceinfo_accept 和 deviceinfo_disconnect。

对于这两个函数，首先从功能角度，设计测试用例来涵盖：

- 枚举各项兼容的设备（btd_service）。这里基于等价类的思想，但由于应覆盖所有合法的设备类型，故此应进行枚举。由于相应的数据结构比较庞大复杂，故此应设计若干实例，避免列举各种组合造成测试用例爆炸。

- 该函数比较简单，故无性能测试用例。
- 该函数无分支，故一个对兼容设备枚举完毕已经达到百分之百的代码行覆盖。

测试代码为用 google test 编写的 C 语言代码。首先初始化蓝牙模块，然后构造输入参数和桩数据，最后调用连接函数来触发该插件被调用。

集成测试中，无法单独测试 deviceinfo 模块，故此通过调用蓝牙的高层接口来编写测试用例。对于稳定性测试，通过编写代码将 device 数据结构改写为非法内容，模拟异常设备或设备的异常连接中断，测试代码行为为触发断开连接。在连接恢复后，不再修改数据，连接能成功。该行为符合容错性要求。

集成测试容错性案例二为，在以上代码基础上，进行多次异常、恢复的循环，每次都能正确恢复。

集成测试的性能案例为连接一个 A2DP 外围设备，通过代码执行分析工具度量其连接耗费的时间，其期待结果为 100 毫秒内。

集成测试的信息安全案例为对外接设备进行双向的认证，认证应能正常通过。反向案例为，双向认证时，对方提供错误的 pin 码，模块应发起链接中断，并回调报错的回调函数。

系统测试的案例为通过界面操作，调用第三方应用来进行蓝牙连接、音乐播放、文件传输等用户场景。

### 13.5.4　案例总结

本案例着重阐述了基于微内核架构的软件测试及其测试策略的制定过程。蓝牙模块的测试按测试策略的要求，设计和实施了单元、集成和系统测试。由于在开发早期测试即介入，故此在开发和适配过程中，单元测试已经完成，并且确保了单个插件的功能完备。在集成测试阶段早期（开发阶段晚期），曾遇到插件模块加载失败的缺陷。由于仍在开发阶段，当此失效发生后，所有新开发的插件都进行了修复。由此保障了后续集成测试和系统测试的顺利进行。最终，所有测试均正常通过，并且比预计的开发周期提前了半个月。

# 第 14 章　分布式架构软件测试

分布式架构是分布式计算技术的应用范式，各个部分独立运行，通过接口完成数据交换。本章主要结合实例介绍分布式架构的测试技术。

## 14.1　架构概述

### 14.1.1　基本概念

分布式架构系统已经广泛地应用在国民生活的各个方面。打开手机，各种日常使用的网络搜索、电商网站、各种订票系统、旅游酒店预订系统等等，背后都是由各种分布式架构的软件系统提供着服务。

在经典书籍《分布式系统原理与范型》中给出了分布式架构系统的定义："分布式架构系统是若干独立计算机的集合，这些计算机对于使用者来说就像是单个计算机系统。"

上述概念比较抽象，可从两个方面来分别说明。首先分布式架构中的"分布"是相对"集中"而言的。最早的计算机系统是在一块微处理器上运行（包括其连接的外围设备）。随着计算机应用范围的不断扩大，软件系统的复杂度随着需要变得越来越高。有些系统必须包含多个微控制器并且这些微控制器上运行的软件需要交互来正确地实现系统的功能。这样的系统，是由分布在各个微处理器上运行的软件合起来构成的。此类系统最常见的例子就是汽车的电子系统。汽车中控制行驶的有引擎控制系统、变速箱控制、方向控制、巡航控制等子系统。有的简单，有的复杂。这些子系统，每个系统都至少有一块微处理器（汽车行业称为 ECU）。而这些微处理器通过总线互联，并互相交流，完成控制车辆行驶的系统功能。此外，汽车还有娱乐系统、车身电子系统来提供其他的系统功能。以上例子体现了分布式架构系统的一大特征：系统的组成部分在不同的独立硬件（微处理器）上运行（而非在同一硬件上运行）。即每个部分都在独立的计算机上运行。

在汽车行驶控制的例子里，想象一下，汽车的驾驶员意识不到车辆行驶控制系统内的各个子系统。从用户角度，感觉到的是完整的一台汽车的控制系统，用户感知不到背后这么多不同的微处理器在协同工作。即作为用户，其分布式架构系统给他的感觉是该系统是一个单个的系统。

再举一个常见的分布式架构系统的例子，日常使用的电商网站或通过手机应用访问的电商服务，其背后是由成千上万台独立的服务器（计算机）组成的集群。由这些计算机上运行的各种服务来为用户提供网上浏览和购物的完整服务和体验。同样，对于使用者，其感知到的是一个网站，是一个电商系统。用户不会意识到或感知到他的某个动作在服务器 A 上得到了响应，另外一个动作的响应是服务器 B 提供的。即在用户面前，整个分布式架构系统呈现为单个的计算机系统。

由此可见分布式架构系统本质上有两大特点：

- 系统内部由多个独立的计算机组成；
- 系统外部呈现为单个的系统。

随着计算机软件的复杂度提高，分布式架构逐步成熟。这里的复杂度包含空间复杂度和逻辑复杂度。对于空间复杂度，其指业务功能的实现依赖于在空间（甚至是地理）上分布的不同计算机来合作完成。如前例中的汽车控制系统，转向控制和引擎控制、变速箱控制，分别位于汽车的不同位置。再如，多媒体的广播、视频流服务，为了减少服务的延迟，往往要求“就近”为用户提供服务。即视频流可能来自用户当地的流媒体服务器，而视频网站的主服务器可能位于地理上相距上千公里之外。此类空间复杂度强制要求将提供系统功能的服务拆分为多个部分，从而能“就近”提供处理。而逻辑复杂度则是随着系统功能的增加，单个的应用架构越来越复杂，难以支撑业务发展。因此业务拆分成了不可避免的事情，由此演变为垂直的应用架构体系（比如 SOA）。但随着垂直应用的增多，为了解决信息孤岛和业务交互需要，应用间的集成不可避免。在集成过程中，核心和基础组建被抽取出来作为单独的系统对外提供服务，形成平台层，并逐渐演变为分布式系统架构体系。

除了应对复杂度变高的问题以外，用户数量的增长也是促进分布式架构演进的主要动力之一。一台计算机无论其硬件配置多高，CPU 处理速度有多快，其能支持的并发用户数量总是有限的。据业内估计，现代高配置的服务器，可能支持的并发用户数量可以达到几千。但对于很多大规模互联网服务，其用户规模上亿，并发用户上千万，很显然这样的服务不是单台计算资源能支持的。为了突破这样的资源依赖，通过大量计算机协同工作来支持巨量并发用户成为了唯一的选择。此外，多台计算机运行服务来提供系统功能还能减轻或避免单点故障导致系统不可用的风险。因此分布式架构系统自然对容错性有了较强的支持。

分布式架构的软件系统由于其为解决大容量、大并发、大数据、大计算等应用场景而研发，故此其应用非常广泛，跨度从互联网系统到云计算，从并行计算到大数据和人工智能，这些不同领域的系统常常以分布式架构作为系统的核心或基础架构。为解决特定领域的问题，往往在分布式架构的理论基础上做了深入的适配和调整。比如对于电商、网络游戏这样的支持与用户大量交互的分布式系统，其在实现上采用成熟的开源架构组件（如 Spring Cloud 系列）来具体解决和增强对交互业务逻辑和数据的支持。本书的重点在于各项软件测试和质量保障技术在分布式架构的通用问题上如何保障系统质量，故本书将集中于分布式架构软件系统的基础性问题。对于具体架构组件实现、编程语言相关和具体业务领域的技术风险和测试要点，不做过多讨论。

### 14.1.2 架构组件

仅仅把一个系统的各个模块或子系统设计、实现和部署在不同的物理计算机上还不是真正能稳定高效运转的分布式系统。真正的分布式软件架构为了更好地支持软件模块部署在不同的物理计算机上运行，且能很好地互相协作，对外体现得像一台单独的计算机系统一样，其必须提供一系列的架构组件。这些架构组件将分布式系统中都会遇到的各种问题抽象出来，专门解决。在这些组件的基础上，配合组件的要求，可以利用分布式架构组件来编写业务逻辑从而实现分布式架构的软件系统。

面向不同业务领域的分布式架构可能有不同的组件，但大多数情况下将至少包含以下组件：

- 分布式业务框架。为业务开发实现业务逻辑提供框架。比如互联网业务中最常见的 Spring Boot。
- 分布式缓存和管理组件。为大并发和数据存取提供可高速访问的数据，并确保业务数据的一致性。
- 分布式消息组件。为分布式架构系统中位于不同物理计算机上的软件模块/子系统提供互相通信和/或调用的方法。通常通过远程调用（RPC）来实现。此类组件往往还担负着使不同编程语言实现的进程能够像调用本地函数那样互相调用的责任，并且根据系统的需要在实时性和吞吐量之间做出合适的平衡。
- 分布式数据库。提供大规模数据（大数据）的读写、管理、查找等能力。应对海量数据时，单台计算机的存储容量显然无法满足，故此需要使得数据库的存储、管理等能力能够跨越物理计算机的边界。
- 分布式文件系统。类似于分布式数据库，分布式文件系统能够跨越物理计算机的边界将位于多台物理计算机的文件系统统一映射为一个完整一致的文件系统。业务逻辑可方便地使用该文件系统而不需要关心文件具体存储在哪台物理计算机上，有多个冗余备份。

以上这些组件为构建分布式架构的软件系统提供了开发实现的基础。对于复杂的分布式软件系统（通常都是复杂的），除了架构实现的基础以外，还需要能够对系统中运行的各个模块/子系统进行管理和协调（或称为“治理”）。这些“治理”功能也是分布式架构系统的部分，但随着业务应用的不同，不是每个治理组件在任何架构实现中都是必需的。下面列举了最常见的应用于互联网业务系统的治理组件：

- 服务的管理和监控（或子系统的管理和监控）。感知服务的运行状态，各物理计算机、网络的运行状态。必要时自动地申请/分配（或释放）物理资源。比如当出现高负载时，自动申请和部署更多的云服务器来支持用户规模的弹性伸缩。同时向运维人员提供对整个系统进行监控和管理的手段。
- 服务的注册和发现。当分布式系统中模块或子系统正常启动后，其通过向服务注册组件注册登记自己来允许其客户端程序访问其接口。比如互联网业务系统中 Spring Cloud Eureka 服务。

- 负载均衡。当服务方存在多个实例时，服务调用通过负载均衡模块分发到不同的服务实例上，从而均衡各个服务节点的负载，从而提供更高的系统容量。比如 Spring Cloud 套件中的 Ribbon。
- 服务容错。大规模分布式系统中个别服务出现异常的概率是非常高的，甚至是必然的。所以通过“断路器”（或称为“熔断器”）这样的保护机制，保证服务的调用者在调用出现异常的服务时也能及时地返回异常的结果，而不必长时间进行同步等待。比如 Spring Cloud 套件中的 Netflix Hystrix。
- 服务网关。也有某些实现中被称为 API 网关。其提供对服务的唯一调用入口。从而可以在这个入口实现调用者鉴权、计费、动态路由、灰度发布等等功能。比如 Spring Cloud 套件中的 Netflix Zuul。
- 分布式配置中心。统一存储和管理系统中各种服务的配置信息。大型分布式架构系统中，服务的数量可能上万，每个服务实例的配置信息都有可能有所不同。引入灰度发布等能力后，服务实例甚至会出现不同的版本。人工管理这么多的配置非常容易出错和耗时。所以在分布式架构实现中，这样的组件也是必备。比如 Spring Cloud Config。
- 容器。容器技术并非为分布式架构系统而生，但其在分布式架构系统中广泛应用。其为服务的运行提供了一致和易管理的运行时环境，从而简化每个服务的部署和实例化。著名的容器例子如 Docker。
- 系统安全控制（信息安全）。当分布式架构系统的业务场景有较高信息安全要求时，通过这样的系统组件对系统的信息安全提供整体全局的管控。比如 Spring Cloud Security。

图 14-1 为互联网业务系统实现中常见的分布式架构的一种具体实现。

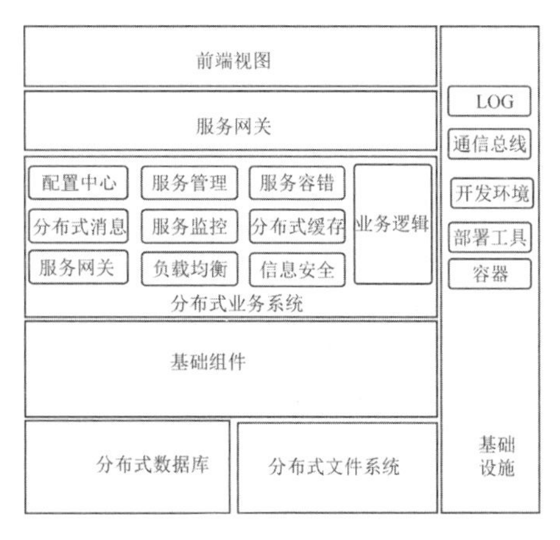


图 14-1　互联网系统中的分布式架构组件

### 14.1.3 架构优势和劣势

如前文所述分布式架构的软件系统是随着大规模并发用户、不同的空间分布、逻辑复杂度和系统的容错要求这些需求的产生而产生和发展的，故此当架构设计和实现正确时，其自然在应对这些问题上有其天然的优势。分布式架构的优点可参考表 14-1。

表 14-1 分布式架构软件系统的优点

| 优点 | |
|---|---|
| 支持大量并发用户 | 最核心的优势，是采用分布式架构的主要原因 |
| 容错和灾备能力 | 分布式架构自然带来的优势 |
| 可灵活扩展 | 遵循正确的设计原则时能得到 |

在商业上尤其普遍和常见的优势是其对大量并发用户的支持。比如订票网站在某些时间点上会出现极大量（上亿）密集的访问请求。这些请求在服务网关上被路由到最近的处理节点，然后通过负载均衡模块分配到不同的服务来进行处理。目前没有其他的架构范式能够更好地处理这样的业务场景。

虽然分布式架构在业务上带来了以上这些好处，但其在系统构造上不得不付出以下代价，如表 14-2 所示。

表 14-2 分布式架构软件系统的代价

<table>
<tr><th colspan="2">代价</th></tr>
<tr><td>额外的复杂性</td><td>最主要的代价。但相对其带来的优势，往往这样的代价是可以承受的</td></tr>
<tr><td>接口数量的爆炸增加</td><td rowspan="2">当遵循合适的设计原则时能很好地避免</td></tr>
<tr><td>容易出现强耦合导致维护性差</td></tr>
<tr><td>信息安全的风险</td><td>需仔细地遵循开发规范和测试，并持续监控</td></tr>
</table>

第一，由于系统分布在多个物理计算机上，自然为系统的开发和部署带来了额外的巨大复杂性。分布式系统的开发环境相对单机系统要更为复杂，对可能在其他计算机上运行的又被当前开发中服务所调用的服务，往往必须得开发“桩”。第二，大规模的分布式架构系统每个服务都提供了大量的接口，在系统中服务数量增加的同时接口数量也急剧增加。第三，分布式架构范式允许服务之间互相调用，使得调用关系不受控制。如果在系统开发演进过程中未对各模块的调用关系、依赖关系进行良好的管理，则很容易出现强耦合性导致系统的可维护性变差。第四，分布式架构软件系统跨物理计算机边界，通过网络互相连接，自然带来了信息安全方面的风险。尤其是在不同地理空间上分布的系统，信息安全是必须要考虑的问题。由分布式架构的复杂性和规模带来的问题和挑战有很多很多，这里不再一一列举。在工业界的实践中，往往为解决分布式架构带来的困难和缺点针对性地开发对应的软件模块来统一解决这些问题，这也是分布式架构软件系

统中大量架构组件的由来。

通过架构组件，分布式系统还能提供容错、灾备等能力，并且在出现灾难性硬件故障时对服务水平进行合理的降级，从而最大程度上维持业务的运转。目前设计良好的架构组件能将以上列出的架构上的代价大大降低，甚至使其变成分布式架构的优势。

即使采用最理想的架构组件，分布式架构仍然有其固有的缺点，如表 14-3 所示。

**表 14-3　分布式架构软件系统的缺点**

| 缺点 | |
|---|---|
| 高维护成本 | 由复杂性带来的。同样相对其优势，在必要的业务场景下是可以承受的 |
| 数据/事务处理上的一致性难题 | 由架构组件和设计规范来尽量避免，但仍然是最容易出现缺陷的场景 |
| 逻辑耦合强，定位问题困难 | 当遵循合适的设计原则时能一定程度上降低 |

第一，高的维护成本。大量的服务实例部署在大量不同的物理主机上，自然带来了大量的硬件成本和软件部署成本。商业化的分布式架构系统还包括很多支撑性的服务组件，比如分布式缓存、数据库等，这些额外的模块也带来了额外的部署、运维成本。第二，分布式的业务处理方式自然而然带来数据/事务处理上的一致性难题。即当由某台服务器为用户 A 服务时，其数据缓存在缓存 A 中。而用户 A 的后续调用的处理可能被另外的服务器所处理，则其他服务器需要获取到之前的数据，就需要从之前的服务器请求相关数据，这些额外的逻辑带来了可能的处理漏洞和复杂场景。第三，分布式架构系统各个服务并非简单的克隆（多个实例），实际上每个服务对其他服务有着各种依赖（甚至可能出现循环依赖）。这样导致逻辑的耦合性强，定位问题变得更困难。

## 14.1.4　应用实例

图 14-2 是常见的一种分布式架构的具体实现——微服务系统。

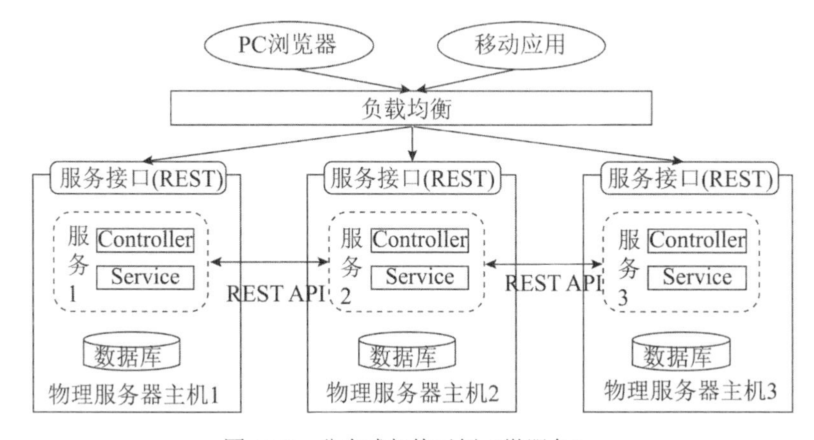


图 14-2　分布式架构示例（微服务）

提供大规模互联网服务的软件系统架构大多采用此类架构。上图中，各服务提供的功能不同。由这些不同的功能协同工作为用户提供统一的功能，如搜索、购物等。

## 14.2 质量特性

本节围绕 GB/T 25000.10—2016《系统与软件工程 系统与软件质量要求和评价（SQuaRE）第 10 部分：系统与软件质量模型》详述分布式架构软件系统的质量特性。

对于分布式架构软件系统，通常而言，可靠性、性能效率和信息安全是与业务直接相关的核心质量特性，直接关系到系统的用户价值； 而兼容性、维护性则与运营的效率和成本密切相关，即关系到企业的运作效率。

分布式架构软件系统由于分布式、规模大、高并发要求、高可靠要求等等特点，带来了一系列相应的技术挑战。分布式架构软件系统特有的技术挑战有：

- 数据一致性的保障；
- 事务处理的设计；
- 并发和互斥问题；
- 远过程调用带来的性能下降和容错。

本节将首先讨论功能性质量特性，然后围绕这些技术挑战讨论其含义，这些技术挑战在非功能质量特性上产生的影响，以及从软件测试技术的应用角度，如何更好地确保这些技术难题的解决能满足质量特性的需要。

### 14.2.1 功能性

由于分布式架构系统可以看作是很多个独立子系统的集合，故此分布式架构系统的功能性质量特性往往十分复杂。每个子系统、单个服务均具备其各自的业务功能，而这些子系统、服务的业务功能组合起来，协同工作又形成了整个系统的完整功能。比如电商平台中，其系统功能至少包含用户浏览、购买、支付的前后端部分，又要包含店铺的管理、展示、维护部分，还要有系统本身的后台管理、计费、维护等功能。随着短视频和社交的兴起，这些电商平台还需要支持视频直播、分享、带货链接等更加复杂的业务功能。分布式架构在这样的业务场景中扮演了基础软件平台和支撑业务的角色。而上述的业务功能实现与分布式架构的构造和组件有着密切的联系。业务逻辑通过分布式架构组件来实现和协同运转，并提供满足系统（业务）需求的性能、容量和稳定性。再如机器学习的人工智能系统，往往也通过分布式架构来具体实现。业务上，其需要进行训练数据的管理、清洗、标定、审核等，还需要提供训练算法的设计、执行和调优，以及对训练的结果进行评估、展示等，最后将训练后的算法进行上线、运行、监控。在实现这些业务功能时，需要用到分布式的文件系统和数据库来支撑大数据的存储、管理等需要，需要用到服务的编写、运行调度、协同等功能来支撑算法的设计、实现，并执行机器学习的训练过程，通常训练结果的测试、评估、展示也作为子系统来实现，即机器学习训练完毕后立即自动地进行测试和评估（测试评估本身涉及大量的计算），训练后的算法本身也以子系统或服务的形式上线并与业务系统中的其他部分融合运行。

功能性质量特性的各个子属性的特点如下：

- 功能完备性。分布式架构软件系统中，系统功能的完整性与架构实现有一定的关联。一方面是单个服务或模块的业务逻辑实现的完整性，另一方面是分布式的服务或模块协同工作综合起来提供的用户价值，最后是由分布式系统为系统的所有并发用户都提供相同水平的服务所体现。这三个方面都需要在测试和验证中确认。这就决定了分布式架构中的测试策略必须考虑不同层面或不同范围的模块的集成测试。
- 功能正确性。大多数情况下与架构无关，由具体的业务逻辑实现决定。但分布式系统中存在“服务水平降级”的情况。即当系统容量不能完全支持并发用户数量，出现系统超负荷运转时，系统可能自动根据业务的允许情况，采取逐步降低计算的精度、搜索的精确程度、结果的完整程度等措施来达到一定程度的服务水平，从而最大限度地保障业务运作。若系统支持类似的需求，则在各种负载情况下的功能正确性应该得到验证。
- 功能适合性。与架构无关，由功能的交互设计和使用场景决定。

分布式架构是利用多台物理机器增强系统容量和功能的软件实现方式。对于功能质量属性，除了考虑是否功能都落实到了架构中（即在架构中有对应实现或处理）、是否功能的交互要求在架构中得到了合理的体现（完全取决于功能本身的含义，没有机械性的方法来保证）外，还应考虑系统是否能为所有并发用户提供相同的服务水平，提供相同的服务功能。

在分布式架构中还有以下虽然可以归结到某个质量特性，但如果完全与功能分开考虑，则容易遗漏这些在功能或系统整体上容易出现缺陷的情况：

- 在不同系统负载和容量情况下，系统所能提供的功能。对性能或容量或稳定性的要求应结合业务场景来考虑，不同的业务场景意味着不同的风险水平，而风险水平决定了分布式系统中某些行为是合理行为还是异常行为。
- 非法、意外事件。在分布式架构系统中，甚至需要考虑“灾害”的情况。在出现不可抗的自然灾害时，也要能保障系统功能的运转或在可接受的水平上逐步降级。在系统级别的测试策略中应考虑包含“灾害”情况的演练。
- 部署、运维和监控功能。在分布式架构系统的实际应用中，此类功能可以算是必备功能。虽然不直接产生商业价值，但对于企业的运转、业务的提供和持续改善非常重要。所以不应忽视这些功能的各项功能性要求。

### 14.2.2 数据一致性相关

数据一致性在单机系统中并没有特别的挑战，但是在分布式架构软件系统中，其与其他的要求如高可用性等可能成为互相矛盾的要求。传统的数据库能很好地支持 ACID 的事务机制。A 代表原子性，即事务中的操作要么全部执行要么一个都不执行；C 代表一致性，即在事务执行过程中不存在其他并行事务写入的问题；I 代表隔离性，即事务之间互相独立；D 表示持续化，即事务一旦完成，则修改后的数据将被长期地保存下去。但是在分布式架构的软件系统中，要确保数据的一致性却不得不在其和高可用和容错性之间进行平衡，无法做到兼得。

分布式系统中有个 CAP 定理，指在分布式系统中，一致性（Consistency）、可用性（Availability）与分区容错性（Partition tolerance）这三者不可兼得。这里一致性指在分布式系统中所有的数据和对应的副本在同一时刻具有相同的值；可用性指在分布式架构软件系统中的部分节点出现故障时，系统作为整体是否仍能持续地正常提供业务功能；分区容错性则是指分布式系统在空间上分布在不同的地理位置上时，当某个地区的部分节点出现异常时，仍然可以获得系统的正常业务功能，并且得到的服务和相关的数据是一致的。这些要求在单体系统中基本是不存在这样的问题的。而在分布式架构软件系统中要确保数据的一致，就不得不牺牲可用性或容错性。举个最简单的例子，当处于某个地区的系统节点与分布式架构软件系统的其他部分出现通信故障时，如果要继续维持可用性（比如电商），则必然会出现数据不一致的情况。反之，如果此时的策略是优先确保数据的一致性（比如银行），则不得不关闭出问题的地区的部分服务。可以通过各种软件设计和技术来减轻一致性问题和其他要求的矛盾，但不存在完全解决的方案。

所以数据一致性问题和其相应的解决策略和方案，对质量特性的影响可能如下：

- 对数据一致性的牺牲可能导致业务功能相关的缺陷。不一致的数据可能导致计算结果和/或逻辑判断上得到错误的结果，从而造成业务功能失效或软件模块的崩溃。
- 错误实现的数据一致性逻辑也会造成功能性缺陷和可靠性缺陷。分布式架构软件系统中通常采用缓存、分布式数据库、分布式文件系统等支撑模块，而对这些模块的误用是典型的数据一致性逻辑错误。这样的缺陷也会造成业务功能失效或软件模块的崩溃。
- 数据一致性与高可用性的平衡设计不足，过度偏向数据一致性的话，可能会影响到分布式架构软件系统整体上的可靠性（容错性）。
- 对数据一致性的要求也可能对系统性能和容量造成影响。

对于数据一致性问题带来的质量特性影响，在软件测试中可采取以下策略和技术来更好地应对：

- 尽早开始测试和参与软件设计的评审。从业务出发审核采用的一致性模型和实现的合理性和正确性。
- 通过场景法设计容错场景和并发的数据应用场景。
- 进行专门的数据测试来覆盖数据一致性问题。

### 14.2.3　事务处理相关

分布式架构软件系统中的各个模块或子系统运行在不同的计算机节点上，互相之间通过网络协议互联并形成协作。这样的架构造成了事务的实现和完成将涉及不同计算机节点上的模块通过接力的方式或协同工作的方式来进行。当事务需要跨模块或子系统时，其相关的原子性、可能出现的回滚将变得更为复杂。

在分布式架构软件系统中，通常有两种基本的事务实现方式。最基本的是嵌套式事务。这样的事务执行由多个节点上的模块依次进行，每个节点处理的是事务中的某个步骤，所有的逻辑全部完成后，整个事务才算完成。还有一种方式是分布式事务，即将一个大的事务拆分为若干个小的事务同时并行执行，每个节点处理的是事务中的部分数据，全部执行完毕后，再将结果汇总起来。采用哪种事务实现方式一般取决于具体的业务要求，但不同的事务实现方式存在各自的弱点。

事务处理的模式对质量特性的影响是：
- 嵌套式事务能较好地保证系统的可靠性但容易导致性能问题。依次处理的事务步骤可较为容易地进行撤销和回滚，但节点处理能力的瓶颈容易成为性能的瓶颈。
- 分布式事务在提供较好的性能和扩展性时带来了稳定性较差的副作用。由于事务的计算逻辑被分布在多个节点上，每个节点处理一部分数据，可能出现部分数据处理异常导致整个事务失败的情况。

对于事务处理问题带来的质量特性影响，在软件测试中可采取以下策略和技术来更好地应对：
- 对由嵌套式事务模式实现的业务逻辑针对性地设计性能测试和压力测试。
- 对由分布式事务模式实现的业务逻辑进行容错性测试。

### 14.2.4　并发、互斥相关

分布式架构软件系统支持大量的用户或业务的同时进行，这就是并发。而并发在软件实现上体现为大量业务逻辑类似的进程或线程的同时执行。当这些并发执行的进程或线程需要读写系统内全局的数据时，就可能造成数据错误的读写。为了避免这种情况的出现，就需要采用合理的互斥机制。然而采用互斥机制来依次访问数据又实际上减少了并发导致系统容量和性能的下降。对于高并发的挑战，在软件技术上需要合理运用 CAS（比较并替换）等 lock-free 算法，读写锁，线程和进程，非阻塞的进程间和网络通信，分布式架构软件系统中缓存管理的架构组件。这些软件技术的应用额外增加了系统的复杂性，需要更全面深入的软件测试来涵盖。

分布式架构软件系统应能处理高度和大量并发的业务场景（例如双十一期间的电商系统，春运之前的火车购票系统）。对于高并发的技术挑战，其常见的技术影响是由于并发导致对临界区的不适当读写从而影响到业务数据的正确性。此类问题将可能影响：

- 数据的错误读写出现在业务直接相关的区域从而直接影响到业务功能的功能特性。
- 数据的错误读写出现在服务软件的逻辑区域，比如循环变量、内存堆栈，从而影响到服务的可靠性。
- 为确保不出现数据的读写错误，过度扩大临界区范围的软件设计可能导致并发性能的下降。即要性能好，就要增强并发，缩小临界区；而缩小的临界区更容易引起数据的错误读写。在分布式架构软件系统中需要掌握好平衡。

对于并发和互斥问题带来的质量特性影响，在软件测试中可采取以下策略和技术来更好地应对：

- 分层的测试策略。对需要满足高并发要求的代码模块进行针对性的单元测试。在集成测试中，设计高并发的测试用例来涵盖进程间、业务模块间的并发场景。系统测试中，对高并发进行模拟，从并发数量、持续时间等维度结合业务场景来设计测试用例。
- 尽早地开展测试活动，参与设计的评审。
- 结合软件设计实现并发与互斥的逻辑，通过场景法、边界值法、状态迁移法等测试设计方法，针对软件设计的弱点设计测试用例进行覆盖。
- 单元测试中，应针对具体算法逻辑、业务逻辑，进行代码逻辑覆盖和功能覆盖。

### 14.2.5 远过程调用和通信相关

分布式架构软件系统内的模块和子系统都通过远程的调用或通信来完成协同工作。由此特点带来了性能、信息安全性和容错性相关的问题。远过程调用是指一台计算机上的进程像调用本地函数或对象那样调用另一台计算机上的对象或函数。一般而言，这样的调用通过远过程调用框架来完成，其需要通过将本地调用转换（编码）为通信协议数据包，然后通过网络协议将该通信包发送到目标计算机上。目标计算机接收到此类数据包后，将其解码，按目标计算机上的目标函数或对象编程语言的方式进行调用。目标对象、函数在完成计算处理后，将处理的结果返回。而这样的返回在目标计算机上，由远过程调用框架负责将结果编码为通信协议数据包，发送到调用发起的计算机上。发起调用的计算机接收到返回结果的数据包后，将结果解码，以函数返回的形式返回给调用进程。常见的远过程调用标准有 CORBA、COM、RESTFUL 等。

通过远过程调用或远程通信协议，分布式架构软件得以建立，并且带来了易扩展、易容错等多项优点。其主要对以下质量特性造成了负面的影响：

- 远过程调用需要调用在另外计算机上的进程，其涉及了上述转换和通信过程，必然带来额外的开销和通信上的延迟。故此对服务或模块不恰当的切分反而可能导致性能的下降。在系统设计上，应考量分布式并行处理所带来的性能收益和远程调用带来的通信代价之间的平衡。
- 当远过程调用或通信跨地域或跨因特网时，由于因特网本身对信息安全无保障机制，故此自然带来了信息安全的风险。
- 由于远过程调用的是另外一台计算机上的资源，故此当远程计算机出现错误时，本地模块不应随之崩溃。这样的要求就是容错性要求。

对于远过程调用和通信带来的质量特性影响，在软件测试中可采取以下策略和技术来更好地应对：

- 强调集成测试。对于分布式架构的软件系统，以业务功能为主线，围绕业务功能，将系统中各个模块集成在一起。依据模块之间的交互设计，采用边界值、等价类、决策表、状态迁移等测试设计技术来设计测试用例进行完整的业务流程覆盖。
- 在各个集成层面上进行性能测试。对单个节点/服务/模块的单元级别进行性能测试。对复制扩展后的系统进行性能测试验证其性能或容量增加是否能接近复制扩展的规模增加。
- 容错的场景设计覆盖和灾备演练可以在分布式架构系统的各个集成粒度上进行。对于服务的容错应设计单点、多点的异常。而对于灾备，则应考虑服务和数据的恢复。并且在大型分布式架构软件系统中，这些工作不仅仅是系统开发发布时的软件测试，而应成为日常运维的周期性任务。由国内外大型互联网服务企业提出的混沌工程也是这方面的实践之一。
- 对于承载在因特网而非局域网上的远过程调用和通信，应组织专门的信息安全测试。除了对通信的加密、认证进行测试验证以外，还应考虑对消息缓存的溢出（SSL 协议的“心脏出血”漏洞）、中间人攻击、DDOS（分布式拒绝服务攻击）等常见信息安全攻击进行测试和演练。

### 14.2.6　运维相关

在分布式架构的软件系统中，可靠性、性能和信息安全这些质量特性与业务功能有着密切的关系。所以前文结合分布式架构带来的特定技术挑战讨论了这些质量特性特定的问题。在实际的应用场景中，分布式架构的软件系统通常规模比较庞大，支撑的业务规模和用户数量也较为巨大，故此，除了系统提供的业务功能，其日常的控制、管理、运作、维护、备份、灾备恢复等也是关系到系统的运作的重要要求。这些要求往往体现在以下非功能特性上：

- 易用性。分布式系统的管理和维护的易用性要求。在运维管理工作中，分布式架构软件系统的“用户”是运维人员。运维人员负责整个分布式架构软件系统运作的管理、资源的分配、配置的修改等工作。所以为了确保系统最终用户的服务体验，关于系统管理的易用性，应特别着重考虑用户差错的防御性。

- 信息安全（管理和维护的信息安全）。组织内部的运维人员对于系统的管理功能和访问也应有合适的权限安排和管理措施。
- 维护性和可移植性。通常分布式架构软件设计能按模块化的要求进行，因为一个普遍的实践是当系统容量不足以满足日益增长的用户数量时，通过简单地分配更多的计算资源，并将系统模块复制在新增的计算资源上来支持。所以通常分布式架构软件系统按模块化、可重用（服务模块级别）的要求来设计实现。
- 兼容性（共存性）。由于分布式架构软件系统中，单个模块应该很容易地被其他模块或者其他版本替代，所以在分布式架构的运维要求中，服务节点模块应能被快速地替代并不影响到其他模块的运作。

通常如果是组织内自用的分布式架构系统，则对于以上非功能质量特性往往相应的工作由运维组负责。而对于商业市场上销售的软件，则应该从以上的角度和要求出发，组织专门的测试活动来保障以上的质量特性要求。

## 14.3 分布式架构软件测试常见的质量目标

分布式架构软件系统的主要类型有 Web 系统、对等网络（区块链）、并行计算、大数据和机器学习，这些系统的应用领域不同，其质量特性要求和目标也各有侧重。在通常的质量要求中，以下要求是分布式架构系统重点关注的：

- 容量。分布式架构系统的主要目的之一是解决单一系统支持的用户容量不足的问题。故此，对于系统的容量，在既定计算资源的前提下，考察其容量情况是否达到既定要求，以及在增加计算资源的场景下，考察系统容量的增长是否符合预期。
- 容错。分布式系统最基本的可靠性要求中就至少包含了单个服务范围的容错性要求，即单个服务失效不影响整个系统的业务功能。而普遍的大型业务系统，要求其在多个服务失效或者大并发压力下的系统性容错，即在上述情况下，应确保业务的正常进行或在控制范围内将服务水平进行降级。
- 响应速度。通常对服务调用的响应速度是分布式架构软件系统在各个场景下的考核指标。
- 弹性。当并发用户规模发生变化时，系统能及时地、自动地调整其所使用的计算资源。当规模增加时，系统应能自动地增加计算资源，并将服务扩展部署到新增加的计算资源上；反之，系统能自动地释放计算资源，并将服务承载的用户和事务迁移到其他服务上，并确保数据的一致性。

表 14-4 汇总了不同类型的系统和质量目标的要求。

表 14-4　分布式架构系统应用领域与质量目标

| 质量目标 | 互联网系统（云服务） | 对等网络（区块链） | 并行计算 | 大数据和机器学习 |
| --- | --- | --- | --- | --- |
| 容量 | 适应业务量 | 要求高，适应大量的交易和业务 | 要求不高，计算密集 | 对数据存储和处理要求高，对并发容量要求较低 |
| 容错 | 要求高。甚至在涉及经济和安全的系统中要求极高 | 要求不高，系统内置容错的功能。对于不能容错的情况也可以接受 | 要求不高。计算密集，不对功能的容错有高的要求 | 要求不高，能完成计算和学习目标即可 |
| 响应速度 | 要求极高。是业务的关键指标 | 要求不高，批量处理可允许较大延时 | 要求不高，批量处理允许较大延时 | 要求不高，机器学习和大数据统计都是计算密集 |
| 弹性 | 要求较高。随业务量的变化可能每天都要变化（伸缩） | 要求较高，但包含在系统功能内。自动地进行伸缩 | 要求不高，一般预留必要的计算和存储资源 | 要求不高，一般预留必要的计算和存储资源 |

对于互联网或移动互联网系统、云服务系统，除支付、银行、保险、证券等涉及金钱的领域以外，大多数信息系统对容量、容错要求不高，但是对响应速度和弹性要求比较高。这是因为此类系统的业务重点在于提供信息和控制。并且随着用户规模的增长、不同的营业时间等，系统中并发用户的数量有很大的变化。故此随着并发用户数量的变化进行弹性的伸缩非常重要。

对于支付、银行等涉及金钱或人身安全的系统，在前述要求的基础上，对容错有更高的要求。此类系统一般要求 7×24 小时连续的稳定运行。即使出现地震、海啸、台风等自然灾害，也不应出现整体性的中断。所以此类系统在容错性上还加入了灾备和切换恢复的要求。

对等网络的例子有区块链、点对点下载等应用。此类应用的特点在于分布式系统内各个节点是对等的，可以持续不断地根据需要进行复制扩展，故此其容量、弹性和容错性自然非常好。而由于所有节点是对等的，故此完成一个事务需要很多节点的配合和同意，故此对事务的响应速度较难提高。

注意，对以上两类分布式系统，信息安全也是非常重要的质量目标之一。

并行计算是分布式架构软件的早期应用之一。其特点也是在多个计算节点上部署相同或类似的计算逻辑，将数据分割为小块由多个节点同时处理。一般场景的并行计算应用有科学计算、气象预报、各种物理环境和规律的模拟。这些应用场景以计算为主，并不特别要求及时的响应，并且一般容量、容错和弹性的要求不高，因为这样的计算可以事先规划好，出错的概率也比较低。

大数据与机器学习系统具有与并行系统类似的质量要求。最重要的区别在于其必须通过分布式文件系统或数据库来支持大量学习数据的存储。

## 14.4 分布式架构软件测试常见的测试策略

由于分布式架构软件系统的高度复杂，对复杂系统的测试的基本思想是分而治之，然后再进行综合。即先确保系统的每个组成部分的质量，然后再对系统各个部分一起工作完成的综合性任务进行测试，通过这样的步骤来保障系统整体的质量。对其测试应该分多个层面进行。典型的，首先对单个服务（或子系统）进行其对应的单元或子系统测试，然后将多个服务集成后进行（系统）集成测试，最后再对整个系统进行完整的系统测试。在整个系统的测试完成后，一般上线进入生产环境前还需要结合终端应用进行端到端的测试、验收测试来确保上线的质量。上线后还有 A/B 测试等用户体验和业务逻辑相关的测试，在业务和需求层面对系统提供的服务和功能进行测试。

根据 GB/T 38634.3—2020《系统与软件工程 软件测试 第 3 部分：测试文档》，测试策略包含在测试计划中。关于分布式架构软件相关的测试策略，前文讨论了测试级别的划分。对于各个级别测试设计技术都可以进行综合的运用，而对于不同的测试级别，其具体执行测试的方法和工具可能有比较大的差异。本节将围绕各个测试级别讨论通常应包含的测试范围、测试设计技术和执行方法。

首先是单元测试，对于分布式架构的软件系统。很多单元模块或子系统存在灵活部署的要求，有性能的要求，有并发的要求。故此除了传统的功能测试和代码覆盖以外，对于分布式架构软件系统内的各单元模块，应结合具体的模块要求设计相应的部署、扩展、迁移的测试场景用例，并结合部署工具来完成测试。

通常分布式架构系统内模块的接口需要进行接口测试。这样的接口测试应覆盖功能、性能、稳定性和信息安全这些质量特性。接口测试的工具可以有比较多的选择，一般根据接口的编程语言和工具的成熟度来选择。

在单元测试和接口测试的基础上，可以进行子系统的集成测试。一般围绕子系统要完成的功能，根据实现这些功能的软件设计，综合运用等价类、边界值、场景法、状态迁移等测试设计技术来设计测试用例（包括正向和异常），覆盖软件设计的各个方面。特别是应对性能、并发、容错等方面进行充分的覆盖。通常集成测试的工具在通信协议的抓包工具的基础上开发，能监控和模拟子系统内各个模块之间的消息通信。一般子系统集成阶段是围绕单一业务进行的测试，所以在这个阶段进行性能和容错性测试能为后续更大规模集成打好基础。在互联网系统测试中经常提到的“全链路压测”往往在子系统集成或系统集成的层面上进行。

对于较为复杂的分布式架构软件系统，在子系统集成的基础上还需要进行系统集成。即将多个复杂的子系统再次进行集成。比如游戏系统中，将游戏引擎系统与道具展示、销售子系统进行集成。通常这样的集成测试的目的是测试验证更复杂的系统功能的各项质量特性。系统集成所采用的测试设计方法更多地偏向黑盒，较少参考软件设计，而更多参考系统功能的流程说明。采用的测试设计技术与其他层面类似，测试执行工具更多地采用界面或接口测试的工具来执行。

由于分布式架构软件系统的高度复杂性，通常在完成前面的一系列集成后，还需要对系统对外的接口进行完整的系统测试。这样的测试虽然围绕的是接口，但其是通过调用接口来测试整个系统。其测试设计技术仍然是以黑盒测试或者说基于规格说明的测试为主。

以上各个层面的测试策略说明相对比较理想。真正的产品实践中整个分布式架构系统中的功能是逐步增加的。功能的增加由模块代码的修改和模块的增加来实现。所以在企业实践中，通常在部署上线了一个完整的分布式架构软件系统后，其持续的迭代演进是由系统中部分模块的修改和新增来实现的。故此，很多模块的修改和新增可能仅仅经过单元测试，或者部分的集成测试就部署到了生产环境真正投入使用了。所以，对新增功能引起的模块修改和新增，应从修改的规模、影响、风险出发，客观地评估来制定测试策略，考虑需要经过哪些层面的测试才能部署上线。

对于具备特定客户端或互联网前端逻辑的分布式应用，还应该进行端到端的应用测试。这样的测试往往通过基于规格说明的黑盒测试设计技术来设计测试用例。通过人工执行或界面自动化测试工具来完成测试执行。

## 14.5　测试案例

为了便于读者在较短的时间内确实掌握上述方法的使用，下面分别以购票系统和超市会员系统为案例进行分布式系统的测试实践介绍，力争使读者对分布式系统测试的实施过程有一个基本的认识。

### 14.5.1　购票系统

#### 1. 案例介绍

1）应用案例概述

基于分布式架构的购票系统提供在线购票和在线支付等功能，主要功能如下：

- 系统登录：所有用户均可进行此操作；
- 在线购票：所有用户均可以在线购票并提交订单；
- 在线支付：所有用户均可以对已提交的订单进行支付操作。

被测系统的组件分布在多个不同的物理计算机中，分布式业务框架采用常见的 Spring Boot 开发。系统架构分为四部分，即应用服务层、数据服务层、消息管理层、代理服务层。系统主要特点如下：

- 对资源管理、安全、远程过程调用等构建分布式系统常见的底层服务，提供分布式环境下所需要的协调服务、远程过程调用、安全管理和资源管理的服务。

- 可提供海量的、可靠的、可扩展的数据存储服务，将集群中各个节点的存储能力聚集起来，并能够自动屏蔽软硬件故障，为用户提供不间断的数据访问服务；支持增量扩容和数据的自动平衡，支持随机读写和追加写的操作。
- 为集群系统中的任务提供调度服务，同时支持强调响应速度的在线服务和强调处理数据吞吐量的离线任务；自动检测系统中故障和热点，通过错误重试、针对长尾作业并发备份作业等方式，保证作业稳定可靠地完成。

2）性能需求

待测系统的用户群体分布于全国各地，测试时需模拟不同地域、不同的网络环境和服务器环境发起压力，更真实地模拟系统上线后的使用需求，同时监控节点服务集群中应用服务集群、数据服务集群、消息管理集群、代理服务集群等网络资源、服务器资源的资源利用性。性能测试需求如下：

- 分布式系统各节点在线购票、在线支付应满足2000个并发用户；
- 分布式系统在线购票、在线支付应满足8000个并发用户；
- 满足上述并发的前提下平均响应时间不超过3秒。

**2. 测试过程**

1）测试策略

本系统为在已有成熟产品线基础上的分布式扩展。故业务模块中单元测试和集成测试均已经完成，并在生产环境中证明残留风险很小。分布式扩展的目的是满足系统用户增长后对系统各方面性能改善的要求。所以本系统的核心风险为产品开发后的性能是否能满足预期。此外，进行分布式扩展后，必须考虑系统的自动扩展（利用额外的资源）和必要多节点资源利用的监控和维护工作，最后还应确保灾备。所以，测试活动中简化了单元和集成测试，由开发团队通过自动化测试完成。本测试计划主要考虑的是分布式扩展后，单节点上性能是否有下降以及分布式扩展到多节点后的性能情况，容量扩展能力和灾备能力。

2）测试环境和准备

根据性能需求，测试环境准备的要求如下：

- 模拟全国各地用户访问被测系统不同节点的实际需求；
- 配置不同的网络环境和服务器环境；
- 配置测试环境，根据给定数据量，测试关键业务的响应时间。

被测系统集成了4个节点，每个节点具备相同的功能，分别由应用服务、数据服务、消息管理和代理服务4个物理机组成，共计16台物理机（为了便于区分，本案例将分布式购票系统各节点命名为节点A、节点B、节点C、节点D），各节点相同服务的物理机具备相同的配置。本次测试所使用的云性能测试工具，提供脚本录制、场景设置、压力测试、资源监控和报表统计等功能，为尽量真实地模拟实际应用环境，测试工具分别部署在全国多个区域的云服务平台上，通过分布在全国各地的云性能测试工具，可模拟全国各地用户访问被测系统不同节点的实际需求。云性能测试基础技术架构见图 14-3。

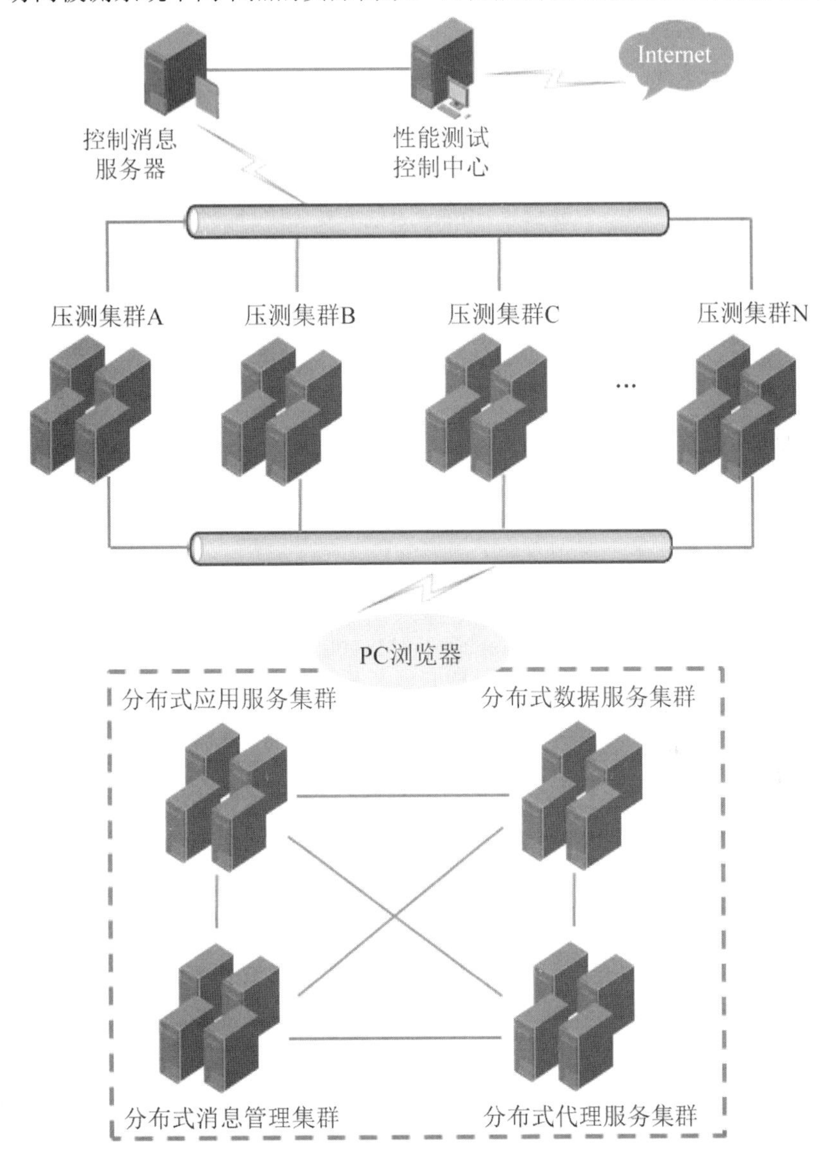


图 14-3　基础技术架构图

性能测试控制中心：测试时的性能测试接口，提供环境管理、性能测试、性能监控、性能分析、性能报告等功能的云测试平台，可将性能测试任务传递至控制消息服务器。

控制消息服务器：接收测试控制中心任务消息，传递给压测集群运行，接收分布式引擎传递回来的数据，并传递给测试控制中心。

压测集群：由 2 台控制器和 16 台代理组成，控制器接收到任务后，将任务传递给代理进行加压，目前分布式压测集群部署于全国多个地区。

3）分布式系统单节点测试用例

测试范围主要是在线购票并在线支付功能点，根据其操作流程设计测试用例，需对各节点分别进行性能测试，节点测试用例见表 14-5。

**表 14-5　分布式系统单节点测试用例**

| 名称 | 在线购票支付性能测试 | 版本号 | 1.0 |
| --- | --- | --- | --- |
| 测试目的 | 测试在线购票支付业务的性能 | | |
| 设计人员 | / | 测试时间 | / |
| 前置条件 | 被测系统已完成功能测试 | | |
| 环境 | 应用服务、数据服务、消息管理和代理服务 4 台物理机集成的节点 | | |
| 测试场景 | 在线购票：并发用户数：2000；静态加压；思考时间：忽略；持续时间：5 分钟 | | |
| | 在线支付：并发用户数：2000；静态加压；思考时间：忽略；持续时间：5 分钟 | | |
| 用例描述 | 2000 用户并发“在线购票” | | |
| **步骤编号** | **操作** | **测试数据** | **服务器监控** |
| 1 | 输入用户名、密码 | username/password：正确的用户名和密码 | 响应时间<br>通过事务数<br>失败事务数<br>节点监控<br>CPU 占用率<br>内存占用率 |
| 2 | 发送登录请求 | URL：登录网址 | |
| 3 | 选择场次 | 选择任意票务信息 | |
| 4 | 设置数量 | 设置购票数量 | |
| 5 | 发出在线购票请求 | URL：购票网址 | |
| 6 | 发出注销请求 | / | |
| 用例名称 | 2000 用户并发“在线支付” | | |
| 前置条件 | 2000 用户成功提交购票订单，且并发过程中各节点资源消耗未见异常 | | |
| **步骤编号** | **操作** | **测试数据** | **服务器监控** |
| 1 | 输入用户名、密码 | username/password：正确的用户名和密码 | 响应时间<br>通过事务数<br>失败事务数<br>节点监控<br>CPU 占用率<br>内存占用率 |
| 2 | 发送登录请求 | URL：登录网址 | |
| 3 | 查看待支付订单 | / | |
| 4 | 选择任意支付订单 | 随机选择支付订单 | |
| 5 | 发出在线支付请求 | URL：支付网址 | |
| 6 | 发出注销请求 | / | |

4）分布式系统单节点测试结果

本次测试通过对被测系统各主要功能的测试结果，反映分布式购票系统的整体性能，包括各节点的性能情况、2000 并发用户在线购票并支付场景下的结果记录。

各节点分别执行 2000 用户并发“在线购票”和 “在线支付”操作，测试结果平均响应时间如表 14-6 所示。

表 14-6　平均响应时间

| 名称＼时间 | 平均响应时间/秒 | |
|---|---|---|
| | 在线购票 | 在线支付 |
| 节点 A | 1.21 | 1.42 |
| 节点 B | 1.23 | 1.44 |
| 节点 C | 1.22 | 1.40 |
| 节点 D | 1.20 | 1.42 |

各节点分别执行 2000 用户并发“在线购票”和 “在线支付”操作，各节点物理机资源占用情况如表 14-7 所示。

表 14-7　资源占用情况

| 名称＼资源 | 应用服务物理机 | | 数据服务物理机 | | 消息管理物理机 | | 代理服务物理机 | |
|---|---|---|---|---|---|---|---|---|
| | CPU 占用率 | 内存使用率 | CPU 占用率 | 内存使用率 | CPU 占用率 | 内存使用率 | CPU 占用率 | 内存使用率 |
| 节点 A | 43.61% | 57.21% | 47.46% | 53.87% | 22.54% | 35.21% | 13.74% | 16.53% |
| 节点 B | 43.55% | 57.83% | 47.52% | 53.91% | 22.17% | 35.42% | 13.91% | 16.61% |
| 节点 C | 43.52% | 57.12% | 47.22% | 53.41% | 21.98% | 36.32% | 14.25% | 15.91% |
| 节点 D | 44.32% | 58.28% | 48.25% | 54.41% | 23.11% | 35.73% | 14.13% | 15.84% |

实际测试过程中，分布式购票系统各节点响应时间在满足相应负载的条件下未超过 3 秒的需求限制。

5）分布式系统测试用例

测试范围主要是在线购票并在线支付功能点，根据其操作流程设计测试用例，需对分布式系统进行性能测试、灾备容错测试、运维监控测试。分布式系统测试用例见表 14-8。

表 14-8　分布式系统测试用例

| 名称 | 在线购票支付性能测试 | 版本号 | 1.0 |
|---|---|---|---|
| 测试目的 | 测试在线购票支付业务的性能 | | |
| 设计人员 | / | 测试时间 | / |
| 前置条件 | 被测系统已完成功能测试 | | |
| 环境 | 节点 A、节点 B、节点 C、节点 D 组成 | | |
| 测试场景 | 在线购票：并发用户数：8000；静态加压；思考时间：忽略；持续时间：5 分钟 | | |
| | 在线支付：并发用户数：8000；静态加压；思考时间：忽略；持续时间：5 分钟 | | |
| 用例描述 | 8000 用户并发“在线购票” | | |

续表

| 步骤编号 | 操作 | 测试数据 | 服务器监控 |
|---|---|---|---|
| 1 | 输入用户名、密码 | username/password：正确的用户名和密码 | 响应时间<br>通过事务数<br>失败事务数<br>节点监控<br>CPU 占用率<br>内存占用率 |
| 2 | 发送登录请求 | URL：登录网址 | |
| 3 | 选择场次 | 选择任意票务信息 | |
| 4 | 设置数量 | 设置购票数量 | |
| 5 | 发出在线购票请求 | URL：购票网址 | |
| 6 | 发出登出请求 | / | |
| **用例名称** | 8000 用户并发“在线支付” | | |
| **前置条件** | 8000 用户成功提交购票订单，且并发过程中各节点资源消耗未见异常 | | |
| **步骤编号** | **操作** | **测试数据** | **服务器监控** |
| 1 | 输入用户名、密码 | username/password：正确的用户名和密码 | 响应时间<br>通过事务数<br>失败事务数<br>节点监控<br>CPU 占用率<br>内存占用率 |
| 2 | 发送登录请求 | URL：登录网址 | |
| 3 | 查看待支付订单 | / | |
| 4 | 选择任意支付订单 | 随机选择支付订单 | |
| 5 | 发出在线支付请求 | URL：支付网址 | |
| 6 | 发出登出请求 | / | |
| **名称** | 在线购票系统灾备测试 | 版本号 | 1.0 |
| **测试目的** | 测试在线购票系统在一个节点出现灾害而宕机后业务能否照常进行 | | |
| **设计人员** | / | 测试时间 | / |
| **前置条件** | 被测系统已完成功能测试 | | |
| **环境** | 节点 A、节点 B、节点 C、节点 D 组成 | | |
| **测试场景** | 在线购票：各节点并发用户数：500；持续时间：15 分钟 | | |
| | 在线支付：各节点并发用户数：300；持续时间：15 分钟<br>节点 A 在测试开始 5 分钟后被关闭，测试节点 A 上正在进行的业务被无缝切换至节点 B、C、D | | |
| **用例描述** | 一个节点的灾备切换，业务无中断 | | |
| **步骤编号** | **操作** | **测试数据** | **服务器监控** |
| 1 | 通过自动化测试脚本，在 A、B、C、D 这四个节点上分别按测试场景要求创建并发用户和操作 | 持续不断地生成合法的用户名、密码和交易内容 | 响应时间<br>通过事务数<br>失败事务数<br>节点监控<br>事务被转移情况<br>负载均衡情况 |
| 2 | 5 分钟后将节点 A 关闭 | 无 | |
| **名称** | 在线购票系统运维测试 | 版本号 | 1.0 |
| **测试目的** | 测试在线购票系统在必要时能否按运维指令快速扩展 | | |
| **设计人员** | / | 测试时间 | / |
| **前置条件** | 被测系统已完成功能测试 | | |

续表

| 环境 | 节点 A、节点 B、节点 C、节点 D 组成。初始负载在 A、B、C 上。D 节点备用 | | |
|---|---|---|---|
| 测试场景 | 在线购票：A、B、C 各节点并发用户数：8000；持续时间：15 分钟 | | |
| | 在线支付：A、B、C 各节点并发用户数：8000；持续时间：15 分钟<br>在测试开始 5 分钟后通过运维指令启用节点 D，测试节点 A、B、C 上正在进行的业务符合迁移条件的被无缝切换至节点 D | | |
| 用例描述 | 运维扩展，业务无中断 | | |
| 步骤编号 | 操作 | 测试数据 | 服务器监控 |
| 1 | 通过自动化测试脚本，在 A、B、C 这三个节点上分别按测试场景要求创建并发用户和操作 | 持续不断地生成合法的用户名、密码和交易内容。<br>每个节点上均有 20%的用户流量符合“接近 D 节点地理区域”的特征 | 响应时间<br>通过事务数<br>失败事务数<br>节点监控<br>事务被转移情况<br>负载均衡情况 |
| 2 | 5 分钟后，通过管理员账号登录系统运维管理模块 | 管理员账号密码 | |
| 3 | 通过运维模块的扩展功能加入新的节点 | 节点 D 的地址信息、配置信息等 | |
| 4. | 分别于 5 分钟后检查 2 次负载变化的情况 | 第一次检查应该至少在 D 节点上增加了 30%的负载。从 A、B、C 节点迁移过来的事务，无中断。用户处无感知<br>第二次检查应该出现所有符合“接近 D 所在地域”的流量都被转移到了 D 节点 | |

6）分布式系统性能测试结果

本次测试通过对被测系统各主要功能的测试结果，反映分布式购票系统的整体性能，包括系统的性能情况、8000 并发用户在线购票场景下的结果记录。

分布式购票系统执行 8000 用户“在线购票”和“在线支付”场景，平均响应时间分别为 1.29 秒和 1.51 秒。各节点资源占用情况如表 14-9 所示。

**表 14-9　资源占用情况**

| 资源<br>名称 | 应用服务物理机 | | 数据服务物理机 | | 消息管理物理机 | | 代理服务物理机 | |
|---|---|---|---|---|---|---|---|---|
| | CPU 占用率 | 内存使用率 | CPU 占用率 | 内存使用率 | CPU 占用率 | 内存使用率 | CPU 占用率 | 内存使用率 |
| 节点 A | 51.31% | 61.47% | 55.43% | 56.96% | 25.84% | 42.74% | 23.62% | 27.69% |
| 节点 B | 55.45% | 63.84% | 56.73% | 61.32% | 29.42% | 45.72% | 25.69% | 27.54% |
| 节点 C | 53.46% | 63.81% | 55.68% | 61.12% | 29.87% | 45.54% | 27.11% | 26.32% |
| 节点 D | 52.43% | 64.92% | 54.97% | 60.83% | 29.13% | 45.17% | 27.87% | 26.92% |

实际测试过程中，分布式购票系统响应时间在满足相应负载的条件下未超过 3 秒的需求限制，集成后的分布式系统响应时间与资源占用情况数据小范围漂移，系统各节点之间数据误差较小，该分布式购票系统可进行复制扩展，增加规模。

## 14.5.2 超市会员系统

**1. 案例介绍**

基于分布式架构的会员积分系统提供注册会员、累计积分和注销会员等功能，主要功能如下：

- 注册会员：通过 Web 端进行会员注册，注册成功的账户进行累计积分等操作；
- 累计积分：会员通过消费等操作积累自己的积分；
- 注销会员：用户对于自己已注册的账号进行注销操作。

被测系统的组件分布在多个不同的物理计算机中，分布式业务框架采用常见的 Spring Boot 开发。系统架构分为四部分，即应用服务层、数据服务层、消息管理层、代理服务层。

**2. 测试过程**

会员积分系统由业务子系统、校验子系统、状态子系统组成，数据一致性测试环境准备的要求如下：

- 用户发起注册会员申请，注册成功会对外发送注册成功的 MetaQ 队列消息，同时会为该会员进行状态标记，累计积分根据状态决定会员能否进行相关操作；
- 注册、累计积分、注销会员的状态需与账户状态保持一致。

测试范围主要是会员注册和累计积分两个功能点，根据其操作流程设计测试用例如下：

①开启分布式系统状态节点和校验节点，对会员账号相同的某一会员发送 POST 请求，执行累计积分操作，系统流程如图 14-14 所示。

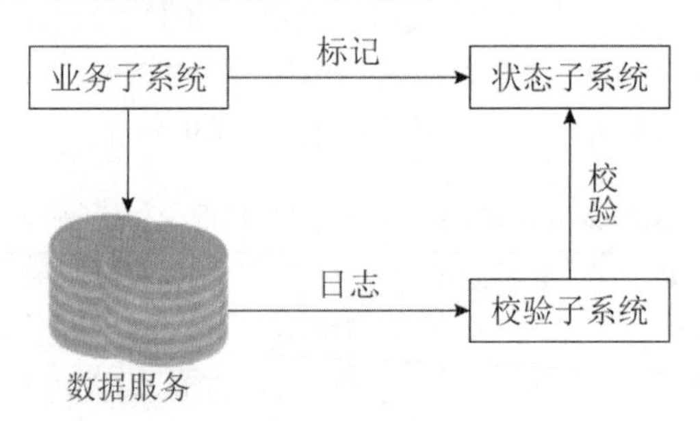


图 14-14 累计积分操作①系统流程图

根据①操作，对系统某一会员账号，进行 100 用户并发执行“累计积分”操作，该会员账号下，累计积分操作均成功，该会员账号下积分累计增加 1000 积分，平均响应时间为 2.1 秒。

②关闭分布式系统状态节点与校验节点，对会员账号相同的某一会员发送 POST 请求，执行累计积分操作，系统流程如图 14-15 所示。

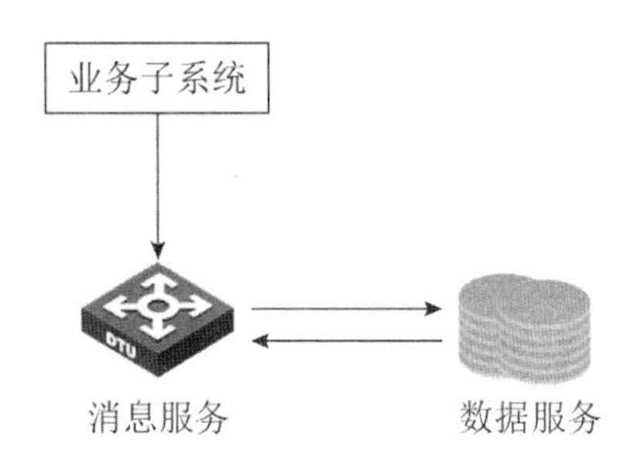


图 14-15　累计积分操作②系统流程图

根据②操作，对系统某一会员账号，进行 100 用户并发执行“累计积分”操作，该会员账号下，累计积分操作部分成功部分失败，该会员账号下实际累计积分增加为 600 积分，平均响应时间为 1.6 秒。根据用例②的设计要求，会员账号应累计积分增加 1000 积分，实际累计增加 600 积分，因此在关闭分布式系统状态节点和校验节点的情况下，并发执行累计积分功能没有达到预期的输出结果。

从①②执行结果可以看出，分布式系统中实现数据一致性会带来额外的任务开销，并且降低系统的性能；但是不考虑数据一致性可能会导致业务功能产生相关缺陷，错误地实现数据一致性逻辑会造成功能或可靠性的缺陷。如果系统开发完成后再进行数据一致性测试，系统改进产生的费用将大大超出预期成本，所以在需求分析和设计阶段应充分考虑实际的业务场景，设计满足业务需要的数据一致性模型，并尽早开展数据一致性测试。

# 第四篇　新技术应用篇

随着软件开发技术的越发成熟、软件规模的不断扩大以及软件复杂度的不断增长，传统的软件测试技术很难适应新的测试需求，造成许多软件缺陷无法通过测试被发现，不能充分保障软件产品的质量。在这种背景下，技术人员探索出许多有效的新测试技术。本篇主要从移动应用软件测试、物联网软件系统测试、大数据系统测试、可信软件验证、人工智能测试五个方面介绍面向不同领域的新的测试技术。

# 第 15 章　移动应用软件测试

随着互联网技术的进步和软件形态的不断发展，移动应用软件（或称为移动终端软件）已经成为普通大众广泛使用的新型软件。因此，移动应用软件质量越来越受重视。本章将从三个方面针对移动应用软件测试展开阐述：发展现状及面临挑战、移动应用软件的相关测试技术，以及移动应用软件功能测试案例。

## 15.1　移动终端平台和应用软件介绍

移动应用软件与传统桌面软件不同，它运行于手机、平板等移动设备之上，近几年开始出现在智能手表、电视、汽车终端、家电等设备上。根据 2020 年的一项市场调查报告显示，安卓（Android）和苹果（iOS）系统是目前主流的两大移动终端平台，市场占有率分别达到 72.6%和 26.7%。在具体介绍移动应用软件特点之前，我们先简要介绍 Android 和 iOS 这两大主流移动终端平台的发展历史和特点。

Android 是一个基于 Linux 内核和其他开源软件的修改版移动操作系统，主要为智能手机、平板电脑等触摸屏移动终端设备而设计。Android 由称为“开放手机联盟”的开发者联盟开发，并由谷歌公司商业赞助。Android 系统于 2007 年被正式推出，谷歌公司于 2008 年 9 月推出了首款商用 Android 手机。自 2011 年以来，Android 一直是全球最畅销的移动操作系统。截至 2017 年 5 月，其每月活跃用户超过 20 亿，在所有操作系统中拥有最大的用户群。截至 2020 年 3 月，Google Play 商店拥有超过 290 万个移动应用。当前 Android 系统的最新版本是在 2020 年 9 月 8 日发布的 Android 11。Android 的发展也得到了开源社区的大力支持，如作为 Android 系统核心的 Linux 内核。

Android 移动操作系统是免费的开源软件，其源代码称为 Android Open Source Project（AOSP），并主要以 Apache 许可发行。目前大约 70%的 Android 智能手机运行着谷歌的原生系统；除此之外，各个移动设备厂商也提供第三方定制的 Android 系统版本，如国内的 OPPO、vivo、华为等国产定制系统、由亚马逊开发的 Fire OS 和开源社区维护的 LineageOS 等。除了传统智能手机终端，Android 系统也被用在其他电子设备上，例如游戏机、数码相机、PC 等，每种都有相应的交互设计风格。在软件发行方面，Android 应用软件一般通过专门的应用软件商店（如 Google Play 商店、百度应用商店）进行分发，软件包使用 APK 格式。

iOS（以前也称为 iPhone OS）是由苹果公司专门为其硬件创建和开发的移动操作

系统，也是苹果公司后续推出的其他三个操作系统（即 iPadOS、tvOS 和 watchOS）的基础。iOS 的主要版本每年发布一次，当前最新的版本 iOS14 于 2020 年 9 月 17 日正式发布。自 2007 年第一代 iPhone 推出以来，它是许多苹果移动设备（包括 iPhone、iPod Touch）的操作系统。以 iOS 为基础的许多苹果产品，以其使用流畅、应用丰富等特点受到了很多用户的青睐。截至 2018 年 3 月，Apple 的移动应用商店 App Store 包含了超过 210 万个 iOS 应用软件（其中 100 万个是 iPad 原生应用），软件下载量总计已超过 1300 亿次。

考虑到 Android 系统是目前最主流的移动操作系统，本章的后续内容将以 Android 系统作为主要讲解对象，但基本原理和相关测试技术都适用于其他移动终端平台和对应的应用软件。总体来说，移动应用软件是运行于移动设备上的一类新型软件，一般通过图形用户界面操作和传感反馈作为主要的软件交互方式。以 Android 应用软件为例，其主要特点包括：

**多样的交互方式**：用户主要通过直接点击操作完成任务，其他操作包括滑动、轻击、捏合和反向捏合、虚拟键盘等方式与移动应用软件实现交互；用户也可以通过蓝牙或 USB 支持的游戏控制器、全尺寸物理键盘实现交互；用户甚至可以通过语音（如 siri、小爱同学等）实现交互操作。Android 应用软件通过一种所见即所得的方式，对用户输入事件进行即时视觉反馈，同时也可以通过设备的振动功能向用户提供触觉反馈。某些应用软件会使用内部硬件（如加速度计、陀螺仪和距离传感器等）来响应用户一些操作，例如 Android 系统会根据设备的方向将屏幕从纵向调整为横向；在赛车游戏中，Android 系统会根据用户旋转设备的角度来模拟方向盘的控制方向等等。总体来说，由于移动应用软件运行于移动设备之上，交互方式和环境多样复杂。

**多样的移动设备**：在过去的十多年内，Android 系统版本不断演化，已经拥有超过十多种不同的系统版本。因此，在同一个时期，市场上往往同时存在运行着不同系统版本的移动设备。与此同时，由于第三方厂商也会根据自身硬件定制和修改 Android 系统，设备多样性问题更加突出。Android 移动应用软件也因此不得不兼容不同系统版本和硬件（比如不同的屏幕大小、分辨率等），否则会出现在某些移动设备上无法运行或出错的问题，该问题被称为设备碎片化。以 Android 系统为例，根据 Statista 公司在 2019 年第一季度的统计，目前市场上的移动设备运行着 9 种以上的不同主流系统版本，从 Android 4.4 到 Android 9，市场上不同的移动设备型号更是超过了 24 000 种。

**快速的软件版本迭代**：与传统软件不同，移动应用软件面临巨大的市场竞争压力：用户往往对软件功能和提供的内容非常挑剔，在同类软件数量众多的情况下，用户很容易替换掉不满意的应用软件，转而使用其他软件。除了大的软件厂商参与移动市场竞争外，小团队或个人开发模式在移动软件开发领域也非常普遍。因此，为了提高市场竞争力，适应用户和市场需求，移动应用软件的新版本迭代速度明显快于桌面软件。

正是因为移动应用软件具有上述特点，对其测试过程带来了新的困难和挑战。下面我们先介绍业界目前所采用的主要测试手段和测试技术现状，然后阐述在测试过程中所面临的主要困难和挑战。

在移动应用软件行业，人工测试仍然是开发人员和测试人员使用最普遍的测试方法。人工测试比较灵活，能够快速验证软件功能正确性，但往往人力成本较大，测试效率较低。为此，脚本编程测试是业界广泛使用的替代方案。目前，脚本编程测试的主要方法有两类：

①利用测试脚本编程框架和接口编写测试脚本，然后交由测试框架实施自动测试执行和功能检查；

②利用录制回放工具自动化记录和执行测试脚本。

下面就这两种测试方法和技术进行介绍。

**测试脚本编程技术。**这类工具一般提供两类编程接口用于编写测试脚本：一种是用于获取与用户界面相关信息的接口（例如获得屏幕上某些控件的层次结构），另外一种是用于模拟用户与设备交互操作的接口。通过利用这两种接口，开发人员和测试人员可以手工编写用户界面级别的测试脚本。本质上，这些脚本指定了一系列针对不同用户界面控件的事件序列，并在适当的脚本位置插入一些测试预言，从而检查应用软件的功能正确性。这类工具给测试人员提供了很大的便利，减少了重复的手工测试，编写的测试脚本可以重复利用。

**测试脚本录制回放技术。**这类工具在业界也使用比较普遍，主要用于替代手工编写测试脚本，但依赖于自动化测试框架。这类工具降低了编写测试脚本的学习门槛，使得开发人员和测试人员能够轻松编写高质量的测试脚本。而且，不少此类工具能直接支持复杂的用户事件和精确控制事件执行的延时。这些特点为测试复杂应用场景（如测试游戏移动应用）和部分需要精细化操作的场景（如需要缩放地图和照片）提供了极大的便利。

总体来说，脚本编程测试是目前业界实现移动应用软件测试，并提高测试效率的主要手段，在很大程度上降低了手工测试的成本，但在实际使用中仍然存在着一些局限性。此外，移动应用软件的测试也受到其他方面的挑战。具体表现在如下三个方面。

1）脚本编程测试的局限性

脚本编程测试技术和测试脚本录制回放技术很大程度上解决了自动化运行测试脚本的任务，但也存在一些明显的局限性。首先，最突出的问题是由于应用软件的用户界面经常发生变化，经常出现脚本无法顺利执行的情况。而维护此类基于用户界面的测试脚本的成本很高，因此测试人员更倾向于使用手工测试方法。其次，测试脚本录制回放工具为测试脚本自动化生成提供极大方便，但是通过录制生成的测试脚本受限于录制时移动设备的屏幕大小和分辨率，在没有任何修改适配的情况下，生成的脚本很难直接运行于不同屏幕大小的其他移动设备上，而这一点恰恰是自动化测试框架技术可以轻松解决的问题。最后，脚本编程测试方法生成的测试脚本依赖开发或测试人员在适当位置插入测试预言用于检查软件功能正确性，因此仍然需要人工参与。

2）网络基础设施与架构的多样性

网络基础设施与应用架构的多样性也给移动应用软件测试带来了挑战。比如，现代的移动应用软件大部分需要联网操作，而网络在软件使用过程中可能会发生变化，比如可能会在 4G、3G 网络模式下自动切换。另外，用户在不同物理位置区域上，网络设施的稳定性也会不同，比如网络延时、网络掉包、网络服务中断等，这些情况都可能对移动应用的正常运行带来意想不到的影响。然而，如何模拟不同的网络基础设施是相当复杂的测试过程，涉及网络设施的模拟和搭建。在另外一方面，为了满足大众需求和业务需要，如今移动应用架构越来越复杂，很多应用需要和后台服务器、其他联网设备、移动设备进行交互。面对复杂的架构设计，如何实施有效的测试方法也是需要探索和解决的问题。

3）移动设备多样性的挑战

由于 Android 系统每年都会更新，第三方移动设备厂商也会根据硬件和软件需求对 Android 系统进行定制，因此在同一时期市场上存在许多不同系统版本、不同型号和屏幕大小以及不同厂商定制的移动设备。此类现象给移动应用软件的质量保证也带来了很大的挑战，即需要尽可能保证应用软件能够在大部分主流设备上平稳、正确运行。表 15-1 给出了截至 2020 年 6 月移动市场上不同 Android 系统版本共存情况的谷歌官方数据统计。从这个表格可以看到，超过 10%的市场占有率的 Android 系统主版本就超过了 5 种（从 5.0 到 9.0，其中包含多个小版本号）。因此，移动应用软件的开发和测试人员在发布应用之前，至少需要在这几类不同 Android 系统版本的各类型号的移动设备上实施测试，以保证其软件在最大限度下能够正确运行，尽可能减少移动应用兼容性错误。为了应对这一挑战，目前业界提出了不少云测试服务来降低测试成本和复杂度，尽可能早地发现兼容性错误，但是仍然存在很多需要改进的问题，我们将在后文讨论。

**表 15-1　Android 系统版本共存情况数据统计**

| 平台版本 | Android 系统版本代号 | API 版本 | 市场占有率 |
|---|---|---|---|
| 2.3.3-2.3.7 | Gingerbread | 10 | 0.3% |
| 4.0.3-4.0.4 | Ice Cream Sandwich | 15 | 0.3% |
| 4.1.x-4.4 | Jelly Bean | 16-18 | 3.2% |
| 4.4 | KitKat | 19 | 6.9% |
| 5.0-5.1 | Lollipop | 21-22 | 14.5% |
| 6.0 | Marshmallow | 23 | 16.9% |
| 7.0-7.1 | Nougat | 24-25 | 19.2% |
| 8.0-8.1 | Oreo | 26-27 | 28.3% |
| 9.0 | Pie | 28 | 10.4% |

## 15.2　移动应用软件的测试类型

移动应用软件是一类以事件驱动为主要特点的软件，运行于各类移动设备之上，人机交互环境复杂，用户使用方式多样。因此，如何提高移动应用的软件质量一直是业界普遍关心的问题。读者可以参考第 12 章中事件驱动架构测试的相关内容了解更多技术细节。在实践中，测试人员一般需要从多个方面对移动应用进行测试，从不同角度对软件质量进行评估，包括功能测试、性能效率测试、易用性测试、信息安全测试、可移植性测试和网络测试等。这里，前五个测试类型以质量特性的角度考虑，最后一个测试类型（即网络测试）从移动应用软件特点的角度考虑。本节将在移动应用场景下，重点介绍这几类主要的测试类型，并分别从测试目标、主流的测试方法以及代表性的测试工具或服务这三个方面进行介绍。

**1. 功能测试**

1）测试目标

功能测试一般通过对被测软件的特定功能执行对应的测试用例，得到实际测试输出后与预期输出进行比对验证，检查软件功能是否正确且符合预期。这里的预期输出一般来源于软件的功能需求说明。功能测试属于黑盒测试，即在测试过程中不关注软件的内部代码实现细节。换句话说，功能测试并不关注软件中某个模块或者类的函数是否实现正确，而是关注整个软件系统中的某一部分功能是否正确。在移动应用软件的测试场景下，功能测试的目标是验证移动应用的功能是否符合预期。比如，对于一个记事本的应用软件，一个功能测试用例可以是验证该软件是否能正确创建、编辑、删除一个或某几个文件。

2）主流的测试方法

目前业界普遍采用两类测试方法：

①手工测试方式，即手工模拟用户可能使用的场景，结合开发人员或测试人员自己的领域知识/经验，观察验证移动应用软件是否存在功能错误。由于移动应用软件主要以用户界面事件为主要输入，因此手工测试在业界被普遍使用，其优势在于测试过程直观灵活，但其局限性在于测试规模较小，容易遗漏软件错误。

②自动化脚本测试方式，即针对待测的移动应用事先手工编写测试脚本，包括了测试用例和测试预言（即刻画测试预期输出的软件功能检查语句），然后借助测试集成框架实现测试脚本的自动运行。此类测试方法也是业界普遍使用的一种测试方式，其优势在于可以在一定程度上减少重复手工测试的成本，大大提高测试效率。

3）代表性的测试框架和工具

功能测试包括两类主要的测试方法：一方面是采用手工测试方式，除了软件开发公司内部测试人员实施手工测试外，也可以通过更高效的众包测试平台完成。比如主流的云测试平台 Testin 支持大规模众测对移动应用软件实现功能测试。另一方面，目前有不少优秀的脚本测试框架和工具，以及测试脚本录制回放工具支持自动化脚本测试。主流的脚本测试框架和工具有 Robotium、Appium、Calabash 等，它们都能支持 Android 和 iOS 等移动系统平台；针对特定的移动系统平台也有专门的脚本测试框架，比如针对 Android，谷歌公司官方开发了 Espresso、UiAutomator 等脚本测试框架。在实践中，这些测试工具一般采用被广泛使用的编程或脚本语言（如 Java、Python 等），并提供灵活的 API 编程接口供测试人员编写测试脚本，对应的 API 可以直接模拟用户操作与应用软件进行交互，极少数 API 甚至可以支持发送系统事件（如发送短信，或者拨打电话等）；另外，这些测试脚本框架也会提供丰富的测试预言检查 API，供测试人员编写测试结果检查语句。另外测试脚本录制回放工具也有很多，如 Appetizer、Espresso、RERAN 等，但这些工具在录制和回放能力上各有差异。

**2. 性能测试**

1）测试目标

性能测试是一种非功能性测试技术，主要关注移动应用能否提供流畅的用户体验，是移动应用测试中非常重要的一个环节。性能测试事实上涵盖了多方面的性能考量，包括：

①设备性能。设备性能主要关注移动应用软件启动时所需要花费的时间，以及在运行时对设备资源的耗用情况，比如使用移动应用过程中电池续航的时间、内存消耗、CPU 占用和发热量等。

②服务器/API 性能。如果待测移动应用需要和后台服务器进行交互，那么服务器/API 的响应时间对应用软件的性能就影响很大。测试人员需要关注与服务器之间传递数据的效率、从应用软件传递出的 API 请求数量，以及服务器发生故障时应用的响应策略的性能。

③网络性能。对于需要联网的移动应用，网络性能对软件性能也会产生不同的影响，因此需要特别关注网络阻塞、丢包、网络速度、端到端延迟时间等因素对性能的影响。

2）主流的测试方法

与其他测试不同，由于影响性能的因素有很多，因此性能测试是一个相对复杂的过程。一般性能测试需要人工参与观察和统计，基本步骤为：

①测试人员需要事先对待测应用的功能有充分的理解；另外，由于性能测试执行时需要对某些类或函数进行监控，因此测试人员还需要对软件代码的相关接口有了解。

②选择移动应用需要兼容的不同设备和系统版本。

③构建测试脚本（脚本需要覆盖主要功能和使用场景）。

④选择合适的性能监测工具进行测试，如监测内存占用、用户界面帧刷新率、网络响应时间等。一旦发现明显的性能问题，逐步定位问题根源。

3）代表性的测试工具

在性能测试过程中，由于需要通过遍历应用软件的主要功能来监测各项性能指标，因此功能测试的相关工具都可以被使用。在监测具体性能指标过程中，常用的工具有

Android Profiler，该工具可提供实时数据，帮助了解应用的 CPU、内存、网络和电池资源使用情况，帮助定位用户界面过度绘制、CPU 使用热点等问题。国内的一些互联网企业也有专门的内部性能测试方案和工具，如腾讯的 PerfDog、美团的 Hertz 等。

**3. 易用性测试**

1）测试目标

易用性测试（Usability Testing）在移动应用这类以用户界面操作为主要交互方式的软件中尤为重要。易用性测试主要用于检测软件系统的易用性和用户友好性（详细的介绍请参考本书 9.3 节的相关内容）。主要的测试方法是通过让一小部分目标用户"使用"软件系统以发现潜在的易用性缺陷。该测试主要评估待测软件的可用性、用户操作的易用性（比如用户界面操作的复杂程度、用户操作界面的引导是否直观），以及是否满足用户任务等指标，有时也称为用户体验测试。易用性测试之所以重要，是因为移动应用的美观和设计方便程度，对于一个应用发布后是否能够受到用户青睐十分重要。易用性测试的目标是，在开发周期的早期识别出系统中的易用性错误，并可以避免产品出现故障。具体来说，易用性测试主要关注如下几个方面：

①软件的有效性：软件是否容易快速上手使用？软件的内容、颜色、图标是否让人看上去舒适？

②软件的使用效率：用户能否快速到达他们想要使用的功能？用户是否能够在软件中快速搜索需要的内容？

③软件内容的准确性：软件中提供的信息是否是最新的（如是否存在失效的链接、过时的通信地址、联系方式等）？

④用户界面的友好性：软件的功能是否足够直观？是否提供了简单快速的教程？移动应用的易用性测试中，测试人员也需要额外关注软件的可访问性测试（Accessibility Testing），旨在确保应用软件可供听力、色盲、老年等其他特殊群体使用。无障碍功能测试属于易用性测试的一部分。

2）主流的测试方法

易用性测试与软件的实际用户体验相关，因此软件的开发人员或测试人员不能以模拟用户的方式参与测试评估，而是以观察员的身份通过观察实际用户的使用情况来检查潜在的易用性缺陷。根据实际测试实施的方式，易用性测试主要有两类测试方法：

①实验室环境的易用性测试。该测试方法一般在观察员在场的单独实验室中进行，首先观察员会为受测人员分配执行的任务，然后观察员在一旁观察受测人员的行为并报告测试结果。在此测试中，观察员和受测人员都位于相同的物理位置。

②远程易用性测试。在此测试下，观察员和受测人员位于不同的物理位置。受测人员可以远程访问被测软件并执行分配的任务。受测人员的声音、屏幕活动、面部表情均由自动化软件记录下来。观察员事后通过分析这些数据并报告测试结果。除了上述两类主要依靠人工测试方法外，也有一些自动化测试方法，即将部分易用性测试标准（如界

面色差对比度、字体大小等）编制成测试工具，对待测软件实施自动化易用性测试。

3）代表性的测试工具和服务

易用性测试一般在企业中通过招募部分软件用户实地完成（即实施实验室环境的易用性测试），也可以通过一些第三方服务完成（即采用远程易用性测试）。代表性的远程第三方易用性测试服务提供商有 Userzoom、 UsabilityHub、 UXCam，它们都可以支持 Android 应用软件的易用性测试。在自动化易用性测试方面，一些工具通过生成"触摸热图"来支持易用性测试。"触摸热图"用于汇总与应用交互的各种手势（点击、滑动、缩放等）的所有数据，然后将这些数据作为热图呈现出来。这样，观察员就可以很容易地看到用户与应用程序进行交互的具体地方和使用频率。进而定位软件的易用性缺陷。另外，在易用性测试中的无障碍功能测试方面，谷歌公司开发了 Accessibility Scanner 扫描软件易用性缺陷，谷歌在 Espresso 工具中也提供了特定的脚本测试接口，在 Lint 中实现了相关的静态检查规则。

**4. 信息安全测试**

1）测试目标

由于移动应用日益普遍，许多重要的活动都可以通过移动应用完成，如银行转账、支付交易、在线订购等等。因此，确保移动应用的安全性非常重要。安全性测试的主要目的是防止针对移动应用软件的欺诈攻击、病毒或恶意软件感染、尽早发现可能的安全漏洞、非必要的权限许可等。从测试内容上看，移动应用的安全性测试重点关注身份验证、授权、隐私数据安全性、下载包防篡改以及安全漏洞和会话管理等。从测试周期上看，安全性测试会在移动应用软件的整个生存周期的不同阶段（例如设计，开发，部署，升级，维护）使用不同的技术来暴露相关安全威胁。

2）主流的测试方法

软件安全是一个复杂的问题。在移动应用开发的不同阶段，适用不同的安全性测试方法，这些测试方法的有效性也各有差异，往往可以互补找到不同的安全漏洞和缺陷。根据移动应用开发的不同阶段，主要包含如下的一些安全性检查和测试方法：

- 设计审查。在实际代码实现之前，可以通过对照应用场景相关的风险模型，检查设计层面的安全性。比如在开发金融类移动应用软件时，可以检查选择的加密算法是否合适、防篡改设计是否完备。此类检查方法可以在软件开发的初始阶段避免引入软件安全隐患。
- 白盒代码安全性审查。一般由专业的安全工程师通过查看审阅移动应用的代码，发现潜在的安全威胁和漏洞。此类检查方法能发现与特定应用相关的安全漏洞。
- 黑盒安全审计。此类安全性测试方法一般通过测试（动态或静态）的方法发现软件漏洞，不需要查看软件的实际代码。一种比较常见的方式是静态安全漏洞扫描技术，即通过特定的安全漏洞特征扫描软件二进制代码，最终生成一份安全漏洞报告供应用软件开发人员确认。这类工具中的安全漏洞特征，往往来源于一些公开的信息安全测试指南和漏洞数据库。在移动应用领域，比较著名的信息安全测试手册指南有 OWASP 以及谷歌官方的最佳开发实践；一些安全漏洞和缺陷数据库包括 CWE 和 CVE。另外，第三方公司也会提供更新一些安全漏洞报告（如 AppKnox 安全报告、NowSecure 安全报告）。

3）代表性的测试工具

这里我们主要列举一些自动化的安全性测试和检查工具。其中，开源的安全性测试工具有 QARK（Quick Android Review Kit）、MobSF（Mobile Security Framework）、AndroBugs 等。QARK 工具可以查找源代码或打包的移动应用 APK 中的安全漏洞。该工具能够针对其发现的安全漏洞，提供攻击验证实例，这些实例能够验证这些安全漏洞的可利用性。MobSF 工具是一个自动化的移动应用软件安全性测试框架，支持不同的移动平台（包括 Android / iOS / Windows），可以实施注入测试、恶意代码分析和安全评估。MobSF 同时支持静态和动态分析，可以直接扫描移动应用程序二进制文件（如 APK）以及压缩的源代码，并且提供了 REST API，可以与 CI / CD 或 DevSecOps 等开发流程无缝衔接。其中，动态分析工具模块可在移动应用执行运行时实施安全性评估和交互式插装测试。另外，一些商业工具也提供安全性测试服务和工具，包括奇虎 360、Synopsys 等。

**5. 可移植性测试**

1）测试目标

可移植性测试是移动应用测试中一个必不可少的测试环节。以 Android 为例，由于 Android 系统版本经常迭代更新，各个手机厂商又会根据自己的硬件和软件需求对 Android 系统进行定制。因此，在同一时期，市场上会存在不同的 Android 系统版本（称为碎片化现象）。可移植性测试的主要目标是确保移动应用软件在不同的主流移动设备上能够正确安装、启动和卸载，以及能够正确、平稳地运行。考虑到移动应用的开发人员在开发应用时一般限定在某个特定的 Android 系统版本之上，在应用软件发布之前，确保软件能够兼容不同的移动设备、系统版本、屏幕大小、分辨率等参数尤为重要。

2）主流的测试方法

移动应用可移植性测试方法主要有如下两类：

- 人工测试和众包测试。测试人员在不同型号的移动设备对应用软件的主流程和主功能进行遍历，观察主要的应用功能和界面是否正常。如果发现软件错误，就需要通过不同设备上对比确认是否该错误与特定参数（如设备型号、操作系统、屏幕大小）等相关，并准确定位出错误产生的原因，最后把错误报告提交给开发人员。此类人工测试方法具有较强的灵活性，但局限性在于人工测试时间成本和设备成本较高。除了传统的人工测试，目前众包测试也是比较流行的人工测试方法，即将测试任务分发到个体，由个体完成或者由个体之间协作完成，提高测试效率和效果。

- 第三方自动化云测试服务。第三方云测试服务是一种目前主流的兼容性测试解决方案，测试人员只需要将移动应用提交到云测试平台，选择特定的移动设备，就可以实现兼容性测试。整个过程不需要人工干预，云测试服务在后台会自动把应用软件部署到各类移动设备上运行，大大节省人力和设备成本。但与人工测试相比，云测试并不能充分覆盖特定的应用功能和使用场景，可能会遗漏部分兼容性错误。

3）代表性的测试工具

针对兼容性测试，目前国内外有许多优秀的第三方云测试平台。以国内为例，目前主流的云测试平台包括 Testin、阿里巴巴的 MQC、百度的 MTC、腾讯的 WeTest、华为的 MobileAPPTest 等。国外也有很多优秀的云测试服务，包括谷歌官方的 Firebase、亚马逊的 AWS Device Farm、微软的 Xamarin 等。

**6. 网络测试**

1）测试目标

网络测试的主要目的是模拟不同的网络环境和质量，检测应用软件的健壮性、易用性和稳定性。根据不同的测试目标，可以细分为：

①弱网测试；

②无网测试；

③异常机制测试。

主要测试的指标包括：弱网环境下的应用软件功能、响应时间、异常反馈等；无网环境下的页面呈现、数据完成性和会话的一致性等；异常机制下异常信息的处理、容错和重连机制的稳定性等。在原理上，网络测试主要通过特定设备和工具模拟各种网络环境，如低速网络信号、网络时断时续，网络切换以及无网络等，对移动应用进行异常测试。

2）主流的测试方法

网络测试的实施依赖于特定测试环境和设备的搭建。从构建环境角度，目前业界普遍采用两种主流方案实施网络测试：

①通过将移动设备连接到 PC 上进行网络测试。基本思路是通过在 PC 上安装特定的网络抓包工具，然后再将移动设备的网络代理设置为 PC，通过在 PC 上的控制网络延时模拟不同的网络环境，比如可以模拟 2G、Edge、3G、4G、5G 等不同网络类型。

②在专有服务器上构建网络 Wi-Fi，移动设备连接该 Wi-Fi 进行网络测试，可以方便模拟网络延迟、掉包等情况。

3）代表性的测试工具

针对移动应用的网络测试，主要的测试工具都是用于辅助模拟不同的网络环境。比如，在 PC 上实施网络测试时，可使用的工具有 Fiddler、Charles、NET-Simulator 等，其基本思想是通过网络抓包模拟控制网络环境。在专用服务器上构建网络 Wi-Fi 实施网络测试时，可使用的工具有 Facebook 的 ATC、腾讯的 Wetest-WiFi 和 QNET，这些工具都大大简化了构建不同网络的难度和成本。值得一提的是，腾讯的 QNTE 工具解决了在移动设备上进行网络测试的痛点，该工具无需 ROOT 手机，无需连接数据线，以独立应用软件的方式，为用户提供快捷、可靠、功能完善的弱网络模拟服务。

## 15.3　移动应用软件功能测试案例

本节主要以 Android 系统原生应用照片管理（Photos）为案例，介绍移动应用软件的功能测试。

1）原生应用照片管理（Photos）简介

Photos 是由谷歌公司开发的原生应用，主要用于管理、查看和存储个人照片和视频文件。登录谷歌账户后，Photos 应用能够额外提供其他丰富的功能，如将照片和视频同步到云、编辑图片等。

照片管理包含的主要基本功能有：新增照片、删除照片、编辑照片、查看照片。设计测试用例如表 15-2 所示。

**表 15-2　功能测试用例表**

| 序号 | 用例名称 | 操作步骤 | 步骤描述 | 预期结果 | 实际结果 | 结果 |
|---|---|---|---|---|---|---|
| 1 | 新增照片 | 1 | 使用安卓手机的相机拍摄一张照片 | 照片管理应用中包含刚拍摄的照片 | 照片管理应用中包含刚拍摄的照片 | 正确 |
| | | 2 | 在手机的照片管理应用中查看是否存在刚拍摄的照片 | | | |
| 2 | 删除照片 | 1 | 在手机的照片管理应用中选择需要删除的照片 | 照片被成功删除 | 照片被成功删除 | 正确 |
| | | 2 | 点击“删除”按钮 | | | |
| | | 3 | 确认将照片删除 | | | |
| 3 | 编辑照片 | 1 | 在手机的照片管理应用中选择需要编辑的照片 | 照片被成功裁剪 | 照片尺寸未发生任何变化 | 错误 |
| | | 2 | 单击“编辑”按钮 | | | |
| | | 3 | 将照片进行裁剪 | | | |
| | | 4 | 确认照片的修改 | | | |
| 4 | 查看照片 | 1 | 在手机的照片管理应用中点击需要查看的照片 | 照片按照正常比例显示，且照片下方显示可进行的操作 | 照片按照正常比例显示，且照片下方显示可进行的操作 | 正确 |

2）典型的功能测试场景

在不登录谷歌账户的配置下，Photos 应用软件可以配置为本地版本。此时，该应用软件提供三种典型的应用场景，包括：

①查看图片，如通过系统原生照相机应用软件拍摄照片后，打开 Photos 即可查看到拍摄到的照片；

②删除图片，如通过长按某个或某几张照片，然后从菜单选项中选择“删除”照片；

③分享图片，如通过长按某个或某几张照片，然后从菜单选项中选择“分享”照片，然后在系统弹出的选择框中选择需要使用的其他应用，如 Messager 应用软件（发送短信消息）、Gmail 应用软件（发送邮件信息）。

3）典型的功能测试方法

在移动应用软件的功能测试下，主流的人工测试方法就是通过人工完成上述三种典型的应用场景，并观察执行结果判断是否功能正确。其中场景①和③都需要和第三方应用软件结合使用才能完成功能测试，而场景②可在 Photos 应用本身上完成功能测试。在另一方面，为了提高测试效率，利用脚本编程框架和工具实现自动化测试也是一种主流的测试方法，需要测试人员自己编写和维护测试脚本。比如在此案例中，为了测试上述三种典型的应用场景，测试脚本需要通过选定的脚本测试框架，如 Robotium 或 Appium，通过调用适当的 API 接口实现与用户界面控件（如按钮、菜单等）的交互（如单击、长按等），并完成一系列的操作，再最终编写测试结果检查（如在 Photos 中只有一张照片的情况下，删除一张照片后，检查照片的数量应为 0）。

# 第 16 章　物联网软件系统测试

随着物联网的迅速发展，物联网系统的质量保障特别是安全保障成为物联网发展的关键环节。物联网测试技术和传统软件测试技术相比，从关注点以及测试技术都有全新的变化。本章将从三个方面针对物联网测试展开阐述：物联网架构特别是安全架构的简介、物联网一般测试类型以及一种异于传统软件测试技术的物联网渗透测试技术。

## 16.1　物联网简介

物联网（The Internet of Things，IoT）是指能够让所有的被独立寻址的普通的物理对象实现互联互通的网络，是一个在互联网、传统电信网等基础上的信息承载体。它具有三个典型的特征：普适服务智能化、自治终端互联化以及普通对象设备化。

物联网的起源是传媒领域，这也是信息科技产业的第三次革命。感知层、网络传输层以及应用层是物联网应用的三项关键技术。从通信对象和过程来看，物联网的核心是物与物、人与物之间的信息交互。这种信息交互具有整体感知、可靠传输、智能处理的基本特征。

物联网的基础仍然是互联网，是在这个基础之上进行延伸和扩展的。而这种延伸和扩展到了任何物品之间，物品和物品之间可以进行信息的交换和通信。所以，物联网就是通过各种信息传感设备，如红外感应器、激光扫描器、射频识别技术、全球定位系统等，根据相应的协议将物品和互联网相连，进行通信和交换信息，进而实现智能化感知、监控、管理的网络。由于嵌入式设备的设计实现过程中从未考虑将自身和公共互联网连接，所以 IoT 设备和嵌入式设备之间有本质的区别。然而在物联网中可以应用很多嵌入式中的技术。

考虑到物联网是一个较为复杂的网络结构，下面我们简要介绍物联网的一种架构以便更清晰地了解物联网测试面临的困难与挑战。物联网的安全架构分为设备层、通信层、云平台和全生存周期管理层。

**1. 物联网安全架构的设备层**

设备层是指在部署物联网的解决方案时所使用到的硬件，即“物”的实体。设备层涉及的保护措施主要包括：物理安全、芯片安全以及安全引导。目前，为了提高设备层的安全性，OEM（Original Equipment Manufacturer，原始设备制造商）、ODM（Original Design Manufacturer，原始设计制造商）等厂商在不断地增加物联网中软硬件的安全特性。物联网安全架构的设备层具有以下两项原则：

①处理复杂的、安全性要求高的任务的前提条件是设备智能化。目前，很多工具、配件等的终端设备通常是通过一个微处理器驱动，通过以太网或 Wi-Fi 等来和服务器进行信息交换，却不可以处理更为复杂的网络连接，由此也不能用来处理物联网应用中的任务。所以，能够处理物联网应用中的任务的设备需要能够进行加密、认证、代理、缓存、防火墙等服务，且支持现场操作的智能化设备。

②边缘处理应具有安全优势。边缘处理是指这些智能化的设备能够在本地处理数据，而不需要将数据上传到云端。

**2. 物联网安全架构的通信层**

通信层是指安全发送/接收数据的媒介，即物联网解决方案中的连接网络。通信层主要涉及的保护措施包括：数据加密、访问控制等。敏感数据在物理层、网络层、应用层之间进行传输时，不安全的通信信道很容易遭到 MITM 攻击。物联网安全架构的通信层具有以下两项原则：

①启动与云端的连接安全保障。当防火墙端口向网络打开的瞬间，设备就会面临着从网络来的巨大风险。另一方面，在大多数情况下，由于需要启动与云端的连接，促进双向通信，让设备被远程控制也十分必要。这样启动和云端的连接安全更加需要保障。

②信息的安全保障。物联网设备的通信安全，无论信号是从设备端上传还是下载到设备端，其安全性都值得重视。通常在物联网的设备中，消息的传递及访问权限的设置在通信层上有着强大的作用。每个消息都可以根据合适的安全策略进行处理，可以实现控制消息流的安全传输。

**3. 物联网安全架构的云平台层**

云平台层是指物联网解决方案的后端，主要用于对接收到的数据进行分析和处理。云平台层涉及的保护措施主要有：数字证书、完整性校验。物联网安全架构的云平台层具有的原则为：设备需要具备识别、认证和加密的功能。在访问云端服务时，数字证书的使用不仅可以验证事务，还能在身份认证发生之前将设备到云端的通道进行加密。由于数字证书使用的是非对称的加密，还能提供加密标识，而使用用户名/密码的方式很难达到相同的效果。

**4. 物联网安全架构的全生存周期管理层**

全生存周期管理层是指保证从设备制造、安装到物品处置的整个过程中都有足够高的安全级别，是一个整体性的层级。整个生存周期中主要包括的环节有：设计、策略执行、定期审核、供应商控制等。物联网安全架构的全生存周期管理层需要的安全原则是：远程控制和更新的安全保障。这项原则的关键是保证设备禁止其他设备的连接，即使该设备可以进行双向连接并能得到正确的保护。在这种情况下，应该仍然使用消息交换机作为通信的通道并采取正确的措施。

通过上述对物联网一个安全架构的描述可以了解到，和传统测试方法不同，在物联网测试中面临如下几类挑战：

**软硬件协同网络挑战**。物联网是一种结构性的网络，其中各种软硬件紧密耦合，不仅仅是软件的应用，传感器、通信网关等设备也发挥着重要的作用。与通用系统的测试相比，只有传统的功能、性能测试不足以完成整个系统的验证。所以物联网的测试会更加烦琐。

**模块交互强连接挑战**。由于物联网会涉及不同的软硬件组件之间的体系结构，因此，测试必须接近各种实际的情况。当不同的模块之间进行强连接交互，相互融合时，安全性、兼容性等问题都是测试过程中会遇到的挑战。

**实时数据测试挑战**。因为监管测试和试点测试都具有强制性，所以得到实时的数据在测试过程中是非常困难的。测试人员获得监管点也是非常困难的，因此，物联网测试过程中的实时数据测试对测试团队来说也是一大挑战。

**网络可用性测试挑战**。由于物联网中网络连接有着重要的作用。我们需要在不同的网络环境下进行测试，主要目标是在网络中更快地传输数据。这样我们就需要通过改变网络负载、连接和稳定性等网络可用性指标进行测试，而且网络是一个开放的环境，很难判断网络使用场景带来的复杂性。

由此，物联网测试的方法根据系统和架构的不同而有所不同，我们将在下节介绍物联网的几种测试类型。

## 16.2　物联网的测试类型

在实践中，测试人员一般需要从多个方面对物联网进行测试，包括：可用性测试、物联网安全测试、性能测试、兼容性测试、监管测试等。本节将在物联网应用场景下，重点介绍这几类主要的测试类型。

**可用性测试**。物联网中设备众多，应用程序也多。测试人员需要对物联网设备及其应用程序的每一个功能、数据处理、消息传递等方面进行测试。另一方面，物联网还应时刻保持互联相通。建立设备的连接，数据的传输以及消息任务的传递都应该是流畅的。最关键的是不管什么时候都不应该有数据丢失。

**物联网安全测试**。物联网是以数据为中心的，所有设备的连接和操作都基于可用的数据，当数据在设备之间进行交换时，数据就很容易在交换过程中被截取，所以在测试过程中就需要检查数据从一个设备传输到另一个设备时是否被保护或加密。除此之外，物联网的安全还包括非法访问之类的访问控制安全测试。

**性能测试**。物联网性能测试通过各种自动化的测试工具模拟各种正常的、异常的、峰值的条件对物联网应用的性能指标进行测试。性能测试包含了负载测试和压力测试等，或者两者结合进行。

**兼容性测试**。由于物联网系统的架构十分复杂，因此，很有必要进行兼容性测试。物联网兼容性测试的内容主要包括：操作系统、浏览器、设备、通信模式等的各种版本。

**监管测试。**物联网的监管测试是指物联网系统测试过程中需要通过多个监管合规的检查点。虽然有的产品通过了所有的测试步骤，但是在最终的合规性检查中却失败了，所以在测试周期刚开始时就需要满足监管的要求。

## 16.3 物联网渗透测试技术

本节介绍针对物联网安全问题的物联网渗透测试。和传统软件测试不同的是，物联网渗透测试是指为了发现系统最脆弱的环节，对目标系统的安全性做更深入的探测，通过模拟黑客可能使用的漏洞发现技术和真实的攻击技术进行测试。物联网渗透测试旨在提高物联网的安全性，而不是为了破坏系统。物联网渗透测试不影响目标系统的可用性。

事实上，物联网渗透测试是一个完整的、系统的测试过程。根据渗透测试执行标准，物联网渗透测试主要有以下几个步骤：

**威胁建模（固件、嵌入式网络、移动应用）。**威胁建模是分析应用程序安全性的一种方法。它是通过辨别目标中的漏洞进而优化系统安全，然后界定减轻或者是防范系统威胁发生的方法的过程。威胁建模是在软件设计阶段之后，软件部署阶段之前开展的一次演练，因此，它同软件开发存在着一定的联系。威胁建模通常是由开发团队、运维团队、安全团队在软件发布之前开展的，采取的措施一般包括：绘制数据流与网络图、绘制完整的端到端数据流图等。

需要提出的是，威胁建模是对代码安全审查过程的补充，而不是代码审查的方法。它是一种能够辨别、量化并解决应用程序相关安全风险的结构化方法。现代的威胁建模并不是从防御者的观点来看待系统，而是从潜在的攻击者的角度来看待。微软已经将威胁建模作为 SDLC 的核心组件。当在 SDLC 之外执行源码的分析时，威胁建模通常采用深度优先或广度优先的方法帮助降低源码分析的复杂性。威胁建模主要应用在以下几个方面：固件威胁建模、物联网应用威胁建模、物联网移动应用威胁建模、物联网设备硬件威胁建模、物联网无线电通信威胁建模。

**漏洞利用（固件、嵌入式网络、移动应用）。**漏洞利用是指测试者根据具体的漏洞实施一次漏洞攻击的过程，其中，漏洞攻击程序是利用漏洞实施攻击的一种具体体现。漏洞利用是以脚本的形式呈现的，例如：Perl、Ruby、PHP 等。但是在漏洞利用的过程中也可能存在危险的漏洞利用的情况，比如：蓄意的错误或不完整的源代码、由于环境变化导致的行为不一致、免费的包含恶意的代码等。渗透测试漏洞利用应用最广泛的框架是 Metasploit 框架。

**攻击技术（物联网设备、无线电）。**物联网的攻击主要有硬件接口、暴力破解、云端攻击、通讯方式、软件缺陷、管理缺陷六种攻击方式。物联网设备的硬件攻击方法包括：信息搜集与分析、设备的外部分析与内部分析、通信接口识别、采用硬件通信技术获取数据、基于硬件漏洞利用方法的软件漏洞利用等。

具体的物联网渗透测试流程分为四个阶段：信息搜集、分析、开发和报告，如图 16-1 所示。

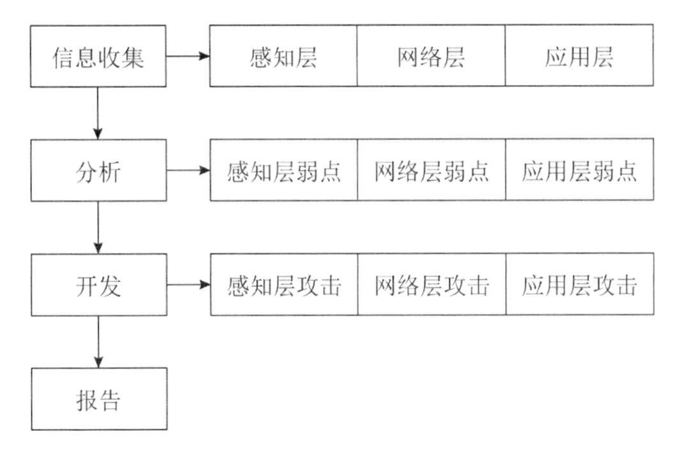


图 16-1　物联网渗透测试流程

**1. 信息搜集**

对于物联网来说，初始阶段的信息搜集非常关键，通过探知物联网的感知层、网络层和应用层的相关信息进行信息搜集。在感知层收集的信息包括物理环境（如节点位置、节点类型、类型连接方式、通信协议类型、拓扑结构、节点上操作系统的类型、安全机制等）漏洞信息。较为常见的扫描漏洞的工具有开源的 Nmap、Nessus 等。在网络层，则是利用网络攻击工具如 wirelessatck 套件、aircack 等采集网络类型、连接类型、网络安全机制、通信类型和传输协议漏洞等信息。在应用层，则是收集关于操作系统类型、端口服务信息、访问控制类型、系统配置等漏洞信息。此外还会收集一些例如 DNS 信息、邮件列表等信息。比如 DNSenum 和 Fierce 以收集 DNS 信息闻名，而 Harvester 可以收集邮件列表信息。

**2. 进行分析**

分析阶段则是对收集到的信息进行分类、组织、分析进而识别出目标的攻击路径，并且尝试获得目标的访问权限。

**3. 针对性开发**

开发阶段则是针对已经分析出来的可攻击路径模拟真实的攻击，在感知层通过非法读取节点信息、嗅探节点间的信息路由、伪造克隆破坏节点数据等方式进行攻击。在网络层则是对信号重放、信号伪造或者信号劫持等进行干扰和攻击目标。在应用层则是对 Web 应用程序、软件缓冲区以及密码等进行攻击。常用的工具包括 Metasploit、W3af 等。

**4. 生成报告**

一个成功的渗透测试能够发现漏洞，并提供日志报告，以便提高未来的物联网的安全性。

但是，我们也要知道，虽然物联网渗透测试已经被广泛应用于物联网的安全评估中，但通常需要花费大量的成本和时间。物联网渗透测试自动化方法可以提高效率，值得我们去关注。

# 第 17 章　大数据系统测试

随着大数据和云计算的飞速发展，信息时代也发生了历史性的转变，如何测试大数据成为新兴的课题，目前仍在研究中。 本章将从三个方面展开阐述：大数据的简介和测试面临的挑战、大数据相关测试技术和方法以及介绍大数据测试中数据清洗功能测试和机器学习功能测试示例。

## 17.1　大数据简介

大数据（Big Data）是将包含结构化、非结构化甚至多结构化的海量数据进行整合，并通过对这些数据的分析来发现数据中隐藏的相关信息，进而优化业务和管理。所谓“海量”数据是指一种规模大到在获取、存储、管理、分析方面大大超出了传统数据库软件工具能力范围的数据集合。

一般来说，大数据和云计算是不可分割的两个部分。云计算是大数据的基础。大数据必然无法用单独的一台计算机进行处理，必须采用分布式架构。大数据的特色在于对海量数据进行分布式数据挖掘，所以它必须依托于云计算的分布式处理、分布式数据库和云存储、虚拟化技术上。一般企业在部署云计算后，通过云来整合内外数据资源，才可能进行大数据分析。而大数据需要特殊的技术，以便有效地处理这些海量数据。所谓有效则是指可以在“可容忍的时间范围内进行处理”。适用于大数据的技术，包括大规模并行处理（MPP）数据库、数据挖掘、分布式文件系统、分布式数据库、云计算平台、互联网和可扩展的存储系统。一般来说，大数据产品具有如下四个特征：

**数据类型多样。**数据的类型也是多样化的，不仅仅是文本形式，也有图片、视频、音频等多类型的数据。传统的数据我们称为结构化的数据，因为它们能够规范地写入数据库中。而文本、图片、视频和音频等数据必须经过额外的处理才能够支持数据的分析。这些数据我们称为非结构化的数据。在大数据时代，结构化、非结构化或者多结构化的数据成为常态。

**数据体量巨大。**大数据具有海量的数据规模。在大数据领域，需要处理海量的低密度的非结构化数据，在实际应用中，大数据的数据量通常高达数百 TB，甚至数十 PB（1PB=1024TB）。例如 Twitter 数据流、网页或移动应用点击流，以及设备传感器所捕获的数据等等。在百度首页导航每天需要提供的数据超过 1.5PB。（数据最小的基本单位是 bit，按顺序给出所有单位：bit、Byte、KB、MB、GB、TB、PB、EB、ZB、YB、BB、NB、DB。）

**处理速度高速。**为了这些海量数据能够得到有效的处理，获得其价值，要求数据处理遵循“1 秒定律”，可从各种类型数据中快速获得信息。这其实就要求这些数据几乎能够被实时地接收和处理，才能满足大数据应用的需求。

**价值密度低。**正是因为数据大量的存在，可能有用的数据分散在其中。例如一个小时的视频，有可能有用的数据只有几秒钟。

正是因为大数据具有以上的特点，对其测试过程带来了新的挑战和困难。简单来说，大数据测试是对大数据应用程序的数据质量进行检测的过程。由于我们难以使用传统计算技术来处理大型数据集合，因此传统的数据测试方法不适合被实施到大数据上。

大数据测试面临的挑战具体如下：

**数据的多样性和不完整性。**如今许多企业根据日常的业务所需，存储了数十亿字节的数据。测试人员必须审核这些海量数据，以确认它们的准确性和与业务的相关性。显然，即使企业拥有数百名测试人员，也无法通过手动测试的方式，来处理这种量级的数据。自动化数据处理工具成为必然的发展方向。通过这些自动化工具，测试工程师只需要为大数据应用程序创建和执行自动化测试用例，就可以去检测海量数据的有效性。

**高度扩展性。**随着业务访问量的显著增加，大数据应用程序的后端数据库，可能会在可访问性、处理能力甚至是网络连接上，受到严重的影响。即使是那些针对处理海量数据而开发的分布式应用，也可能会因为受到拒绝服务（DoS）攻击或 CC（Challenge Collapsar）攻击，而无法处理正常的业务请求。

**测试数据管理。**自动化工具往往只能从通用的层面上，针对大数据应用场景，实现数据的迁移、处理和存储测试。如果测试人员并不理解待测的业务、组件和数据，那么他们将很难得到有价值的测试结果和洞见。

大数据测试，在当前的测试领域是一个相对比较新的领域，而且难度也非常大。测试大数据应用更多的是对其数据处理的验证，而不是测试软件产品的单个特性。大数据测试从某种意义上来说和人工智能测试有点类似，测试数据的量比较大，又不像传统测试那样容易定义。另外大数据测试人员还必须懂得大数据的专业工具，比如 Hadoop、HDFS、HiveQL、Pig 等，同时最好也需要懂 Python 等语言，对测试人员的综合要求非常高。

## 17.2 大数据测试技术

大数据测试是指测试工程师为了对 TB 级的数据验证其是否成功被处理而使用的集群以及其他组件。而大数据的测试更多的是验证应用程序的数据处理能力，并不是软件产品的某个功能。所以，大数据测试的关键是功能测试和性能测试。由于大数据处理需要非常快，所以测试需要更高水平的技能。

首先，我们来看针对大数据质量检测的策略：

- 功能测试（Functional Testing）：前端应用测试能够为数据的验证提供便利。例如，我们可以将前端应用程序所产生的实际结果，与预期的结果进行比较，以深入了解目标应用框架及其各个组件。

- 性能测试（Performance Testing）：大数据的自动化，能够方便我们在不同的条件下测试目标应用的性能。例如，我们通过使用不同种类和数量的数据，测试应用程序，进而确保所涉及的组件的确能够为大数据集合提供有效的存储、处理以及检索功能。
- 数据提取测试（Data Ingestion Testing）：通过测试性地提取数据，我们可以验证并确保所有的数据，均能在大数据应用中被正确地提取和加载。
- 数据处理测试（Data Processing Testing）：在针对大数据的处理策略上，我们需要运用数据自动化工具，重点关注数据的获取与处理过程，通过比较输出文件和输入文件，来验证业务逻辑是否能够被正确地实现。
- 数据存储测试（Data Storage Testing）：借助大数据自动化测试工具，测试人员可以通过将输出数据与数据库中的数据进行比较，来验证输出数据是否已正确地被加载到了数据库中。
- 数据迁移测试（Data Migration Testing）：每当应用程序被迁移到其他服务器，或发生任何技术变更时，我们都需要通过软件测试，来验证数据从旧的传统系统，被迁移到新系统的过程中，所经历的停机时间最少，而且不会造成任何数据丢失。

可以看出，在大数据测试中有很多跟传统测试相似的地方，但是难度却增加了不少。在大数据测试中的关键依然是性能和功能测试。由于大数据的处理具有以下三个特征：实时性、大批量、可交互。那么大数据测试的一个重要维度是数据的质量。数据的质量涉及数据的准确性、重复性、一致性、有效性、完整性和连贯性等。所以，保证数据的质量作为数据库测试的一部分在应用程序进行测试之前是十分必要的。另一方面，大数据测试需要相应的数据计算处理平台的配合才可以更加有效地实现对数据的挖掘与处理。采取数据提取工具来获取相关的数据，并将数据传送到对应的预处理数据库中。例如海量数据类型，如：事务性数据、系统的日志文件、流数据、社会数据等。然后可以在 Hadoop 中进行数据的互相操作及处理，并将这些经过预处理的数据送到大数据处理系统中再进行处理。

大数据测试流程大体分四个阶段：

- 用户使用——参与用户的数量。

随着网络技术的发展，网络用户的数量也逐渐增加，因此用户使用过程中产生的数据也在不断增长。而大数据的用户数量则是达到了 TB 级别的。

- 数据收集——主动式数据收集方法。

大数据的数据收集主要是运用数据库来接收以下几方面的信息：用户的数据信息、事务的数据信息、Web 客户端的数据信息等。用户可以通过数据库对信息进行查询、处理、提取等工作。此类数据库主要有：MySQL 和 Oracle 等传统的关系型数据库，也有

Redis 和 Mongo DB 等新型数据库。而大数据在数据信息的收集过程中最主要的特点就是并发数高。

- 大数据分析。

大数据分析则是将大量的来自前端的数据导入到一个大型的分布式数据库中，并利用分布式技术对这些数据进行查询和分类汇总等操作，来实现大多数的分析需求。在实现大量数据的分析处理之后，产生的数据将被存储在数据仓库或大数据系统中，而大数据系统将会对这些数据进行分析和处理，从中提取出和用户相匹配的信息。

数据分析阶段主要是需要确保数据处理能够顺畅地进行，对数据能够进行有效地处理和分析，进而得出较好的数据管理策略，并能根据逻辑策略得到相应的建议。在该阶段中最大的特点和挑战就是导入的数据量以及查询等操作涉及的数据量都非常多。目前，使用最为广泛的工具是以离线分析为主的 Hadoop。

- 缺陷挖掘。

从海量数据中发现缺陷及相同特征的缺陷。数据挖掘一般是指在现有的数据基础上进行各种算法的计算，达到预测的效果，从而能实现一些高级别的数据分析需求。数据挖掘一般是没有什么预先设定好的主题的。该过程的主要特点就是算法非常复杂，涉及的数据量及计算量都非常大。其中，比较典型的算法有：K-means、SVM、Bayes 等。较常使用的工具有：Hadoop 的 Mahout 等。

下面我们将给出几款目前公认比较实用的大数据测试工具：

- Hadoop。作为开源框架的 Hadoop，不但可以存储大量各种类型的数据，而且具有分布式处理海量任务的能力。当然，测试工程师在采用 Hadoop 进行大数据性能测试时，应事先具备一定的 Java 知识。
- HPCC。高性能计算集群（High-Performance Computing Cluster，HPCC）是免费且完整的大数据应用解决方案。通过提供具有高度可扩展性的超级计算平台，HPCC 不但能够提供高性能的架构，而且支持测试中的数据、管道以及系统的并发性。当然，测试工程师在使用 HPCC 之前，应具备一定的 C++和 ECL 编程基础。
- Cloudera。Cloudera 通常被称为 CDH（Cloudera Distribution for Hadoop）。它是企业级技术部署的理想测试工具。作为一个开源的工具，它提供了免费的平台发行版，其中包括：Apache Hadoop、Apache Impala 和 Apache Spark。易于实施的 Cloudera，不但具有较高的安全性和管理能力，而且能够方便测试团队收集、处理、管理和分发海量的数据。
- Cassandra。Cassandra 是一款免费的开源工具。凭借着高性能的分布式数据库，它可以处理商用服务器上的海量数据，因此常被业界许多大型公司用来进行大数据的测试。而作为最可靠的大数据测试工具之一，Cassandra 提供了自动化复制、线性可扩展性、无单点故障等服务。
- Storm。Storm 也是免费的开源测试工具，Storm 支持对于非结构化数据集的实时处理，并且能够与任何编程语言相兼容。Storm 通过可靠的扩展性和防错能力，来准确地处理任何级别的数据。这款跨平台工具提供了包括日志处理、实时分析、机器学习以及持续计算等方面的多种用例。

## 17.3　大数据功能测试案例

一个典型的大数据分析系统可以分为数据准备模块、分析支撑模块、数据分析模块以及流程编排模块。我们以数据准备模块中的数据清洗功能测试，以及分析支撑模块中的机器学习功能测试为例来介绍大数据测试的特征。

**1. 数据清洗功能测试**

大数据分析系统的数据准备模块的测试要求包括数据抽取功能测试、数据清洗功能测试、数据转换功能测试和数据加载功能测试。其中数据清洗功能测试要求如下：

- 应测试大数据分析系统数据准备模块是否支持数据一致性（QX1）；
- 应通过进行无效数据值删除、修正等操作测试大数据分析系统数据准备模块是否支持处理无效值（QX2）；
- 应通过填充缺失值或删除缺失值对应数据条目等操作测试大数据分析系统数据准备模块是否支持处理缺失（QX3）；
- 应通过合并重复数据或者删除重复数据等操作测试大数据分析系统数据准备模块是否支持处理重复数据（QX4）；
- 应测试大数据分析系统数据准备模块是否提供清洗前后的数据比对功能（QX5）；
- 应测试大数据分析系统数据准备模块是否支持逻辑矛盾、关联性验证、不合理数据的清洗（QX6）。

对应的测试内容见表 17-1 至表 17-6。

**表 17-1　QX1 测试内容**

| 测试项 | 数据映射、数据比对 |
|---|---|
| 测试项标识 | QX1 |
| 功能要求 | 大数据分析系统数据准备模块支持数据一致性 |
| 测试要求 | 数据已经抽取到分析系统的结构化存储。对数据表中的数据进行检查，分析数据一致性。筛选出不一致的数据，对不一致的数据进行处理 |

**表 17-2　QX2 测试内容**

| 测试项 | 条件过滤、去除重复字段 |
|---|---|
| 测试项标识 | QX2 |
| 功能要求 | 大数据分析系统数据准备模块支持处理无效值 |
| 测试要求 | 数据已经抽取到分析系统的结构化存储。对数据表中的数据项进行检查，删除或修改数据中的无效值 |

表 17-3　QX3 测试内容

| 测试项 | 条件过滤、去除字段、补全字段 |
| --- | --- |
| 测试项标识 | QX3 |
| 功能要求 | 测试大数据分析系统数据准备模块支持处理缺失 |
| 测试要求 | 数据已经抽取到分析系统的结构化存储。对数据表中的数据记录进行检查，删除存在缺失值的数据记录或将缺失值补全 |

表 17-4　QX4 测试内容

| 测试项 | 条件过滤、去除重复字段、记录合并 |
| --- | --- |
| 测试项标识 | QX4 |
| 功能要求 | 测试大数据分析系统数据准备模块支持处理重复数据 |
| 测试要求 | 数据已经抽取到分析系统的结构化存储。对数据表中的数据记录进行检查，删除或合并重复数据记录 |

表 17-5　QX5 测试内容

| 测试项 | 数据替换、数据拆分、数据连接 |
| --- | --- |
| 测试项标识 | QX5 |
| 功能要求 | 大数据分析系统数据准备模块具有清洗前后的数据比对功能 |
| 测试要求 | 数据已经抽取到分析系统的结构化存储并经过了数据清洗模块的处理。提供清洗前数据信息和清洗后数据信息的自动比对或人工比对功能，并输出数据清洗前后变化结果 |

表 17-6　QX6 测试内容

| 测试项 | 自定义规则、逻辑矛盾检查、关联错误检查、不合理数据检查 |
| --- | --- |
| 测试项标识 | QX6 |
| 功能要求 | 大数据分析系统数据准备模块支持逻辑矛盾、关联性验证、不合理数据的清洗 |
| 测试要求 | 数据已经抽取到分析系统的结构化存储<br>对数据表中的数据进行检查，分析数据逻辑，删除或修改存在逻辑矛盾的数据；对数据表中的数据进行检查，分析数据关联性，删除或修改存在关联性错误的数据；对数据表中的数据进行检查，分析数据合理性，删除或修改不合理的数据 |

**2. 机器学习功能测试**

数据分析系统的分析支撑模块的测试要求包括查询功能测试、机器学习功能测试、模型评估功能测试、统计分析功能测试和可视化功能分析。其中机器学习功能测试又分为数据管理功能测试和支持算法测试，具体的测试要求如下。

**数据管理功能测试要求：**

- 应测试大数据分析系统分析支撑模块是否能够将输入数据划分为训练集、验证集和测试集（GL1）；
- 应通过将训练、验证过的模型导入大数据分析系统中，以及将大数据系统中训练所得模型导出的操作，测试大数据分析系统分析支撑模块是否提供机器学习模型的导入和导出的功能（GL2）。

相应地，数据管理功能测试内容见表 17-7 和表 17-8。

**表 17-7　GL1 测试内容**

| 测试项 | 划分数据 |
|---|---|
| 测试项标识 | GL1 |
| 功能要求 | 大数据分析系统分析支撑模块能够将输入数据划分为训练集、验证集和测试集 |
| 测试要求 | 加载数据集，并调用数据集划分 API 将数据按设定划分为训练集、验证集和测试集，检查训练集数据、验证集和测试集数据是否按预期正确划分 |

**表 17-8　GL2 测试内容**

| 测试项 | 模型导入、模型输出 |
|---|---|
| 测试项标识 | GL2 |
| 功能要求 | 大数据分析系统分析支撑模块提供机器学习模型的导入和导出的功能 |
| 测试要求 | 在文件系统中准备好训练好的机器学习模型和测试数据集，如 logistic 回归算法及 Iris 数据集（可以选择其他机器学习模型与数据集），导入并加载已训练好的 logistic 回归模型，使用该模型对 Iris 数据集中的一条或多条数据记录进行预测，并将 logistic 回归模型导出到文件系统 |

**支持算法测试要求：**

- 应测试大数据分析系统分析支撑模块是否支持回归与分类算法（SF1）；
- 应测试大数据分析系统分析支撑模块是否支持聚类算法（SF2）；
- 应测试大数据分析系统分析支撑模块是否支持协同过滤算法（SF3）；
- 应测试大数据分析系统分析支撑模块是否支持降维算法（SF4）；
- 应测试大数据分析系统分析支撑模块是否支持频繁模式挖掘算法（SF5）；
- 应测试大数据分析系统分析支撑模块是否支持神经网络算法（SF6）；
- 应通过检查是否具有特征提取、特征转换、特征选择、模型选择、交叉验证、模型调优组件测试大数据分析系统分析支撑模块是否提供机器学习流程的其他组件（SF7）；
- 应测试大数据分析系统分析支撑模块是否支持 Java、Scala、Python、R 等一种或多种语言，并且是否支持二次开发增加新的算子（SF8）。

相应地，支持算法测试内容见表 17-9 至表 17-16。

**表 17-9　SF1 测试内容**

| 测试项 | 支持回归与分类算法 |
|---|---|
| 测试项标识 | SF1 |
| 功能要求 | 大数据分析系统分析支撑模块支持回归与分类算法 |
| 测试要求 | 调用系统的回归算法 API，对数据集进行回归分析，并检查回归分析的结果；调用系统的分类算法 API，对 Iris 数据集进行分类，并检查分类的结果 |

表 17-10　SF2 测试内容

| 测试项 | 支持聚类算法 |
| --- | --- |
| 测试项标识 | SF2 |
| 功能要求 | 大数据分析系统分析支撑模块支持聚类算法 |
| 测试要求 | 调用系统的 K-均值聚类算法 API，对 Iris 数据集进行聚类，并检查聚类的结果 |

表 17-11　SF3 测试内容

| 测试项 | 支持协同过滤算法 |
| --- | --- |
| 测试项标识 | SF3 |
| 功能要求 | 大数据分析系统分析支撑模块支持协同过滤算法 |
| 测试要求 | 调用系统的协同过滤算法 API，对数据集中的用户进行推荐，并检查推荐结果 |

表 17-12　SF4 测试内容

| 测试项 | 支持降维算法 |
| --- | --- |
| 测试项标识 | SF4 |
| 功能要求 | 大数据分析系统分析支撑模块支持降维算法 |
| 测试要求 | 调用系统的降维 API，比如 PCA API，对 MNIST（手写体数字识别）数据集进行降维，并可视化降维结果 |

表 17-13　SF5 测试内容

| 测试项 | 支持频繁模式挖掘算法 |
| --- | --- |
| 测试项标识 | SF5 |
| 功能要求 | 大数据分析系统分析支撑模块支持频繁模式挖掘算法 |
| 测试要求 | 调用系统的频繁模式挖掘 API，比如 Apron 算法 API，对构造的数据集进行频繁模式计算，并查看关联规则 |

表 17-14　SF6 测试内容

| 测试项 | 支持神经网络算法 |
| --- | --- |
| 测试项标识 | SF6 |
| 功能要求 | 大数据分析系统分析支撑模块支持神经网络算法 |
| 测试要求 | 调用系统的神经网络 API，对 MNIST 数据进行分类，并查看分类结果 |

表 17-15　SF7 测试内容

| 测试项 | 特征提取、特征转换、特征选择 |
| --- | --- |
| 测试项标识 | SF7 |
| 功能要求 | 测试大数据分析系统分析支撑模块提供机器学习流程的其他组件 |
| 测试要求 | 构造数据集，并调用系统的特征提取、特征转换、特征选择等 API，实现模型的训练、模型选择、交叉验证 |

表 17-16　SF8 测试内容

| 测试项 | 支持多种语言、支持二次开发增加新的算子 |
| --- | --- |
| 测试项标识 | SF8 |
| 功能要求 | 大数据分析系统分析支撑模块支持 Java、Scala、Python、R 等一种或多种语言，并且支持二次开发增加新的算子 |
| 测试要求 | 采用 Java、Scala、Python、R 等一种或多种语言编写一种或多种机器学习算法，并用数据集验证机器学习算法可在系统中正确运行 |

# 第 18 章　可信软件验证技术

随着软件系统日益复杂化，开发规模不断扩大。各种各样的软件事故不断给用户带来严重的损失，软件经常不按人们期望的方式工作，使得人们逐渐失去对软件的信任，“软件可信性”的研究应运而生。相比较传统的软件测试方法，针对软件的可信性进行验证的技术成为一种软件质量保障的新方法。本章将从可信软件的起源出发，进一步介绍针对可信软件的验证技术以及相应的验证工具。

## 18.1　可信软件

1997 年，美国科学与技术委员会 NSTC（National Science and Technology Council）提出高可信软件的概念。他们认为一个系统是高可信的，即使在系统存在错误、环境存在故障或者系统遭到破坏性攻击的情况下，设计者、实现者和用户都能极大程度上保证该系统不会失效或表现不好。NSTC 提出的高可信主要关注的属性有功能正确性（Correctness）、防危性（Security）、容错性（Fault Tolerance）、实时性（Realtime）和安全性（Safety）等，从用户角度出发，着重于对系统行为的可预测性以及目标与已建立期望的符合性，除此以外还强调了系统的抗干扰性。一年后，美国国家研究委员会 NRC （National Research Council）也给出了一个与可信性（Trustworthiness）相关的定义。他们认为一个系统即使在运行环境发生崩溃、操作人员出现操作错误、系统遭到恶意攻击、系统存在设计和实现错误的情况下，也能够按照预期的方式运行，那么该系统是可信的。NRC 给出的可信定义主要关注正确性（Correctness）、私密性（Privation）、可靠性（Reliability）、防危性（Security）、可生存性（Survivability）和安全性（Safety），其中安全性又包括机密性、完整性和可用性。NRC 与 NSTC 一样，是从用户角度出发，也强调系统行为的可预测性和抗干扰性，是一种综合特征。

在 2008 年国家自然科学基金委“可信软件基础研究”重大研究计划中认为可信性是客观对象诸多属性在人们心目中的一个综合反映，提出了可信软件（Trustworthy Software）是指软件系统的动态行为及其结果总是符合人们预期，并在受到干扰时仍能提供连续服务的软件，这里的“干扰”包括操作错误、环境影响和外部攻击等。这同样是一个基于用户角度的定义，既体现了软件应该具有的客观质量，也反映了这些客观质量在人们心目中的主观认同。

软件可信性是软件质量的一种特殊表现形式，是传统软件质量概念在互联网时代的延伸。因此，可信评估本质上也是软件质量的测量，但是它与传统的软件质量测量又有所不同。

首先，软件在运行时可能会受到木马、病毒、窃听等外界的恶意攻击, 传统的仅考虑自身系统质量的质量测量已难以适用，需要考虑软件实际运行时的使用质量。

其次，传统的质量测量通常针对具体的质量属性，如正确性、容错性、易安装性等，较少考虑不同质量属性的综合。而可信性是软件系统的可用性、可靠性、安全性、正确性、可预测性等诸多属性在使用层面的综合反映，因此可信评估关注的是不同质量属性的综合。

再次，传统软件质量测量的客观性较高，而可信评估则是主观与客观的结合。可信本身是一个复杂的概念，不同的研究学者对其有不同的认识。软件可信性既有客观的因素，又有主观的成分，不同应用领域（甚至同一领域）、不同任务需求、不同人员在不同时间段对可信性的定义和标准都可能不一样。而且使用质量的度量依赖于进行测量的环境，随着评估人的不同而发生变化，相对而言，可信评估在较大程度上涉及用户个性化的体验和评价。

基于以上几点，可信评估与传统质量测量在关注的质量重心、考虑的质量属性以及评估的主客观方式上的不同，使得传统的软件质量测量和保障技术难以满足可信评估的需求，需要建立新型的质量保障体系。在这种新的质量保障体系下，针对一些安全攸关的软件，如航空航天、轨道交通、汽车电子等领域的控制软件，传统的软件测试技术不足以保证软件的对高可信安全性的要求。形式化方法成为一种针对可信软件新的验证技术。

## 18.2　可信软件的验证技术

形式化方法是基于数学的描述软件系统的行为的方法。它提供了一个框架，开发者在这个框架中通过一定技术实现软件行为的精确描述、开发和验证。形式化方法具有良好的数学基础。这个基础是通过一系列精确定义的概念和规则来完成的，如：一致性和完整性，以及更进一步的定义规约、实现和正确性。

### 18.2.1　形式化建模与方法

形式化模型来源于原始需求的逐步演化求精，因此不可避免地存在各种各样的错误，例如语法错误、功能缺失、功能之间存在逻辑上的不一致等。为了保证形式化模型能完整无缺且正确地描述人们对软件的真实期望，需要有一定的方法对形式化模型进行分析与验证。具体的分析与验证流程如图 18-1 所示。

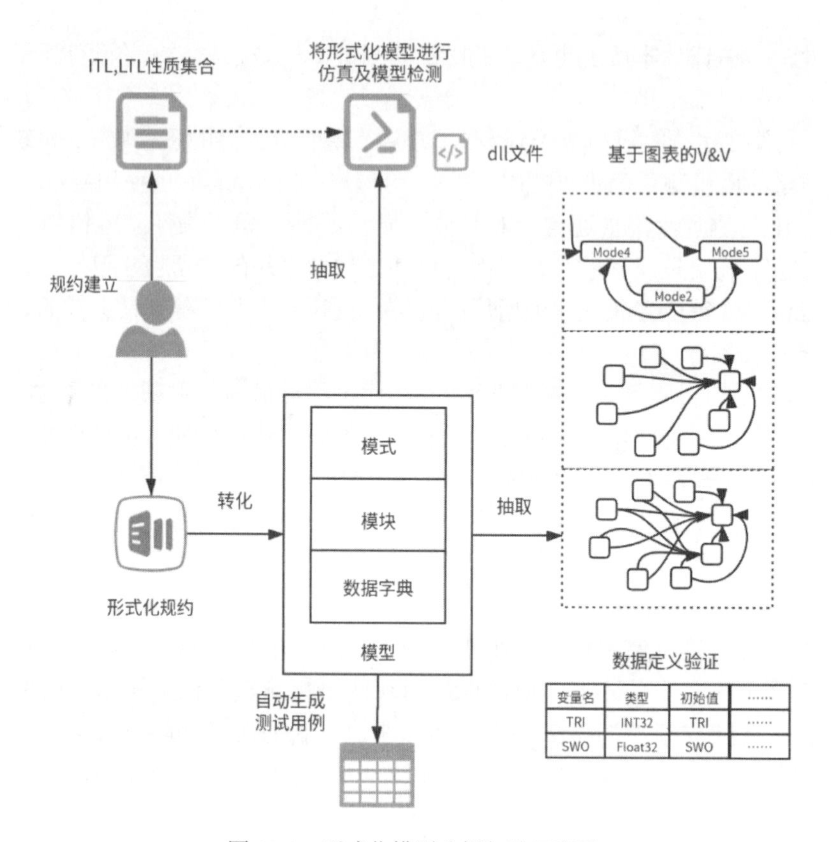


图 18-1　形式化模型分析与验证流程

形式化系统分析与验证分为以下几个步骤：

（1）通过数据流描述、变量关系描述和软件体系结构描述等图形符号，从形式化需求模型中抽取不同形态的分析模型。

（2）根据软件的特点划分为不同分析目标，为每个验证分析目标定义出相应技术。建立模型需满足的一致性、可满足性和可达性等性质，建立性质与模型相应组件的映射关系，建立所需要验证的性质集合。

（3）针对建立的性质集合，采用模型检测的方法自动地发现漏洞与验证软件是否满足高安全可靠性需求。根据模型检测方法自动生成的反例来发现和定位错误。根据性质集合的质量不同所检测的效果也会有所区别。

（4）自动生成测试用例，基于系统模型及需求自动生成关于软件实现的测试用例集，提高系统测试的效率和错误发现能力。该方法通过测试用例生成的方法可以有效定位和发现数据溢出超限的错误。

（5）将形式化模型进行仿真。仿真主要用于检测模型中人们所关心的系统行为在执行时是否存在错误，是一种类似于“运行”系统来暴露错误和缺陷的分析方法。该方法可以有效发现诸如并发竞争、环境变量超限等运行时错误。

作为提高软件系统的安全性和可靠性的一种有效手段，形式化的验证方法被广泛应用于软件设计和开发的各个生存周期。软件测试可以看成软件产品投入生产前的分析。就算这些方法已经取得了较为满意的结果，但是仍不能保证软件系统是没有错误的。相对于测试，形式化验证的方法就是借助数学的思想和方法对软件程序是否满足性质归约进行证明或者证伪。因其高度严谨的特点，形式化验证成为保障软件正确性的关键方法。目前最主流的形式化验证技术是定理证明和模型检查。

定理证明把软件系统是否满足性质归约的问题转化为定理的形式，然后通过数学逻辑公式和推导演绎规则进行验证。尽管是众多方法中最准确的，但它是经验主义导向的，不仅要求实施人员具备专业的逻辑表达能力和数学演绎推演能力，还需要一定的行业知识背景。另外一个很大的缺陷是其自动化程度低，需要人工干预，存在因引入人为因素而影响其验证正确性的隐患。虽然它很适合用于层次化的开发过程和程序功能描述，但是对于时态性质方面的推理证明显得略有不足。

模型检查的主要思想是用一个模型转换图对软件系统的程序状态和状态之间的迁移关系进行形象建模，用时态逻辑公式对性质归约进行刻画，然后来验证性质归约是否被满足。线性时态逻辑 LTL 是目前广泛应用的时态性质的规范语言。与定理证明不同的是，模型检查是高度自动化的，而且能在性质违反时给出反例。图 18-2 给出了模型检查的基本框架。

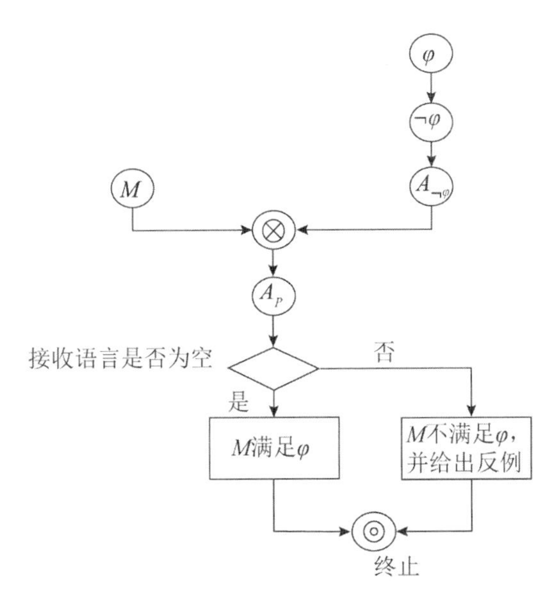


图 18-2　模型检查的基本框架

可以看出，给定模型 $M$ 和性质规范 $\varphi$，用模型检查的方法来判定 $M$ 是否满足 $\varphi$ 要经过以下几步：

（1）将性质规范 $\varphi$ 取反得到公式$\neg_{\varphi}$；

（2）构造出与$\neg_{\varphi}$等价的自动机$A\neg_{\varphi}$；

（3）将模型$M$当作所有状态均为接收状态的自动机，再与$A\neg_{\varphi}$作交运算得到它们的交自动机$A_p$；

（4）在生成的交自动机$A_p$上进行搜索遍历，检查其接收的语言是否为空。如果是，那么返回肯定结果，说明$M$满足$\varphi$；否则找到的可以被$A_p$接收的无限序列就是$M$满足$\varphi$的一个反例，因此说明$M$不满足$\varphi$。

模型检查技术的成功使得它被用于计算机学科的各个方面，如数据库验证、应用程序验证等。同时，工业界也有越来越多的企业使用这个技术来开发与维护他们的产品。比如，从 Windows 7 操作系统开始，微软都会用该技术对其新产品进行查错维护，而 Intel、Synopsys 等硬件公司也会使用该技术对其生产的硬件进行验证。美国国家航空航天局（NASA）近些年来就一直使用模型检查器 Spin 等对其卫星上的软件进行辅助查错。而我国航天部门近些年来也在逐渐使用相关技术对其系统软件进行测试维护。

### 18.2.2 可信软件验证工具

由于软件领域的发展，特别是可信软件的发展，形式化验证技术也越来越受到重视，而使用形式化验证的工具可以使得验证工作快捷高效。下面主要介绍了Spin、NuSMV 和 Atelier-B 三种形式化验证工具。

**1. Spin**

Spin 是一款开源的形式化软件验证工具，用来分析和验证并发系统逻辑是否一致的辅助验证器，它主要是针对软件检测，而不是验证硬件是否能高效运行。该工具于 1980 年开始在贝尔实验室开发，2016 年开源所有代码后仍然保持更新。

Spin 结合先进的理论验证方法，专门对大型且复杂的软件系统进行模型检测，如今 Spin 验证被大量用在学术界和工业界。它具有以下特点：

（1）Spin 的输入语言能够较好地检验网络协议的一致性，找出系统中存在的无效循环、死锁、未定义的接收以及标记不完整等问题；

（2）Spin 采用 on-the-fly 技术，可以不必搭建一个完整的状态图或 Kripke 框架，而是由系统自动生成部分状态即可开展验证工作；

（3）Spin 是一个完整的线性时态 LTL 模型检测系统，能验证基本上所有能用的线性时态的逻辑表示是否正确，还能有效地检验协议的安全性；

（4）Spin 不仅能进行同步通信，更能采用缓冲通道实现异步通信；

（5）Spin 既能对输入的模型实行任意的模拟，也能先生成 C 语言代码后，再验证系统的正确性；

（6）验证过程中，如果是中小型系统，使用穷举状态空间就能进行分析，如果是大型系统，则要使用 Bit State Hashing 的方法选择性搜索一些状态空间；

（7）Spin 验证采用多种优化技术，例如状态向量压缩、数据流分析、偏序归纳、状态的最小自动机编码以及切片算法等。这些技术大大提高了 Spin 的检测速率。

Spin 基本结构如图 18-3 所示。

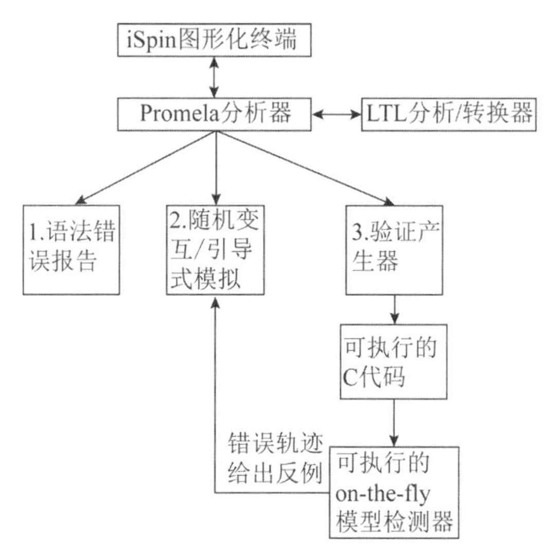


图 18-3　Spin 基本结构图

iSpin 工具是基于 Spin 工具开发的图形化操作界面。其用户操作页面如图 18-4 所示。

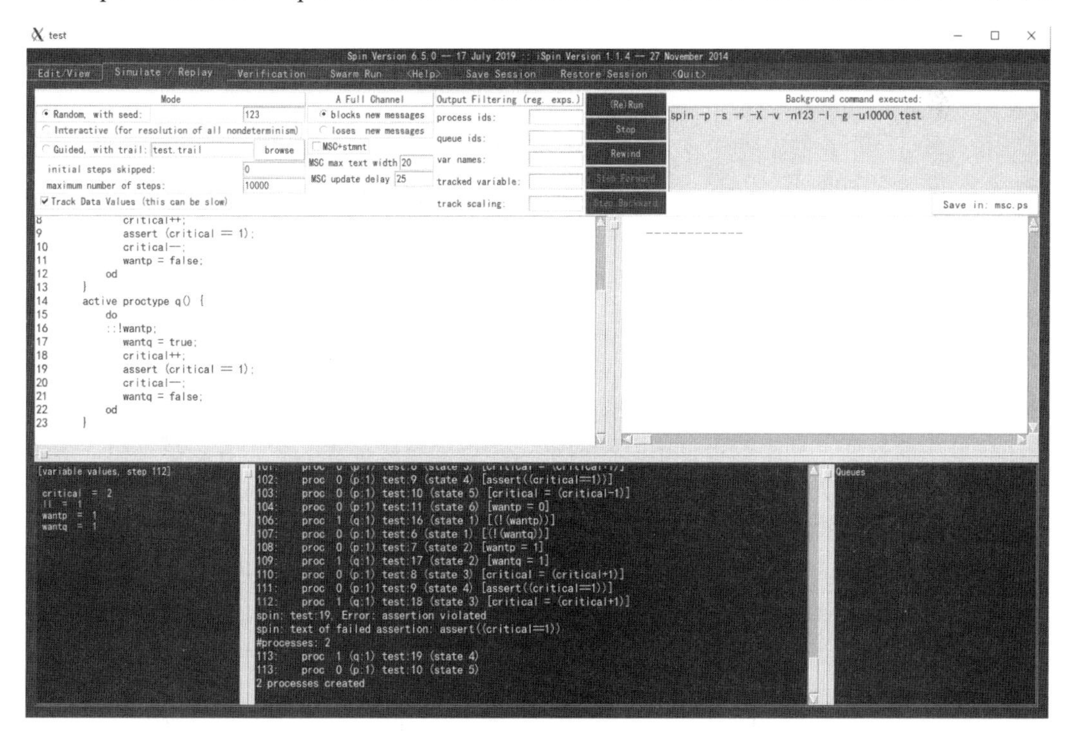


图 18-4　iSpin 用户操作界面

Spin 主要是先编写 Promela 程序，如图 18-4 中间左方白框所示，通过在 Edit/View 标签中的 Syntax Check、Redundancy Check 之后，通过 Simulate/Replay 标签中的（Re）Run、Stop 和 Rewind 等进行一个随机模拟的运行。通过查看消息序列图 MSC 能查看各个进程之间通过通道进行的消息交互，先给出随机运行序列以及最终结果表示具体哪行出了问题。

Spin 工具具有极高的效率，在进行模型检查时能够很好地避免状态爆炸等问题，且对于并发系统的描述的先天优势使得其在定位和发现并发竞争错误时有突出的优势和令人惊喜的准确率。然而，该工具适用于航天领域的难点主要是，使用较为通用的 Promela 语言来描述航天系统时，需要由有很强的数学基础的工程师来完成这个过程，同时，Promela 由于针对的是并发系统而非航天系统本身，因此，使用该语言描述航天系统时并不能描述航天系统中所有的需求。此外，使用 LTL（线性时态逻辑）描述航天系统软件的可靠性性质与安全性性质也存在极大的学习成本。

**2. NuSMV**

NuSMV 是 Carnegie Mellon 大学和 Trento 大学在 SMV 的基础上开发的模型验证软件。NuSMV 是 SMV 的重新实现和扩展，是第一款基于 BDDs（Binary Decision Diagrams）的模型验证器。NuSMV 被设计成一个开放的验证工具，不仅开源而且很容易修改、定制和扩展。系统结构是以模块的形式构建和组织的，每一个模块执行一套功能，并且可以通过精确定义的接口和别的模块通信。让系统之间的后端和前端明确地区分，以使人们有可能重新使用内部模块，而不用考虑描述模型的输入语言。它可以可靠地验证工业设计的可靠性，也可作为一个定制的检测工具的核心，还可以作为一个试验平台正式验证技术，并应用于其他研究领域。NuSMV 提供所有标准的模型检查功能，如编码、可达性检测、公平 CTL 模型检测以及反例检测。NuSMV 也提供更高级的模型检测功能，如有界 CTL、不变量检测、定量特征计算、LTL 模型检测、模型分区以及减少状态爆炸问题的启发式算法。NuSMV 的图形化界面如图 18-5 所示。

NuSMV 的输入语言旨在允许描述有限状态系统。该语言提供的唯一数据类型是布尔值、有界整数子范围和符号枚举类型。此外，NuSMV 允许定义基本数据类型的有界数组。复杂系统的描述可以分解为模块，并且每个模块都可以实例化多次。这为用户提供了模块化和分层的描述，并支持可重用组件的定义。每个模块都定义一个有限状态机。可以使用交织同步或异步组成模块。在同步合成中，合成中的单个步骤对应于每个组件中的单个步骤。在具有交错的异步合成中，合成的单个步骤对应于仅由一个组件执行的单个步骤。NuSMV 输入语言使我们能够描述确定性和非确定性系统。用户使用 NuSMV 的语言描述和规范建立系统模型，NuSMV 验证规范在指定模型中是否成立，如果不成立给出反例。

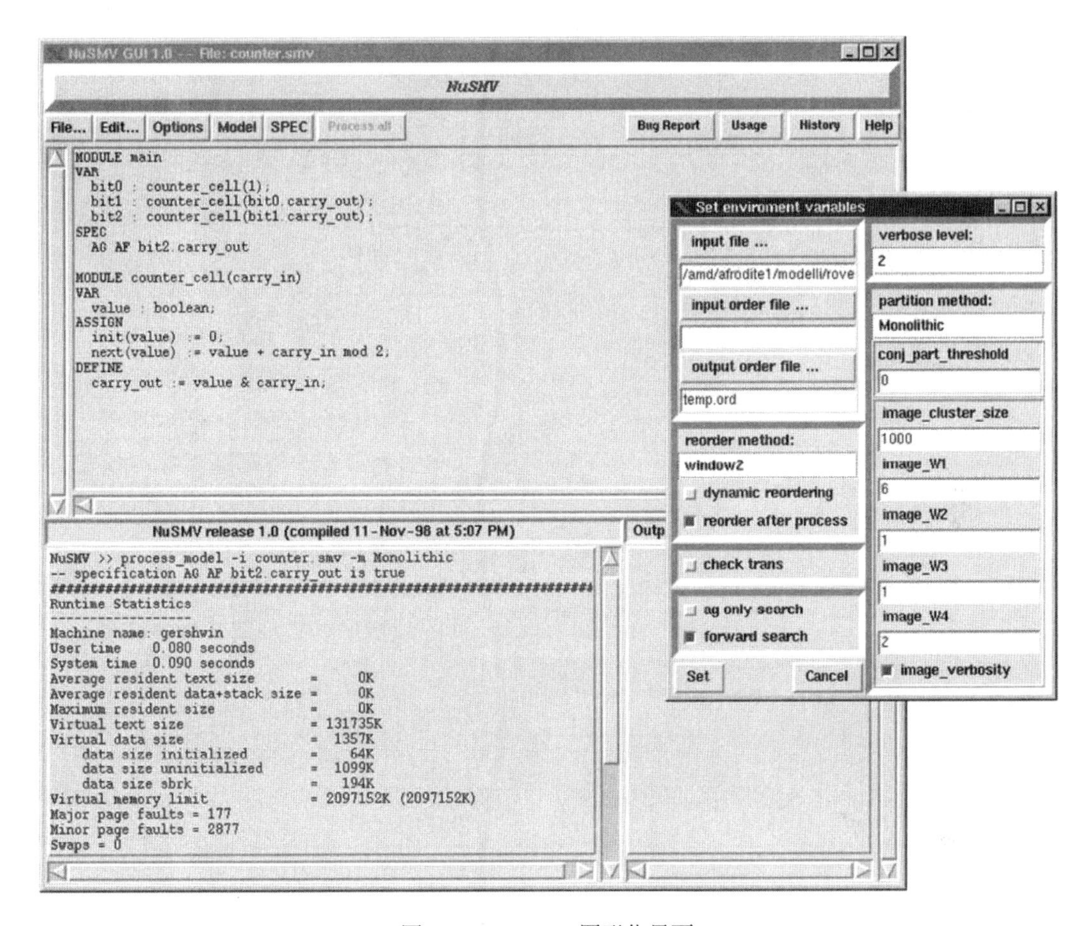


图 18-5　NuSMV 图形化界面

NuSMV 输入语言，同 C 语言中的表达式和语句的概念有些相似。AADL 支持层次型的结构框架，而 NuSMV 也支持层次型的结构框架。正是基于此种情况，AADL 模型可以简单直接地转换成为 NuSMV 模型。在这个过程中需要做的是忽略系统组件和状态转换组件，而组件间的联系通过专门功能的链接模块来控制。使用 NuSMV 对航天系统进行建模，来验证嵌入式卫星软件控制系统的设计已经取得了一定的成功。然而，由于 NuSMV 本身数据的支持不包括浮点数，同时，也由于使用 AADL 模型描述完备的航天系统也需要大量的人力与精力投入，使得 NuSMV 的实际使用也充满了挑战。

**3. Atelier-B**

B 方法是一种用于描述、设计计算机软件的方法，支持在从抽象到具体的各个层面上对软件规范进行描述，覆盖了从规范说明到代码生成的整个软件开发周期。

B 方法定义了一套数学推理和符号描述，支持在不同抽象层面上对软件规范的内在一致性和功能正确性进行严格的数学证明。人们已开发了一些商用和开源工具，支持基于 B 方法的软件开发过程，支持自动或交互式地软件规范证明。使用 B 方法进行软件开发与传统方法的不同之处在于工程师先在抽象层面上（而不是最终在常规编程语言层面上）严格描述软件功能，可以完全没有执行的概念，可以摆脱实现细节的干扰，只描述所开发软件的最根本最重要的属性，并严格证明其性质，为后面开发出更可靠的系统打下坚实基础。

Atelier-B 是由 ClearSy 开发，操作使用 B 形式化方法的工业工具软件，常用于需达到 SIL3 和 SIL4 功能安全级别的复杂系统的建模与验证，如由阿尔斯通和西门子等开发的地铁信号系统等。Atelier-B 也有成功用于航空航天的案例存在。Atelier-B 中主要的工具以及其关系如图 18-6 所示。

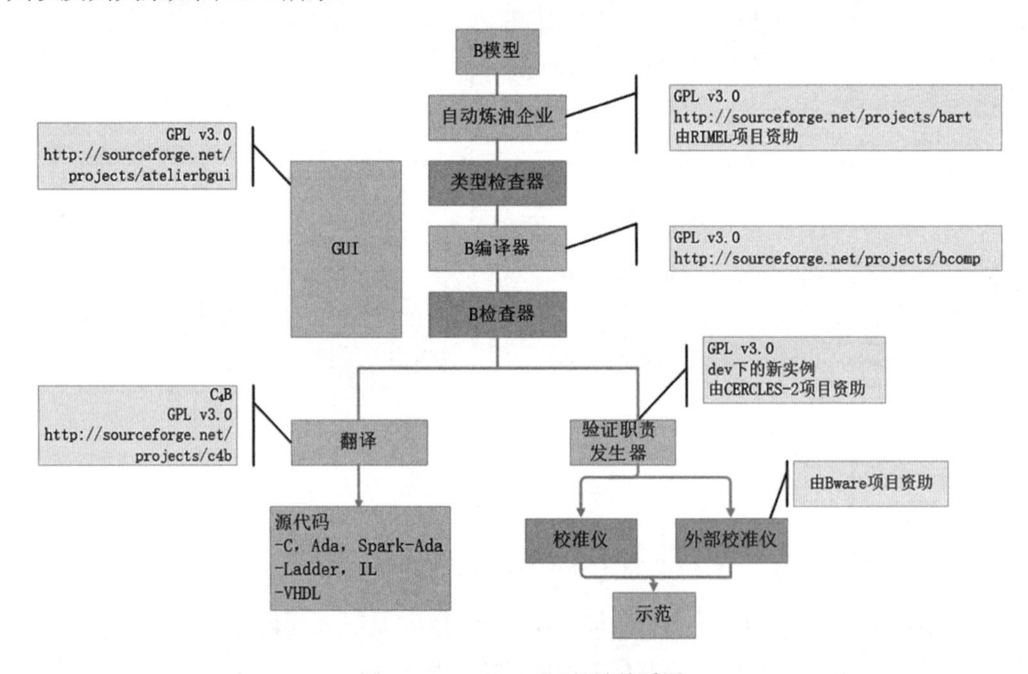


图 18-6 Atelier-B 工具链关系图

其中，B 编译器是最核心的部分。用于分析 B 模型的语义，证明类型的统一性、构造规则以及模型在 B 项目中的可见性。图 18-7 所示为 Atelier-B 的使用界面。

图 18-7 中最后一层是运行 Atelier-B 之后出现的界面，主要显示项目中的组成部分以及证明结果，即类型是否一致，产生多少证明义务，以及成功证明和失败证明的数量。双击项目名称可编辑项目，即图中最上面一层窗口，会显示组成部分的具体信息及其之间的关系。图中中间一个窗口是证明窗口，显示证明义务是否成功证明，以及失败的原因。

图 18-7　Atelier-B 图形化界面

该工具提供了完整的软件开发流程，同时拥有很好的使用案例作为参考。然而使用 B 方法构建航天系统原型需要极强的数理逻辑基础，对于工程师来说是个巨大挑战。

# 第 19 章　人工智能时代下的软件测试技术发展

随着信息技术的飞速发展，人工智能几乎在所有行业都开始得到应用，推动了人们日常生活方式的变革，展现出强大的生命力。本章简要讨论人工智能技术对软件测试带来的影响，以及智能化软件测试技术的发展。

## 19.1　人工智能时代的到来

人工智能是一种思维和响应方式与人的方式相似的自动化计算技术。人工智能一般可以分为狭义人工智能和广义人工智能。狭义人工智能描述或完成具体的任务，例如棋牌对弈、语言翻译、自动驾驶、图像识别等。广义人工智能能够完成多种工作，并能够根据推理在这些任务间切换。目前广泛使用的主要是狭义人工智能，能够完成多种任务的通用人工智能系统还不多见。目前软件测试领域应用的还主要是狭义人工智能，广义人工智能在软件测试领域的运用是未来重要的发展方向。

早在 1950 年人类就首次提出人工智能。艾伦·图灵在其开拓性的论文《计算机器与智能》中论述了机器是否能够思考的问题，提出了机器是否能够思考的测试方法，讨论了人们设计的计算机是否能够类似人类那样地通过实践进行学习。在 1956 年召开的第一次人工智能学术会议上，“人工智能”这个术语被正式确定下来。从那以后人工智能的发展起起伏伏，但是包括计算成本过高等很多瓶颈问题一直没有得到彻底解决。

近十年来人工智能得到了迅猛发展，这首先得益于计算机硬件价格不断下降，计算能力不断取得突破，使得以前早已提出的很多人工智能算法能够走出实验室，在解决实际问题中发挥重大作用。其中最明显的例子就是机器学习。机器学习是人工智能的一个重要分支，其中人工神经网络又是机器学习的一个分支。过去典型的人工神经网络都采用三层结构，由数十到数百个神经节点构成，即使对这样的网络进行训练和使用都需要大量的计算量。随着计算能力的不断突破，现在投入使用的很多深度人工神经网络可以由上万甚至更多神经节点组成，学习效果更好，具有更好的适应性。

另一方面，互联网的迅猛发展，将越来越多的用户联系起来，能够采集并使用巨量的数据，涌现出大量以数据为中心的网络应用。数据是获取知识的重要基础，正是大数据、数据挖掘等数据处理技术的普遍使用，为人工智能系统的实用化打下良好的基础。

### 19.1.1　人工智能在各行各业的应用

虽然人工智能与高科技企业密切相关，但是实际上人工智能正在各行各业得到广泛应用，包括自然语言处理、虚拟现实、语言翻译、广告推送、人脸识别、X 光医学影像判读、作曲、案情分析等，其中用于围棋比赛的阿尔法狗系统更是令人吃惊地屡次战胜世界顶尖围棋高手，标志着狭义人工智能已经达到很高水平。

人工智能的快速进步对整个社会的影响日益凸显。对于个人，可改进健康保健，提高家庭电气化水平，使用更安全、清洁的交通工具，获得更好的公共服务；对于企业，涌现出一批新的产品和服务，包括高端制造、运输、网络安全、农业、绿色与循环经济以及高端消费与旅游等高附加值行业；对于公共服务，人工智能有助于降低服务提供成本，提高产品的可持续性，更好地保护人民的权利和隐私。

2020 年席卷全球的新型冠状病毒危机，也见证了人工智能在病毒样本比对、新药筛选、人员流动跟踪以及促进行业新形态发展、推动复工复产等很多方面的成功运用。

随着人工智能领域的全球竞争越来越激烈，各国都强烈地感受到人工智能技术对人类社会的巨大影响，意识到人工智能技术对人类社会发展不可限量的推动作用。政府纷纷发布关于加强人工智能发展的战略规划。2016 年 11 月，美国政府相继发布《为人工智能的未来做准备》《国家人工智能研究和发展战略计划》《人工智能、自动化与经济报告》，把人工智能发展提升为国家战略。2017 年 3 月，日本发布了《人工智能技术战略》，以促进日本人工智能技术的应用和建立人工智能生态系统。2018 年 4 月，欧盟委员会通过《人工智能评估》，以确保欧盟在全球范围内拥有竞争优势。同月，英国发布了《人工智能行业新政》，推动英国成为全球人工智能技术的领导者。此外，加拿大、新加坡、韩国、印度、阿联酋等国也都发布了相关战略规划。

2017 年 7 月 8 日，我国政府颁布了《新一代人工智能发展规划》，提出到 2030 年使中国成为世界主要人工智能创新中心的目标。

### 19.1.2　人工智能对软件测试技术发展的影响

总的来说，人工智能的发展主要在两个方面给软件测试技术发展带来影响：

一是与传统软件系统相比，人工智能系统有一些新的特性。许多人工智能系统的行为会随着自我学习过程的推进不断演化，不同的学习环境会造成不同的演化效果。因此当前对人工智能系统得到的测试结论，很难保证对演化后的系统也能够成立。此外，人工智能系统的输出正确性判别具有一定的不确定性。比如智能化弈棋系统，通过不断学习经典棋谱和自我对弈，系统每步棋的着法会不断发生变化。虽然对弈的胜率是验证系统的一个重要判决基准，但是即使是对弈高手也很难对系统走出的每步棋给出一致的判决意见，因此会对测试结果的评价造成困难。而特定输入条件下的传统软件系统，输出结果通常都是可以预期的。

二是人工智能技术被大量引入软件测试中，不仅是测试方法，而且还在软件测试项目的组织管理、缺陷预测、故障模式发现、测试有效性评估等很多方面得到应用，进而对软件测试的理念、策略、团队组织管理、费效比等产生重大影响。

软件测试引入自动化是技术发展的必然，同样，自动化测试也正在且必然走向智能化测试。人工智能对软件测试的影响具体体现为以下几个方面。

**1. 测试工作前移**

人工智能对软件测试的显著影响之一，就是使测试工作前移成为可能。

传统实际测试工作通常在软件研发的后期，一般是在编码工作完成后才开始实施。这种滞后会带来很多问题。第一，软件缺陷发现得越晚，修复成本越高，而且是成倍增高。项目后期才发现软件缺陷，往往导致项目拖延进度或超出预算，甚至项目失败。第二，软件项目通常都有很紧的时限要求，软件编码完成后往往距离系统发布的时间已经很近，测试团队很难有足够时间深入分析测试需求并完成测试。第三，软件测试发现的很多问题是需求分析和设计阶段引入的，到了项目后期才发现这类问题往往意味着对软件做大的修改，甚至还要修改软件体系结构，从而冒引入更多软件缺陷的风险，很多前期工作必须返工。

人工智能技术支持的基于模型测试，可以更好地在项目的软件需求分析阶段，甚至是系统设计阶段就可以开始建立面向测试的软件模型，并对模型进行测试，以尽早发现软件需求或体系结构方面的缺陷，包括不够明确的定义、定义冲突、资源紧张等问题。这些问题一旦遗留到后期，会对软件系统带来很大隐患。随着项目的展开，测试模型也随之不断细化，从而发现不同深度和层面的软件问题。

**2. 自动化程度提高**

人工智能技术引入各种测试和管理工具，给工具的自动化水平带来质的飞跃。具体包括以下几个方面。

1）测试项目管理

软件测试项目的策划涉及多个方面，包括人员的经验和技能需求、任务之间的依赖关联、任务时限要求等，在项目实施过程中还必须不断监视这些项目要素。人工智能在这个阶段可以完成很多重要工作，包括项目可行性评估、成本和资源需求评估、风险评估和制订进度计划。利用与项目策划有关的概念（例如活动、因果关系和时间等）描述项目目标、里程碑、活动、状态等，通过基于知识的系统得到的项目计划具有很高的完备性、清晰性和准确性。

神经网络适合于根据输入属性进行分类的场景，因此可以用于预测输出结果，比如项目风险分析、缺陷预测等。通过给出以往项目风险评估的主要因素和项目经理的评估，经过神经网络训练可以得到比较理想的预测效果。遗传算法主要用于项目进度计划，将进度计划归结为满足所有约束条件和优化目标的搜索求解。

基于案例的推理结合数据挖掘可以用于软件测试项目策划。历史项目数据表示为客户要求、项目资源和领域描述关键字，搜索匹配时使用权重数据，使系统更具灵活性。对于新的测试项目，首先搜索类似项目，然后利用数据挖掘方法提供用于项目策划的模式。

2）测试需求分析与测试设计

需求分析是软件测试的基础。采用自然语言描述的软件需求常常出现碎片化、不一致、有冲突的问题，往往严重影响测试的完备性和有效性。在需求分析方面，人工智能技术主要用于自然语言需求的处理，包括将自然语言转换为形式化或面向对象的规格说明。

需求分析严重依赖知识，因此很多人研究将基于知识的系统用于需求分析，开发出的工具可以完成从需求获取、设计一直到测试验证整个流程的闭合环境。

3）测试执行

当然，人工智能对软件测试的最大贡献还是智能化的软件测试工具。人工智能对软件测试工具的贡献有很多，其中最传统的人工智能符号逻辑在软件约束求解方面有很好应用。另外大量启发式算法广泛用于测试路径的自动搜索、测试用例生成。机器学习、模式识别则用于测试输出结果的分类和故障模式识别。大数据应用、机器挖掘、推荐系统、模糊逻辑等可用于人机结合的软件测试设计。

同时，人工智能技术还派生出一些新的测试方法和理念，将软件测试逐渐推向验证和正确性证明的高度。例如逆向时序推理技术，能够回答“只要出现某个事件序列，那么以前会出现什么事件系列？”这样的问题，可以根据软件运行情况推导出导致具体结果必须满足的条件。

**3. 测试更可靠**

软件测试的可靠性，主要通过测试的充分性和有效性体现。

智能自动化软件测试针对性更强，可以保证不同测试充分性准则得到满足；采用了符号执行逻辑的软件测试，通过推理机的自动推理，可以发现更多运行时错误；智能多代理软件测试环境，通过在分布式环境中同步观察软件部件之间的互动，可以发现软件失效时传统方法不宜捕捉的征兆；不同启发式算法的使用，可以在一定程度上缓解软件测试中组合爆炸和全局最优化选择问题。

此外，软件测试输出数据的处理分析对于给出可靠的评价至关重要。模式识别、机器学习、数据挖掘等技术可以在统计学的基础上进一步提升测试结论的置信度，降低软件系统使用的风险。

### 19.1.3　人工智能会否取代软件测试人员

首先，人工智能会快速取代很大一部分传统岗位。根据美国海军研究生院国防与安全中心 2017 年完成的一份研究报告，未来 10 到 20 年内，美国就业岗位中的 47%有可能被人工智能自动化系统取代，如图 19-1 所示。

图 19-1 中的七种色度分别代表岗位工作性质，分为人员管理、专业知识运用、人员交互、非流程性体力工作、数据采集、数据处理、流程性体力工作等七类。横向方柱表示不同类型工作所花费的总时间比率，竖向方柱表示未来 10 年到 20 年内不同类型工作可能被自动化技术取代的比率。从图中可以看出，51%的工作时间花费在流程性体力工

作、数据处理和数据采集上，而这三类工作采用目前已有的自动化技术可以取代其 64%到 75%的工作量。相反，人员管理等其他类型工作所占总工作时间较少，而被现有自动化技术取代的比例在 9%到 25%之间。

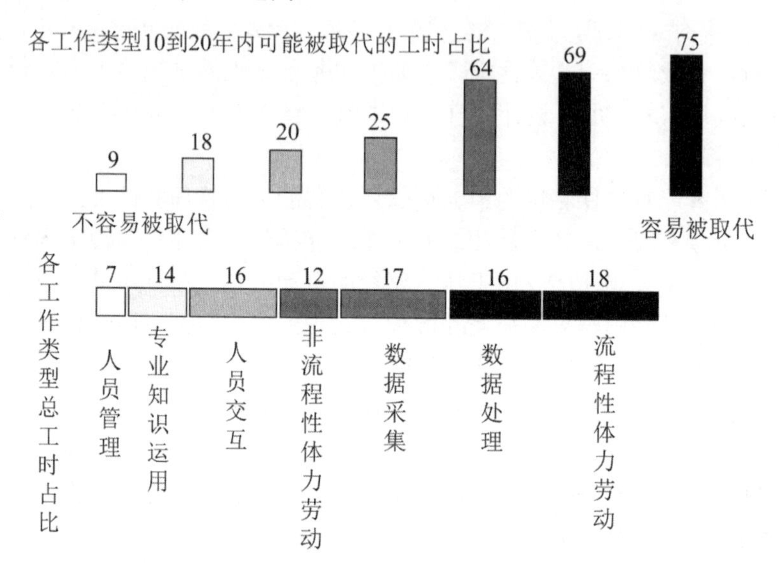


图 19-1 未来可能会被自动化系统取代的工作

这项研究表明，传统类型工作时间中一半以上十年内可能被以人工智能为推手的自动化技术取代，而较高依赖个人技术和经验的工作类型被取代的比例相对很低。

图 19-2 给出的是七类工作在不同行业中可被自动化技术取代的情况。

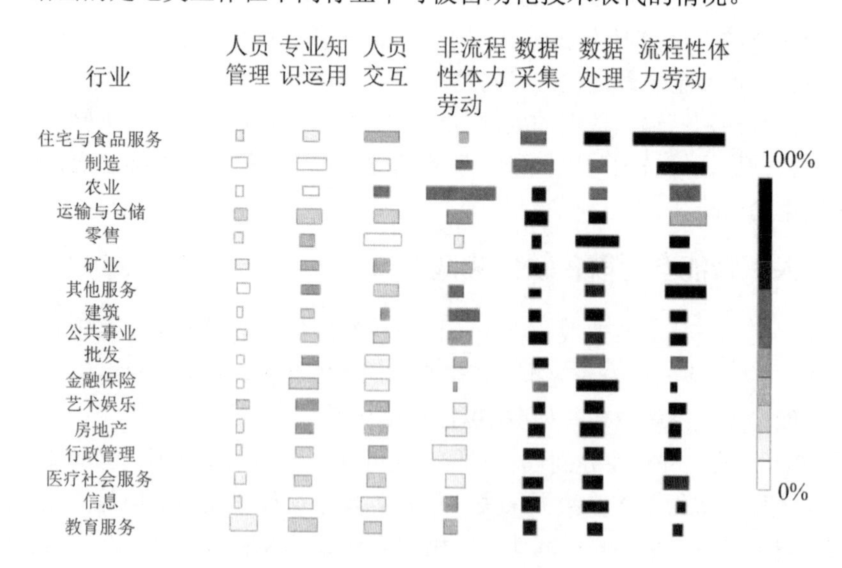


图 19-2 不同行业内可能被自动化系统取代的工作

对于软件测试所在的信息行业，最大量的工作是专业知识运用和人员交互，这两部分工作可被自动化的比率很低，而工作时间占比也很大的数据处理和数据采集，则有较高可能被自动化技术取代。

其次，以前工业革命的主要标志，是将传统由一个人完成的复杂工作分解成很多步骤，降低对人员要求。而当前以互联网、大数据、人工智能、虚拟现实等高科技为代表的工业革命特征，是减少低技能要求的工作岗位，并增加对高技能员工的需求。同时，人工智能也在创造出新的工作岗位，包括人工智能技术的设计、销售、实现、程序设计和维护。而根据科技发展历史看，新技术的进步都会意味着产生的新兴岗位要多于取代的传统岗位。

如果说人工智能将来会取代很多传统上主要由人工完成的软件测试工作，同时也必将在智能化软件测试方面创造出新的工作需求。

总的说来，软件测试行业由于其工作类型的性质，不太可能被完全取代。但是传统软件测试工作中一些占比不小的部分，主要是数据处理工作，未来会被取代。同时，人工智能在软件测试中的应用还会催生出一些新的富有挑战的工作类型。机遇与挑战并存，软件测试从业人员必须不断进行知识更新，以适应未来行业的需求。

## 19.2　人工智能辅助测试技术

人工智能辅助技术有很多，几乎所有的智能自动化测试工具都能够自动生成测试用例的数据集。有些引入蜕变算法、神经网络等技术的测试工具可以产生一部分预期输出判别准则，因而可以自动验证输出。基于测试模型或通信协议的智能自动化测试工具可以自动完成测试执行、输出采集、正确性判断和结果分析工作。

一般来说，通用性好的工具功能相对较少，功能强的工具往往需要给出更多的被测软件描述信息，且通用性较低。

人工智能技术在自动化软件测试方面的应用主要集中在基于约束的技术和启发式搜索算法。

### 19.2.1　基于约束的技术

人工智能用于自动化软件测试的一项重要突破，是基于约束技术。基于约束的软件测试技术最早于 1991 年提出，其基本思想是，将被测程序或其模型，以及测试准则或测试目标转换为约束，然后通过约束消解器消解约束，最终获得测试用例。取决于不同的测试目标和测试覆盖率准则，测试工具在约束表示、约束消解器交互形式和算法上都会有所不同。

约束消解器到底可以解决多难的问题？可以用一个例子说明。SEND + MORE = MONEY 是一个著名的谜题。其中，等式中的每个字母代表一位 0 到 9 的不同数字，最高位的 S 和 M 不为 0。需要确定使等式成立的每个字母所代表的数字。根据算数知识可知，两个四位数字相加如果能得到五位数，则最高位一定是 1，所以 M=1。因为 S+1 一定要进位，所以 S=9。同理，和的千位数 O 只能是 1 或 0。如果 O 为 1，E 必须为 9，与 S=9 冲突，所以 O=0。再观察百位数，因为 E 不能等于 N ，所以 E+1=N。再观察十位数，个位无进位时 N+R–10=E，个位有进位时 N+R–9=E，代入 E+1=N，得到 R=9 或 R=8，因为已知 S=9，所以 R=8。最后看个位，有 D+E–10=Y。由于 D 不能等于 8、9，E 不能等于 7、8、9，Y 不能等于 0、1，所以 D+E=12 或 13。得到可能组合：D=7、E=5 或 D=7、E=6。而 E 等于 6 时 N 等于 7，与 D=7 冲突。所以 D=7、E=5、N=6、Y=2。得到的结果是：9567+1085=10652。

手工解决类似这样的问题通常需要频繁试错，综合运用多种知识。而对于现代智能约束消解器来说，不光是能够解决问题，而且是能够解决类型各不相同的问题。对于这个 SEND + MORE = MONEY 的具体问题，只需要用一阶谓词逻辑描述为：

```
smm :-   X = [S, E, N, D, M, O, R, E],
         Digits = [0, 1, 2, 3, 4, 5, 6, 7, 8, 9],
         M > 0,
         S > 0,
                1000*S + 100*E + 10*N + D +
                1000*M + 100*O + 10*R + E =:=
   10000*M + 1000*O + 100*N + 10*E + Y,
   Write (X).
```

再加上初始搜索条件，可以由约束消解器自动完成解题。

与手工测试一样，自动测试用例生成也需要各种测试覆盖准则，以对生成过程进行控制并评估给定测试用例集的覆盖程度。是否能够在约束中表示这种准则，对于运用人工智能技术并自动生成测试用例，是一个至关重要的因素。

覆盖准则可以分为结构覆盖、数据覆盖和基于故障覆盖三类。其中最适合约束消解器使用的是数据覆盖准则，包括统计数据覆盖和边界值覆盖。这些准则常常可以转换成优化问题，例如给定数据空间上的成本函数最小化。

基于约束的测试用例自动生成既可以用于黑盒测试，也可以用于白盒测试。对于前者，基于约束的技术可以用于基于模型的测试；对于后者，可以用于全路径覆盖测试策略。

对于基于模型的测试，首先对模型进行分析，将操作转换为一组谓词，一个操作可以转换为多个简单谓词。谓词的分解粒度取决于所需的覆盖准则。第二步，将每个必须覆盖的测试目标转换为约束问题，并调用约束消解器求解问题。第三步，生成测试构架并生成最终的测试用例。最后，将测试用例注入被测软件，并对结果进行分析。

白盒测试中的全路径覆盖测试，对于不少程序在很多时候很难实施。比如有些循环的迭代次数由某个输入变量确定，那么全路径覆盖就需要对这个输入变量进行穷尽测试。因此面向路径的测试工具通常要使用较弱的路径覆盖。例如对于以下程序：

```
//返回给定三元素数组中的最小值 a
1   Int min3(int a[3]){
2     Int min=a[0];
3     If(min > a[1])
4       min=a[1];
5     If(min > a[2])
6       min=a[2];
7     return min;}
```

这个函数 min3 接受一个有三个整数的数组，返回数组中的最小元素，为了简化，假设元素的取值范围为 0 到 10。为了生成测试用例，首先要定义前置条件，即定义程序对输入做出响应的条件，包括变量的输入域，也可以为每个所生成的具体测试用例执行定义用于测试比对的判别基准。如果条件为真，则在程序行号初标记“+”，否则标记“-”。可以通过行号序列表示执行路径，例如 3、4-、6+、7、8。其中条件后的标记“*”表示另一条分支已经执行过。

在执行对被测软件插桩后需要维护：①符号执行每个时刻的程序内存状态映射，可以看作是符号名与赋值的映射。②被测程序的当前路径前缀，生成了路径前缀的测试用例后，路径上被激活的其余部分也被标记。③约束库，包含当前路径前缀符号执行过程中增加约束。

执行前先进行初始化，为每个输入创建一个逻辑变量，并与输入关联、赋初始值。为前置条件加约束。然后进行第一步，符号执行一条路径，根据路径前缀中的桩增加约束并更新内存。如果约束失败，则转第四步，否则执行第二步。第二步，调用约束消解器生成测试用例，即满足当前约束的具体输入值。如果失败，则转第四步，否则执行第三步。第三步，执行所生成的测试用例，并对路径做已完成标记。第四步，找出下一个未被标记的判决。如果没有则结束，否则，设路径前缀为从未标记判决的子路径，标记出已执行部分，转第一步。对于以上程序按照这个过程可以得到：

测试用例 1 的执行路径：3、4-、6+、7、8，输入 X0=3，X1=7，X2=2。

测试用例 2 的执行路径：3、4-、6-，输入 X0=2，X1=8，X2=3。

测试用例 3 的执行路径：3、4+，输入 X0=5，X1=1，X2=10。

测试用例 4 的执行路径：3、4+、5、6+，输入 X0=6，X1=4，X2=3。

### 19.2.2 启发式搜索算法

人工智能对软件测试的一个重要贡献，是解决软件测试数据的优化选择难题。其中应用最广的是遗传算法、蚂蚁算法和模拟退火算法。

**1. 遗传算法**

遗传算法是计算数学中用于解决最优化的一种搜索算法，由美国的J.Holland教授在1975年首先提出。这种算法借鉴了进化生物学中的一些现象，包括遗传、突变、自然选择以及杂交等，遵循适者生存、优胜劣汰的遗传原则。对于一个最优化问题，一定数量的候选解（称为个体）的抽象表示（称为染色体）的种群向更好的解进化。解通常用二进制表示（即0和1的串）。进化从完全随机个体的种群开始，之后一代一代发生。通过评价个体在当前种群中的适应度，随机地选择多个适应度高的个体，再通过自然选择和突变产生新的生命种群，成为下一次迭代中的当前种群。

遗传算法已被广泛用于组合优化、机器学习、信号处理、自适应控制和人工生命等领域。它是现代智能计算中的关键技术。

**2. 蚂蚁算法**

蚂蚁算法主要用于基于搜索的测试用例生成，特别是功能测试和基于UML的模型测试。其中的蚂蚁优化与马尔可夫软件使用模型可以用于导出软件系统的测试路径。此外，蚂蚁算法还可以用于通过UML状态图或有限状态机自动生成测试序列，解决“非对称移动推销员”最短路径选择问题，可以避免冗余测试，降低测试序列长度。

蚂蚁算法由Marco Dorigo于1992年首先提出，其灵感来源于蚂蚁在寻找食物过程中发现路径的行为。

为什么小小的蚂蚁能够找到食物？假设要为蚂蚁设计一个人工智能程序，首先得让蚂蚁能够避开障碍物；其次需要蚂蚁遍历空间上的所有点以找到食物；再次，如果要让蚂蚁找到最短的路径，那么需要计算所有可能的路径并且比较其路径。

信息素多的地方经过的蚂蚁就会多，因而会有更多的蚂蚁聚集过来。假设有两条路从窝通向食物。开始蚂蚁走的不一定是最短路径，但是短的路径蚂蚁来回一次所需的时间就短，重复率就高，在单位时间里走过的蚂蚁数目就多，洒下的信息素自然也会多，自然会有更多的蚂蚁被吸引过来，从而洒下更多的信息素；而长的路径正相反，因此，越来越多的蚂蚁聚集到较短的路径上来，最短的路径就近似找到了。同时，蚂蚁偶尔也会犯错误，即有时不往信息素高的地方走而另辟蹊径，这可以理解为一种创新，这种创新如果能缩短路途，那么根据刚才叙述的原理，更多的蚂蚁会被吸引过来。

以上规则综合起来具有多样性和正反馈这两个特点。多样性保证了蚂蚁在觅食的时候不至于走进死胡同而无限循环，正反馈机制则保证了相对优良的信息能够被保存下来。

**3. 模拟退火算法**

模拟退火算法最早由N. Metropolis于1953年提出，很多年后其基本思想才被引入到组合优化领域。它是基于蒙特卡洛迭代求解策略的一种随机寻优算法，其出发点是基于物理中固体物质的退火过程与一般组合优化问题之间的相似性。模拟退火算法从某一较高初温出发，伴随温度参数的不断下降，结合概率突跳特性在解空间中随机寻找目标函数的全局最优解，即在局部最优解能概率性地跳出并最终趋于全局最优。模拟退火算法是一种通用的优化算法，理论上算法具有概率的全局优化性能，目前已在工程中得到了广泛应用，诸如 VLSI、生产调度、控制工程、机器学习、神经网络、信号处理等领域。

模拟退火算法是通过赋予搜索过程一种时变且最终趋于零的概率突跳性，从而可有效避免陷入局部极小并最终趋于全局最优的串行结构的优化算法。

## 19.3　机器学习在软件测试中的应用

近年来随着网络、计算能力和大数据等关键信息技术的迅猛发展，人脸识别、语音识别、自然语言处理、消费模式识别等一批机器学习应用已经相当成熟，带动了机器学习在几乎所有行业的运用，当然也包括软件测试。与人类学习相似，对于机器学习来说，训练样本的规模和质量至关重要，因此必须精心完成大量的软件测试数据准备工作。机器学习在软件测试中的应用范围较广，以下主要讨论软件测试设计推荐、使用模式识别和软件脆弱性测试。

### 19.3.1　软件测试设计推荐

软件测试是一种高度依赖从业人员经验的工作，测试人员不仅需要学习书本上的专业知识，更需要在工程实践中不断总结提高。正是这种从实践中学习的特点给了机器学习大展身手的舞台。

在测试设计方面，机器学习可以分析挖掘以往的测试数据，发现软件需求、测试需求和测试设计之间的内在关系，通过比对不同测试方案的测试效果，特别是一些失败教训，以向测试人员提供找出更好的测试设计建议，避免重犯类似错误。由于软件测试设计需要掌握被测软件应用领域方面的知识，而目前的机器学习技术掌握通识知识还相当困难，因此软件测试设计推荐系统通常只用于相对很窄的专业领域。另一方面，软件测试数据往往并不包含测试场景描述，使得机器学习很难更准确地掌握已有测试设计背后的一些重要考虑。因此目前的软件测试设计推荐系统通常还只限于辅助测试人员进行测试设计。

很大一部分软件代码修改是因为代码缺陷引起的。机器学习通过分析挖掘同一软件不同版本之间的演化关系，可以发现软件缺陷及对应的修改模式，从而发现新软件的潜在缺陷，发现不同缺陷的不良修改，从而提高软件缺陷的发现和修改效率。但是软件代码的修改并不一定都是为了修改代码缺陷，可能需要人工进行一定的标注，以提高系统的学习正确性。

软件缺陷预测也是机器学习的一个重要应用领域。机器学习可以根据软件工作产品的演化、修改以及体系结构弹性，预测软件的薄弱环节和缺陷密集区域，为软件测试和质量保证策略的制定提供参考。在线软件系统健康管理系统的主要组成部分是智能化软件运行时的诊断，这也可以看作是一种广义的软件测试。当软件系统出现故障征兆时，这种软件会及时做出诊断，结合策略，对软件体系结构实施动态调整。

很多软件系统需要维护支持不同配置下的多个版本，以及不同版本内的组件构成。机器学习系统会根据某个软件版本的具体故障或修改，分析其对其他版本的影响，确定合适的测试策略，以大幅度地降低验证成本。

### 19.3.2 使用模式识别

用户使用模式对于诸如图形用户界面测试策略的制定具有重要意义。结合图像和其他用户交互界面处理技术，机器学习可以采集、归纳、分析不同类型用户的使用模式，既可以自动生成和执行覆盖率更高的测试用例，也可以针对用户使用行为对软件质量，比如易用性、易学习性等进行评价。这种技术目前已经广泛用于手机应用软件的评测，特别适合采用快速迭代软件生存周期模型的软件开发。

对于软件测试来说，外部环境对于软件系统的激励非常重要。机器学习可以监视并发掘软件系统和外部环境的交互模式，分析引起软件失效的激励序列，一方面可以供后续软件测试的测试用例，另一方面也可以更好地帮助开发人员分析失效原因。

### 19.3.3 软件脆弱性测试

对于很多应用系统来说，软件的内部脆弱性是影响系统广泛部署的关键因素。机器学习可以静态分析代码，识别有可能造成软件进入危险状态的潜通路，为程序员改进设计提供依据。

为了验证软件保护机制是否能够发挥预期作用，机器学习可以利用模糊算法生成攻击应力。这一方面可以降低应力生成的复杂性，提高生成效率，另一方面也能够保证攻击覆盖率，提高测试的有效性。

机器学习不仅可以用于在代码层对软件脆弱性进行分析，而且可以依据实际案例对软件体系结构进行分析、评估，针对不同的内部和外部威胁和运行环境，选择风险最低的软件体系结构。

# 参 考 文 献


[1] 宫云站. 软件测试教程[M]. 北京：机械工业出版社，2008.

[2] 朱少民. 软件测试方法和技术[M]. 3 版.北京：清华大学出版社，2014.

[3] 张旸旸. 软件产品质量要求和测试细则——GB/T 25000.51—2016 标准实施指南[M]. 北京：电子工业出版社，2019.

[4] 佩腾. 软件测试[M]. 张小松，译. 2 版. 北京：机械工业出版社，2006.

[5] 张旸旸. 软件成本度量国家标准实施指南——理论、方法与实践[M]. 北京：电子工业出版社，2020.

[6] 陈能技，黄志国. 软件测试技术大全：测试基础 流行工具 项目实战[M]. 北京：人民邮电出版社，2008.

[7] 蔡立志，武星，刘振宇. 大数据测评[M]. 上海：上海科学技术出版社，2015.

[8] 柳纯录. 软件评测师教程[M]. 北京：清华大学出版社，2005.

[9] 黎连业，王华，李龙等. 软件测试技术与测试实训教程[M]. 北京：机械工业出版社，2012.

[10] 李龙，黎连业等. 软件测试实用技术与常用模板[M]. 2 版. 北京：机械工业出版社，2018.

[11] Glenford J.Myers 等. 软件测试艺术[M]. 张晓明，黄琳，译. 3 版. 北京：机械工业出版社，2012.

[12] 杜庆峰. 高级软件测试技术[M]. 北京：清华大学出版社，2011.

[13] GB/T 25000.10—2016，系统与软件工程 系统与软件质量要求和评价（SQuaRE） 第 10 部分：系统与软件质量模型[S]

[14] GB/T 25000.22—2019，系统与软件工程 系统与软件质量要求和评价（SQuaRE）第 22 部分：使用质量测量[S]

[15] GB/T 25000.23—2019，系统与软件工程 系统与软件质量要求和评价（SQuaRE）第 23 部分：系统与软件产品质量测量[S]

[16] GB/T 25000.40—2018，系统与软件工程 系统与软件质量要求和评价（SQuaRE） 第 40 部分：评价过程[S]

[17] GB/T 25000.51—2016，系统与软件工程 系统与软件质量要求和评价（SQuaRE） 第 51 部分：就绪可用软件产品（RUSP）的质量要求和测试细则[S]

[18] GB/T 38634.1—2020，系统与软件工程 软件测试 第 1 部分：概念和定义[S]

[19] GB/T 38634.2—2020，系统与软件工程 软件测试 第 2 部分：测试过程[S]

[20] GB/T 38634.3—2020，系统与软件工程 软件测试 第 3 部分：测试文档[S]

[21] GB/T 38634.4—2020，系统与软件工程 软件测试 第 4 部分：测试技术[S]

[22] GB/T 32911—2016，软件测试成本度量规范[S]

[23] GB/T 29836.1—2013，系统与软件易用性 第 1 部分：指标体系[S]

[24] GB/T 29836.3—2013，系统与软件易用性 第 3 部分：测评方法[S]

[25] ISO/IEC 20246:2017, Software and systems engineering — Work product reviews[S]

[26] IEC 60300-3-9:1995, Risk analysis of technological systems[S]

[27] ISO 31000:2009, Risk management — Principles and guidelines[S]

[28] ISO/IEC 16085:2006, Systems and software engineering — Life cycle processes — Risk management[S]

[29] Copeland L. A Practitioner's Guide to Software Test Design. Artech House, 2004.

[30] Itkonen J , Mntyl M V , Lassenius C . The Role of the Tester's Knowledge in Exploratory Software Testing[J]. IEEE Transactions on Software Engineering, 2013, 39(5):707-724.

[31] Pfahl D , Yin H , Mntyl M V , et al. How is Exploratory Testing Used? A State-of-the-Practice Survey[C]. ACM-IEEE International Symposium on Software Engineering and Measurement (ESEM 2014). ACM, 2014.

[32] Meziane F , Vadera S , Meziane F , et al. Artificial Intelligence Applications for Improved Software Engineering Development: New Prospects[M]. Information Science Reference - Imprint of: IGI Publishing, 2009.

[33] Samek M . Practical UML Statecharts in C/C++: Event-Driven Programming for Embedded Systems[M]. 2002.

[34] Romain Picard . Hands-On Reactive Programming with Python: Event-driven development unraveled with RxPY[M]. 2018.

[35] Harry Percival, Bob Gregory . Architecture Patterns with Python: Enabling Test-Driven Development, Domain-Driven Design, and Event-Driven Microservices[M]. 2020.

[36] 特尼博姆. 分布式系统原理与范型[M]. 辛春生，译. 北京：清华大学出版社，2008.

[37] 曾宪杰. 大型网站系统与 Java 中间件开发实践[M]. 北京：电子工业出版社，2014.

[38] 惠特克. 探索式软件测试[M]. 方敏，张胜，钟颂东，等译. 北京：清华大学出版社，2010.

[39] 郑人杰，许静，于波. 软件测试[M]. 北京：人民邮电出版社，2011.

[40] Tinkham A , Kaner C . Learning styles and exploratory testing[J]. (bach, 2003), 2003.

[41] GB/T 38643—2020，信息技术大数据分析系统功能测试要求[S]

[42] 刘正新. 浅谈 SPIN 模型检测的发展及工作原理[J]. 消费电子，2013（8）：64-68.

[43] 陈赞. 多应用智能卡形式化建模研究[J]. 电脑知识与技术，2014（29）：6961-6965.

[44] 刘博，李蜀瑜. 基于 NuSMV 的 AADL 行为模型验证的探究[J]. 计算机技术与发展，2012，22（2）：110-113.

[45] 沈国华，黄志球，谢冰，等. 软件可信评估研究综述：标准、模型与工具[J]. 软件学报，2016，27（4）：955-968.

[46] 陈仪香，陶红伟.软件可信性度量评估与增强规范[M]. 北京：科学出版社，2020.